科学出版社“十四五”普通高等教育

中国科学院大学研究生教材系列

生物安全导论

Introduction to Biosafety

袁志明　夏　菡　主编

科学出版社

北　京

内 容 简 介

本书以生物安全为研究对象，从学科发展的视角，梳理了生物安全的发展历程，阐明国内外生物安全发展现状、存在的问题和发展趋势，结合《中华人民共和国生物安全法》的要求和具体案例，对八大领域的生物安全风险成因、影响因素、发展规律、预防控制措施和效果进行了分析，此外还阐述了新兴领域的生物安全挑战。全书共11章，主要内容包括：生物安全的概念、总体国家安全观与生物安全、我国和国际生物安全现状与发展、生物安全风险管理、人类健康与生物安全、动植物疫病与生物安全、实验室生物安全、生物技术与生物安全、生物资源与生物安全、生物入侵与生物安全、生物威胁与生物安全、特殊领域的生物安全、生物安全治理。

本书适用于大学本科和研究生教育，也可以供感兴趣的研究人员参考。

图书在版编目（CIP）数据

生物安全导论 / 袁志明，夏菡主编. —北京：科学出版社，2024.6

科学出版社“十四五”普通高等教育研究生规划教材　中国科学院大学研究生教材系列

ISBN 978-7-03-077866-6

Ⅰ. ①生…　Ⅱ. ①袁…　②夏…　Ⅲ. ①生物工程－安全科学－高等学校－教材　Ⅳ. ① Q81

中国国家版本馆CIP数据核字（2024）第006172号

责任编辑：刘　丹　韩书云 / 责任校对：宁辉彩

责任印制：赵　博 / 封面设计：金舵手世纪

科学出版社 出版

北京东黄城根北街 16 号

邮政编码：100717

http://www.sciencep.com

北京建宏印刷有限公司印刷

科学出版社发行　各地新华书店经销

*

2024 年 6 月第　一　版　开本：787×1092　1/16

2025 年 1 月第二次印刷　印张：17 1/2

字数：392 000

定价：98.00 元

（如有印装质量问题，我社负责调换）

编写委员会

主　编　袁志明　夏　菡

编　委（按姓氏笔画排序）

王　鑫　中国科学院武汉文献情报中心

邓　菲　中国科学院武汉病毒研究所

申辛欣　中国疾病预防控制中心病毒病预防控制所

师永霞　广州海关技术中心

朱小丽　中国科学院武汉文献情报中心

危宏平　中国科学院武汉病毒研究所

刘　红　山东理工大学

刘海军　广州海关技术中心

孙修炼　中国科学院武汉病毒研究所

李小红　中国科学院武汉病毒研究所

李晓丹　湖南师范大学

李淑芬　中国科学院武汉病毒研究所

杨　航　中国科学院武汉病毒研究所

余军平　中国科学院武汉病毒研究所

汪　伟　江苏省血吸虫病防治研究所

沈　姝　中国科学院武汉病毒研究所

张　波　中国科学院武汉病毒研究所

张　璐　广州海关技术中心

张崇涛　中国科学院武汉病毒研究所

罗欢乐　中山大学

周　雪　中国科学院武汉病毒研究所

庞秋香　山东理工大学

单　超　中国科学院武汉病毒研究所

胡　葭　中国科学院武汉病毒研究所

胡杨波　中国科学院武汉病毒研究所

胡晓敏　中南民族大学

袁志明　中国科学院武汉病毒研究所

夏　菡　中国科学院武汉病毒研究所

顾渝娟　广州海关技术中心

唐　霜　中国科学院武汉病毒研究所

黄　翠　中国科学院武汉文献情报中心

梁慧刚　中国科学院武汉文献情报中心

彭　珂　中国科学院武汉病毒研究所

蒋柏勇　中国科学院武汉病毒研究所

戴　俊　广州海关技术中心

魏　霜　广州海关技术中心

序　一

自人类诞生以来，传染病等生物安全问题就一直影响着人类社会的发展。受生物技术快速发展、人类活动日益频繁、气候变化等因素的影响，当今生物安全所面临的时空因素比以往任何时候都更广泛，内部和外部因素比所看到的更复杂，已经成为一个全球性和全局性的问题，在国家发展和安全体系中的地位日益突出，在塑造人类社会发展进程中的作用愈发重要。面对当前的生物安全风险和挑战，国际社会必须共同努力，团结协作，促进共同利益，保障全球生物安全。

长期以来，我国政府高度重视生物安全工作，建立了国家生物安全协调机制和相应的政策保障，国家生物安全保障能力得到了极大提高。2021年4月15日，我国正式实施《中华人民共和国生物安全法》，明确了防控重大新发突发传染病、动植物疫情、生物技术研究开发与应用、病原微生物实验室生物安全管理、人类遗传资源与生物资源安全管理、防范外来物种入侵与保护生物多样性、应对微生物耐药、防范生物恐怖袭击与防御生物武器威胁及其他与生物安全相关活动的主要风险和防控体制机制，标志着我国生物安全进入依法治理的新阶段。

基于总体国家安全观的理念，结合生物安全问题的未来发展趋势和我国筑牢国家生物安全屏障、提高国家生物安全治理能力的战略部署，针对我国应对生物安全重大风险的现实需求和提升生物安全防范意识的迫切需要，袁志明研究员等一批中国生物安全领域中青年专家学者，在深刻理解生物安全的基础上，以创新的精神、务实的作风和求真的态度，知难而进、广集资料、精心打磨，历时三年，经系统整理、甄别和考据，编撰出版了这本图文并茂、注重科学性与实用性的《生物安全导论》。

该书内容紧跟时代步伐，内容全面涵盖生物安全八大领域、文字描述精准、图片清晰、案例经典，具有显著的科学性、创新性、实用性。相信该书的出版发行将在培养新时代生物安全领域专业人才、促进生物安全风险防控和治理体系建设等方面发挥重要作用。

中国工程院院士

2024年3月11日于北京昌平

序　二

全球生物安全形势日趋严峻，以农业领域为例，口蹄疫、高致病性禽流感、非洲猪瘟等动物传染病疫情，以及草地贪夜蛾、麦瘟病、梨一号病、赤霉病等植物疫情频频发生，给我国生态、农业、经济造成的损失越来越严重。以转基因和基因编辑等为代表的现代生物技术用于农业生产带来的潜在的生物安全风险也不容忽视。因此，亟须全面提高国家生物安全治理能力，为农业安全生产提供支撑保障，而生物安全学科建设及人才培养是其中重要一环。

生物安全学是一门将风险管理的理念和方法与生物安全科技和管理相融合的学科。随着生物安全问题的凸显和生物安全研究的深入，生物安全与动植物科学、环境和生态学、社会科学、微生物学、农业科学等的交叉融合日益广泛，逐渐成为一个新兴的交叉学科。近年来，我国高度重视生物安全能力建设，建立了国家生物安全协调机制、法制体系、战略体系、政策体系、风险监测预警体系、应急管理体系、重点领域保障体系和专项协调指挥体系，国家生物安全保障能力得到了极大提高，但我国生物安全学科体系建设还处于起步阶段，生物安全领域的人才培养还存在不足。

袁志明研究员长期开展生物安全和生物技术战略研究，主持了中国首个生物安全四级实验室的建设与运行，建立了我国高等级生物安全实验室管理体系，生物安全平台在传染病防控研究中发挥了核心的平台支撑作用。由袁志明研究员牵头，20余位长期从事生物安全研究、管理和教学的专家，历时三年编写了《生物安全导论》，并由科学出版社出版发行。

据我所知，这是目前国内第一本根据同一健康的理念，结合生物安全法的内容，从生物安全对人、动植物和环境的相互影响出发，系统性研究生物安全发展历史、发展规律和发展趋势，分析生物因子的成灾机制、影响因素、发展规律、处置措施和效果的教材，既有理论高度，更有现实意义。

对于本科生来说，该教材有助于他们学习生物安全基本知识，充分认识生物安全在各领域的的重要作用。对于相关领域的研究生或科研工作者，则有助于他们全面掌握生物安全的现状和发展趋势，了解生物安全风险评估和控制方法。该教材的出版将对推进生物安全学科体系的建设与生物安全领域人才的培养具有重要意义。

陈焕春

中国工程院院士

2024年4月28日于武汉狮子山

前　言

习近平总书记指出："生物安全关乎人民生命健康，关乎国家长治久安，关乎中华民族永续发展，是国家总体安全的重要组成部分，也是影响乃至重塑世界格局的重要力量。"习近平总书记以统揽全局的战略思维和宽广的世界眼光审视生物安全问题，以强烈的忧患意识和责任担当谋划生物安全工作，创造性地将生物安全纳入国家安全体系中，极大地丰富和发展了生物安全的内涵和外延，形成了适应我国经济社会发展和国际生物安全主流趋势、具有鲜明中国特色的"生物安全观"。

长期以来，我国高度重视生物安全和生物安全治理能力建设，主动参与全球生物安全治理，逐步形成了具有中国特色的生物安全治理体系，为维护人类健康、促进工农业生产、保护生物资源和生态环境、促进生物技术健康发展、推动构建人类命运共同体提供了重要的保障。但同时我们也看到，我国人口基数大，城市化进程快；生物安全关键技术设备受制于人，生物成灾机制研究不足；生物资源丰富多样，资源流失时有发生；特别是随着生物技术的快速发展及其与其他学科的交叉融合，生物技术滥用、误用等新兴生物安全问题不断涌现。我国面临的生物安全风险因子复杂，影响因素多样，控制难度巨大，给我国生物安全治理体系的完善和能力的提升带来了新的挑战。

生物安全是新兴交叉学科，正在发展形成其特有的知识体系。本书以生物安全为对象，从学科发展的视角，梳理了生物安全的发展历程，阐明了国内外生物安全发展现状、存在的问题和发展趋势，结合《中华人民共和国生物安全法》的要求和经典案例，对八大领域的生物安全风险成因、影响因素、发展规律、预防控制措施和效果进行了分析，并阐述了新兴领域的生物安全挑战。

本书旨在为加强生物安全人才队伍建设、培养新型复合型人才、提高生物安全科技创新能力、强化国家生物安全风险防控和治理体系建设提供支撑。

本书的编者主要为中国科学院武汉病毒研究所的人员，以及中国科学院武汉文献情报中心、中国疾病预防控制中心病毒病预防控制所、广州海关技术中心、中山大学、湖南师范大学、中南民族大学、山东理工大学和江苏省血吸虫病防治研究所等长期从事生物安全相关领域研究的专家。本书具体编写分工如下：第一章由梁慧刚、黄翠、朱小丽、王鑫、袁志明编写；第二章由师永霞、张璐、刘海军、顾渝娟、魏霜、戴俊编写；第三章由张波、胡晓敏、杨航、李晓丹编写；第四章由刘红、庞秋香、申辛欣编写；第五章由单超、罗欢乐、夏菡编写；第六章由危宏平、余军平、周雪、李小红编写；第七章由邓菲、沈姝、唐霜、蒋柏勇编写；第八章由胡葭、孙修炼编写；第九章由彭珂、李淑芬、张崇涛编写；第十章由梁慧刚、黄翠、朱小丽、王鑫编写；第十一章由夏菡、胡杨波、汪伟编写。

全书编写和审定过程得到了中国科学院武汉病毒研究所研究生处王燕飞和何满女士

及科学出版社编辑的大力支持，编者的一些同事和学生为本书提供了图片绘制、文字编辑等帮助，在此表示由衷的感谢！

感谢徐建国院士和陈焕春院士为本书作序！

本书获得了中国科学院大学教材出版中心的资助，并被列入中国科学院大学研究生教材系列，同时入选科学出版社“十四五”普通高等教育研究生规划教材，感谢评审专家为本书提出的修改建议。

由于生物安全为新兴交叉学科，发展迅速，加之编者水平的局限性，书中疏漏之处在所难免，恳请各位读者和专家批评指正，以便再版时及时更正。

编　者

2024年1月

目　录

第一章　绪论……1
第一节　生物安全的定义及其演化……1
一、生物安全定义的演化……2
二、广义和狭义的生物安全……6
第二节　生物安全与国家安全……7
一、总体国家安全观……7
二、生物安全与国家安全的关系……8
第三节　国际生物安全现状与发展……9
一、美国……9
二、欧盟……10
三、日本……11
四、俄罗斯……11
第四节　中国生物安全现状与发展……12
一、重大新发突发传染病和动植物疫情防控……12
二、外来物种入侵防范与生物多样性保护……13
三、生物技术研究、开发与应用……14
四、实验室生物安全管理……15
五、微生物耐药……16
六、防范生物恐怖袭击与防御生物武器威胁……16
七、人类遗传资源与生物资源安全……17
八、其他与生物安全相关的活动……17

第二章　生物安全风险管理……22
第一节　生物因子的概念和类型……22
一、病原微生物……23
二、植物有害生物……26
三、医学节肢动物……28
四、生物毒素……28
五、细胞系、核酸/蛋白质/过敏原与病毒载体……29
六、生物恐怖或生物武器制剂……30

第二节 风险管理原则和实施要求 …… 30
一、风险管理的原则 …… 31
二、风险管理的实施要求 …… 32
第三节 风险评估过程 …… 36
一、风险识别 …… 36
二、风险分析 …… 37
三、风险评价 …… 38
第四节 风险评估技术 …… 39
一、常用的风险评估技术 …… 39
二、风险评估技术的适用性 …… 41

第三章 人类健康与生物安全 …… 45
第一节 传染病与人类健康 …… 45
一、传染病概述 …… 46
二、传染病对人类健康的影响 …… 47
三、与传染病有关的生物安全 …… 53
第二节 传染病相关生物安全风险 …… 56
一、生物学因素 …… 56
二、社会环境因素 …… 58
第三节 传染病相关生物安全风险应对 …… 62
一、传染病监测和预警 …… 62
二、传染病检测和控制 …… 63
三、传染病预防和治疗 …… 66
四、应对有害生物耐药 …… 67
五、我国传染病防控体系建设 …… 68
第四节 食品安全与人类健康 …… 70
一、影响食品安全的因素 …… 70
二、食品安全评价方法 …… 71
三、食品安全保障措施 …… 72
第五节 经典案例 …… 73
一、1994年印度鼠疫 …… 73
二、新冠全球大流行 …… 74

第四章 动植物疫病与生物安全 …… 78
第一节 动植物疫病概述 …… 78
一、动物疫病概述 …… 78
二、植物疫病概述 …… 83
三、动植物疫病的影响因素 …… 86

第二节 动植物疫病相关生物安全风险……87
一、动植物疫病影响农畜产品产量和质量……87
二、动植物疫病破坏生态和环境……88
三、动植物疫病危害人畜健康……88
四、动植物疫病对经济收入和人口分布的影响……88
第三节 动植物疫病相关生物安全风险应对……88
一、动物疫病防控……89
二、植物疫病防控……94
第四节 经典案例……97
一、禽霍乱……97
二、柑橘黄龙病……98

第五章 实验室生物安全……102
第一节 实验室生物安全概述……102
一、实验室生物安全的发展历程……102
二、生物安全实验室的重要意义……107
三、生物因子危害与实验室生物安全水平分级……108
第二节 实验室相关生物安全风险因素……111
一、生物性因素……111
二、物理性因素……113
三、人员因素……114
四、实验室管理因素……115
第三节 实验室相关生物安全风险应对……116
一、工程学控制措施……116
二、运行管理体系……120
三、法律法规等行政措施……124
第四节 经典案例……125
一、马尔堡病毒实验室感染事件……125
二、SARS病毒实验室感染事件……125

第六章 生物技术与生物安全……129
第一节 生物技术概述……129
一、生物技术的定义……129
二、生物技术的发展历史……130
三、新型生物技术简介……131
第二节 生物技术相关生物安全风险……142
一、生物技术相关生物安全风险的来源……142
二、生物技术相关生物安全风险的特点……143

三、生物技术的潜在生物安全风险……146
四、生物技术的风险评估方法……148
第三节 生物技术相关生物安全风险应对……150
一、开展常态化技术风险的监测……151
二、推动全球生物安全治理体系建设……152
三、建立平衡创新与风险的监管体系……152
四、加强科研人员的生物安全意识……152
第四节 经典案例……153
一、禽流感病毒“功能增强”研究……153
二、人类婴儿基因编辑事件……154

第七章 生物资源与生物安全……158
第一节 生物资源与人类遗传资源概述……158
一、生物资源的定义……158
二、生物资源的分类……159
三、生物资源的特性……161
四、生物资源的价值……162
五、人类遗传资源……163
第二节 生物资源与人类遗传资源相关生物安全风险……165
一、生物资源与人类遗传资源保护现状……166
二、生物资源与人类遗传资源的生物安全风险来源……170
第三节 生物资源与人类遗传资源相关生物安全风险应对……172
一、完善生物资源相关的法律法规体系……173
二、开展生物资源普查、保护和利用……173
三、提升生物资源安全保障技术支撑能力……173
四、加强生物资源库平台体系建设……174
五、重视人才培养和队伍建设……174
第四节 经典案例……175
一、某基因项目组偷猎中国基因……175
二、中国大豆种质之困：孟山都专利事件……175

第八章 生物入侵与生物安全……181
第一节 生物入侵概述……181
一、生物入侵的定义……181
二、生物入侵的历史……182
三、生物入侵的过程和机制……183
第二节 生物入侵相关生物安全风险……188
一、生物入侵影响入侵地的生物多样性……188

二、生物入侵影响生态安全……189
三、生物入侵影响经济安全……189
四、生物入侵影响人类健康安全……191
五、生物入侵影响重大工程建设……192
六、生物入侵影响社会安全……192
七、生物入侵与国防安全……192
第三节　生物入侵相关生物安全风险应对……192
一、建立完善的法律法规和制度……193
二、完善监测和预警体系……194
三、建立有效的生物入侵风险评估体系……194
四、发展有效的防除措施……196
第四节　经典案例……199
一、2018～2019年我国非洲猪瘟大流行……199
二、植物界“杀手”——紫茎泽兰……200

第九章　生物威胁与生物安全……204
第一节　生物威胁概述……204
一、生物威胁的定义……204
二、生物武器和生物恐怖的起源与发展……205
三、生物武器和生物恐怖的构成与类型……208
第二节　生物武器和生物恐怖相关生物安全风险……209
一、生物武器和生物恐怖的特点……209
二、生物武器和生物恐怖的危害……210
第三节　生物武器和生物恐怖相关生物安全风险应对……211
一、法律和公约……212
二、非法律法规层面的预防和控制措施……213
三、生物威胁的后果管理……214
第四节　经典案例……215
一、德特里克堡——原美国生物武器研究基地……215
二、2001年美国炭疽邮件事件……216

第十章　特殊领域的生物安全……219
第一节　生物安全特殊领域概述……219
一、冰川……220
二、极地……221
三、冻土……221
四、深海……222
五、深空……223

六、深地……223
七、深蓝……224
八、其他……225
第二节 特殊领域相关生物安全风险……225
一、极端环境存在的未知微生物……226
二、中间宿主保存的致病微生物……227
三、耐药性基因漂移释放……228
四、非地球生物圈生物入侵……228
五、误带入特殊环境的微生物……228
六、生物信息泄露和滥用……229
第三节 特殊领域相关生物安全风险应对……229
一、完善法律法规……230
二、开展风险评估……230
三、建立防护研究设施……230
四、加强检疫隔离和个人防护……231
五、完善特殊样品管理体系……232
六、优化网络生物安全……232
第四节 经典案例……232
一、俄罗斯冻土融化引发炭疽……233
二、黑客攻击生物制造基础设施……233
第十一章 生物安全治理……238
第一节 生物安全治理概述……238
一、生物安全治理相关概念……238
二、生物安全立法的发展历程……240
第二节 国际层面的生物安全治理概况……244
一、国际生物安全治理机制/措施……244
二、全球性国际组织和协议……245
三、区域性国际组织和协议……250
第三节 主权国家层面的生物安全治理概况……252
一、中国生物安全治理概况……252
二、美国生物安全治理概况……256
三、日本生物安全治理概况……260
四、俄罗斯生物安全治理概况……261
五、其他国家生物安全治理概况……261

第一章 绪论

学习目标

1. 了解生物安全的定义及其演化；
2. 了解生物安全的目的和意义；
3. 了解生物安全的内涵和范围；
4. 了解生物安全的现状和发展；
5. 了解生物安全的问题和挑战。

进入21世纪以后，以解析生命本质、不同技术交叉融合为主要特征的新一轮生物科技领域的变革，广泛地渗透到健康、军事、经济、安全等领域中，引发了国际社会的密切关注。而生物安全作为全球复杂政治经济生态体系中的重要环节，正以前所未有的速度和规模影响着世界。席卷全球的新冠病毒给人类健康和经济社会发展带来了严重危害，也暴露出世界各国在公共卫生安全应急体制机制方面存在的不足；生命科技的复杂变化和广域的应用可能，使得已有的科技研发的组织方式、科技应用的监管模式发生变化，国家安全体系及国际关系面临严峻的挑战。新一轮生物科技变革及其与人类社会互动衍生出的生物安全问题，已逐渐触及人类安全观念，也给现代文明带来内源性危机或挑战。因此，全面提升国家生物安全能力、优化国家生物安全治理，不仅是世界各国的战略选择，也是对人类科技文明与政治文明的新探索。

第一节 生物安全的定义及其演化

安全（safety）是指没有危险，人与生存环境和谐相处，互不伤害，不存在危险的隐患，是免除了使人感觉难受的损害风险的状态。《中华人民共和国生物安全法》对生物安全的定义，是指国家有效防范和应对危险生物因子及相关因素威胁，生物技术能够稳定健康发展，人民生命健康和生态系统相对处于没有危险和不受威胁的状态，生物领域具备维护国家安全和持续发展的能力。biosafety与biosecurity都被称作生物安全，但是两者的概念明显不同，biosafety强调的是防止非故意引起的生物技术及微生物危害，biosecurity则是指主动地采取措施防止故意的行为，如窃取及滥用生物技术及微生物危险物质引起的生物危害（王子灿，2006）。随着生命科学的快速发展和人们对生命现象及生命过程的深入了解，由生物因子和生物技术引发的安全问题受到广泛关注，越来越多的内容被归入生物安全范畴，与此同时，生物安全的定义也不断得到拓展（刘万侠和曹先玉，2020），涵盖传染病与动植物疫情，生物技术研究、开发与应用，实验室生物安全，人类遗传资源与生物资源安全，外来物种入侵与生物多样性，微生物耐药，生物武器与生物恐怖威胁及其他相关的安全问题。本节重点阐述生物安全的定义及其演化。

一、生物安全定义的演化

传染病和生物武器一直是威胁人类安全的重要问题，早期生物安全的概念仅包含了这两方面的内容。20世纪以来，现代生物技术被广泛应用于医学、环境、工业、农业等领域，在造福人类社会的同时也带来了一些威胁人类健康和安全的负面影响，比如生物技术滥用或误用、微生物耐药的发生、生物恐怖事件等，生物安全的概念得到扩充并受到广泛关注（图1-1）。

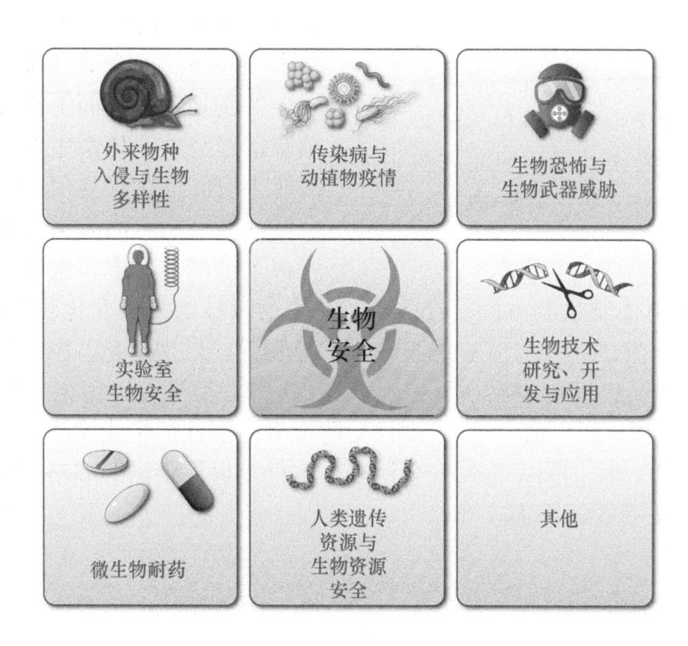

图1-1 生物安全涵盖的内容

（一）生物安全问题的由来及演变

1. 传染病的长期危害

传染病是人类最早遇到的生物安全问题，同时也是早期生物安全的主要内容之一（罗亚文，2020）。人类长期面临着疾病的侵袭，从某种意义上来说，人类的历史就是认识疾病、治疗疾病和消灭疾病的历史。20世纪70年代以来，全球新出现的传染病超300种，所有非正常死亡病例中有1/3与这些传染病相关，每年传染病导致的死亡人数高达1400万人（艾瑞克·乐华，2019）。人类历史上每一次重大传染病的流行，不仅直接影响人类的健康与生命，造成大量的人员死亡和伤残，还可能导致国家的衰落甚至文明的灭亡。例如，公元前430～前427年，希腊雅典发生的一场瘟疫造成1/4的军队人员和城邦人口死亡，雅典霸权由此终结。全球化带来了更便利的人员、物品和信息的流通，以及更多的交流合作机会，促进了经济社会的发展，但同时也增加了传染病传播流行的风险，携带病原体的人群、宿主和媒介、货物及食物在世界各地的流动比以往任何时候都更频繁、更容易，传染病不再被限制在孤立的地理区域，开始了全球化传播。

2. 生物武器与生物恐怖的威胁

与传染病类似，生物武器也是有着长久历史的重要生物安全问题。在史前时期，人类就已经将病原体作为武器用于捕猎和战斗，随后还将其应用于战争中（罗亚文，2020）。21世纪以来，生物恐怖活动多次出现。在“9·11”事件发生一周后，美国遭遇了生物恐怖袭击。2001年9月18日，5封装有炭疽芽孢杆菌的邮件分别被寄往美国广播公司、全国广播公司、纽约时报公司、哥伦比亚广播公司和位于佛罗里达州的一家媒体公司。2001年10月6日，美国两名民主党参议员分别收到了含有炭疽芽孢杆菌的邮件。此次炭疽邮件事件共造成5人死亡，22人感染（罗亚文，2020）。此后，生物恐怖活动作为生物安全的一个重要内容开始被重视。目前正在上演的第六次技术创新浪潮，放大了未来新型生物武器研发成功的可能性，而世界政治经济安全格局演变，则加速了生物战的现实冲突可能性。在此背景下，生物恐怖和生物武器威胁将可能长期存在，持续引发国际安全新“事态”、“势态”、“世态”与“时态”（王小粒，2020）。

3. 生物技术的滥用和误用

以基因编辑、基因驱动、合成生物学为代表的前沿生物技术正处于飞速发展和变革中，这些技术通过促进疾病诊疗技术的发展和提高健康福祉来造福人类，同时也可能对人类的生存和发展造成一定的威胁。合成生物学技术可实现在病毒或细菌基因组上增加元件，带来了新的生物安全风险。利用合成生物学技术对天花病毒、脊髓灰质炎病毒的基因序列进行人工设计，有可能创造出高致病性病毒。到2020年，通过基因合成技术已能够实现对“已灭绝”的致病性病毒的“复活”。由于涉及对人类自身的改造、疾病的理解及对人类社会安全的影响，应对前沿生物技术所蕴含的安全威胁相对较难（薛杨和俞晗之，2020）。2018年，加拿大艾伯塔大学病毒学家戴维·埃文斯（David Evans）利用通过邮件订购获得的遗传基因片段成功合成了类似天花病毒的马痘病毒（Noyce et al.，2018）。通过人工改造的生物体与普通生物体相比可能具有生存优势，一旦发生逃逸，有可能凭借其增殖优势破坏原有的自然生态平衡，给当地生物多样性带来无法挽回的损失。

4. 外来物种入侵

生物入侵作为全球性的环境问题，严重影响了入侵地的生态安全、经济发展及人类健康（万方浩等，2002；Ding et al.，2008）。我国多样化的气候环境和生境栖息地有利于绝大部分来自世界各地的外来物种尤其是入侵动植物生存并成功建立种群，通过进一步繁殖和扩散，最终成为入侵生物（闫小玲等，2014；王国欢等，2017）。随着我国社会经济发展、城市化进程的推进及国际贸易的拓展，外来入侵动植物的引入频次增高、传播速度加快、入侵进程提速（王从彦和刘丽萍，2021）。《2020中国生态环境状况公报》的数据显示：中国已发现660多种外来入侵物种，其中71种已被列入《中国外来入侵物种名单》。外来入侵动植物已对当地生态系统的健康与安全及社会的可持续发展造成了诸多不利影响（Wang et al.，2018，2020）。

5. 生物遗传资源的流失

生物遗传资源包括植物、动物、微生物和人类遗传实体与信息资源，是人类赖以生存的重要物质基础，也是保障国家安全的重要战略资源（马一鸣等，2021）。发达国家长期重视对战略生物资源的收集和保存，已经建设了覆盖植物、动物、微生物、人类遗传资源样本和非生物材料的国家资源中心。近几十年来，发展中国家所遭受的由生物遗传资源流失带来的危害和损失在不断扩大。印度“姜黄”案、泰国“香米”案和我国的“银杏”案、“野生大豆”案的发生，在国内外产生了重大的影响。此外，在大数据时代，生物信息资源作为一种非实物化的资源，由于其可利用或具有潜在的利用价值，已经成为一种重要的战略性生物资源。世界各国重视生物信息采集和保存，实施了生物信息采集和保存计划，部分国家甚至采用“盗窃”方式来获取他国生物信息资源，这给我国的生物信息安全及国家安全都带来了威胁。

6. 微生物耐药性

耐药性是指微生物、寄生虫、病媒等对药物的耐受能力，病原微生物出现耐药性会使药物治疗效果明显下降。抗生素在医疗救治和农业生产中的过度使用是微生物耐药性产生的根本原因，给人类健康带来了潜在风险。在食品链多个环节过度使用抗生素，将造成肉制品、水产品及水果、蔬菜等多种食品中细菌耐药性逐年增强。耐药菌通过“农场到餐桌”转移，定植在人体肠道中，不仅会增加感染控制的难度和成本，也会引起人体肠道菌群变化和免疫功能改变。食品贸易的全球化加剧了细菌耐药性的全球性传播。研究表明，抗生素的使用不当会加快抗生素耐药菌在大气、海洋和土壤中的传播。美国疾病预防控制中心（Centers for Disease Control and Prevention，CDC）表示，美国每年因感染抗生素耐药菌而患病的超过200万人，导致约2.3万人死亡，如果不及时采取有效措施，抗生素耐药菌的不利影响将进一步扩大（Saharan et al.，2020；曹弘扬等，2022）。随着抗生素药物种类及数量的增多，耐药性问题将越来越突出，“超级耐药菌”的出现将导致临床上对此类微生物的感染无药可用。

7. 实验室生物安全

历史上，实验室感染和泄漏事件曾多次发生，造成了巨大的损失，人类为此付出了沉重的代价。2019年8月，美国CDC以没有“完善的系统”来净化实验室的废水为理由，下令临时关闭德特里克堡（Fort Detrick）的美国陆军传染病医学研究所的生物安全实验室（Williams，2019）。自然界中，病原微生物可以通过食物、水、空气等媒介感染人类，而在实验室和医院等场所，职业暴露和意外暴露是其感染人类的主要途径，比如吸入、刺伤、割伤、接触等都是导致暴露的直接因素。因此，生物实验室必须按照国际指南、国家标准和规范进行设计与建造，以达到不同等级生物实验室的安全防护要求，同时还需建立严格的生物安全管理制度和专业化的人员队伍，以确保生物安全实验室的安全可靠运行（汪梅青，2020）。

8. 其他领域的生物安全问题

随着科学技术的快速发展，其他新兴和特殊领域的生物安全问题也随之显现出来，包括网络生物安全、极端环境（冰川、冻土）、特殊领域（考古）、未知空间（深海、深空、深地）生物安全等。其中，网络生物安全旨在识别和缓解由生物和生物技术自动化的数字化所引发的对人类经济结构、网络安全秩序乃至国家生存安全等方面的风险。2015年，美国发生了历史上最大的医疗保健数据泄漏，该数据泄漏事件导致大约7880万个高度敏感的患者记录被盗。人们将面临冰川冻土融化，考古深入发掘，深海、深空、深地等领域资源深入开发和探索的局面，这些领域的环境往往具有特殊性，如高温、低温、高酸、高碱、高盐、高压、高辐射、封闭等独特的物理、化学和生态环境，其中可能存在给人类健康带来威胁的结构、代谢机制等方面独特的生物因子，因此有必要对这些特殊环境的生物安全风险做出评估，并就维护这些领域的生物安全提供相应措施和路径。

（二）生物安全的意义

随着全球化进程的加快、生物技术的进步及人们生活方式的改变，生物安全问题呈现出发展复杂化、影响国际化及危害极端化等特点，生物安全形势已从温和可控转向比较严峻的状态。2001年的炭疽邮件事件、2003年的严重急性呼吸综合征（severe acute respiratory syndrome，SARS）（又称“非典”）疫情、2009年的全球H1N1大流行、2012年的中东呼吸综合征（Middle East respiratory syndrome，MERS）疫情、2014年的西非埃博拉疫情、2018年的尼帕疫情、2020年的全球新冠疫情、2022年的猴痘疫情，以及近年来陆续暴发的高致病性禽流感、非洲猪瘟等一系列传染病疫情使全球生物安全问题凸显出来。

生物安全问题是影响历史进程和人类文明发展的重要因素之一，它不仅可以影响一个国家的内部结构，同时也能影响世界的格局。新冠疫情使得“生物安全”概念以一种特殊的方式进入大众的视野，此次疫情极大地改变了社会生产生活方式和国家的行为方式，同时波及政治、经济、外交、意识形态等各个领域，给世界格局和各国安全带来了难以估量的影响和冲击（刘万侠等，2020；黄翠等，2021）。

生物安全已经成为国家安全的重要组成部分，也已经成为影响整个国家乃至全世界政治、经济、安全与和平的战略性命题。维护生物安全，防止生物安全事件的发生，对于保护和改善生态环境，保障个人身心健康、国家和区域安全，促进社会、经济和环境的可持续发展，都具有重要的战略性意义（朱康有，2020）。

（三）生物安全的特征

全球性危险的根源可分为三类：自然、人类社会及人类所创造的技术和工艺（刘万侠和曹先玉，2020）。而生物安全危害横通于三者之间，在安全层面具有极强的不可知性、不确定性、无规则性和无秩序性。

1. 生物安全危害认识具有滞后性

新型生物技术的应用对环境、人类健康和社会产生的影响，由于科技发展和认识水平的限制而不易被及时察觉，只有出现相关事件后，人们才能从结果中得到反馈，由此导致了人们对威胁产生的根源认识模糊，难以判断危机性质，个人和部门的责任定位不明确等问题。

2. 生物安全危害来源具有国际性

生物风险可以源自国内和国外，随着国际交通的便捷化和人员流动的密集化，许多病原体在全球范围内传播的可能性大大增加，带来了生物安全危害的全球化。

3. 生物安全危害后果具有协同性

生物技术所使用的原料和产品及生物技术所产生的副产品或污染物原本可能是无害或者低害的，不会对人类健康或环境产生明显影响，但当其进入环境介质后，可能会发生化合反应，产生有毒物质或使其原有毒性、污染性增强，从而对人类健康或生态环境造成危害。

4. 生物安全危害表现形式具有多样性

生物安全的危害可以表现为暴力性的生物恐怖、传染病、生物安全事故；可以表现为直接或显性的危害，也可以为间接或隐性的危害。

5. 生物安全危害手段具有复杂性

生物安全涵盖多种形式，需要通过多种侦检手段来判别，有些需长时间研究才能得出正确结论，而有些难以得出明确结论。同时生物安全危害从内容到形式发展和更新非常迅速（朱康有，2020）。

6. 生物安全危害防御具有艰巨性

生物因子具有种类繁多、传播和扩散方式多种多样、危害程度不一、防控难度大等特点。目前对生物因子进行快速侦检还存在一定困难，预防和治疗措施及溯源等方面的难度更大。

7. 生物安全危害影响具有深远性

生物安全危害使用的物质主体绝大多数是活的生物体，目标可能针对人、动物、植物和环境，对人可能是致死性的，也可能是非致死性的或失能性的，这些作用及危害都是长期的。

8. 生物安全事件后果具有灾难性

生物安全事件可能会影响地区、国家甚至是全球，它既可能造成人员伤亡，也可能造成长期的环境污染，甚至使重灾区的设施废弃；既可能造成国家生物资源的破坏与流失，也可能引起国际纷争；既可能造成巨大的经济损失，也可能引起社会动荡，甚至是政权不稳（朱康有，2020）。

二、广义和狭义的生物安全

生物安全的
不同定义

生物安全的定义有狭义和广义之分。狭义的生物安全是指防范现代生物技术在研究、开发及应用过程中产生的负面影响，其负面影响包括破坏生态环境、威胁生物多样性、对人体健康带来危险或潜在风险。狭义的生物安全虽然能在一定程度上说明生物安全的重要性，但并不能完全概括生物安全所包含的全部内容。不同的学者和机构对生物安全的定义不同，不同的定义各有侧重。

广义的生物安全是指与生物有关的各种因素对国家、社会、经济、生态环境及人体健康所带来的影响和威胁，也即生物安全所面临的风险和问题，包括保持安全的状态和维护安全的能力（罗亚文，2020）。在广义的概念中，与生物有关的因素包括生物技术、生物实验室、传染性疾病、生物恐怖活动、生物武器、生物多样性、生物资源及生物因素的外溢效应。就生物安全国际发展而言，学术界越来越多地倾向于使用其广义的概念，即生物安全等于生物安全问题加上保持安全的状态、维护安全的能力三个层面的含义。因此，广义的生物安全更加符合当今社会发展、技术进步、人类健康及国家安全的要求。

在此之前，国内外学者普遍将“生物安全”定义为“转基因生物”的安全，所以对“生物安全学”的概念及其研究内涵也仅局限于该概念所定义的科学领域，即生物安全学是研究基因工程生物安全及风险管理的科学。随着生物安全定义内涵的变化，生物安全学也需要重新定义，以覆盖生物安全所涵盖的所有领域，促进学科的发展。国内有学者将生物安全学定义为研究生物安全影响因素及其成灾规律和综合管理的科学，其英文名称为“biosafety science”（谭万忠和彭于发，2015）。也有学者将其定义为研究各种生物风险因素的发生发展机制与危害评估、防御能力建设与应对措施，以及促进生命科学与生物技术和平发展与应用，维护与保障国家利益、安全和国民健康的科学（郑涛，2011）。

综合起来，生物安全是指与生物有关的人为或非人为因素对国家社会、经济、人民健康及生态环境所产生的危害或潜在风险，以及对这些危害或风险进行防范、管理的战略性、综合性措施。生物安全学是研究由生物因子和生物技术直接或间接引起的生物危害或潜在风险，以及对这些危害和风险进行防范和管理的科学。

第二节 生物安全与国家安全

生物安全不仅是国家安全体系的重要组成部分，还关系到世界各国人民的共同安全。国际生物安全威胁形势复杂多样，传统生物安全与非传统生物安全威胁、自然生物安全与人为生物安全威胁、外来生物威胁与内部监管风险、现实生物安全与潜在生物安全威胁相互交织，给个人、民族及国家都带来了巨大的生物安全挑战。全面提升国家生物安全治理能力是保护人民健康、保障国家安全、维护国家长治久安的重要举措，需要全人类的共同努力。

一、总体国家安全观

（一）国家安全观

国家安全观主要涉及安全的保护对象和实施主体、安全涉及的领域、安全威胁的来源，以及安全实现的方式和手段等方面的问题（杨光海，2008）。有学者侧重于关注安全政策的决策者，认为国家安全观是指国家的执政者、参政者等对国家安全的认识、观点，以及在此基础上所形成的理论体系，包括执政者、参政者等对国家所处的安全环境和威胁的评估、判断，以及所选择维护国家安全利益的策略和手段（朱永彪，2012）。也有学者认为“安全观念”包括错综复杂的“安全观”“安全认识”“安全认知”“安全思维”等概念（刘跃进，2014）。

安全观有三个特点：一是竞争性和危险性；二是双向互动性，即安全观是行为体与其他行为体或所处国际环境的相互建构、相互变化；三是相对性和暂时性（倪世雄，2018）。尽管学者们对于国家安全观的界定基于不同视角存在差异，但安全观基本上包括安全内容认知、安全环境研判和安全维护手段三个方面，形成了国家从安全威胁认知到安全威胁应对的整体认知（凌胜利和杨帆，2019）。

（二）新中国国家安全观的演变

新中国成立以来，面对国内外安全环境的改变和自身安全的需要，我国逐步形成了从以政治安全为核心、以军事安全为主要手段的传统安全观，向以人民安全为宗旨、以合作与对话为手段的总体国家安全观的转变。

1. 新中国成立至改革开放前：传统安全观为主导

从新中国成立至改革开放前，我国的国家安全观属于传统安全观。在安全环境研判方面认为存在严重的内忧外患，因此将政治安全作为核心，以军事安全作为主要维护手段，国家将大量的资源投入到军事力量建设中（凌胜利和杨帆，2019）。

2. 改革开放后至党的十八大：逐步形成的非传统安全观

基于对“和平与发展”的时代主题的判断，非传统安全观逐渐形成与发展。在安全内容认知方面实现了由以政治安全为核心向以经济安全为主的重大转变。在安全维护手段方面，我国倾向于开展对话与合作；在保障国家自身安全的基础上，推动世界和平与发展。

3. 党的十八大后：总体国家安全观的确立

面对更加复杂的国内外安全环境，我国提出了以总体国家安全观为指导，以人民安全为宗旨，以经济安全为基础，以政治安全为根本，以社会、军事、文化安全为保障，以促进国际安全为依托，逐渐形成了统筹兼顾传统领域安全与非传统领域安全的开放型总体国家安全体系，其中国家安全的目标是实现总体安全。

二、生物安全与国家安全的关系

由于世界范围内严重生物安全事件频发，国家安全已经突破海、陆、空、天的疆界，拓展至“生物疆域”范畴。因此，将生物安全纳入国家安全战略并将其作为支柱之一，既是生物安全重要性的体现，也是维护国家安全的现实需求。

（一）生物安全已成为全人类面临的重大生存和发展问题

当今世界处于百年未有的巨大变局，所面临的不稳定性日益突出。在全球化、城市化及生物技术快速发展的时代，生物风险与生物安全同时存在。尽管各国已经制定了应对风险的各种计划和措施，但在不断出现的各类生物威胁面前，应对系统显得脆弱和充满危机。

虽然总体生物安全风险处于临界可控状态，但局部领域安全风险增加，可能出现更多的传染病疫情、生物恐怖、生物入侵，导致生态环境恶化和生物犯罪活动（王小理和周冬生，2019）。生物科技与其他技术领域交叉融合，既影响着未来经济社会的面貌，又潜伏着巨大的危机。与较成熟的全球能源治理和气候治理不同，生物安全治理存在着竞争失序与碎片化的情况，潜在的安全风险和利益冲突有恶化的趋势。

（二）生物安全正在成为大国博弈的重要议题

国家安全是国家生存发展的基本前提，是安邦定国的重要基石，生物安全是其重要组成部分，也是大国博弈的战略制高点。2018年，英美两国政府相继发布《英国国家生物安全战略》（UK Biological Security Strategy）和美国《国家生物防御战略》（National Biodefense Strategy）。2022年和2023年，美英两国分别根据形势发布了新版的生物安全战略，除应对本国生物安全问题外，还强调通过与盟友伙伴的合作，领导并推动全球生物安全治理。相比西方大国，发展中国家多仅侧重于本国生物安全治理。制定生物安全战略、重视生物经济、重视在国际层面上推动全球卫生安全倡议或议程，是筑牢人类社会长远发展安全屏障的客观要求，同时也是积极应对大国间生物安全博弈的现实需要。

（三）生物安全将是“健康中国”与“美好世界”的防火墙

我国作为当今世界快速发展的新兴经济体，正处于世界复杂格局的中心和大国博弈的漩涡，同时面临着多种生物威胁。重大新发突发传染病疫情、动植物疫病的增加等问题严重危害着人民健康；基因组学、现代生物技术的应用及生物安全实验室的运行，同样存在着潜在的风险；外来物种入侵所造成的物种灭绝速度加快、遗传多样性丧失、生态环境破坏趋势不断加剧（贺福初和高福锁，2014）。加大传染病防治工作力度是维护我国人民健康的迫切需要，同时也是实现健康中国的重要举措。在新冠疫情防控期间，我国政府多次发出“打造人类卫生健康共同体”的倡议与主张。无论是“健康中国”“美好世界”还是“人类卫生健康共同体”，都需要深化生物安全的国际合作，全面提高生物安全治理能力。

第三节 国际生物安全现状与发展

生物安全问题已经逐渐成为触及人类安全观念和引发现代文明的内源性危机或挑战。美国、欧盟、日本、俄罗斯等国家和地区均重视生物安全问题，将其提升到国家安全的层面，制定相应的战略计划和立法体系并不断更新，从顶层设计、法治保障、科技攻关、治理机制和国际协作等角度，全方位开展生物安全治理，以应对日趋复杂和多样的生物威胁。

一、美国

美国是生物技术最为发达的国家之一，生物技术的快速发展为其带来了巨大的经济收益（Hodgson et al.，2022）。在国家生物安全战略方面，美国自2001年“9·11”事件发生之后，发布了多份国家生物安全战略，其中2022年10月拜登政府发布的《国家生物防御战略与实施计划》概述了美国政府将如何抓住“决定性十年”推进美国的重要利益，使美国能够战胜其地缘政治竞争对手，再次明确了美国的国家生物安全战略植根于其国家利益，包括维护美国人民安全，扩大其经济繁荣机会，强调“民主价值观”等。

在生物安全立法体系方面，美国采取分立式思维构建法制体系，将生物安全划分为不同的几个模块独立制定法律法规，同时随着时代和技术的发展及时开展生物安全新模块的立法工作以应对新的情况，缩小规范性文件的制定和科技发展之间的时间差（郭仕捷和吴菁敏，2021）。

在生物安全防御能力方面，美国建立了有效的生物安全防御和协调机制，明确各方责任，强调各相关机构的联动协作，注重公众参与，同时联邦政府注重与社会各界建立合作机制，总体提升了美国的生物安全防御能力（王雅丽等，2021）。

二、欧盟

欧盟在生物安全领域制定了多种安全策略和法律法规，同时欧盟各成员国也分别制定了各自的相关法律法规，加强生物技术的研究和应用管理，防范生物安全风险。

在生物安全战略与防御能力建设方面，欧盟启动了多个战略计划。2003年，欧盟通过了首个安全战略文件《一个更安全的欧洲和更美好的世界——欧洲安全战略》（A Secure Europe in a Better World—European Security Strategy），该战略强调了生物武器扩散和疾病传播等对全球安全构成的长期威胁。2008年，发布《欧洲安全战略执行报告》（Report on the Implementation of the European Security Strategy）。2016年，欧盟发布全球战略，《共同愿景，共同行动：一个更强大的欧洲——欧盟共同外交与安全政策的全球战略》（Shared Vision，Common Action：A Stronger Europe—A Global Strategy for the European Union's Foreign and Security Policy）。2007年，欧盟开始《第七框架计划》（Seventh Framework Programme），该计划将卫生与健康、安全列为两大主题，以应对包括新发传染病在内的全球健康问题和关注具有跨国影响力的威胁为目标。2009年6月，欧盟委员会通过了关于化学、生物、放射性和核安全的一系列政策，发布了《欧盟关于化学、生物、辐射和核安全行动计划》（EU Action Plan on Chemical，Biological，Radiological and Nuclear Security），以加强欧盟公民对于这方面威胁的保护。2011年8月，欧盟委员会宣布启动"预测全球新型流行病暴发"（ANTIGONE）项目，该项目重点开发能预防未来流行病的方法，以应对新疾病的暴发（尹志欣和朱姝，2021）。

在生物安全立法体系方面，欧盟将生物安全法律法规分为两类：一类是"水平"立法（horizontal legislation），主要包括基因工程工作人员劳动保护指令、基因修饰微生物的封闭使用指令、基因修饰生物的有意释放指令；另一类是"垂直"立法（或称产品法规）（product legislation），主要包括基因修饰生物产品进入市场的指令、基因修饰生物与病原生物体运输的指令、医药用品指令、饲料添加剂指令和新食品指令等。总之，欧盟的生物安全管理特别注重风险的防范，对于现代生物技术相关活动和产品的管制日趋严格。欧盟建立了《欧洲联盟条约》（Treaty on European Union）等针对各类生物安全威胁的法律法规和管理机制。除统一的法规和战略部署外，欧盟各成员国根据自身的生物安全现状、本国国情和利益，制定了相应的包括转基因生物安全管理在内的法规体系、程序和要求。

近年来，出口管制是欧盟生物安全治理的重点领域，并且欧盟积极参与由美国主导的在防扩散安全倡议协调下的拦截演习和实际操作活动。

三、日本

日本将生物技术视为对经济和社会发展产生重大影响的技术，在大力发展生物技术的同时，注意防范生物安全问题。

日本对生物安全的管理始于20世纪60年代，当时的“四大公害诉讼”运用了新的损害赔偿理论依据，其内容完全能够纳入生物安全损害赔偿制度中，成为日本生物安全损害赔偿的开始。1979年颁布的《重组DNA实验导则》被公认为是日本生物安全立法的起始点。

日本于2019年6月出台了《生物战略2019——面向国际共鸣的生物社区的形成》，该战略确认了生物技术的战略地位，强调重点发展高性能生物材料、生物药物、生物塑料、生物制造系统等9个领域，并展望“到2030年建成世界最先进的生物经济社会”（牛文博等，2021）。

日本在生物安全领域方面的立法主要采取以专门立法为主，其他行政规章制度为辅的模式。传染病防控是日本生物安全战略的首要关注点，日本制定有《传染病法》《新型流感等对策特别措施法》《检疫法》等；此外，在动植物检疫、生物技术安全管理、生物武器防御等方面也制定了相应的法律法规（牛文博等，2021）。

四、俄罗斯

俄罗斯生物安全监管体系由中央统一规划部署，地方政府机构负责具体的执行和监督工作。该体系主要负责对生物威胁和风险进行识别、分析、预测、评估和分级。在俄罗斯中央统一政策的指导和规范下，地方政府机构主要负责生物威胁预警、基因工程管理、人口卫生防疫、兽医和植物检疫等工作。

2015年，俄罗斯出台了《俄联邦化学和生物安全体系建设2015—2020专项计划》，加大用于发展和引进生物技术的投入，有效改善了居民生活环境，还通过国家反恐监测预警防控体系防止了生物恐怖在内的各类生物安全威胁。俄罗斯于2019年出台了《俄罗斯联邦2025年前及未来化学和生物安全政策原则》总统令，规定了生物安全政策执行的目标、优先事项、安全任务及执行机制，并确定了国家生物安全监管措施。随后，2019年8月28日，俄罗斯发布上述总统令的行动计划《化学和生物安全国家政策基本原则》，其内容涉及生物医学、卫生和流行病学、植物检疫、兽医和卫生、环境保护等领域，目的是预防化学与生物威胁，建立和发展相关风险监测系统，从而减少化学和生物因素对环境的不利影响。俄罗斯总统普京在2020年12月30日正式签署了《俄罗斯生物安全法》，该法规范了俄罗斯内部关于生物安全相关的概念、主体、措施等内容，列举了生物威胁的来源及现象，同时强调了国际合作和履行国际义务的规定，该法无论是对俄罗斯国家安全还是对国际生物安全的防范都具有重要意义（李睿思，2020；王丽英和格根其日，2021）。

综上所述，随着全球生物安全问题的日益突出，以欧美为代表的发达国家和地区，以及以我国为代表的部分发展中国家先后制定了本国（地区）的生物安全战略体系、法律体系和政策体系，并建立了相应的风险监测预警体系、应急管理体系、重点领域保障体系和专项协调指挥体系。与发达国家相比，发展中国家在生物安全问题的管控体系和能力方面相对欠缺，具有明显的内部性威胁，同时生物科技在许多战略方向上存在“卡脖子”现象，有隐性的外部性威胁。随着经济社会发展和国际政治经济格局的巨大变革，经过由外到内和由内到外的层层传导、相互作用，发展中国家，特别是相对落后的国家，所面临的形势可能会更加严峻。

第四节 中国生物安全现状与发展

我国面临的生物安全挑战是新发和再发传染病造成难以估量的生命、财产损失，外来入侵生物危害不断加剧，生物技术误用和滥用、生物安全实验室、抗生素耐药性可能产生潜在风险，生物资源和人类遗传资源流失严重，国家利益蒙受巨大损失，生物战威胁将长期存在，生物恐怖袭击不容忽视等。提升我国国家生物安全治理能力，是保护我国人民生命健康、保障民族核心利益、维护社会稳定发展和国家安全的必然要求。

一、重大新发突发传染病和动植物疫情防控

我国长期面临着传染病的威胁，经过多年的努力，目前已建成了基本完善的公共卫生系统。但是，随着全球人员流动和货物运输的日益频繁，以及生态环境的破坏，新发和突发传染病已成为我国面临的重要生物安全问题之一。

（一）新中国成立以来重大传染病概况

据不完全统计，从1949年至今，我国曾多次发生并较大规模流行过鼠疫、天花、麻疹、白喉、病毒性肝炎、SARS、禽流感、甲型H1N1、新冠等40余种传染病。这些传染病每一次的发生和蔓延，不仅危害人民的生命健康，破坏社会的生产生活，也给政治、经济、文化等方面的发展带来了极大的冲击和影响。

新中国成立初期，刚刚经历过战火硝烟，面临的是国内医疗资源极度匮乏，疫病丛生的严重局面。传染病的流行种类多，发病率高，鼠疫、霍乱、麻疹、天花、伤寒、痢疾、斑疹伤寒等危害巨大，血吸虫病、疟疾、麻风病、性病持续流行。其中，鼠疫、霍乱和天花作为广泛流行的重大传染病，是新中国成立后需要重点进行预防和救治的疾病。

新中国成立以来，我国重大传染病防控取得了显著成效，成功消灭了天花，2021年我国获得了世界卫生组织（World Health Organization，WHO）给予的“无疟疾国家”认证，接近消除鼠疫、血吸虫病、霍乱、脊髓灰质炎等传染病。同时，我国在防控新发传染病方面也取得了极大的进步：①新发传染病监测能力提高。我国构建了突发急性传染病预警、监测和实验研究体系，可监测调查、及时发现新传染源或新的病原体及其影响因素，并迅速采取有效措施，控制其扩散和蔓延。②新发传染病研究能力提升。加强针对新发传染病的科学研究，不断破解新发传染病研究难题，提高了传染性病原检测和

感染救治能力。③疫苗药物研发进程加速。新发传染病疫苗药物方面的研发能力快速增强，在新冠疫情暴发后仅几个月即研发出新冠灭活疫苗（刘文宣和刘殿武，2021）。

（二）我国的传染病防控应急处理体系

（1）防控技术和药物储备体系。传染病防治领域的基础研究实践和防治关键技术实现重大突破，新发传染病应对也正从应急处置向主动预防转变。在新发传染病病原学、病原体结构生物学等方面取得了一批国际领先研究成果；在病原监测预警、检测、确诊和患者应急救治等方面突破了一批关键技术；应对重大传染病的中和抗体药物和疫苗的研发能力不断提升。

（2）应急物资储备体系。随着我国应急物资储备的不断发展，应急物资品种日趋增多，各类储备物资规模也不断扩大，储备涉及的经济主体、利益主体也越来越多。随着市场生产能力和流通能力的快速发展，通过签订合同或协议，约定利用市场供应和应急生产，已经建立了部分应急物资的协议储备。在新冠疫情发生以后，产能储备的重要性愈发凸显，使得我国多模式互补的物资储备体系不断优化和健全。

（3）应急反应和处置体系。我国已构建公共卫生应急反应和处置的法律法规体系，建立了中央到地方的四级疾病预防与控制网络和相应的信息发布机制。总体来看，我国公共卫生应急体系与新发再发传染病应急预警和处理机制还有待进一步完善。

二、外来物种入侵防范与生物多样性保护

当前生物入侵已经成为全球性的问题，对各国生态环境、农业发展造成了重大的负面影响，同时也被认作是21世纪五大全球性环境问题之一（赵彩云，2016；Caffrey et al.，2014；Doherty et al.，2016；陈宝雄等，2020）。

（一）我国外来生物入侵总体状况

有数据表明，我国是遭受生物入侵威胁最大和损失最为严重的国家之一。我国外来植物的入侵地点主要分布在东南沿海地区，其次为西南地区及辽东半岛。近年来，宠物热、网购热、不规范放生活动等一系列新情况的出现，使得外来物种入侵途径变得更加多样化和复杂化，监管和防控工作难度进一步加大，防控形势变得更加严峻（付伟等，2017；Shackleton et al.，2019）。

1. 入侵生物种类多

生态环境部2021年发布的《2020中国生态环境状况公报》显示，我国的外来入侵物种有660多种；219种外来入侵物种已入侵国家级自然保护区，其中48种外来入侵物种被列入《中国外来入侵物种名单》。世界自然保护联盟公布的全球100种最具威胁的外来入侵生物中，我国就有51种。近10年中，新入侵物种有55种，入侵物种新增频率是20世纪90年代前的30倍之多，且该趋势还在不断地增加（冼晓青等，2018）。

2. 入侵生物分布广

我国31个省（自治区、直辖市）有入侵生物记录，半数以上县域有入侵物种分布，涉及城市居民区、森林、农田、草地、水域、湿地、岛屿等几乎所有的人工或自然生态

系统。全国外来入侵物种发生面积已经超过0.25亿hm^2，其中80%以上的入侵物种出现在农田等人为干扰频繁的生境中（陈宝雄等，2020）。

3. 入侵生物危害严重

入侵生物带来的危害严重，每年造成我国直接经济损失达2000亿元，其中农业损失占61.5%（马玉忠，2009）。由于许多国家将入侵生物问题作为非关税壁垒，限制了我国农产品进入国际市场，给我国出口贸易带来了巨大的经济损失。此外，外来入侵生物还破坏了当地物理、化学、水文等环境，严重威胁其他生物的生存，改变了当地的生态系统结构，导致生物多样性降低，影响水利工程安全，甚至带来人畜健康危害（陈兴，2017）。

（二）我国外来生物入侵管理

我国制定了《中华人民共和国进出境动植物检疫法》《中华人民共和国动物防疫法》《中华人民共和国海洋环境保护法》《中华人民共和国草原法》《中华人民共和国农业法》《中华人民共和国野生植物保护条例》《中华人民共和国进出境动植物检疫法实施条例》《植物检疫条例》等多部法律法规。现有的法律法规只针对已经查明的危害较大的生物，对于有意和无意引进的外来生物没有具体的识别、拒绝和风险评估机制（杨健，2013）。

我国建立了外来入侵物种风险评估机制，加强对外来入侵物种认定标准、扩散规律、危害机制、损失评估等方面的研究。在关键技术研发方面，针对口岸查验、应急扑灭、生物防治和生态修复等关键环节，加快研发快速鉴定、高效诱捕、生物天敌等实用技术、产品与设备，形成可复制、易推广的综合治理技术模式和成果。此外，国家也制定和完善了农业、林业外来物种入侵突发事件应急预案，外来物种风险等级划分、检测鉴定、调查监测、综合防控等技术标准，建立外来入侵物种防控部际协调机制，建立外来物种入侵防控专家委员会，进一步健全应急处置机制。

三、生物技术研究、开发与应用

现代生物技术是以1953年美国科学家詹姆斯·沃森（James Watson）和英国科学家弗朗西斯·克里克（Francis Crick）发现DNA双螺旋结构为开端，以生命科学为基础，利用生物体或其组成部分，设计构建具有预期性状的新物种或新品系，并结合工程技术手段和其他基础学科的科学原理，为人类生产出所需的产品或提供新型服务的综合性技术体系（刘莹，2007；陈柳，2021）。

（一）我国现代生物技术发展现状

现代生物技术是21世纪科技创新的前沿，也是当前新一轮科技革命的重要推动力量，对国家未来新兴产业的形成与发展具有引领性作用，同时有助于提高国家科学研究与产业发展的国际影响力和核心竞争力。近年来，新冠病毒等导致的传染病大流行引发了全球科学界的积极响应，我国科研人员聚焦疫苗、药物、检测技术等方向，开展应急攻关，取得了一系列重要成果，涵盖病原微生物的结构机制、疫苗研发、药物研发和病原体检测技术开发等。合成生物学和基因编辑是近年来发展迅猛的新兴前沿交叉学科，中国在这些领域也取得了突破性进展，包括首次实现了淀粉的从头合成，基因编辑技术评价、工具优化和开发等。

（二）我国生物技术安全管理

近年来，我国针对生物技术可能产生的风险制定了相应的管理制度。在生态安全问题方面，目前主要参考基因技术和转基因生物管理规范，如《基因工程安全管理办法》《农业转基因生物安全管理条例》《农业转基因生物安全评价管理办法》《农业转基因生物（植物、动物、动物用微生物）安全评价指南》及一系列检测标准。此外，为了确保前沿生物技术的健康有序发展，2017年，科学技术部（简称科技部）出台了《生物技术研究开发安全管理办法》，对风险等级及法律责任等进行了规范；2019年，国家卫生健康委员会颁布了《生物医学新技术临床应用管理条例（征求意见稿）》，将合成生物学列为高风险生物医学新技术，并提出了临床研究分级管理办法；2019年，科技部颁布了《生物技术研究开发安全管理条例（征求意见稿）》，提出“高风险、一般风险、低风险”的分级管理办法，并建立了风险防控系统且明确了法律责任（王盼娣等，2021）。在伦理问题方面，我国分别于2003年和2015年颁布了《人胚胎干细胞研究伦理指导原则》和《干细胞临床研究管理办法（试行）》，明确了生物技术研发和应用中应当遵守的一些行为准则，强调合成生物学的研发也应遵循这些原则和办法。

四、实验室生物安全管理

生物安全实验室作为保障生物安全的桥头堡，主要用于具有传染可能性的生物因子或动物实验操作，是开展生物研究工作和传染病预防与检测的主要实验场所。研究人员需要科学、规范地管理、操作实验室安全设备和个人等防护屏障，从而避免或管控有可能出现的生物危害，进而保障实验室生物安全（潘越和吴林根，2016；章欣，2016；翁景清等，2016）。

（一）我国生物安全实验室发展现状

我国生物安全实验室的发展相较于西方发达国家起步较晚，与其相关的法律法规建设也相对滞后。20世纪80年代，因研究流行性出血热病毒传播途径的需要，中国人民解放军军事医学科学院建成了国内首个高等级生物安全实验室，并且自主研发出了一整套相关的防护与运行设备，制定了一系列相关操作流程和要求。20世纪90年代，我国从国外引进了生物安全三级实验室，随后建造了一批生物安全二级和三级实验室用于艾滋病相关的研究（Wu，2019）。截至2020年10月，我国通过科技部建设审查的高等级生物安全实验室超过80家，初步形成了我国的高等级生物安全实验室体系。这些实验室的建设和运行为我国生物安全科技发展提供了重要的平台保障（刘琦等，2021）。

（二）我国生物安全实验室管理

防止实验室的感染和泄漏是保证实验室安全的重要内容。为应对实验室生物发展所带来的风险，国际组织和发达国家相继出台了管理规范、操作指南和法律法规等，以保障实验室生物安全运作。我国针对实验室生物安全，出台了一系列法律法规、指南或标准，包括《病原微生物实验室生物安全管理条例》《病原微生物实验室生物安全环境管理办法》《微生物和生物医学实验室生物安全通用准则》《实验室　生物安全通用要求》《高等级病原微生物实验室建设审查办法》《生物安全实验室建筑技术规范》《兽医实验室生物安全管理规范》等。这些法律、法规和标准的出台，保证了生物安全实验室合法合规、安全稳定地运行（葛倩倩，2021）。《中华人民共和国生物安全法》的颁布，为实验室生物安全法律法规的制定和完善提供了新的方向。

五、微生物耐药

微生物耐药问题是全球范围内普遍存在且日益严重的公共卫生问题。早在20世纪，WHO和欧美国家就为应对这一问题采取了一系列的治理行动。近十年来，随着多重耐药性的“超级细菌（superbug）”的出现，微生物耐药问题受到了空前关注。

（一）我国微生物耐药发展现状

我国是世界上最大的抗生素生产国和消费国，2013年我国抗生素使用量达16.2万t，其中48%为人用，52%为兽用（刘胤岐等，2019）。研究表明，人和养殖动物大量服用的抗生素绝大部分以原形排出体外，进入水环境中，再通过水产等食物进入人体内，从而增加了微生物耐药性并影响人体健康。我国抗生素的生产量和人均消耗量远高于美国等发达国家，由此导致的微生物耐药问题十分严重。

（二）我国微生物耐药管理

在微生物耐药性监测方面，2005年，卫生部（现国家卫生健康委员会）、国家中医药管理局和总后卫生部联合印发了《关于建立抗菌药物临床应用和细菌耐药监测网的通知》，并建立了全国“抗菌药物临床应用监测网”和“细菌耐药监测网”，为我国政府及时掌握全国抗生素临床应用和微生物耐药形势，研究制定相关的管理政策提供了科学依据。

在微生物耐药治理方面，我国为减少抗生素不合理使用并控制微生物耐药问题，已先后制定了一系列的政策措施，包括《允许作饲料药物添加剂的兽药品种及使用规定》《中华人民共和国动物及动物源食品中残留物质监控计划》《处方管理办法》《全国抗菌药物联合整治工作方案》《抗菌药物临床应用管理办法》《全国兽药（抗菌药）综合治理五年行动方案（2015—2019年）》《全国药品流通行业发展规划（2016—2020年）》《遏制细菌耐药国家行动计划（2016—2020年）》等，从多领域应对和治理微生物耐药问题，以应对日益严峻的微生物耐药形势。

六、防范生物恐怖袭击与防御生物武器威胁

传统生物武器威胁的客体是病原微生物或其产生的毒素，其危险等级与重大传染病

疫情近似同级，但其发生条件包含了人为因素——国家行为体。截至2024年1月，《禁止生物武器公约》（Biological Weapons Convention，BWC）共有中、美、英、俄等185个缔约国，表明了国际社会对禁止生物武器的鲜明态度。2015年，全国人民代表大会常务委员会颁布了《中华人民共和国反恐怖主义法》，该法明确指出，我国反对一切形式的恐怖主义，对于可能引起生物恐怖袭击或制造生物武器的组织机构的活动等进行严格监管。我国全面、严格履行《禁止生物武器公约》义务，强化国家生物安全治理体系建设，将生物安全纳入国家安全体系，颁布并实施《中华人民共和国生物安全法》，建立国家生物安全工作协调机制，完善生物安全风险防控基本制度。由天津大学牵头的《生物安全科学家行为准则天津指南》作为中国提出的道德准则成为WHO发布的《负责任地使用生命科学的全球指导框架》高级别原则。

七、人类遗传资源与生物资源安全

人类遗传资源与生物资源是人类赖以生存的重要物质基础，也是保障国家安全的重要战略资源。随着生物技术的迅猛发展，农业、医药、化工和环保等产业对生物遗传资源的依赖性日益增加，生物遗传资源在解决粮食、医疗健康和环境等问题方面发挥着重要作用，对维护生态安全和生物多样性具有重要的意义。因此，人类遗传资源与生物资源的收集、保藏、保护与利用已成为国家战略的重要组成部分。

中国是世界上生物资源最丰富的国家之一，无论是在种类还是在数量上都居世界前列。《中国生物物种名录》（2023版）共收录物种及种下单元148 674个，其中物种135 061个，种下单元13 613个，包括动物界物种及种下单元69 658个，植物界物种及种下单元47 100个，真菌界物种及种下单元25 695个，原生动物界物种及种下单元2566个，色素界物种及种下单元2381个，病毒界物种及种下单元805个，细菌界物种及种下单元469个。中国的生物资源在世界生物资源中占有重要地位，保护好中国的生物资源不仅对中国社会经济和子孙后代持续发展具有重要意义，对保护全球环境和促进人类社会进步同样具有重要意义。

我国疆域广阔、人口和民族众多，人类遗传资源极其丰富。我国针对人类遗传资源这一特殊的生物资源专门制定了相关的措施。1998年，我国颁布和实施的《人类遗传资源管理暂行办法》明确了国务院科学技术行政主管部门和卫生行政主管部门在人类遗传资源管理模式中的主体责任，并且设立人类遗传资源管理办公室。依据为《中华人民共和国行政许可法》《中华人民共和国人类遗传资源管理条例》《科技部办公厅关于实施人类遗传资源采集、收集、买卖、出口、出境行政许可的通知》等开展人类遗传资源保护与管理工作（石锦浩和黎爱军，2019）。

八、其他与生物安全相关的活动

其他与生物安全相关的活动，主要是生物技术与其他科技发展所产生的交叉领域，如网络安全。网络信息技术赋能生物科技的成果为人类社会带来了颠覆性变革，但相关系统、软件、算法漏洞及网络病毒等安全隐患却客观存在，加上生物科技的信息化、网络化的转型，为生物武器的制造和扩散提供了更多信息操控渠道，致使生物安全的受攻击面扩大到整个生物科技研发与应用的供应链和产业链，一系列承载着关乎国计民生的重要生物实验运行、信息分析、物质合成等任务的基础设施将面临非法访问、远程操控、恶意利用及失窃泄密等重大风险，严重威胁着人民健康和社会稳定。

除了以上领域涉及的生物安全问题外，随着我国科学技术的快速发展，对特殊环境和未知领域的探索不断深入，深海、深地、深空等方面的生物安全风险逐渐显现出来。了解这些特殊领域存在的生物资源，分析人类在开发和探索过程中可能出现的生物安全风险，并针对这些风险建立相应的管控措施，对保证人类有效开展科学研究探索并保障生物安全具有重要的意义。

本章小结

科技进步增强了人类对天然生物危害因子的操控能力，在诱发新的生物安全危害形态的同时，也赋予了生物安全客体的源头难以追溯性、生物安全主体的多元性、生物安全危害演变机制的复杂性等特点。随着科技的发展，部分行为体可能为了追逐绝对生物安全或战略经济利益，促进基于生物危害因子的改造，使得生物经济安全、网络生物安全、物种群体操控等生物安全形态浮现。而且可以预计，未来将会有更多复杂、混合、交织的生物安全形态，既有的生物安全类型也会呈现出全新的面貌。随着生物科技与生物安全推动人类社会发展进程的作用日益显著，21世纪或将成为生物安全的时代。国际社会需要加强防范，并改善监测系统，以预测、快速识别和应对下一次公共卫生危机，总体提升全球的生物安全能力。

复习思考题

1. 生物安全的意义有哪些?
2. 生物安全有哪些特征?
3. 新中国国家安全观是如何演变的?
4. 我国不同领域的生物安全风险有哪些?
5. 国际上生物安全的现状如何?

（梁慧刚　黄　翠　朱小丽　王　鑫　袁志明）

主要参考文献

艾瑞克·乐华. 2019. 人类新传染病的起源. 国际人才交流，(11)：22-23.

曹弘扬，汪庆，赵佳丽，等. 2022. 食源性抗生素耐药菌的污染现状、传播扩散及健康风险研究进展. 中国抗生素杂志，47(10)：1002-1012.

陈宝雄，孙玉芳，韩智华，等. 2020. 我国外来入侵生物防控现状、问题和对策. 生物安全学报，29(3)：157-163.

陈柳. 2021. 现代生物技术发展对人类社会的影响及中国的应对. 大连理工大学学报（社会科学版），42（4）：123-128.
陈兴. 2017. 外来生物入侵对农业生物多样性的危害及预防. 现代农村科技，（11）：31-32.
丁晓阳. 2003. 浅论我国生物安全政策. 科技进步与对策，（12）：32-33.
付伟，王宁，庞芳，等. 2017. 土壤微生物与植物入侵：研究现状与展望. 生物多样性，25（12）：1295-1302.
葛倩倩. 2021. 实验室生物安全法律规制之完善. 合肥：中国科学技术大学硕士学位论文.
郭仕捷，吴菁敏. 2021. 我国《生物安全法》的困境与突破. 河北工业大学学报（社会科学版），13（2）：61-67.
贺福初，高福锁. 2014. 生物安全：国防战略制高点. 求是，（1）：53-54.
黄翠，汤华山，梁慧刚，等. 2021. 全球生物安全与生物安全实验室的起源和发展. 中国家禽，43（9）：84-90.
李睿思. 2020.《俄罗斯生物安全法》分析及启示. 西伯利亚研究，47（5）：45-55，118.
凌胜利，杨帆. 2019. 新中国70年国家安全观的演变：认知、内涵与应对. 国际安全研究，37（6）：3-29，153.
刘琦，卢耀勤，刘涛. 2021. 国内外生物安全实验室的研究进展. 职业与健康，37（12）：1724-1728.
刘万侠，曹先玉. 2020. 国家总体安全视角下的生物安全. 世界知识，（10）：14-17.
刘万侠，李小鹿，沈志雄，等. 2020. 生物安全：不再是国家安全配角. 世界知识，（10）：12-13.
刘文宣，刘殿武. 2021. 我国重大传染病防控成就举世瞩目. 疑难病杂志，20（11）：1081-1084.
刘胤岐，孙强，阴佳，等. 2019. 中国抗生素耐药性治理的政策演变及启示. 中国卫生政策研究，12（5）：44-48.
刘莹. 2007. 现代生物技术对社会经济发展的影响. 安徽农学通报，（24）：61-62，44.
刘跃进. 2014. 中国官方非传统安全观的历史演进与逻辑构成. 国际安全研究，32（2）：122.
罗亚文. 2020. 总体国家安全观视域下生物安全概念及思考. 重庆社会科学，（7）：63-72.
马一鸣，周晓，田云青，等. 2021. 生物遗传资源保藏技术与生物安全材料的研究进展. 应用化学，38（5）：482-497.
马玉忠. 2009. 外来物种入侵中国每年损失2000亿. 中国经济周刊，（21）：43-45.
倪世雄. 2018. 当代西方国际关系理论. 上海：复旦大学出版社：384.
牛文博，李晓佳，于恒智，等. 2021. 生物安全立法比较研究. 口岸卫生控制，26（1）：32-38.
潘越，吴林根. 2016. 生物类实验室安全管理探索. 实验室科学，19（3）：218-220.
钱迎倩，魏伟. 2003. 再论生物安全. 广西科学，（10）：126-128，134.
石锦浩，黎爱军. 2019. 人类遗传资源管理与生物安全现状. 解放军医院管理杂志，26（8）：712-714.
谭万忠，彭于发. 2015. 生物安全学导论. 北京：科学出版社.
万方浩，郭建英，王德辉. 2002. 中国外来入侵生物的危害与管理对策. 生物多样性，（1）：119-125.
汪梅青. 2020. 微生物学实验室生物安全问题探讨. 智慧健康，6（6）：33-34，36.
王灿发. 2000. 创建框架性法规体系：生物安全管理立法初探. 国际贸易，（7）：34-40.
王从彦，刘丽萍. 2021. 新时代下生物入侵预警防控管理问题分析. 环境与发展，33（2）：192-201.
王国欢，白帆，桑卫国. 2017. 中国外来入侵生物的空间分布格局及其影响因素. 植物科学学报，35（4）：513-524.
王丽英，格根其日. 2021. 俄罗斯生物安全法述评. 口岸卫生控制，26（1）：45-49.

王明远．2008．“转基因生物安全”法律概念辨析．法学杂志，1：80．
王盼娣，熊小娟，付萍，等．2021．《生物安全法》实施背景下对合成生物学的监管．华中农业大学学报，40（6）：231-245．
王小理．2020．生物安全时代：新生物科技变革与国家安全治理．中国生物工程杂志，40（9）：95-109．
王小理，周冬生．2019．面向2035年的国际生物安全形势．学习时报，2019-12-20（002）．
王小粒．2020．生物武器威胁将长期存在．文摘报，2020-11-12（03）．
王雅丽，王利，季新成．2021．美国国门生物安全法律法规及管理现状．口岸卫生控制，26（1）：39-44．
王子灿．2006．Biosafety与Biosecurity：同一理论框架下的两个不同概念．武汉大学学报（哲学社会科学版），（2）：254-258．
翁景清，李婵，吕火烊，等．2016．浙江省实验室生物安全专项督察结果分析．中国卫生检验杂志，26（18）：2726-2728，2731．
冼晓青，王瑞，郭建英，等．2018．我国农林生态系统近20年新入侵物种名录分析．植物保护，44（5）：168-175．
徐友刚．2003．考察美国生物安全立法情况的报告．科技与法律，（1）：77-79．
薛杨，俞晗之．2020．前沿生物技术发展的安全威胁：应对与展望．国际安全研究，38（4）：136-156，160．
闫小玲，刘全儒，寿海洋，等．2014．中国外来入侵植物的等级划分与地理分布格局分析．生物多样性，22（5）：667-676．
杨光海．2008．安全观的演进：从传统到非传统的转变．教学与研究，（3）：74-75．
杨健．2013．我国外来生物入侵的现状及管理对策研究．荆州：长江大学硕士学位论文：45-50．
尹志欣，朱姝．2021．欧盟保障生物安全措施对我国的启示．科技中国，（2）：26-28．
袁志明，刘铮，魏凤．2013．关于加强我国公共卫生应急反应体系建设的思考．中国科学院院刊，28（6）：712-715．
章欣．2016．生物安全4级实验室建设关键问题及发展策略研究．北京：中国人民解放军军事医学科学院博士学位论文：13-14．
赵彩云．2016．中国国际贸易往来中的“外来客”．世界环境，（S1）：84-85．
郑涛．2011．我国生物安全学科建设与能力发展．军事医学，35（11）：801-804．
朱康有．2020．21世纪以来我国学界生物安全战略研究综述．人民论坛・学术前沿，（20）：58-67．
朱永彪．2012．中国国家安全观研究（1949—2011）．兰州：兰州大学博士学位论文．
Caffrey J M, Baars J R, Barbour J H, et al. 2014. Tackling invasive alien species in Europe: The top 20 issues. Management of Biological Invasions, 5 (1): 1-20.
Ding J, Mack R N, Lu P, et al. 2008. China’s booming economy is sparking and accelerating biological invasions. BioScience, 58 (4): 317-324.
Doherty T S, Glen A S, Nimmo D G, et al. 2016. Invasive predators and global biodiversity loss. Proceedings of the National Academy of Sciences of the United States of America, 113 (40): 11261-11265.
Hodgson A, Maxon M E, Joe A. 2022. The U. S. bioeconomy: charting a course for a resilient and competitive future. Industrial Biotechnology, 18 (3): 115-136.
Kupferschmidt K. 2017. How Canadian researchers reconstituted an extinct poxvirus for $100,000 using

mail-order DNA. https://www.science.org/content/article/how-canadian-researchers-reconstituted-extinct-poxvirus-100000-using-mail-order-dna [2023-05-19].

Murray C J L, Ikuta K S, Sharara F, et al. 2022. Global burden of bacterial antimicrobial resistance in 2019: a systematic analysis. Lancet, 399: 629-655.

Noyce R S, Lederman S, Evans D H. 2018. Construction of an infectious horsepox virus vaccine from chemically synthesized DNA fragments. PLoS One, 13 (1): e0188453.

Saharan V V, Verma P, Singh A P, et al. 2020. High prevalence of antimicrobial resistance in *Escherichia coli*, *Salmonella* spp. and *Staphylococcus aureus* isolated from fish samples in India. Aquac Res, 51 (3): 1200-1210.

Shackleton R T, Shackleton C M, Kull C A. 2019. The role of invasive alien species in shaping local livelihoods and human well-being: a review. Journal of Environmental Management, 229: 145-157.

Wang C Y, Jiang K, Liu J, et al. 2018. Moderate and heavy *Solidago canadensis* L. invasion are associated with decreased taxonomic diversity but increased functional diversity of plant communities in East China. Ecological Engineering, (112): 55-64.

Wang C Y, Wei M, Wang S, et al. 2020. *Erigeron annuus* (L.) Pers. and *Solidago canadensis* L. antagonistically affect community stability and community invasibility under the co-invasion condition. Science of the Total Environment, (716): 137128.

WHO. 2016. Joint External Evaluation tool: International Health Regulations. Geneva: WHO.

Williams S. 2019. CDC Shuts Down Army Lab's Disease Research. https://www.the-scientist.com/news-opinion/cdc-shuts-down-army-labs-disease-research-66235 [2023-05-22].

Wu G. 2019. Laboratory biosafety in China: Past, present, and future. Biosaf Health, 1 (2): 56-58.

第二章 生物安全风险管理

学习目标

1. 掌握生物因子的概念和常见的生物因子类型；
2. 熟悉风险管理的基本要求和实施过程；
3. 掌握风险评估的主要步骤和常用技术；
4. 了解并掌握风险识别的主要要素。

任何类型和规模的组织都面临着风险，组织的所有活动也都涉及风险。生物安全风险评估是各组织或机构开展风险管理工作的基础和前提，是确保生物安全的核心工作之一，对于指导风险控制措施的选择和确保生物安全至关重要。风险评估的目的不仅是要识别出各种可能存在的生物安全风险，而且需要就资源状况、保障能力甚至生物安保措施等进行充分分析，以便有针对性地制定和完善生物安全风险控制措施。风险评估管理保证组织或机构恰当地应对风险，提高风险应对的效率和效果，防止生物因子及其相关活动对人员、社区、环境等造成潜在的危害，避免由风险失控而导致的经济损失等。

本章从风险管理的策划与准备、风险评估的组织与实施、风险管理的监督检查、评估结果的运用与更新、风险评估的记录与报告、风险评估的技术等要素出发，并重点针对病原微生物实验室风险评估与管理进行详细介绍，使读者了解生物安全风险评估和管理的必要性与基本程序。

第一节 生物因子的概念和类型

生物因子（biological factor）是指动物、植物、微生物、生物毒素及其他生物活性物质（许安标，2021）。这些生物因子（如外来入侵物种、可能导致重大新发突发传染病和动植物疫情的病原体等）和相关因素（如病原微生物实验室等）可能对人员健康、生态安全、经济发展、社会稳定等带来威胁，需要采取系列措施有效防范和应对这些生物风险，以控制或减轻风险，最终维护生物安全（中国现代国际关系研究所，2021）。

生物安全相关活动和生物因子见表2-1。

表2-1 生物安全相关活动和生物因子

序号	生物安全相关活动	涉及的生物因子
1	人类、动物传染病暴发流行	引起传染病和动物疫情的病原微生物，包括病毒、细菌、真菌、支原体、原生生物和寄生虫等

续表

序号	生物安全相关活动	涉及的生物因子
2	植物疫病暴发流行	引起植物疫病的真菌、细菌、病毒、昆虫、线虫、杂草、害鼠、软体动物等
3	生物技术研究、开发和应用	转基因农产品、生物两用品等
4	病原微生物实验室开展病原体操作和科学研究	病原微生物菌（毒）种、样本、疫苗、实验动物、生物毒素、植物有害生物等
5	人类遗传资源和生物资源的流失与管理	人类遗传样品，珍贵、特有濒危的动植物生物样品等
6	外来物种入侵和生物多样性	外来入侵物种，包括植物、动物和微生物等
7	生物恐怖和生物武器的威胁	用于生物恐怖活动、制造生物武器的生物体、生物毒素等

一、病原微生物

病原微生物（pathogenic microorganism），是指可以侵犯人、动物或植物等引起感染甚至传染病的微生物，包括病毒、细菌、真菌、支原体、原生生物和寄生虫等。

（一）病毒

病毒（virus）是一种个体微小、结构简单的非细胞生命形态。病毒仅含一种核酸（DNA或RNA），主要由核酸和蛋白质外壳构成［朊病毒（prion）除外，其为仅由蛋白质构成的具感染性的生物因子］，严格活细胞内寄生，为以复制方式增殖的非细胞型生物。病毒只能利用宿主的代谢系统合成自身的核酸和蛋白质，对抗生素不敏感。

大多数病毒会受到温度、酸碱度（pH）、射线、湿度等物理因素的影响。多数病毒耐冷不耐热，在pH6～8比较稳定，在50～60℃ 30min或pH5.0以下、pH9.0以上条件下，或者在γ射线和X射线及紫外线的照射下可失去活性。病毒对化学因素的抵抗力一般较细菌低。在含脂溶剂、醛类、氧化剂、卤素及其化合物的环境中，病毒的包膜、衣壳蛋白、核酸等组成部分均会受到影响，从而失去感染活性。

病毒可依据基因组结构、衣壳对称性、包膜、粒子大小、生物学特性等进行分类。根据传播途径或感染部位，病毒可分为虫媒病毒［如登革病毒（dengue virus）］、呼吸道病毒［如流感病毒（influenza virus）］、肠道病毒［如诺如病毒（norovirus）］和性传播病毒［如艾滋病病毒，又称人类免疫缺陷病毒（human immunodeficiency virus，HIV）］等。依据核酸组成，病毒可分为DNA病毒和RNA病毒。依据mRNA生成机制，巴尔的摩分类（Baltimore classification）系统将病毒分为7类（图2-1）（Koonin et al.，2021）。根据有无包膜，病毒可分为包膜病毒［如狂犬病毒（rabies virus）、严重急性呼吸综合征冠状病毒（severe acute respiratory syndrome coronavirus）等］和无包膜病毒［如柯萨奇病毒（Coxsackie virus）、腺病毒（adenovirus）等］。

（二）细菌、真菌、支原体

1. 细菌

细菌（bacterium）是一类具有细胞壁，以无性二分裂方式进行繁殖的单细胞原核细

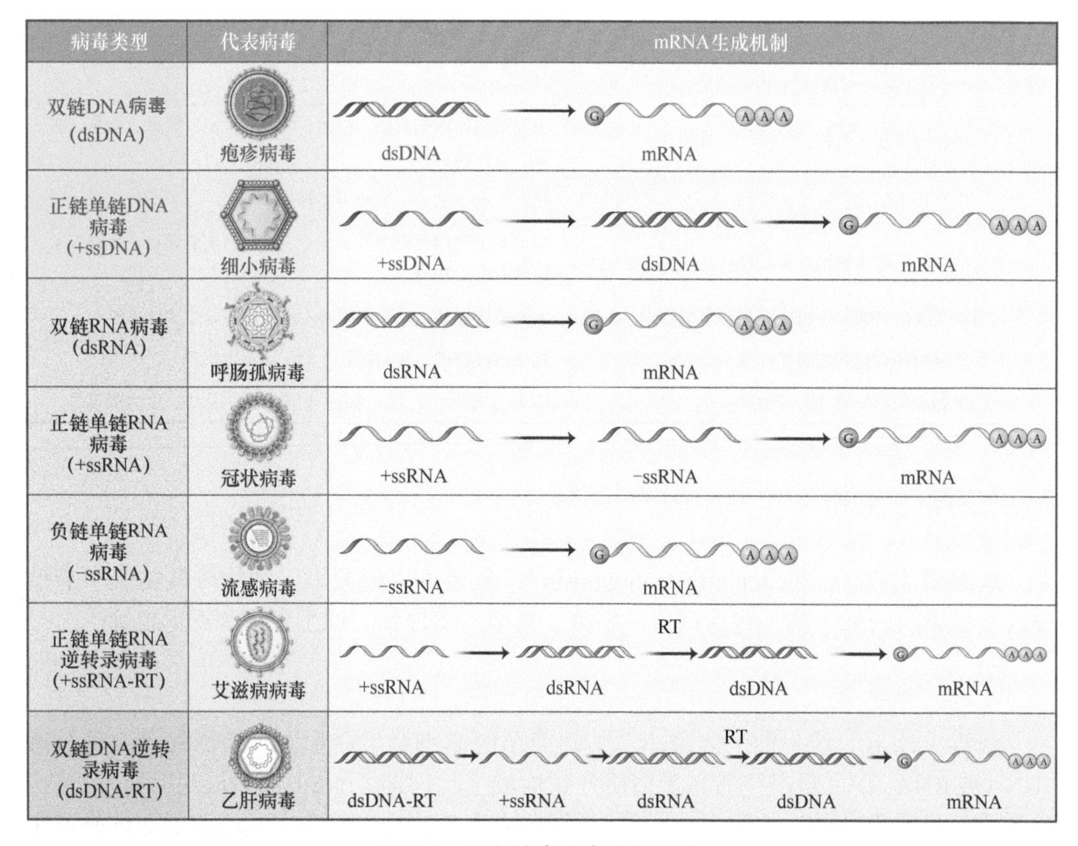

图2-1　巴尔的摩病毒分类系统

胞型微生物。

细菌通常体积微小，肉眼不可见，需要用光学显微镜才能观察到。细菌按其外形可主要分为三类，即球菌（cocci）、杆菌（bacilli）和螺旋体（spirochetes）（图2-2）（Larry，2022）。球菌形态多数为圆球或近似圆球形态，圆球的直径为0.7～1.2μm。在球菌繁殖过程中会呈现多个菌体粘连的状态，根据其排列方式可以分为双球菌（*Diplococcus* sp.）、链球菌（*Streptococcus* sp.）、四联球菌（*Micrococcus tetragenus*）、八叠球菌（*Sarcina* sp.）、葡萄球菌（*Staphylococcus* sp.）。大多数杆菌呈现为棒杆状，除大小、长短、粗细存在差异以外，棒杆状的形态也有所不同，有的菌体两端圆钝，有的两端细尖，也有的菌体末端较为膨大。大多数杆菌中等大小，长2～5μm，宽0.3～1μm。杆菌排列形式不固定，存在较为分散，可以成对出现，也可以“V”形等形式排列存在。螺旋菌形态呈现弯曲状，菌体弯曲数目不等。有的菌体呈现一个弧状弯曲，有的菌体有多个弯曲形态存在。

细菌引起宿主疾病的能力称为致病性（pathogenicity）。细菌的致病性具有宿主特异性，可分别引起人类、动物或植物的疾病，有的细菌也可以引起多种宿主产生疾病。细菌致病的能力称为毒力（virulence）。致病菌的毒力强弱不一，毒力与感染的宿主种类、菌株种属等因素相关。细菌可以通过呼吸道、消化道、接触、节肢动物叮咬等传播途径感染。由细菌感染引起的疾病称为细菌性疾病，如肺结核、细菌败血症等。

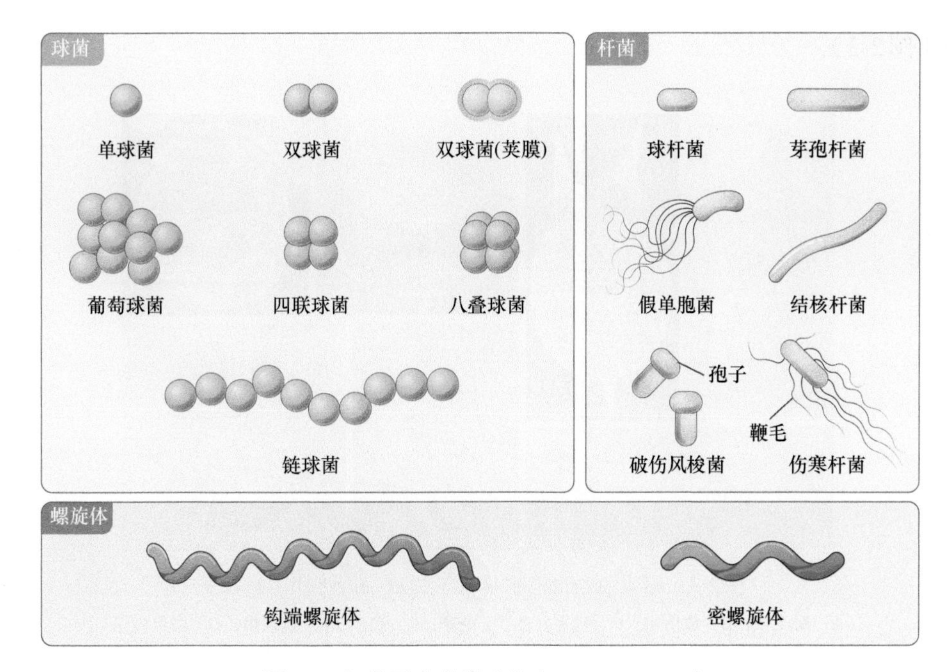

图2-2　细菌形态分类（仿自Larry，2022）

2. 真菌

真菌（fungus）是一类具有典型细胞核、有核膜和核仁、胞质内有完整的细胞器、无根茎叶、不含叶绿素、无光合色素，细胞壁含几丁质和纤维素的单细胞或多细胞异养真核细胞型微生物。自然界中真菌种类繁多，约有10万种，但已知引起人类疾病的只有270余种。由真菌引起的疾病称为真菌病（mycosis），真菌感染也会使机体产生严重的生理和病理反应，有的还可以引起超敏反应。

真菌的耐热性较低，在60～70℃ 1h的条件下即可失去活性。对干燥和紫外线的耐受力较强，但对1%～3%苯酚溶液、2.5%碘酒、2%甲紫和10%甲醛溶液则不耐受。真菌对常用的抗生素如青霉素、链霉素等不敏感，但对制霉菌素、两性霉素B、酮康唑等具有一定的敏感性。

3. 支原体

支原体（mycoplasma）是一种没有细胞壁结构的原核生物。支原体体积较小，可以通过微生物过滤器，在培养基上形成的菌落直径为0.1～0.3μm。支原体的繁殖方式多样，包括出芽、断裂等，二分裂是其主要的繁殖方式。支原体在环境中较为常见，在人体中，支原体主要存在于呼吸道或泌尿生殖道等部位。

（三）原生生物和寄生虫

1. 原生生物

原生生物（protist）是一种最为简单的真核生物。多数体积微小、单细胞且有细胞核和细胞器，部分原生生物具有鞭毛或纤毛，可以借助鞭毛或纤毛移动，作为细胞质延伸形式外覆细胞膜。原生生物主要分为藻类、原生菌类和原生动物类，形态具有多样性（图2-3）。

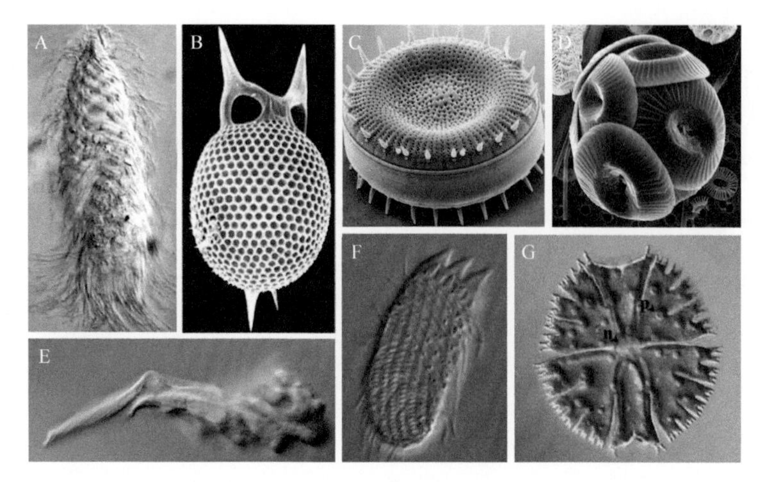

图2-3 原生生物形态多样性（引自Marshall，2018）

A. 鞭毛虫；B. 放射虫；C. 硅藻；D. 定鞭藻；E. 滴虫；F. 冠须虫；G. 微星鼓藻

2. 寄生虫

寄生虫（parasite）是一类以寄生为生存方式的低等真核生物，属于无脊椎动物，成虫形态肉眼可见。寄生虫可以在宿主、寄主体内（如血吸虫、蛔虫、钩虫）或附着于其体外（如蚂蟥等）获取营养从而维持生存、发育及繁殖。寄生虫从宿主获取营养，同时阻碍宿主的营养吸收，从而影响宿主的生活。寄生虫的生长发育可分为多个阶段：虫卵、幼虫、若虫、成虫。多数寄生虫在成虫时期具有感染性，如蛔虫、华支睾吸虫等，但是也有部分寄生虫在幼虫期间具有感染性，如旋毛虫、猪带绦虫等，其中血吸虫在虫卵阶段具有感染性。

二、植物有害生物

在《国际植物保护公约》（International Plant Protection Convention，IPPC）中，“植物有害生物”（plant pest）又称为“有害生物”（pest）。有害生物主要包括害虫、病原真菌、病原细菌、病毒类、杂草、线虫及一些软体动物，如非洲大蜗牛等（中华人民共和国国家质量监督检验检疫总局和中国国家标准化管理委员会，2009；中华人民共和国国家质量监督检验检疫总局和中国国家标准化管理委员会，2008a；农业部，2005a；农业农村部等，2022）。

（一）管制性有害生物和非管制性有害生物

有害生物可以随着国际贸易植物及其产品传播。因此，根据是否需要在国际贸易中进行管制，即采取植物港口隔离检疫或植物卫生措施，将有害生物分为管制性有害生物（regulated pest）和非管制性有害生物（non-regulated pest）（中华人民共和国国家质量监督检验检疫总局和中国国家标准化管理委员会，2007；李尉民，2020）。

管制性有害生物也称限定性有害生物，是指本国或本地区没有的，或者有但没有广泛分布，即没有达到生物学极限，或者正在被官方进行管制的具有潜在经济重要性的有害生物，包括港口隔离防疫性有害生物和管制的非港口隔离防疫性有害生物。

非管制性有害生物是指本国或本地区广泛分布，没有被官方控制的有害生物。非管制性有害生物可能产生非植物卫生性质（如商业）的不可接受的影响（即破坏），对以这种方式遭受损害的植物采取的措施不属于植物卫生措施。

（二）害虫

通常把危害各种植物的昆虫和螨类称为害虫，把由它们引起的各种植物伤害称为虫害。昆虫和螨类均属于节肢动物门，前者属于昆虫纲，后者属于蛛形纲。在栽培植物中，几乎没有不受昆虫危害的植物。中国昆虫种类超过10^6种，其中有记载危害的农林害虫就有4000多种。据统计，目前中国外来入侵昆虫已超过100种（不包括香港、澳门、台湾的数据）。2007～2016年在中国口岸截获的外来有害昆虫种类由1497种增至3324种，由9万种次增至40余万种次（陈云芳等，2016；顾渝娟等，2015）。

（三）真菌、细菌、病毒和线虫

1. 真菌

1.5万种真菌能寄生在植物上，引起各种植物病害。在植物病害中，70%～80%的病害是由真菌侵染引起的。

2. 细菌

植物病原细菌种类有400余种，迄今已知由细菌引起的植物病害有500种以上。中国口岸截获植物病原细菌的种类一直呈上升趋势，从2003年的4种扩大到2012年的26种。

3. 病毒

根据国际病毒分类委员会（International Committee on Taxonomy of Viruses，ICTV）第十次分类报告，植物病毒种类已达1000余种，主要通过植物繁殖材料如种子，无性繁殖的块茎、鳞茎、球茎、块根、接穗、砧木、苗木、试管苗等传播，昆虫也可以作为病毒类有害生物的传播媒介。病毒类有害生物可引起严重的产量损失、商品价值降低和病害流行。

4. 线虫

目前已知的植物寄生线虫约为4100种，植物寄生线虫对农作物造成的危害非常巨大。据估计，在热带和亚热带地区，线虫造成的损失约为产量的14.6%，全球作物由线虫造成的损失约为800亿美元。

（四）杂草

杂草（weed）是能够在人类试图维持某种植被状态的生境中不断自然延续其种族，并影响人工植被状态维持的植物。按危害程度不同，杂草分为恶性杂草、主要杂草、常见杂草和一般杂草。美国每年造成严重经济损失的杂草在1800种以上，每年可造成8亿～10亿美元的损失。澳大利亚外来植物3207种，大约500种成为杂草。中国口岸截获杂草种类、种次呈逐年上升趋势，2016年截获已超过5万种次。

三、医学节肢动物

（一）节肢动物的特点

节肢动物（arthropod）种类繁多，形态多样，但均有如下共同特点：①身体两侧对称；②多数种类的躯体和附肢均分节；③体壁较坚硬，其内附着肌肉，称外骨骼，在发育过程中，外骨骼须蜕皮数次；④体腔称为血腔，有无色或不同颜色的血淋巴运行于其中，循环系统为开放式；⑤雌雄异体，卵生或卵胎生为主要繁殖方式。

（二）医学节肢动物的种类

医学节肢动物（medical arthropod）是指危害人或动物健康的节肢动物，不仅通过骚扰、吸血、螫刺、寄生等方式损害人体，还可携带病原体，传播多种疾病。医学节肢动物主要有6纲，包括昆虫纲（Insecta）、蛛形纲（Arachnida）、甲壳纲（Crustacea）、唇足纲（Chilopoda）、倍足纲（Diplopoda）和肢口纲（Merostomata）。

（三）医学节肢动物传播病原体的方式

医学节肢动物传播病原体的方式分为生物性传播（biological transmission）与机械性传播（mechanical transmission）两类。生物性传播是病原体在虫媒体内经过繁殖、发育之后传播，也可经卵传至下一代虫媒再传给人或动物，这种方式也称垂直传递。机械性传播是指病原体在虫媒体表或体内不进行繁殖或发育，仅由虫媒机械地携带和传播，如蝇传播病毒、细菌、原虫包囊和蠕虫卵等。由于各种节肢动物的繁殖与活动季节不同，分布地区不一，因此虫媒传播的疾病具有季节性和地域性。

四、生物毒素

生物毒素（biotoxin）是一类具有生物来源的有毒物质，又称为天然毒素。生物毒素的形式和种类较多，生态环境中很多生物都可以产生生物毒素，动物、植物、微生物都可以产生有毒物质。生态环境中许多弱势的生物会通过产生生物毒素来进行捕食生存或抵御外来侵害，生物毒素在它们的生命周期内起着重要作用。

生物毒素具有多样性。生物毒素在功能、作用机制及表现形式上各不相同，它们可以在生物的活动中起作用，也可以无任何作用。生物毒素的表现形式可以是简单的蛋白质、分子，也可以是结构、成分较为复杂的大分子物质。生物毒素以毒液注射、通过外表孔道释放到环境中等多种方式发挥作用。

根据毒素产生的生物来源可将毒素主要分为以下5类。

（一）细菌毒素

细菌毒素主要由病原性细菌产生，多为双组分蛋白毒素、脂多糖内毒素。例如，肉毒毒素、霍乱毒素等可以直接作用于细胞，对其造成破坏。

（二）真菌毒素

真菌毒素主要由真菌产生，多为环系有机化合物，如黄曲霉毒素、杂色曲霉毒素、单端孢霉烯族毒素等。

一般细菌和真菌毒素比较多，常常会造成食品和饲料等食源性的污染，对人畜造成的伤害较大。很多毒素的毒性较强，会造成功能器官损伤。例如，黄曲霉素B_1可抑制核酸合成，具有致癌作用。

（三）植物毒素

植物毒素绝大多数来自植物的次生代谢产物，在自然界中广泛分布。其主要结构类型包括生物碱、酚类、萜类、蛋白毒素等。例如，蓖麻毒素、相思子毒素能使真核细胞的核糖体失活。

（四）动物毒素

动物毒素一般由动物产生，如毒蛇、蝎子、毒蜘蛛等都会产生动物毒素。动物毒素主要是多肽类毒素。例如，太攀蛇毒素是一种多肽毒素，可以作用于胆碱受体。

（五）海洋生物毒素

最常见的海洋生物毒素由河豚、有毒的藻类和贝类等海洋生物产生，多为麻痹性的神经毒素，对神经系统、消化系统、心血管系统具有较强的细胞毒性。有的可经过食物链传递至人类，导致食物中毒。

五、细胞系、核酸/蛋白质/过敏原与病毒载体

（一）细胞系

细胞系（cell line）是指经过培养、繁殖后，可以连续传代培养的细胞群体。细胞系除了有助于对组织器官本身的结构、功能等方面的研究，也常常作为一种载体工具，在病原体致病性、疫苗制备、抗体制备、蛋白质表达等方面都发挥了重要作用。

细胞系可来源于不同物种，如人、动物、植物、昆虫等；也可以来源于不同的组织器官，如肾脏、心肌、淋巴等。不同细胞系的培养方式也不相同，可以利用悬浮培养、液体培养、固体培养等方式；此外，细胞培养需要特定的温度、酸碱度、营养物质等条件。

（二）核酸/蛋白质/过敏原

核酸（nucleic acid）包括DNA和RNA，是一类生物大分子，含有遗传信息。DNA除了本身作为遗传物质，带有遗传信息之外，还可以作为研究工具或技术手段。例如，核酸探针可以作为诊断工具；外源核酸可以通过基因工程导入其他物种或细胞对外源信

息进行表达。

蛋白质（protein）是一种有机大分子物质。蛋白质本身对人类、植物、动物是一种重要物质，是生命活动的主要承担者，可以调控很多生物分子，在细胞中发挥多种功能，如催化、运输、代谢等作用。

过敏原（allergen）是可以被免疫系统识别而引起过敏反应的物质。过敏原种类繁多，可以是食入物质，如奶类、鱼虾类，也可以是吸入物质，如花粉、皮屑等。药物或者抗血清类物质也可以作为过敏原。

（三）病毒载体

病毒可以作为载体（vector）将外源基因带入细胞进行瞬时表达或稳定表达。病毒载体可以分为噬菌体载体、杆状病毒载体、动物病毒载体、植物病毒载体等。

六、生物恐怖或生物武器制剂

生物恐怖或生物武器制剂（bioterrorism or bioweapon agent），是指类型和数量不属于预防、保护或者其他和平用途所正当需要的，任何来源或者任何方法产生的微生物制剂、其他生物制剂及生物毒素，也包括为将上述生物制剂、生物毒素使用于敌对目的或者武装冲突而设计的武器、设备或者运载工具（李尉民，2020）。

生物恐怖或生物武器制剂具有传染性和致病性的特点，可以引起疾病的流行，造成生物安全隐患。其传播范围广，污染面大，影响广泛。有时生物制剂的出现并不会马上造成感染、致病，会存在一定的潜伏期，但当发现感染时就已经造成大范围的传播，危害时间较长。

第二节 风险管理原则和实施要求

风险（risk）是指不确定性对目标的影响。任何类型和规模的组织都面临着风险，组织的所有活动也都涉及风险。风险会影响组织目标的实现，通常用事件后果（包括情形的变化）和事件发生可能性的组合来表示风险（中华人民共和国国家质量监督检验检疫总局和中国国家标准化管理委员会，2013）。

风险管理通过考虑不确定性及其对目标的影响，采取相应的措施，为组织的运营和决策及有效应对各类突发事件提供支持。20世纪60年代以来，风险研究逐渐渗透到各个领域，并逐渐形成有关风险管理的标准。为统一世界各国的风险管理标准，国际标准化组织（International Organization for Standardization，ISO）于2009年11月发布了风险管理与评估的系列标准，如“Risk Management—Guidelines”（ISO 31000）、“Risk Management—Risk Assessment Techniques”（ISO 31010）等。我国国家标准化管理委员会在参考和引用ISO标准的基础上，发布了风险评估管理国家标准（GB/T 23694—2013），并对部分标准（GB/T 24353—2022、GB/T 27921—2023）进行更新替代。

一、风险管理的原则

风险管理（risk management）是指在风险方面指导和控制组织的协调活动。风险管理的原则是组织/机构实施风险管理工作的基础，可用于管理生物风险对安全管理目标的影响，组织/机构应在风险管理规划和实施过程中予以充分考虑（国家市场监督管理总局和国家标准化管理委员会，2022；国家认证认可监督管理委员会，2020）。

风险管理一般包含8个原则，每个原则既相互独立，又互为补充，共同为实现组织/机构风险管理目标提供支撑。

（一）融合性原则

风险管理不是独立于组织/机构主要活动和各项管理过程的活动，而是组织/机构开展主要活动不可或缺的组成部分，应融合到组织/机构管理体系中。

（二）模式化原则

风险管理宜模式化，应用系统的、结构化方法有助于风险管理效率的提升，以便系统、全面地管理风险源，并有助于结果的一致性、可比性和可靠性。

（三）个性化原则

应根据组织/机构特点和内外部环境信息，制定个性化风险管理方案并记录实施过程。

（四）包容性原则

组织/机构应与利益相关方及时、充分地沟通交流，并将其知识、观点和看法融入风险管理。尤其是决策者在风险管理中适当、及时的参与，有助于保证风险管理的针对性和有效性。

（五）动态性原则

随着内外部环境信息变化，组织/机构风险也处于动态变化中，表现为新风险的出现、风险等级的变化或消失。组织/机构应通过风险管理活动及时地预测、识别、确认并应对这些风险。

（六）信息依赖性原则

风险管理过程以有效的信息为基础，信息可以通过专家判断、经验、反馈、观察等多种渠道获取，实施风险管理应充分认识到组织/机构当前的状况，并利用已有相关信息和组织/机构未来的运行计划。应能及时、清晰地与利益相关方交流相关信息。

（七）人文因素原则

应考虑个人行为、文化背景等人文因素对组织/机构不同阶段风险管理的影响。

（八）持续改进原则

风险管理是适应环境变化的动态过程，各步骤间形成一个信息反馈的闭环。组织/机构应通过内外部审核、安全检查等措施定期评价风险应对的适宜性、充分性和有效性，持续改进风险管理。

二、风险管理的实施要求

风险管理过程是组织管理的有机组成部分，贯穿于组织的经营过程。风险管理实施过程由任务来源、实施准备、风险评估、风险应对（即风险控制）及监督和检查组成（图2-4）。其中风险评估包括风险识别、风险分析、风险评价三个步骤，沟通和记录贯穿于风险管理过程的各项活动中（国家市场监督管理总局和国家标准化管理委员会，2022；国家认证认可监督管理委员会，2020；中华人民共和国卫生和计划生育委员会，2017；中国合格评定国家认可中心，2020）。

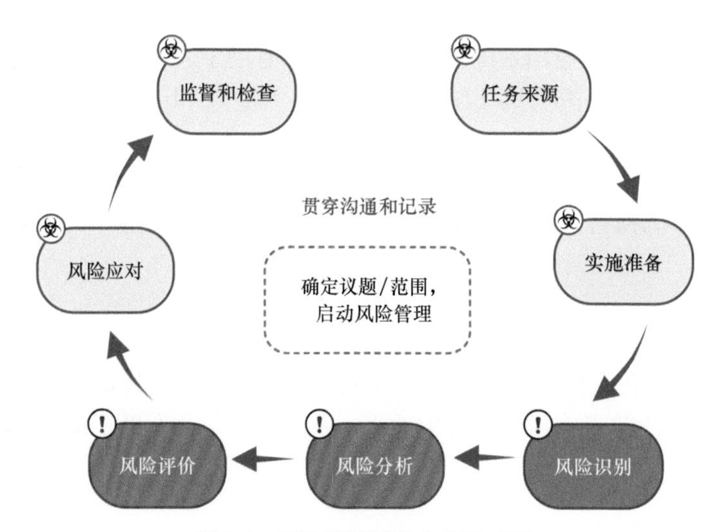

图2-4　风险管理的基本实施过程

（一）任务来源

风险管理工作应明确组织/机构风险管理的任务来源，充分考虑组织/机构资源状况，设定风险管理范围。例如，病原微生物实验室风险管理范围包括但不限于生物因子、实验活动、涉及区域、设施设备、组织机构、人员配置、个人防护等内容。

组织/机构管理层应通过发布政策、声明或其他形式，明确表达风险管理的目标和对风险管理结果的承诺，包括但不限于：风险管理目标、组织/机构总体管理目标、承诺和其他政策之间的关系；将风险管理纳入组织/机构文化的一部分；将风险管理纳入核心工作范围；风险管理涉及的权限、职责和义务；提供必要的资源；处理冲突的方式；组织/机构绩效指标的评价与应用；持续改进。

（二）实施准备

1. 收集基础资料和信息

组织/机构应收集与风险管理对象相关的法律法规、标准、指南等，以及组织/机构、实验室环境及设施设备等相关资料，并对其进行分析、梳理，融入管理体系。同时应充分考虑内外部利益相关方的活动目标和核心关注点，厘清组织/机构内外部环境信息。

外部环境信息是组织在实现目标过程中所面临的外界环境的历史、现在和未来的各种相关信息，包括：国内外及当地的政治、经济、文化、法律、法规、技术等；影响组织目标实现的外部关键因素及其历史和变化趋势；外部利益相关者及其诉求、风险承受度等；外部利益相关者与组织的关系等。

内部环境信息是组织在实现目标过程中所面临的内在环境的历史、现在和未来的各种相关信息，包括：组织的方针和目标等；资源和知识方面的能力；信息系统和决策过程；内部利益相关者及其诉求、风险承受度等；采用的标准和模型；组织结构、管理过程和措施；与风险管理实施过程有关的环境信息等（WHO，2021；USCDC，2020）。

2. 制定实施方案

风险管理方案应涵盖人员分工和职责、时间安排及监督考核等内容，规定适用的风险评估方法、应保存的记录，以及与其他项目、过程和活动的关联等。风险管理方案应得到组织/机构管理层的批准。必要时，还应得到主管部门的批准。具体的风险评估方法见本章第四节“风险评估技术”。

3. 确定风险准则

风险准则（risk criteria）是评价风险重要性的依据，是组织用于评价风险重要程度的标准。因此，风险准则需要体现组织的风险承受度，反映组织的价值观、目标和资源。比如，病原微生物实验室开展风险评估前应根据生物因子危害程度、后果预期制定风险准则，风险准则应与组织/机构风险管理的目标、承诺和政策相一致，充分考虑组织/机构应承担的风险管理义务及利益相关方的观点，应充分考虑生物因子的危害特性、流行状况、组织/机构的可接受程度等要素，对危害程度分级标准、事件发生的可能性大小、后果严重程度判定标准作出定性或定量描述。

风险准则是动态的，尽可能在风险管理过程开始时制定，并持续不断地检查和完善。比如，在进行实验室风险评估时需要根据实验室操作生物因子变化、实验活动内容改变及实验室对生物安全管理的目标和承诺进行调整。必要时，应对实验室确定的风险准则进行持续审查和适时修改。

（三）风险评估

风险评估（risk assessment）是评估风险大小及是否可以接受的全过程。其包括风险识别、风险分析和风险评价整个过程。通过风险评估，决策者及有关各方可以更好地理解可能影响组织目标实现的风险，以及现有风险控制的充分性和有效性，为确定最合适的风险应对方法奠定基础。风险评估的结果可作为组织决策过程的输入。具体内容见本章第三节“风险评估过程”。

（四）风险应对/风险控制

风险应对（risk treatment），也被称为风险控制（risk control），通常指基于风险评估结果，为降低风险而采取的综合性措施，其最终目标是降低事故发生的频率和（或）事故的严重程度，使剩余风险（residual risk，指风险应对之后仍然存在的风险）可接受。风险应对是选择并执行一种或多种改变风险的措施，包括改变风险事件发生的可能性或后果的措施。风险应对措施的制定和评估是一个递进的过程。对于风险应对措施，应评估其剩余风险是否可以承受。如果剩余风险不可承受，应调整或制定新的风险应对措施，并评估新的风险应对措施的效果，直到剩余风险可以承受。执行风险应对措施会引起组织/机构风险的改变，组织应跟踪、监督、评价风险应对的效果，并对变化的风险进行及时评估。必要时，重新制定风险应对措施。

选择风险消除、降低、控制或转移等方法，保证风险控制措施有效，包括：停止具有风险的活动，以规避风险；消除具有负面影响的风险源；降低风险事件发生的可能性及其分布；改变风险事件发生后可能导致的后果严重程度；将风险转移到其他区域或范围；保留并承担风险。

以病原微生物实验室为例，风险应对措施的制定与实施效果预测包括但不限于以下内容（中国国家认证认可监督管理委员会，2015；国家认证认可监督管理委员会，2020；加拿大公共卫生署，2017；武桂珍和王健伟，2020）。

1．生物因子及相关实验活动风险应对措施

实验室运行前经风险评估存在风险，但又无法完全避免或消除时，应制定风险应对措施。实验室生物安全风险应对措施包括生物安全措施和生物安保措施，内容一般包括管理控制、操作控制、设施工程控制和个人防护装备配备等。必要时，还应列入对环境的风险、经济风险等内容。

2．病原微生物实验室设施设备风险应对措施

病原微生物实验室设施设备风险应对措施的制定贯穿于从规划、设计到调试、运行的实验室建设整个过程中。实验室应优先采取以预防为主的设施设备风险控制措施管理风险源，在规划、设计阶段充分评估未来拟开展的实验活动风险，进行合理的布局和必要的安全设备配置，并在设施设备调试、维护、校准、认证/认可过程中进行重点关注。在实验室运行管理过程中，确保设施设备及所建立的设施设备管理程序按照生物安全风险管理的方式有效设计和运行，以便减少由设施设备因素带来的安全风险。

3．常用实验设备的风险应对措施

常用实验设备一般包括离心机、摇床、组织匀浆机、培养箱、冻干机等实验设备。针对实验设备使用过程中可能产生的电击危险、着火危险、机械危险、气溶胶释放、样品溢洒等风险，采取相应的风险应对措施。

4．与人员相关的风险应对措施

通过对实验室工作人员的背景、工作经验和能力、身体和心理状态等方面进行全面评估后采取相应的控制措施。

（五）监督与检查、持续改进和风险再评估

1. 监督与检查

监督与检查是及时发现问题、避免损失和持续改进的重要手段，也是管理体系中的一个重要环节。组织/机构应建立风险管理活动的监督与检查、持续改进的工作机制和程序，并制订相应的工作计划。一般而言，内外部审核和管理评审是组织/机构重要的核查机制。此外，应根据组织/机构活动的特点，针对重点领域和环节，建立定期和不定期的安全检查制度。根据监督和检查的结果，或进一步完善风险评估程序，或进一步抓落实，或进一步评估相关风险，或停止相关活动。

2. 持续改进

组织/机构应通过实施自身制定的方针和目标、应用内部审核与外部审核等审核结果、制定纠正和预防措施及管理评审来持续改进安全管理体系的有效性，优化风险管理机制。生物安全风险管理持续改进的主要途径是在运行过程中定期和不定期地开展系统评审，进行风险评估报告的定期复审。此外，主管机构实施的监督评审、复评审，以及日常的监督、检查或访问，均应成为组织/机构风险管理持续改进的机会。对识别出的问题，及时组织人员进行原因分析，制定纠正措施，以便持续改进。

3. 风险再评估

组织/机构应根据活动的进程或风险特征的变化适时启动风险再评估工作。正常情况下，组织/机构每年应对风险评估报告进行一次再评估（或称复评审），以便持续识别新的风险或发生的风险改变。再评估的要求和程序与初次进行风险评估时相同。

以病原微生物实验室为例，当实验室出现以下变化时，应重新进行风险评估或对风险评估报告进行再评估。但根据病原体特性、实验活动类型、设施设备和人员等评估对象的变更情况不同可以适当简化，有所侧重（武桂珍和王健伟，2020；中华人民共和国国家质量监督检验检疫总局和中国国家标准化管理委员会，2008b）。这些变化包括但不限于：致病性生物因子的生物学特性发生改变时；实验室运行相关的关键设施或设备发生变化时；人员，尤其是机构法人代表、项目负责人等关键岗位人员发生变化时；实验活动内容，包括实验方法、操作程序、实验动物种类等发生改变时；较大幅度增加病原操作量时，包括操作样品数量、单个样品的体积等；实验室自身发生事件、事故，或与自身实验室类似的国内外相关实验室发生重大事故时；相关法律、法规或标准发生变化，或者行业主管部门发布新的相关管理通知或公告时；对该致病性生物因子引起的疾病防控策略发生变化时；管理层根据风险控制的需要，认为应该再评估时。

（六）过程记录和风险评估报告

1. 过程记录

风险管理全过程的记录是记录前期准备、沟通与咨询、风险识别、风险评价、监督和检查等风险管理全过程的证据和资料性文件。组织/机构对风险管理的过程（包括年度风险管理计划、实施方案、风险评估和风险评估报告复审工作安排、风险评估依据的资料文献、风险分析方法、评估结果、讨论过程、评估结论、评估日期、参加人员等）进行详细的记录，以便在接受内外部审核、事故原因分析、问题查询追踪等活动时作为

开展风险评估工作情况的证据。

2．风险评估报告

风险评估报告是对评估过程的记录、汇总和整理，是组织相关领导制定决策和有关部门采取处置措施的依据。组织应充分认识到拟开展的活动和程序，并在与利益相关方充分沟通、交流和咨询的基础上编制风险评估报告。风险评估报告审核通过后，可作为组织/机构进一步完善生物安全管理体系的重要依据，以便更好地编制标准操作规程、采取有效的控制措施。风险评估报告应满足以下要求，包括但不限于：适合自身组织/机构风险控制的需要；能回答组织/机构相关方，包括主管机构、周边居民、组织/机构管理人员、实验人员及来访人员等共同关心的问题；系统、科学、实用，必要时采用统计表、图形等直观的方法表示；有风险等级表述及风险是否可控的依据和结论；明确风险评估报告是实验室采取风险管理措施、建立安全管理体系文件、制定安全操作规程等过程中的依据，并可作为考核依据。

风险评估报告的内容应至少包括：风险评估报告名称；评估参加人员；评估范围；评估目的；评估依据；评估方法和程序；评估内容；讨论过程；评估结论。

第三节 风险评估过程

无论是在国家层面还是在组织层面，生物风险的控制是通过进行风险评估来实现的。风险是危险造成伤害的可能性和接触该危险可能造成的伤害严重程度的组合。需要注意的是，危险本身不会对人类或动物构成风险。例如，一瓶含有埃博拉病毒等生物因子的血液，在接触到瓶内血液之前不会对实验室人员构成风险。因此，与生物因子相关的真正风险不能仅通过其致病特征来确定，还必须考虑将使用生物因子执行的程序类型及进行这些程序的环境。任何处理生物因子的组织都应对从事活动的工作人员和社区进行风险评估，并选择和应用适当的风险控制措施，将这些风险降低到可接受的程度。风险评估的目的是收集信息，对其进行评估，并利用其为控制现有风险的过程、程序和技术的实施提供相关信息和证明。分析这些信息有助于组织/机构相关人员深入了解生物风险及其影响方式，创造共同的价值观、行为模式和认识安全的重要性，使他们更有可能安全地开展工作，并保持安全文化。

风险评估是评估风险大小及是否可以接受的全过程，是由风险识别、风险分析和风险评价构成的一个完整过程。风险评估活动内嵌于风险管理过程中，作为风险管理的组成部分，风险评估提供了一种结构化的过程以识别目标如何受各种不确定因素的影响，并从后果和可能性两个方面来进行风险分析，确定是否需要进一步应对。

一、风险识别

风险源（risk source）是指可能单独或共同引发风险的内在要素，风险源可以是有形的，也可以是无形的。风险识别（risk identification）是指发现、确认和描述风险的过程，包括对风险源、事件及其原因和潜在后果的识别，可能涉及历史数据、理论分析、专家意见及利益相关方的需求。风险识别是风险评估的第一步，也是风险评估的基础。只有发现存在或潜在的危险，才能开展风险分析和风险控制。风险识别通过识别风险源、影响范围、事件及其原因和潜在的后果等，生成风险清单或风险列表，并对其特性进行定性描述。进行风险识别时要掌握相关和最新的信息，除了识别可能发生的风险事件外，还要考虑其可能的原因和可能导致的后果。另外，还要关注已经发生的风险事件，特别是新近发生的风险事件。识别风险需要所有相关人员的参与，采用的风险识别技术见本章第四节“风险评估技术”。

以病原微生物实验室风险评估为例（WHO，2021；国家认证认可监督管理委员会，2020），风险识别涉及的风险源应至少包括以下因素：实验活动涉及生物因子的已知或未知特性，如危害程度分类、生物学特性、传播途径、易感性和致病性等（世界卫生组织，2004；OIE，2017）；实验活动类型，如是否涉及动物操作、是否为超常规量的大量病原培养、是否为新的实验活动等（农业部，2005b；国家卫生健康委员会，2023）；感染性废物处置过程中的风险；实验活动管理带来的次生风险；涉及致病性生物因子实验活动人员相关的风险，如专业知识背景、操作熟练程度、生物安全意识等；设施设备相关的风险；实验室生物安保，如生物因子被盗、被抢、恶意使用带来的风险；国内外已发生的实验室感染事件原因分析；自然灾害等风险。

二、风险分析

风险分析（risk analysis）是指理解风险性质、确定风险等级的过程。风险分析是风险评价和风险应对决策的基础，是根据风险类型、获得的信息和风险评估结果的使用目的，对识别出的风险进行定性和定量分析，对风险评价和风险应对提供支持。风险分析要考虑导致风险的原因和风险源、风险事件正面和负面的后果及其发生的可能性、影响后果和可能性的因素、不同风险及其风险源的相互关系及风险的其他特性，还要考虑现有的管理措施及其效果和效率。

根据风险分析的目的，获得信息数据和资源，风险分析方法可以使用定量、半定量、定性或者以上3类方法的组合。一般情况下，首先进行定性分析，初步了解风险等级和揭示主要风险，适当时，使用更具体的定量分析方法，常用的风险分析方法包括风险矩阵法（图2-5）、检查表法、预先危险性分析法、事件树分析法等（吕京，2012）。

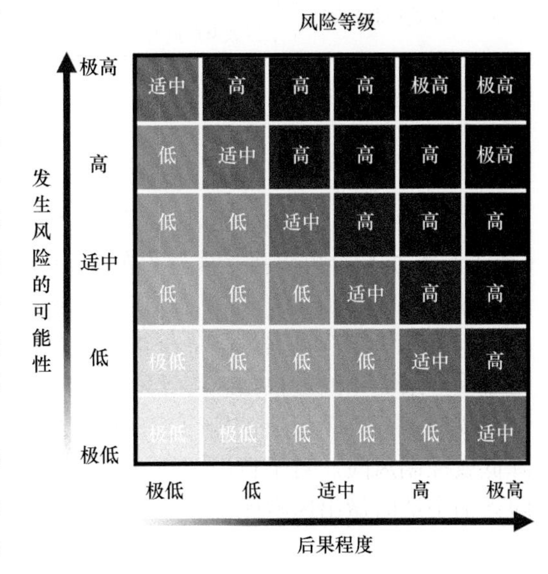

图2-5　风险分级矩阵

目前，病原微生物实验室的风险分析以基于知识的分析方法和定性分析方法为主，凭借分析者的知识、经验和直觉，为事件发生的概率大小和后果的严重程度进行定性和分级。对风险涉及事件发生的可能性描述为“基本不可能发生”“较不可能发生”“可能发生”“很可能发生”“肯定发生”，见表2-2。对风险一旦发生后所产生后果的严重性可以分级为“影响很小”“影响一般”“影响较大”“影响重大”“影响特别重大”，见表2-3。最后，风险等级（level of risk）可以根据事件发生的可能性和后果的严重性综合判定，一般分为低、中、高、极高4个级别。

表2-2 事件发生的可能性

级别	可能性	描述	发生概率
Ⅰ	基本不可能发生	评估范围内未发生过，类似区域/行业也极少发生	100年少于1次
Ⅱ	较不可能发生	评估范围内未发生过，类似区域/行业偶有发生	30年至少1次
Ⅲ	可能发生	评估范围内发生过，类似区域/行业也偶有发生；评估范围未发生过，但类似区域/行业发生频率较高	10年至少1次
Ⅳ	很可能发生	评估范围内发生频率较高	1年至少1次
Ⅴ	肯定发生	评估范围内发生频率极高	每个月1次

表2-3 事件导致后果的严重性（以病原微生物实验室为例）

级别	影响程度	描述	例子
1	影响很小	基本没有影响，不会造成不良的社会影响	实验室一般过错
2	影响一般	发生病原微生物泄漏，现场处理（第一时间救助）可以立刻缓解事故，中度财产损失，有较小的社会影响	病原微生物样本溢洒意外事故
3	影响较大	发生病原微生物泄漏、实验室人员感染，需要外部援救才能缓解，引起较大财产损失或赔偿支付，在一定范围内造成不良的影响	实验室意外事故，如针刺
4	影响重大	发生病原微生物泄漏、实验室外少量人员感染，造成严重财产损失，造成恶劣的社会影响	2010年某高校布鲁氏菌实验室感染
5	影响特别重大	病原微生物外泄至周围环境，造成大量社会人员感染伤亡、巨大财产损失，造成极其恶劣的社会影响	2003～2004年SARS病毒实验室感染

三、风险评价

风险评价（risk evaluation）是指对比风险分析结果和风险准则，以确定风险和（或）其大小是否可以接受或容忍的过程。风险评价有助于风险应对决策，通常在风险识别和风险分析工作完成之后进行。目的是要做出决策，回答风险是否可接受、如何处理等问题。组织应根据风险分析结果，对照风险准则，根据自身实际情况判定风险是否可接受。最简单的是根据风险评价结果将风险分为两种，即可接受和不可接受。当风险可接受时，应保持已有的安全措施；当风险不可接受时，应采取风险应对措施以消除、降低或控制风险。对于新识别的风险，组织应及时修订补充相应的风险准则，以便在风险评估中适时做出风险评价。

第四节 风险评估技术

风险评估活动通常会涉及不同专业知识和多种科学方法的综合应用。风险评估活动的开展形式，不仅依赖于风险管理过程的背景，还取决于所使用的风险评估技术与方法，合适的风险评估技术和方法能帮助组织及时、高效地获得准确的评估结果。进行风险评估时，确定了目标和范围，就可以参考以下因素，选择一种或者多种评估技术，只要满足评估的目标和范围，优先采用简单方法（吕京，2012；国家市场监督管理总局和国家标准化管理委员会，2023）。参考因素包括：风险评估的目标；决策者的需要；所分析风险的类型及范围；后果的潜在严重程度；专业知识、人员及所需资源的程度；信息和数据的可获得性；修改或更新风险评估的必要性；法律法规等要求。

一、常用的风险评估技术

（一）头脑风暴法

头脑风暴法（brainstorming method）是指激励一群知识渊博的人员畅所欲言，以发现潜在的失效模式及相关危害、风险、决策准则和（或）应对方法，经常用来泛指任何形式的小组讨论。头脑风暴法可以与其他风险评估方法一起使用，也可以单独使用来激发风险管理过程任何阶段的想象力，可以用作旨在发现问题的高层次讨论，也可以用作更细致的评审或是特殊问题的细节讨论。

（二）结构化/半结构化访谈

在结构化访谈（structured interview）中，访谈者会依据事先准备好的提纲向访谈对象提出一系列准备好的问题，从而获得访谈对象对某问题的看法。半结构化访谈（semi-structured interview）与结构化访谈类似，但是可以进行更自由的对话，以探讨可能出现的问题。当小组内的自由讨论难以进行时，结构化/半结构化访谈是一种比较好的替代方法。该方法主要用于识别风险或是评估现有风险控制措施的效果，是为利益相关方提供数据来进行风险评估的有效方式，并且适用于某个项目或过程的任何阶段。

（三）德尔菲法

德尔菲法（Delphi method）是依据一套系统的程序在一组专家中取得可靠共识的技术。尽管该术语经常用来泛指任何形式的头脑风暴法，但是在形成之初，德尔菲法的根本特征是专家单独、匿名表达各自的观点，即在讨论过程中，团队成员之间不得互相讨论，只能与调查人员沟通。通过让团队人员填写问卷，集结意见，整理并共享，周而复始，最终获得共识。德尔菲法可用于风险管理过程或系统生命周期的任何阶段。

（四）情景分析

情景分析（scenario analysis）是指通过假设、预测、模拟等手段，对未来可能发生的各种情景及各种情景可能产生的影响进行分析的方法。情景分析主要采用“如果—怎样”这种假设方式来对未来的场景进行预判，对未来的不确定性有一个直观的认识。尽管情景分析无法预测未来各类情景发生的可能性，但可以促使组织考虑哪些情景可能发生（诸如最佳情景、最差情景及期望情景），并且有助于组织提前对未来可能出现的情景进行准备。情景分析可用来帮助决策并规划未来战略，也可以用来分析现有的活动。它在风险评估过程的三个步骤中都可以发挥作用。

（五）检查表法

检查表（checklist）是一个危险、风险或控制故障的清单，而这些清单通常是凭经验编制的。按此表进行核查，以“是/否”进行回答。检查表法主要用来识别潜在的危险、风险，可以作为组成部分用于其他风险评估技术。

（六）预先危险分析

预先危险分析（primary hazard analysis，PHA）是一种简单易行的归纳分析法，目标是识别危险，以及可能给特定活动、设备或系统带来损害的危险情况及事项。PHA是一种在项目设计和开发初期最常用的方法。

（七）失效模式和效应分析

失效模式和效应分析（failure mode and effect analysis，FMEA）是用来识别组件或系统是否达到设计意图的方法，被广泛用于风险分析和风险评价中。FMEA是一种归纳方法，其特点是从元件的故障开始逐级分析其原因、影响及采取的应对措施，通过分析系统内部各个组件的失效模式并推断其对于整个系统的影响，考虑如何才能避免或减小损失。FMEA大多用于识别实体系统中的组件故障，也可以用来识别人为失效模式及影响。

（八）危险与可操作性分析

危险与可操作性分析（hazard and operability study，HAZOP）是一种对规划或现有产品、过程、程序或体系的结构化及系统分析技术，被广泛应用于识别人员、设备、环境及组织目标所面临的风险。该方法是一种综合性的风险识别过程，用于明确可能偏离预期绩效的偏差，并可评估偏离的危害度。它使用一种基于引导词的系统。HAZOP通常在设计阶段开展。

（九）风险矩阵

风险矩阵（risk matrix）是用于识别风险和对其进行优先排序的有效工具。风险矩阵可以直观地显现组织风险的分布情况，有助于管理者确定风险管理的关键控制点和风险应对方案。一旦组织的风险被识别以后，就可以依据其对组织目标的影响程度和发生的可能性等维度来绘制风险矩阵。风险矩阵通常作为一种筛查工具用来对风险进行排序，根据其在矩阵中所处的区域，确定哪些风险需要更细致的分析，或是应首先处理哪些风险。例如，对风险发生可能性的高低和后果严重程度进行定性或定量评估后，依据评估结果绘制风险图谱。绘制矩阵时，一个坐标轴表示后果程度，另一个坐标轴表示可能性等级。

（十）人因可靠性分析

人因可靠性分析（human reliability analysis，HRA）关注的是人因对系统绩效的影响，可以用来评估人为错误对系统的影响。很多过程都可能出现人为错误，尤其是当操作人员可用的决策时间较短时。问题最终发展到严重地步的可能性可能不大，但是有时，人的行为是唯一能避免故障最终演变成事故的手段，甚至人为错误导致了一系列灾难性的事项。HRA可进行定性或定量使用。如果定性使用，HRA可识别潜在的人为错误及其原因，降低人为错误发生的可能性；如果定量使用，HRA可以为故障树或其他技术的人为故障提供基础数据。

（十一）风险指数

风险指数（risk indices）是对风险的半定量测评，是利用顺序尺度的记分法得出的估算值。风险指数可以用来对使用相似准则的一系列风险进行比较，主要用于风险分析。风险指数可作为一种范围划定工具用于各种类型的风险，以根据风险水平划分风险。这可以确定哪些风险需要更深层次的分析，以及可能进行定量评估。

（十二）故障树分析

故障树分析（fault tree analysis，FTA）是用来识别和分析造成特定不良事件（称作顶事件）的可能因素的技术。造成故障的因素可通过归纳法进行识别，也可以将特定事故与各层原因之间用逻辑符号连接起来并用树形图进行表示。树形图描述了因素及其与重大事件的逻辑关系。故障树中识别的因素可以是硬件故障、人为错误或其他引起不良事项的相关事项。故障树可以用来对故障（顶事件）的潜在原因及途径进行定性分析，也可以在掌握原因事项概率的相关数据之后，定量计算重大事件的发生概率。

（十三）其他风险评估技术

其他风险评估技术包括危险分析与关键控制点、压力测试、事件树分析、因果分析等。

二、风险评估技术的适用性

各类评估技术适用于风险评估过程（包括风险识别、风险分析的后果、风险分析的可能性、风险分析的风险等级、风险评价）的不同阶段，如风险识别过程常使用检查表法、结构化访谈、危险与可操作性分析等；风险分析选用方法通常是定性、定量、半定量或以上方法的组合，常使用风险矩阵、检查表法、预先危险分析、故障树分析等。为清晰地理解各风险评估技术的特点，表2-4根据使用阶段，对常用的风险评估技术进行了分类比较。

表2-4 风险评估技术在风险评估各阶段的适用性（引自GB/T 27921—2023）

风险评估技术	风险评估过程				
	风险识别	风险分析			风险评价
		后果	可能性	风险等级	
头脑风暴法	非常适用	适用	适用	适用	适用
结构化/半结构化访谈	非常适用	适用	适用	适用	适用
德尔菲法	非常适用	适用	适用	适用	适用
情景分析	非常适用	非常适用	适用	适用	适用
检查表法	非常适用	不适用	不适用	不适用	不适用
预先危险分析	非常适用	不适用	不适用	不适用	不适用
失效模式和效应分析	非常适用	非常适用	非常适用	非常适用	非常适用
危险与可操作性分析	非常适用	非常适用	适用	适用	适用
风险矩阵	非常适用	非常适用	非常适用	非常适用	适用
人因可靠性分析	非常适用	非常适用	非常适用	非常适用	适用
风险指数	适用	非常适用	非常适用	适用	非常适用
故障树分析	适用	不适用	非常适用	适用	适用

本章小结

生物安全风险评估是组织/机构开展风险管理工作的前提。本章简要介绍了常见的生物因子，包括病毒、细菌、真菌、支原体、原生动物和寄生虫、节肢动物、生物毒素、细胞系、核酸/蛋白质/过敏原、基于病毒的基因转移载体等，以及风险管理中使用的风险评估、风险应对等有关的术语和定义。详细阐述了风险管理的实施工作，包括任务来源、实施准备、风险评估（包括风险识别、风险分析、风险评价）、风险应对等过程中遵循的原则、采用的方法和考虑的要素等；通过风险应对措施，评估剩余风险是否可以承受；再结合日常监督检查、内外部审核和管理评审，对实施的风险管理工作质量和效果进行定期审核和评价，以便持续改进。根据风险评估结果，编制适用的风险评估报告，当风险评估要素出现变化时，应重新进行风险评估或对风险评估报告进行再评估。另外，本章还对常用的风险评估技术进行了介绍和适用性分析。

复习思考题

1. 什么是生物因子？包括哪些类型？
2. 简述风险管理的基本流程。
3. 什么叫风险评估，包括哪些过程？

4. 病原微生物实验室的风险识别应考虑哪些要素？
5. 风险评估报告包括哪些内容？
6. 常用的风险评估技术包括哪些？

（师永霞 张 璐 刘海军 顾渝娟 魏 霜 戴 俊）

主要参考文献

陈云芳，刘莉，高渊，等．2016．2003—2013年全国进境水果截获疫情分析．中国植保导刊，36（5）：61-66．

顾渝娟，梁帆，马骏．2015．中国进境植物及植物产品携带蚧虫疫情分析．生物安全学报，24（3）：208-214．

国家认证认可监督管理委员会．2020．病原微生物实验室生物安全风险管理指南：RB/T 040—2020．北京：中国标准出版社．

国家市场监督管理总局，国家标准化管理委员会．2023．风险管理 风险评估技术：GB/T 27921—2023．北京：中国标准出版社．

国家市场监督管理总局，国家标准化管理委员会．2022．风险管理 指南：GB/T 24353—2022．北京：中国标准出版社．

国家卫生健康委员会．2023．人间传染的病原微生物目录．https://zwfw.nhc.gov.cn/kzx/tzgg/gzbxbywsw-syhdsp_230/202311/t20231101_2629.html [2023-08-18]．

国务院．2004．病原微生物实验室生物安全管理条例．http://www.gov.cn/gongbao/content/2019/content_5468882.htm [2023-05-20]．

加拿大公共卫生署．2017．加拿大生物安全标准与指南．赵赤鸿，李晶，刘艳，译．北京：科学出版社．

李尉民．2020．国门生物安全．北京：科学出版社．

吕京．2012．生物安全实验室认可与管理基础知识风险评估技术指南．北京：中国质检出版社．

农业部．2005a．动物病原微生物分类名录．http://www.moa.gov.cn/gk/nyncbgzk/gzk/202210/P020221013604594912895.pdf [2005-5-24]．

农业部．2005b．农作物种子质量监督抽查管理办法．http://www.moa.gov.cn/nybgb/2005/dsiq/201806/t20180617_6152424.htm [2023-06-20]．

农业农村部，自然资源部，生态环境部，等．2022．重点管理外来入侵物种名录．http://www.moa.gov.cn/govpublic/KJJYS/202211/t20221109_6415160.htm [2022-12-20]．

世界卫生组织．2004．实验室生物安全手册．3版．日内瓦：世界卫生组织．

卫生部．2006．人间传染的病原微生物名录．http://www.nhc.gov.cn/wjw/gfxwj/201304/64601962954745c1929e814462d0746c.shtml [2006-1-11]．

武桂珍，王健伟．2020．实验室生物安全手册．北京：人民卫生出版社．

许安标．2021．《中华人民共和国生物安全法》释义．北京：中国民主法制出版社．

中国国家认证认可监督管理委员会．2015．实验室设备生物安全性能评价技术规范：RB/T 199—2015．北京：中国标准出版社．

中国合格评定国家认可中心．2020．病原微生物实验室生物安全风险管理手册．北京：中国标准出版社．

中国现代国际关系研究所．2021．生物安全与国家安全．北京：时事出版社．

中华人民共和国国家卫生和计划生育委员会．2017．病原微生物实验室生物安全通用准则：WS 233—2017．北京：中国标准出版社．

中华人民共和国国家质量监督检验检疫总局，中国国家标准化管理委员会．2007．进出境植物和植物产品有害生物风险分析技术要求：GB/T 20879—2007．北京：中国标准出版社．

中华人民共和国国家质量监督检验检疫总局，中国国家标准化管理委员会．2008a．进出境植物和植物产品有害生物风险分析工作指南：GB/T 21658—2008．北京：中国标准出版社．

中华人民共和国国家质量监督检验检疫总局，中国国家标准化管理委员会．2008b．实验室　生物安全通用要求：GB 19489—2008．北京：中国标准出版社．

中华人民共和国国家质量监督检验检疫总局，中国国家标准化管理委员会．2009．植物病毒和类病毒风险分析指南：GB/T 23633—2009．北京：中国标准出版社．

中华人民共和国国家质量监督检验检疫总局，中国国家标准化管理委员会．2013．风险管理 术语：GB/T 23694—2013．北京：中国标准出版社．

中华人民共和国建设部，中华人民共和国监督检验防疫总局．2004．生物安全实验室建筑技术规范：GB 50436—2011．北京：中国建筑工业出版社．

中华人民共和国全国代表大会常务委员会．2020．中华人民共和国生物安全法．http://www.npc.gov.cn/npc/c2/c30834/202010/t20201017_308282.html [2020-10-17].

Ahlquist P. 2006. Parallels among positive-strand RNA viruses, reverse-transcribing viruses and double-stranded RNA viruses. Nat Rev Microbiol, 4 (5): 371-382.

Centers for Disease Control and Prevention, National Institutes of Health (USCDC). 2020. Biosafety in Microbiological and Biomedical Laboratories (BMBL). 6th ed. New York: U. S. Department of Health and Human Services.

Gupta V K, Tuohy M G, Ayyachamy M, et al. 2012. Laboratory Protocols in Fungal Biology: Current Methods in Fungal Biology. New York: Springer.

Koonin E V, Krupovic M, Agol V I. 2021. The Baltimore classification of viruses 50 years later: How does it stand in the light of virus evolution? Microbiol Mol Biol Rev, 85 (3): e0005321.

Larry B. 2022. Overview of Bacteria—Infections. Berlin: Merck Manuals Consumer Version.

Marshall W F. 2018. An inordinate fondness for protists. Current Biology, 28 (3): PR92-PR95.

OIE. 2017. Manual of Diagnostic Tests and Vaccines for Terrestrial Animals. 8th ed. https://www.oie.Int [2023-05-20].

World Health Organization (WHO). 2021. Laboratory Biosafety Manual and Associated Monographs. 4th ed. Geneva: WHO.

第三章 人类健康与生物安全

学习目标

1. 了解传染病的基本概念和类型；
2. 了解传染病与人类健康的基本关系；
3. 了解与传染病相关的生物安全风险因素；
4. 掌握传染病相关的生物安全风险控制措施；
5. 了解食品安全的生物风险管理。

人类健康是第一要义，是社会发展、经济崛起、国际交流的根本前提和保障。生物安全与人类健康息息相关，传染病的暴发流行、有害微生物耐药、食品安全等生物安全因素直接影响人类健康。历史上，传染病总是与人类文明相伴而行，对人类文明发展产生了深远的影响（贾雷德·戴蒙德，2016）。“刀剑、长矛、弓箭、机关枪，甚至是烈性炸药，对一个民族的命运所造成的影响，都远远不及传播伤寒的体虱、传播鼠疫的跳蚤和传播黄热病的蚊子”（汉斯·辛瑟尔，2019）。在现代社会，大规模的人口流动、城市的不断扩张、遍布全球的交通网络、频繁的国际贸易往来，使得新发再发传染病不断出现，而传染病也不再局限于一地，能够以极快的速度扩散至世界各地，会对全球人类的健康和发展带来广泛威胁。随着人类在应对病原微生物过程中抗菌药物的广泛使用，微生物耐药问题日益凸显，严重影响人类对病原微生物的防控能力，已经成为威胁人类健康的重要问题。此外，由食品安全问题引起的食源性疾病也严重损害人类健康。本章从传染病与人类健康、传染病相关生物安全风险及应对措施，以及食品安全与人类健康等方面展开介绍，以加深对人类健康与生物安全的认识。

第一节 传染病与人类健康

自古以来，传染病都是导致人类疾病和死亡的主要原因之一，是生物安全问题的起源。人类文明的发展史也是不断与传染病斗争的历史。在现代社会，传染病仍是威胁人类健康、经济发展和社会稳定的重要因素，对重大新发突发传染病的防控是生物安全所涉及的重要领域之一。正确认识传染病的发生、发展规律，明确传染病传播要素和危害，对有效控制传染病的发生和传播、维护人类健康有重要意义。

一、传染病概述

（一）传染病的定义

传染病（infectious disease）是指由具有传染性的病原体包括病原微生物和寄生虫等感染人体，使人体健康受到某种损害，在一定条件下可引起流行，以至危及不特定的多数人生命健康甚至整个社会的疾病。传染病与非传染病的区别主要在于传染病由病原体引起，具有传染性和流行性，而非传染病不具有传染性，主要由基因突变、营养不良、环境和生活方式等因素引起。

（二）传染病的分类

根据传染病对人体健康和社会的危害程度及应采取的监督、监测、管理措施，《中华人民共和国传染病防治法》将全国发病率较高、流行面较大、危害严重的传染病列为法定管理的传染病，即法定传染病，分为甲、乙、丙三类，实行分类管理。

甲类传染病包括鼠疫、霍乱。

乙类传染病包括猴痘、新型冠状病毒感染、传染性非典型肺炎、艾滋病、病毒性肝炎、脊髓灰质炎、人感染高致病性禽流感、麻疹、流行性出血热、狂犬病、流行性乙型脑炎、登革热、炭疽、细菌性痢疾和阿米巴性痢疾、肺结核、伤寒和副伤寒、流行性脑脊髓膜炎、百日咳、白喉、新生儿破伤风、猩红热、布鲁氏菌病、淋病、梅毒、钩端螺旋体病、血吸虫病、疟疾、人感染H7N9禽流感。

丙类传染病包括流行性感冒，流行性腮腺炎，风疹，急性出血性结膜炎，麻风病，流行性斑疹伤寒和地方性斑疹伤寒，黑热病，包虫病，丝虫病，除霍乱、细菌性和阿米巴性痢疾、伤寒和副伤寒以外的感染性腹泻病，手足口病。

（三）传染病传播的要素

传染病流行需要具备三个基本要素，即传染源、传播途径和易感人群，另外还受到环境和社会因素的影响（曹务春，2014）。

1. 传染源

传染源（source of infection）是指体内存在病原体生长繁殖，并可将病原体排出体外的人和动物，包括患者、病原携带者、密切接触者、病畜及携带病原的动物（黄象安，2017）。

1）*患者是主要的传染源*　病原体感染后引起人体发病，患者体内存在大量的病原体，从感染后的潜伏期到病后的恢复期都有可能将病原体排出体外，通过不同的途径传播给其他人。

2）*病原携带者是重要的传染源*　一些人感染病原体后，不表现出任何临床症状或症状很轻，但可持续排出病原体，称为“健康带菌者”；一些传染病患者在恢复期后仍持续携带和排出病原体，称为“病后携带者”（黄象安，2017）。病原携带者由于没有临床症状而很难被发现，传播危害性很大。

3）密切接触者是可能的传染源　密切接触者是指与传染病患者、疑似传染病患者、病原携带者有过共同生活或工作史，以及其他形式的近距离接触并未采取有效防护措施的人。若密切接触者由于接触到病原体而患病，他们就会成为新的传染源。

4）病畜及携带病原的动物是人兽共患病的重要传染源　人兽共患病病原体不仅感染人引起发病，也会感染动物使其发病或携带病原体，人接触患病动物会造成感染。

2. 传播途径

传播途径（route of transmission）是指病原体离开传染源到达另一个感染者，在人与人之间、人与动物之间传播的途径。某些传染病有多种传播途径，有些传染病只有单一传播途径。主要的传播途径有以下几种。

1）呼吸道传播　易感者吸入了含有病原体的空气、飞沫或尘埃而感染，如肺结核、新型冠状病毒感染、流感等。

2）消化道传播　易感者通过摄入被污染的水或食物而感染，如霍乱、伤寒、甲肝、轮状病毒性腹泻等。

3）接触传播　与传染源接触而感染，分为直接接触和间接接触两种传播方式。直接接触传播是指在没有任何外界因素参与下，传染源与易感者直接接触而引起疾病的传播；间接接触传播是指易感者因接触被传染源排泄物或分泌物所污染的日常生活用品所造成的传播。

4）虫媒传播　病原体以吸血节肢动物蚊、蜱、蚤等为传播媒介，通过叮咬吸血传播给人。例如，蚊虫传播疟疾，鼠蚤传播地方性斑疹伤寒，蜱传播森林脑炎等。

5）血液或体液传播　血液或体液中的病原体通过输血、使用血制品、性交而传播，如乙型病毒性肝炎、艾滋病、梅毒等。

6）母婴传播　母婴传播属于垂直传播，病原体通过母体传给子代，一般包括经胎盘传播、上行性传播和分娩引起的传播三种方式。

7）多途径传播　一些病原体可由多种途径传播，如手足口病能通过接触传播、呼吸道飞沫传播和消化道“粪—口途径”传播感染；乙型病毒性肝炎、艾滋病都可以通过血液和母婴传播方式感染，结核病和炭疽病都可经呼吸道、接触和消化道等多途径感染。

3. 易感人群

易感人群（susceptible population）是指对某种传染病缺乏免疫力，易受该病原体感染的人群。人群的易感程度取决于该人群中每个个体的易感性。个体易感性受到遗传因素、疫苗接种、环境、年龄、压力、怀孕、营养状况和其他疾病的影响，在不同时期对某种传染病的易感性是不同的。易感个体在人群中的占比决定该群体的易感性，因此人群对传染病的易感性是可变的。

二、传染病对人类健康的影响

自人类社会出现以来，传染病一直如影随形。鼠疫、霍乱、天花、疟疾、肺结核、斑疹伤寒和流感等重大传染病曾导致数亿人死亡，不仅给人类生命健康带来了直接危害，也给科学、军事、政治和经济等历史发展带来了深远影响（约书亚，2021）。在近现代社会，随着医疗科技的发展，疫苗和抗生素相继问世，传统的传染病得以有效治疗和控制。然而，随着全球化发展和人类活动的不断扩张，地球生态环境和气候发生改变，新的病原体导致的新发传染病不断涌现，一些传统病原体也快速进化，使已接近消除边缘的疾病又死灰复燃，给人类健康带来严重威胁。

（一）影响人类历史的重大传染病

1. 鼠疫

鼠疫（plague）是人类历史上最具破坏力的烈性传染病之一，在三次有历史记录的鼠疫大流行中，鼠疫累计造成2亿人死亡，堪称“死亡之神”。公元541～542年，拜占庭帝国暴发查士丁尼鼠疫，都城君士坦丁堡40%的人口丧命于这场瘟疫。此后60年，鼠疫反复暴发，劳动力和兵力锐减，严重削弱了帝国的统治力，拜占庭帝国由此衰落。14世纪中叶，历史上最著名的第二轮鼠疫在欧洲暴发，因人感染后身体皮肤出现很多黑斑而被称为“黑死病”（black death）。此次瘟疫导致欧洲1/3人口死亡，对欧洲政治、经济、科技和宗教发展产生了重大影响（图3-1）。19世纪50年代，第三次鼠疫在中国和印度流行。由于采取了合理的隔离和防控措施，死亡率显著降低，但仍造成1200万～1500万人死亡。19世纪末，人类成功发现鼠疫的病原体，并对其传播方式和临床表现有了更系统的认识，通过隔离防疫措施和抗生素的使用，鼠疫的流行得以有效控制。

图3-1 彼得·勃鲁盖尔（Pieter Bruegel）于1562年绘制的油画《死亡的胜利》

（西班牙普拉多美术馆，https://www.museodelprado.es/en）

描绘的是14世纪欧洲黑死病瘟疫给人带来的绝望。画面中，象征瘟疫的骷髅大军骑着死亡之马，所过之处黑烟四起，一片荒芜，无论是皇帝、主教，还是普通人，不分贵贱地被他们杀死，而骷髅则演奏起了乐器

2. 天花

天花（small pox）是一种古老的烈性传染病，公元前1156年去世的埃及法老拉美西斯五世的木乃伊上有天花典型的脓疱。天花一旦暴发，就会作为地方病连续出现，成为人群中普遍存在的传染病，几乎每个人都会接触到天花。在天花存在的3000年里，天花致数十亿人死亡和毁容，天花幸存者约有1/3的人永久失明，3/4的人面部有明显的凹陷瘢痕。历史上，公元165年由天花引起的“安东尼瘟疫”夺走了罗马帝国700万人的生命，人口锐减给罗马帝国的经济和军事带来了毁灭性的打击，使其逐渐沦落为地域分权式帝国。到15世纪，天花已成为欧亚大陆大部分地区的地方病。随着欧洲探险时代的到来，欧洲人将天花带到非洲、美洲和大洋洲，对当地土著人口和文明造成了灾难性的破坏。1518年，西班牙人将天花传入美洲大陆，印第安人遭受灭顶之灾，阿兹特克帝国和印加帝国相继覆灭。天花对人类的危害一直延续到20世纪中期，随着天花疫苗的问世和大规模生产，全世界天花疫苗接种让人类彻底消灭了天花。1980年，WHO宣布天花已根除。

3. 结核病

结核病（tuberculosis）是人类历史上最古老、最可怕的传染病之一，在世界各地距今2500～5000年前的木乃伊中发现了骨结核痕迹，长沙马王堆汉墓辛追夫人也有肺结核病灶，基因组进化分析认为在6万～7万年前的非洲已经出现感染人的结核分枝杆菌。14世纪以后，随着欧洲城市化发展，结核病开始在人群中流行。到18～19世纪工业大革命，结核病大规模暴发，被称为“白色瘟疫”。几千年里，结核病杀死的人口达10亿。直到1882年，德国医生和细菌学家罗伯特·科赫（Robert Koch）发现结核分枝杆菌，人们对结核病的认识有了飞跃性的发展。随着X线胸片、卡介苗、抗结核药物等诊断、预防和治疗措施的发展和使用，到20世纪70年代，结核病感染和死亡率直线下降，逐渐销声匿迹。但是，由于耐药菌株、艾滋病等影响，结核病卷土重来，WHO于1993年宣布结核病为“全球紧急事件”。目前，结核病是全球尤其是发展中国家危害最严重的慢性传染病，我国是全球30个肺结核高负担国家之一。

4. 流感

流感（influenza）是由流感病毒感染引起的急性呼吸道传染病，通过飞沫或接触传播，传染性极强，能在短时间内迅速扩散。由于流感病毒极易变异，种类较多，且不同病毒之间缺乏交叉保护力，在不同时期常发生由不同流感病毒引起的流感流行。1918年的流感（又称“西班牙流感”），是由甲型流感病毒H1N1引起的全球首次流感大流行，起源于美国，随着第一次世界大战扩散到法国，在欧洲大范围流行后又传播到世界其他地方（图3-2）。流感大流行的两年里，全球1/3的人口被感染，死亡人数是同时期第一次世界大战造成伤亡人数的3倍。此后，1957年由H2N2病毒引起的亚洲流感又造成了第二次全球性流感，造成100万～200万人死亡。1968年，变异流感病毒H3N2疫情暴发，被称为“香港流感”，是第三次全球范围内的流感流行。进入21世纪后，由于人类对流感的监控、预防和治疗能力大幅提高，流感的感染和病死率均显著降低。

5. 疟疾

疟疾（malaria）是由疟原虫引起的传染病，主要由雌性按蚊叮咬或输入带疟原虫的血液传播（图3-3），临床主要表现为反复发作的间歇性寒战、高热，俗称“打摆子”或

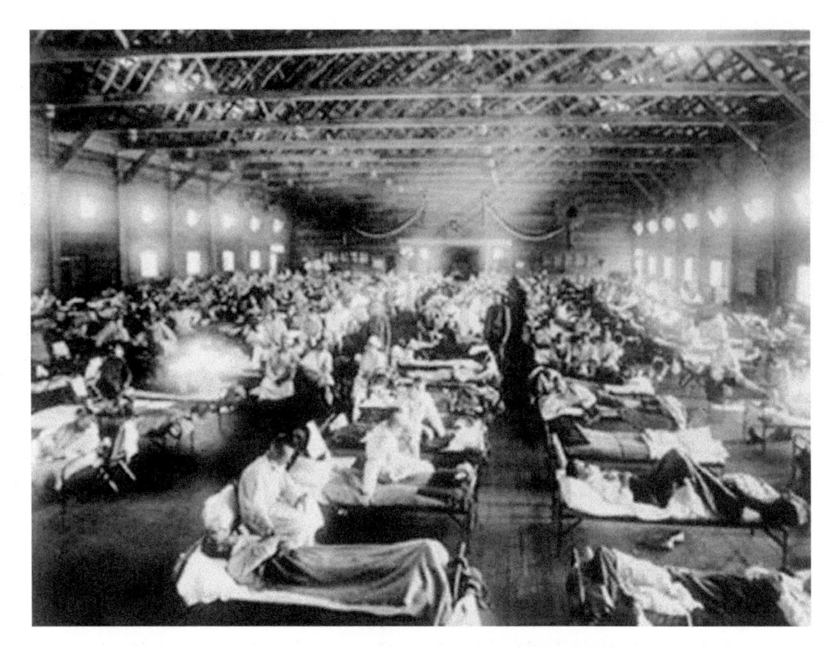

图 3-2　1918年美国堪萨斯州范斯顿军营流感病房，
此地被认为是“西班牙流感”的最初暴发地（Nicholls，2006）

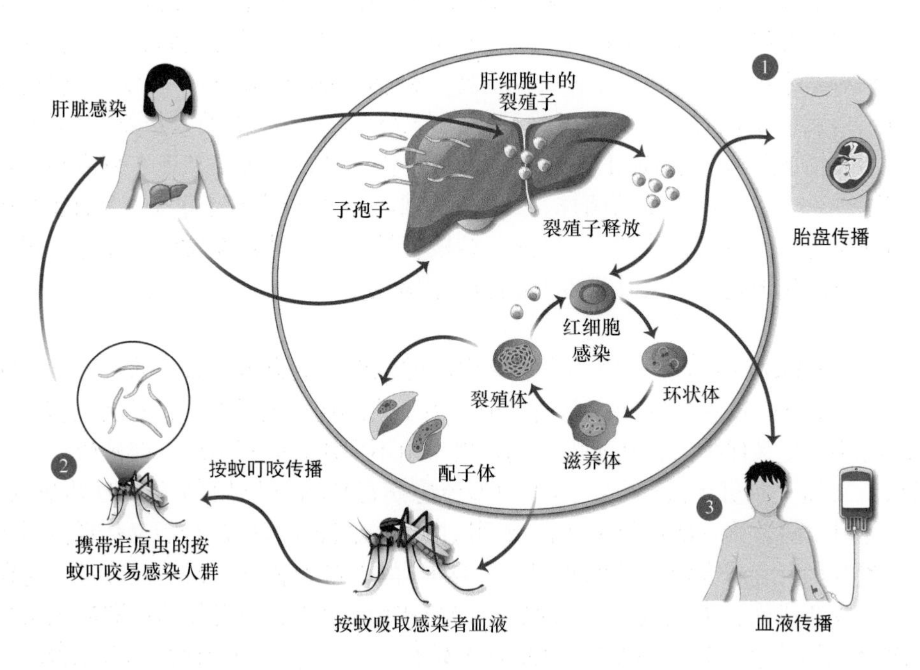

图 3-3　疟疾的传播途径

寒热病。疟原虫DNA在4800～5500年前的古埃及木乃伊中曾被发现，在古代文明古国如罗马、希腊、中国都普遍存在。古代中国长江以南地区水网密布，疟疾多发，致使长江以南地区在历史上长时间未被开发；近代全球战争中，疟疾多次在军队中暴发，屡屡出现非战斗性减员。至今，疟疾仍然是一个全球关注且亟待解决的重要公共卫生问题。据WHO发布的《世界疟疾报告2022》，2021年全球有2.47亿疟疾病例，死亡人数为61.9万人，其中95%的感染和96%的死亡都发生在非洲地区。中国在2021年正式获得WHO“无疟疾国家”认证，在推进西太平洋地区消除疟疾及全球根除疟疾进程中发挥了里程碑式作用。

6. 霍乱

霍乱（cholera）是一种致病性极强的烈性传染病，由摄入霍乱弧菌污染的水或食物引起，造成急性水样腹泻，死亡率高达60%。19世纪前，霍乱是局限于恒河三角洲的地方性疾病。随后由于殖民主义和世界贸易兴起，霍乱随感染的人群扩散至世界各地，成为“最令人害怕、最引人注目的19世纪世界病”。从1817年起，霍乱曾出现7次全球暴发，共导致5000多万人死亡。在现代社会，全球每年有130万～140万病例，2.4万～14.3万人死亡。除了疾病，霍乱还对人类社会造成了多方面的影响。第一次大流行期间，霍乱恐慌导致社会动荡，法国12万民众逃亡，俄罗斯民众由于不满政府限制性防疫措施，多次袭击医生、警察和政府官员，暴发了第一次霍乱暴动等。但霍乱也促进了人类公共卫生设施建设，霍乱由共同的水源和食物传播，19世纪脏乱的城市环境是霍乱大流行的主要原因，为了控制霍乱，政府开始采取措施清理城市卫生和供水系统，公共卫生得到明显的改善。

（二）新发和再发传染病

新发传染病（emerging infectious disease，EID）和再发传染病（remerging infectious disease，REID）是指在人群中新发现或已经存在但发病率或地理分布范围迅速增加的传染病，一般由新种或新型病原微生物或呈耐药性病原体引起。1980年以来，全球出现了40多种新发和再发传染病病原体（表3-1），至少占所有人类病原体的15%。对于新发传染病，其发生难以预测，发病初期人们对病原体的认识有限，无法作出及时的防控，人群普遍对新发传染病缺乏免疫力，且尚无有效疫苗和治疗药物，极易发展成全球性的重大公共卫生问题。

表3-1　1980年以来的新发和再发传染病病原体

时间	病原体名称	新发/再发	时间	病原体名称	新发/再发
1980	人类嗜T淋巴细胞病毒（HTLV）Ⅰ型	新发	1986	卡耶塔环孢子虫	新发
1982	大肠埃希菌O157：H7	新发	1986	人类疱疹病毒6型	新发
1982	人类嗜T淋巴细胞病毒（HTLV）Ⅱ型	新发	1989	戊型肝炎病毒	新发
1982	伯氏疏螺旋体	新发	1989	丙型肝炎病毒	新发
1983	艾滋病病毒	新发	1989	瓜纳瑞托病毒	新发
1983	幽门螺杆菌	新发	1990	人类疱疹病毒7型	新发
1983	肺炎衣原体	新发	1991	查菲埃立克体	新发
1984	日本立克次体	新发	1992	霍乱弧菌O139	新发
1985	比氏肠细胞内原虫	新发	1993	巴贝虫新种WA1	新发

续表

时间	病原体名称	新发/再发	时间	病原体名称	新发/再发
1993	辛诺柏病毒	新发	2003	SARS病毒	新发
1994	萨比亚病毒	新发	2005	人类嗜T淋巴细胞病毒Ⅲ和Ⅳ型	新发
1994	人粒细胞埃立克体	新发	2009	流感病毒H1N1	再发
1994	亨德拉病毒	新发	2009	拉沙病毒	再发
1994	人类疱疹病毒8型	新发	2012	中东呼吸综合征病毒	新发
1995	庚型肝炎病毒	新发	2013	禽流感H7N9	新发
1996	牛海绵状脑病朊病毒	新发	2013	基孔肯雅病毒	再发
1996	禽流感病毒H5N1	新发	2014	埃博拉病毒	再发
1999	尼帕病毒	新发	2015	寨卡病毒	再发
1999	西尼罗病毒	再发	2016	克里米亚-刚果出血热病毒	再发
2000	裂谷热病毒	再发	2022	猴痘病毒	再发
2002	耐万古霉素金黄色葡萄球菌	新发	2019	新型冠状病毒	新发

（三）传染病的危害和影响

1. 传染病直接威胁人类生命安全

由于传染病具有传播广泛性、危害普遍性、高感染性和致病性等特征，一直以来，传染病都是导致人类死亡的主要原因之一。根据2021年WHO发布的数据，2000年全球前10位死因中有5个是传染病，2019年前10位中有3个是传染病。其中，下呼吸道感染在2000～2019年都是全球致死率最高的传染病，结核病和艾滋病分别在2000年占全球死因前6位和前7位，到2019年已不在死因前10位之列。然而，在低收入国家，传染病导致的死亡人数远高于非传染性疾病导致的死亡人数，前10位死因中有6个是传染病（图3-4）。

2. 传染病严重影响人的生活质量

传染病除了威胁人的生命之外，还通过慢性感染、后遗症、诱发癌症和影响心理状态等损害人的健康，严重影响人的生活质量。

1）慢性传染病持续感染　慢性传染病病程常持续数月至数年，病原体感染机体后可长期存在，对机体造成持续损伤。一些急性传染病若治疗不及时或不彻底，也可发生慢性转变，如慢性细菌性痢疾、迁延性伤寒等。慢性传染病不仅给患者带来身体上的长久痛苦，也使其丧失劳动力，长期治疗会进一步加重家庭负担，阻碍个人和家庭发展。

2）传染病后遗症　一些传染病在恢复期结束后，机体机能未能恢复正常，留有不可治愈的后遗症，为患者带来终生损伤。例如，流行性乙型脑炎、脊髓灰质炎等中枢神经系统传染病可造成肢体瘫痪、肌肉萎缩、惊厥、语言障碍、精神迟钝等严重后遗症；新型冠状病毒感染后可能出现持续数周或数月的疲劳、心悸、失眠、腹泻、关节或肌肉疼痛等；支原体、衣原体等生殖系统感染可能造成患者不孕不育等。

3）传染病可诱发恶性肿瘤　传染病诱发的恶性肿瘤目前约占所有癌症的20%。

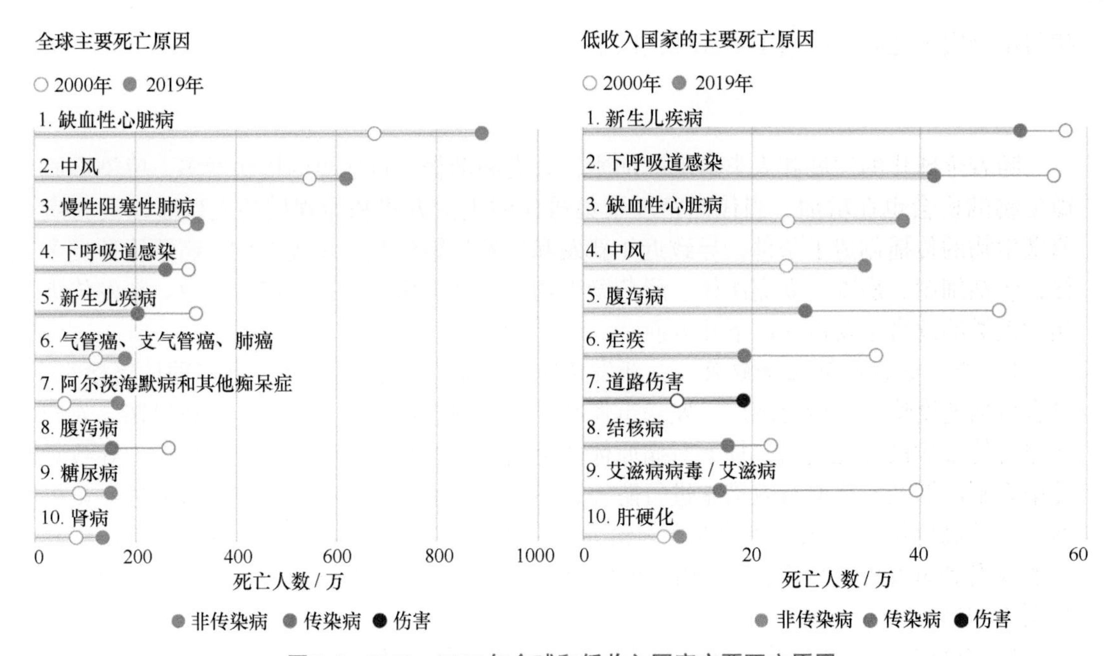

图3-4　2000～2019年全球和低收入国家主要死亡原因

（数据来源：世界卫生组织2021年《全球卫生估计》，https://www.who.int/news-room/fact-sheets/detail/the-top-10-causes-death）

例如，幽门螺杆菌感染诱发胃癌和胃黏膜相关淋巴组织淋巴瘤，人乳头瘤病毒感染会引发宫颈癌，乙型和丙型肝炎病毒与肝癌的发生密切相关等。

4）传染病大流行危害心理健康　2020年全球新冠疫情期间，一项WHO调查项目收集了来自170个国家的难民和移民的自查报告，大部分人表示疫情期间出现了抑郁、压力、焦虑、孤独、愤怒、绝望、睡眠障碍、吸毒和酗酒等心理问题（Lello et al., 2020）。基于以往SARS、埃博拉病毒病等传染病的研究表明，患者在传染病疫情早期容易出现抑郁、焦虑、失眠等问题，甚至出现自杀行为，在出院以后数月至数年内可能患上抑郁症和创伤后应激障碍等精神疾病（安静等，2021）。

5）传染病大暴发挤兑医疗资源　重大传染病疫情会给医疗系统带来极大的压力，医疗资源高度集中于传染病的治疗，其他非传染病的医疗资源受到严重挤兑。WHO在2020年发布的一项调查显示，自新冠疫情全球暴发以来，在受访的163个国家中，53%部分或完全中断了高血压治疗服务，49%中断了糖尿病和糖尿病相关并发症治疗服务，42%中断了癌症治疗服务，31%中断了心血管急诊服务，63%中断了康复服务，严重影响了非传染病患者的健康（WHO，2020）。

三、与传染病有关的生物安全

生物安全问题起源于人类瘟疫，与人类文明和历史相伴相生。如前所述，天花、鼠疫和疟疾等瘟疫随战争和殖民扩散至其他地区导致历史上数个王朝衰落，是传染病造成的生物安全问题直接影响国家安全的典型案例。而在现代社会，病原微生物导致的传染病与生物安全之间的联系主要表现在以下几方面。

（一）新发和再发传染病

随着全球化的发展和人类活动的加剧，人类和动物、自然界的接触增多，感染病原微生物的机会也在增加。当代高密度聚集居住的生活方式和大规模的人口流动又为病原微生物的传播创造了条件，导致近年新发和再发传染病频发（表3-1），病原体种类多样，包括细菌、病毒、立克次体、耐药微生物等，其中病毒性传染病为多数。新发传染病对人类的危害主要包括以下几方面。

1）严重威胁人类生命健康　新发传染病多数为人兽共患病，有多种传播途径，具有传播速度快、流行范围广、发病迅速和致病性强等特点。在新发传染病早期，人们普遍对传染病没有免疫力，加上对病原体的传播、流行和致病特点等缺乏认识，导致对传染病不能够及时采取有效措施进行防控，不能及时治疗患者、阻止传染病的进一步扩散，导致高感染率和死亡率的发生，给人类健康带来重大威胁。WHO数据表明近年暴发的新发和再发传染病中，MERS、埃博拉病毒病、尼帕病毒病为烈性传染病，死亡率分别为35%、20%～90%、40%～75%。

2）严重阻碍经济发展　重大传染病对国家经济产生了不利影响，为了防控和应对疫情，国家财政中与公共卫生相关的支出，包括医院检测、治疗、护理和药物等费用，对病原体中间宿主处置、对环境和进出口物品（商品）的消毒杀菌、控制人口及商品流动等社会公共卫生支出等大幅增加。由于传染病具有聚集性暴发的特点，政府为管控疾病传播会严格控制人员、商品在国内外的流动，从而直接影响旅游业和贸易，对社会经济造成重大打击。另外，传染病的暴发也会影响劳动力，直接导致社会产出减少，整体生产效率降低，阻碍国家经济的增长。

3）威胁社会稳定和国家安全　在当代，新发和再发传染病引起的经济和生产力损害、资源稀缺、不平等、贫困等社会问题严重威胁社会稳定和国家安全，是对国家和政府能力的重大考验。有研究表明，由传染病带来的粮食、经济、健康问题和高死亡率降低了公民从事暴力活动的机会成本，导致国家内部发生冲突的风险极大提高，加剧了一个国家的动荡倾向。在重大疫情导致社会可用资源不断减少的情况下，精英阶层抢夺和占有更多资源，导致社会矛盾激化，政治两极分化加剧，发生政变的可能性大大提高。有证据表明，传染病发病率和国家能力之间存在明显的负相关关系。国家能力强大，能够成功应对重大传染病对国家安全带来的冲击，则将促进本国崛起；相反，国家能力薄弱，没有能力充分应对疾病暴发，不仅会加剧国内动荡，而且会削弱国家抵御外部风险的能力，对社会稳定和国家安全造成重大威胁。

（二）传染病的跨境传播

传染病可在极短的时间内随着便捷的交通运输网络迅速扩散至世界各地，造成跨区域或全球性流行。防止传染病的跨境传播是维护国家生物安全的重要内容之一。当前，跨境传播风险大的传染病主要包括呼吸道传染病和媒介传播疾病。

呼吸道传染病主要通过飞沫、气溶胶等形式传播，往往在极短的时间里造成大范围的人群传播，传播特点是范围广、速度快、传染能力强、人群普遍易感、潜伏期短，如流感、结核病、SARS、MERS、新型冠状病毒感染等。2003年，SARS疫情波及全球37个国家，引起8422人感染，其中919人死亡，疫情持续半年后结束；2009年，甲型H1N1流感暴发并迅速扩散至全球214个国家和地区，疫情持续1年4个月后结束，共导致28.4万人死亡；自2019年12月新型冠状病毒感染初次发现后，疫情迅速发展，感染和死亡人数持续增加，波及全球220个国家和地区，超7.67亿人感染，超690万人死亡，成为近百年来人类遭遇的影响范围最广的全球性大流行病。快速的全球航空旅行是导致新型冠状病毒全球传播的关键原因之一。

媒介传播疾病是指由媒介生物如鸟类、老鼠、虱子、跳蚤、蚊子、蜱虫等传播病原生物而引起的人类疾病。进入21世纪以来，西尼罗热、登革热、基孔肯雅热、寨卡病毒病等由蚊媒传染的疾病陆续在全球暴发，成为影响人类健康和生物安全的重大公共卫生问题。国际旅行、交通运输等可能将媒介生物引入新的适宜生长的地区，或将新的病原体引入本地媒介，造成传染病的输入性传播和暴发。冈比亚按蚊是非洲疟疾的主要传播媒介，大约在1930年被引入巴西，随后造成巴西疟疾大流行；1999年西尼罗病毒输入美国后，经由本地的库蚊传播，引发美国西尼罗热的大规模流行。此外，媒介生物的本地定殖可能会破坏当地的生态平衡，对生态系统或生态环境产生威胁。例如，来自北美洲的致倦库蚊于1986年随着船只从墨西哥到达夏威夷，蚊子体内携带的鸟疟原虫和禽痘病毒被引入，导致当地部分鸟类种群的灭绝。

（三）生物恐怖威胁

鼠疫耶尔森菌、炭疽芽孢杆菌、霍乱弧菌等高致病性细菌在第一次、第二次世界大战中被用作生物武器制剂，给人类带来沉重灾难。除细菌外，细菌毒素、病毒、真菌等都可作为生物恐怖或生物武器制剂。传染病病原体作为生物恐怖或生物武器制剂具有致病性强、传播途径多样、传播范围广、隐蔽性高、危害时间长、成本低、难以防御等特点，一旦使用会造成社会恐慌，甚至引发社会动荡（详细内容见第九章）。

（四）与传染病有关的生物技术与生物安全

首先，生物技术使生物恐怖或生物武器制剂更容易被获得。根据公共开放的病原体基因组数据，使用合成生物学、分子生物学技术实现病原体的人工合成成为可能。其次，利用基因编辑等前沿生物技术，能够通过对病原体基因组的改造改变其生物学特性，包括使现有疫苗失效、产生耐药性、增强病原体毒力或使非病原体产生毒力、增加病原体的宿主范围、规避现有诊断检测方法等，进一步增加病原体的隐蔽性和危害性，使针对原始病原体的生物防御体系失效（详细内容见第六章）。

（五）病原微生物泄漏

生物安全实验室是储存和研究病原微生物的特殊场所，一旦发生病原微生物暴露或泄漏，可能会影响实验室工作人员的健康，导致病原微生物在环境中的扩散而引起流行，对人和环境带来严重危害（详细内容见第五章）。

第二节 传染病相关生物安全风险

传染病与生物安全息息相关，充分认识传染病相关的生物安全风险因素对有效控制传染病、维护生物安全至关重要。引发传染病相关的生物安全风险的主要因素包括生物学和非生物学两大类，生物学因素包括病原体的遗传进化和微生物耐药等，非生物学因素包括气候环境变化、政治冲突、战争和人口流动等。

一、生物学因素

传染病的病原体通常为微生物，其传代时间短、基因组小，在与宿主互作过程中进行不断的适应性进化，容易发生基因突变、基因重组或重排等变异，可能改变病原体的宿主范围和耐药性等，导致新的病原体变异株出现，更有利于其在环境中的生存和传播。

（一）病毒的变异和跨种传播

病毒基因组在复制过程中容易发生变异，导致病毒的传播性、致病性和抗原性等发生改变，极大地增加了人类抗击病毒的难度。新型冠状病毒（SARS-CoV-2）（图3-5）的不同变种alpha、beta、gamma、delta和omicron在传染性、逃避宿主免疫性及致病性等方面各有不同。病毒也可能在中间宿主体内发生基因重组或重排，引起抗原性变异和宿主范围变异等。依据病毒表面血凝素（hemagglutinin,HA）和神经氨酸酶（neuraminidase,NA）的不同，流感病毒分为甲、乙、丙三型。甲型流感病毒的表面抗原HA和NA容易发生变异和重组。临床发现，在两种流感病毒同时流行时，在患者体内除了能够分离到感染的两种病毒外，还可分离到H抗原和N抗原发生重组产生的新亚型变异株。例如，

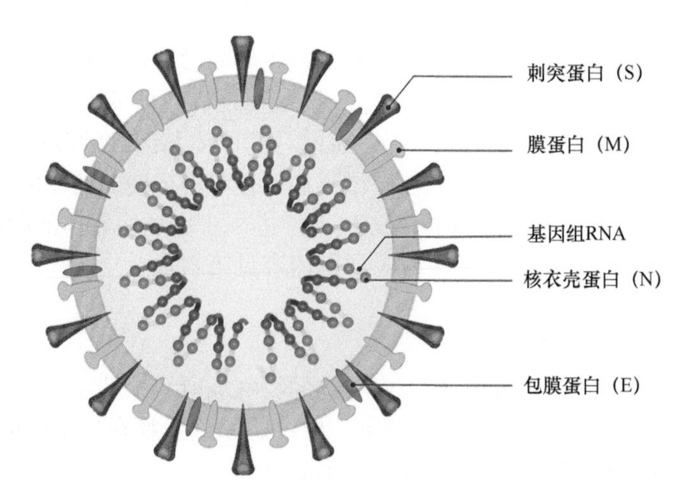

图3-5　SARS-CoV-2病毒粒子结构示意图
（Chams et al.，2020）

同时感染H1N1与H3N2的患者体内可分离出H3N1亚型。在变异和重组幅度大，人体尚未形成能够对抗的免疫力，之前开发的疫苗对新亚型病毒也无效的情况下，可能导致流感的大规模流行。此外，在通常情况下，由于宿主屏障作用，禽流感病毒并不能感染人类。但是，自1997年在中国香港发现禽流感病毒H5N1可以感染人类以来，相继发现H7N2、H7N7、H9N1和H7N9等禽流感病毒也可以感染人类。

对野生动物的驯化、大规模的饲养等活动导致病原微生物在聚集的动物群落中传播，甚至通过人与动物的密切接触而传播给人类。例如，1994年澳大利亚某赛马场亨德拉病毒的传播链是狐蝠—马—人。导致2002～2003年SARS、2012年MERS、2020年全球新冠大流行的病原体都是冠状病毒。蝙蝠体内具有丰富多样的病毒基因组，包括SARS样病毒的天然基因库。科学家通过对病毒表面刺突蛋白（spike）和宿主受体基因进行分析，推测SARS-CoV、SARS-CoV-2及MERS-CoV很可能是病毒在蝙蝠体内发生了重组，再经过在中间宿主中的进化，最终实现病毒从蝙蝠到人的跨种传播（Cui et al.，2019；Shi，2021）。

（二）有害生物的耐药

对人类生活、生产甚至生存等造成损害的物种被定义为有害生物。威胁比较大的包括病原微生物及能够传播多种疾病的病媒生物如蚊虫和老鼠等。人类一直在采取各种手段来防御或减少有害生物带来的损失，包括使用不同的药物。然而耐药性（drug resistance）或抗药性，即微生物或动物对曾经有效阻断其生长或存活的药物不再敏感的自然变异现象，也相应发生。耐药问题已成为人类文明发展中无法逃避、越来越严峻的生物安全问题。当现有的药物对耐药性有害生物不再发挥作用，而新的药物被研发出来之前，人类将面临巨大的威胁。

1. 微生物耐药

1941年，青霉素首次用于临床控制金黄色葡萄球菌引起的感染性疾病，然而约20年后，80%以上的金黄色葡萄球菌对青霉素产生抗性。据2021年全球抗微生物药物耐药性和使用监测系统（Global Antimicrobial Resistance and Use Surveillance System，GLASS）报道，金黄色葡萄球菌对于头孢西丁/苯唑西林的耐药比例中位数达到了43%。1944年，链霉素的发现打破了结核病无法治愈的魔咒。然而据WHO统计，2021年全球约新增1060万名结核病患者，其中45万左右感染的是耐药型结核分枝杆菌。2017年，WHO发表了首份抗生素耐药“重点病原体”清单，其中糖肽类抗生素（如万古霉素、替考拉宁、去甲万古霉素）和环脂肽多黏菌素类抗生素分别可抵御人类的顽固耐药阳性菌和阴性菌，在临床上被用作严重耐药感染的紧急形势下最后的治疗手段。但是随着近年来对糖肽类抗生素甚至对多黏菌素耐药菌株的出现，这最后的防线已变得岌岌可危。

WHO认为需要引起关注的12种重点耐药性细菌

同一株细菌可能同时具有多种不同的耐药机制，导致细菌对多种抗生素耐药，这样的耐药菌被称为多重耐药菌（multiple drug-resistant organism，MDRO）。例如，引起耐多药结核病（MDR-TB）的结核分枝杆菌至少同时对利福平和异烟肼耐药，引起广泛耐药结核病（XDR-TB）的结核分枝杆菌可同时对异烟肼、利福平、氟喹诺酮类抗菌药物及一些二线抗结核注射药物耐药。目前，临床上还发现了对常用抗生素（包括对被视为“抗生素最后一道防线”的多黏菌素）耐药的“超级细菌”。WHO的全球抗生素耐药性和使用监测系统发布的报告估计当前每年有70万人死于耐药性微生物感染，并警示到2050年，每年可造成1000万人死亡。

2020年全世界约有3700万艾滋病患者，其中新增患者150万，死亡人数68万。艾滋病的治疗，目前以抗逆转录病毒的药物为主，但是在2021年WHO发布的《艾滋病病毒耐药性报告》指出，艾滋病病毒对依法韦仑及奈韦拉平这两种艾滋病治疗中的关键性药物的耐药性激增。尽管目前艾滋病的治疗方法比较成熟，还有其他治疗方案可以使用以应对其耐药性，但是艾滋病病毒耐药性的发生会使治疗成本大大增加。

除了细菌和病毒，疟原虫等寄生虫也会产生耐药性。截至2019年，全球依然有近一半人口面临罹患疟疾的风险，其中有4 亿人生活在疟疾高发区。氯喹曾是有效的抗疟药物，然而，长期大量使用氯喹，疟原虫产生耐药性，氯喹对疟疾的疗效急剧下降，而且疟原虫对青蒿素的耐药性也在不断增强。

2. 病原媒介耐药

约17%的传染病可以通过病媒生物如节肢动物（蚊子、蜱虫、蚤等）、哺乳动物（老鼠、蝙蝠等）和鸟类等在人与人或人与动物之间传播，这些媒介大多数量庞大、迁徙范围广，容易造成传染病的暴发和流行。控制媒介生物的种群密度是阻断媒介传染病传播的最有效手段之一，主要采用的方式有环境治理、化学防治、生物防治等。

化学农药的大量使用和环境残留引发媒介耐药性的发生。一方面，环境残留药物浓度可能低于致死剂量，使生物长期反复接触低浓度药物，产生耐药能力；另一方面，同一生物种群对药物的耐受能力存在个体差异。耐药个体躲避药物压力存活下来，而且能把对药物的耐受能力遗传给后代，渐渐形成强耐药性种群。此外，动物对化学农药的抗性存在遗传性和交叉性（病原体对某种药物耐药后，对于结构近似或作用性质相同的药物也可显示耐药性），为其防治增加难度。不仅是化学农药，生物防治手段也在逐渐失效。例如，大面积、长时间地使用细菌杀蚊剂，也会使蚊虫在选择压力下对细菌杀蚊剂产生一定的抗性（熊武辉等，2010）。

二、社会环境因素

全球气候环境的变化、经济全球化和人员、物流的频繁交往等因素均可能影响某些自然物种的生存空间，打破其原有的食物链平衡，造成其他物种生存条件的改变，加速传染病病原体的进化。人类利用抗生素、疫苗和药物主动防疫病原体的策略中因为用药与管理不当引发的环境污染和反噬问题也逐渐暴露。

（一）环境和气候因素

当前，随着人类的工业化发展和城市化进程，全球气候持续性变暖，极端性天气由原来的罕见也变得相对频繁。气候的改变可能影响传染病病原体原有的生态平衡，使其繁殖和变异速度加快，扩散范围变广，进而改变传染病宿主谱及流行病学特征，导致传染病的蔓延流行甚至全球化。自然灾害本身并不会带来传染病。但是，灾害导致的一些后续效应可能促使疫情大暴发。例如，厄尔尼诺引起的持续降雨、洪水和气温升高等现象增加了虫媒传染病如登革热、裂谷热和疟疾等的发病率。1997～1998年厄尔尼诺事件期间，肯尼亚东北和索马里南部大雨频发，之后暴发了严重的裂谷热。据统计，2000～2011年，全球发生了重大自然灾害，其后续效应导致了风险因素和传染病暴发流行，自然灾害包括洪水、海啸、地震、热带季风和龙卷风等，其伴生的传染病包括腹泻、急性呼吸道感染、疟疾、钩端螺旋体病、麻疹、登革热、病毒性肝炎、伤寒、脑膜炎及破伤风和皮肤黏膜病等（表3-2和表3-3）。自然灾害间接造成传染病暴发流行的因素，包括水源和食品污染、拥挤的安置点、脏乱的环境条件、不健全的卫生医疗和免疫条件导致人群免疫力低下、蝇蚊鼠等病媒繁殖增多、人口迁移等将交叉影响传染病传播途径。

此外，普遍存在的环境污染问题也是影响生物安全的因素之一。水源污染容易造成病原微生物的滋生；水体面积减少，会导致草地大面积退化、沙化和盐碱化，破坏原有的生态尤其是微生态平衡。大气污染使得空气中的病原微生物容易形成气溶胶，增加了其生存和传播能力。森林砍伐和环境污染一方面造成生态平衡破坏，病媒生物的天敌数量锐减而病媒生物数量增加；另一方面使得携带病原体的物种原有的栖息地改变，向人类居住地迁移，造成病原的跨物种传播。全球人口急剧增长、生活垃圾越来越多，为病原体的繁殖提供了有利的环境。城市人口日益密集，加快了传染病的传播和流行。

表3-2 2000～2011年记录的自然灾害和潜在的次级相关传染病

国家（地区）	自然灾害类型	年份	自然灾害后暴发的传染病
美国	龙卷风	2011	皮肤毛霉病
日本	地震	2011	腹泻（诺如病毒）、流感
海地	地震	2010	霍乱
科特迪瓦	洪水	2010	登革热
巴西	洪水	2008	登革热
美国	飓风	2005	腹泻、结核病
巴基斯坦	地震	2005	腹泻、戊型肝炎、急性呼吸道感染、麻疹、脑膜炎、破伤风
多米尼加	洪水	2004	疟疾
孟加拉国	洪水	2004	腹泻
印度尼西亚	海啸	2004	腹泻、甲型和戊型肝炎、急性呼吸道感染、麻疹、脑膜炎、破伤风
泰国	海啸	2004	腹泻
伊朗	地震	2003	腹泻、急性呼吸道感染
印度尼西亚	洪水	2001～2003	腹泻
中国	台风	2001	钩端螺旋体病
萨尔瓦多	地震	2001	腹泻、急性呼吸道感染
泰国	洪水	2000	钩端螺旋体病
莫桑比克	洪水	2000	腹泻
印度（孟买）	洪水	2000	钩端螺旋体病

资料来源：Kouadio et al.，2012

表 3-3　自然灾害发生后的危险因素及传染病发病情况

主要危险因素	水源性疾病			空气/气溶胶传播疾病				病媒传播疾病		受伤造成的感染		自然灾害后所处的时期		
	霍乱和痢疾等腹泻性疾病	钩端螺旋体病	肝炎	急性呼吸道感染	麻疹	脑膜炎球菌性脑膜炎	肺结核	疟疾	登革热	破伤风	皮肤毛霉病	暴发期（0～4天）	后期（4～28天）	恢复期（28天后）
人群迁徙								√	√					√
过度拥挤	√			√	√	√	√						√	
洪水和暴雨后的积水	√	√						√	√					√
水源污染及卫生条件差	√		√										√	
病原体的高度繁殖		√						√	√					
营养不良	√			√	√		√							√
疫苗接种覆盖率低					√									
受伤										√	√		√	√

资料来源：Kouadio et al.，2012

（二）社会和政治因素

1. 政治冲突

政治不稳定和冲突会增加传染病传播和流行。第一，政治冲突可能导致大量人口流离失所，被迫迁移和生活条件恶化会加剧传染病的传播和（或）将传染病引入新的地区。第二，在政治冲突形势下，对传染病的监测系统往往很薄弱，导致流行病的监测和报告出现延误。第三，动乱导致基础设施破坏和卫生系统瘫痪，为传染病传播创造了条件。第四，长期的冲突导致疫苗、药物等供应短缺，疫苗接种等常规卫生服务中断。第五，在冲突情况下，抗生素的使用不当和缺乏监管可能导致耐药株的出现。

2. 战争

德国医生和医学统计学家普林津（Prinzing）在1916年通过对战争流行病史的调查发现，所有的传染病都可能因战争而传播并发展成不同程度的流行病。他将霍乱、痢疾、鼠疫、天花、伤寒和斑疹伤寒这6种传染病列为“战争瘟疫”，加上流感、疟疾、麻疹、回归热和黄热病，这些传染病对历史上的战争产生了深远影响。现代战争同样也伴随着传染病发病率的显著增加，常见的与现代战争相关的传染病包括登革热、肠道疾病和病毒性肝炎等。

携带病原体的士兵是战争中传染病的重要传染源。此外，战争对自然生态的破坏可能导致新发病原体在人类环境的暴露，成为新的疾病传染源。聚集的士兵来自不同环境，之前未感染过其他区域的流行病，缺乏相应的免疫力，加上战争期间过度劳累、食物短缺和营养不良，使士兵免疫力进一步下降，成为各种传染病的易感人群。军队环境相对封闭、人员密集、卫生条件差，容易滋生传染病病媒，导致病原体在军队中传播，造成传染病的暴发和流行。传染病又随军队转移扩散至不同地区，造成平民感染，引起更大范围的传染病流行。

3. 大规模的人口流动和全球贸易

传染病的传播与人口规模具有正相关性，与地理距离具有负相关性。现代交通的便捷和全球贸易的发展促进了大规模的人口和货物流动，会打破传染病的地缘性限制。SARS、MERS和新冠病毒感染等传染病可以通过一个感染者搭乘飞机导致在多个不同的地区或国家暴发。对中国2009年甲型H1N1疫情流行情况的一项调查发现，拥有机场或火车站的城市出现病例的时间比没有机场或火车站的城市要早，流感会先沿着主干道路在人口密集的市区传播，然后沿着支线道路向沿线扩散。

全球贸易作为另一个影响传染病暴发流行的重要因素，一方面其发展会进一步促进人员流动，另一方面也会促进货物往来。货物的跨境运输，如冷链运输的肉类及农畜产品携带传染病的风险较大。据统计，2019年，逾45亿次乘客（相当于世界人口的57%）和6000万t的货物在全球流动。在当今全球化发展时代，频繁的跨国旅游和贸易使世界人口流动度达到空前高度，为传染病的跨境传播提供了便利。

第三节 传染病相关生物安全风险应对

在人类社会与传染病长期斗争的过程中，伴随着科技发展和进步，多种应对传染病生物安全风险的有效措施逐步形成，包括传染病监测和预警、检测和控制及预防和治疗等。采取正确的传染病相关生物安全风险应对措施，加强国家传染病防控体系和能力建设，对维护国家生物安全、保障人民生命健康至关重要。

一、传染病监测和预警

（一）传染病监测

传染病监测（surveillance）是指长期、持续地收集、整理和分析与传染病相关的各种信息，包括传染病发生的人群及其地点和时间、危险因素、传染源、传播媒介、病原体及其毒力和耐药性、气象和环境因素等，能够对传染病流行情况进行评估，监测传染病发展趋势，也是发现新发传染病的重要手段，可以指导传染病防控采取相应的干预措施，并评估应对措施的作用效果，是传染病防控工作中最有效的措施之一。

传染病监测的内容包括：疫情监测，是指在传染病发生时，连续、系统地收集传染病的发病病例数和死亡病例数及其分布，以分析在不同时期、不同地区和不同人群中的传染病流行情况，为控制和消除传染病提供科学的依据；病原学监测，通过不同检测方法对引起传染病的病原体进行病原体型别、毒力及抗药性监测，以了解病原体的变迁和变异情况；动物宿主和媒介生物分布监测，对引起人兽共患病的传染病病种开展动物宿主的病原体携带情况，以及病媒生物种群、密度、分布和抗药性调查，以评估可能的传染源和疾病传播风险；危险因素调查，对发病及死亡病例进行危险因素分析，以指导制定相应的干预策略；干预措施的效果监测，通过长期、连续地监测传染病病例，对所采取的传染病防控策略和干预措施进行分析和评估；舆情监测，收集互联网、传统媒体等关于传染病方面的热点问题、公众言论和态度，为舆情引导及其他公共卫生决策提供依据。

传染病监测的方法主要有以下4类。

1. 被动和主动监测

被动监测（passive surveillance）是指根据法律法规的要求，由社区和卫生机构的医疗人员按照程序和规范向上级公共卫生机构报告病例，上级机构接受报告后进行数据分析和管理。世界上大多数国家的传染病监测均为被动监测，各国根据当地传染病流行情况规定应上报的法定传染病类型。在全球范围内，《国际卫生条例》（International Health Regulations，IHR）缔约国应向WHO通报规定报告的传染病，如天花、由野生型毒株引起的脊髓灰质炎、新亚型病毒引起的人类流感和SARS等。

主动监测（active surveillance）是指上级机构公共卫生人员积极参与，主动到社区或医疗机构搜索调查传染病病例，如调查疫苗接种率、随访确定医疗人员上报的病例是否符合规定等。主动监测一般建立在被动监测的基础上，旨在发现被动监测漏报的病例，促进监测报告的完整性。

2. 哨点监测和人群监测

哨点监测（sentinel surveillance）是指选取一定数量的具有代表性的卫生机构作为哨点，收集特定传染病的病例数据。例如，艾滋病哨点监测就是在固定时间、固定地点，按照统一的监测方案及利用统一的检测试剂，在每个哨点收集400人左右的艾滋病病毒抗体及高危行为信息，以统计不同地区及人群艾滋病的感染率、流行趋势及危险因素。

人群监测（population-based surveillance）是以人群为基础，每个合适的卫生机构都报告传染病病例信息，目标是确定特定区域的所有病例。由于监测人群是固定的，人群监测的数据可以提供传染病的发病率和死亡率。

3. 实验室监测

实验室监测（laboratory-based surveillance）是利用分子生物学、抗原抗体检测等实验室手段对病原体进行更加细致的分型、毒力和耐药特征等监测，是传染病监测和预警体系的重要组成部分，对实现传染病的早期发现、新发传染病的鉴定、传染病的精准溯源具有重要意义。

4. 信息监测

信息监测（infoveillance）是指在互联网、电子媒体等资源和平台中收集、整理和分析与传染病相关的数据。例如，全球公共卫生情报网（Global Public Health Intelligence Network，GPHIN）使用自动算法，可以识别包括简繁体中文在内的9种语言，收集网络上传染病相关信息，并进行自动化报告。GPHIN已被WHO、加拿大卫生部、美国CDC等机构用作获取疫情信息的重要来源。

（二）传染病预警

传染病预警（warning of infectious disease）是以传染病监测为基础，通过分析监测数据发现和识别出超出传染病常态水平的异常信号，在传染病暴发之前或发生早期对其流行趋势进行预判，并向有关责任部门和机构及可能受事件影响的人群发出传染病可能发生及流行范围的警示信号，从而及早采取有效的应对措施，阻止或降低传染病对社会经济发展和人民健康造成的危害。近年来，传染病预警理论、模型和系统不断发展，世界多国都致力于研发和建立传染病预警系统。新冠疫情暴发以后，基于人工智能、互联网信息、人口移动定位等大数据的分析和建模技术为传染病预警系统的发展提供了重要经验。

二、传染病检测和控制

针对传染病传播的三要素，通过人为干预控制传染源或人与人之间的传播，可实现传播风险控制，主要措施包括媒介控制、综合防控及包含检验检疫在内的技术储备等方面。

（一）媒介控制

传染病的传播具有多种途径，依赖各种传播媒介，包括具有感染性的吸血节肢动物、受感染的动物或人，也可能是非生物体如水、土壤、食物、空气等。科学运用传染病传播规律和媒介特点，高效、精准地对传播媒介进行控制，可有效阻断疾病的传播。广义的媒介控制包括对所有传染病传播媒介采取的以降低疾病传播能力为目的的措施。但最常关注的是对媒介生物的控制，一是媒介生物活动范围和传播能力较强，二是媒介生物携带的病原种类多，传播的疾病多。目前常见的代表性媒介生物包括蚊、蝇、蜱、革螨及鼠等动物（傅小鲁和窦丰满，2006），可传播多种病毒性、细菌性疾病。控制媒介生物的措施主要包括消毒、隔离及杀虫灭鼠等，这些手段均可有效阻断和减少疾病的传播。

非生物性媒介控制方法主要是依据传染病传播规律和媒介特点所采取的针对性控制和预防措施，包括：呼吸道传染病（媒介为空气）的控制需要采取定期通风消毒、佩戴口罩、保持社交距离等措施降低风险；接触类传染病，媒介包含污染的水、土壤、食物等，可采取水源管理、食物管理、粪便管理、消灭苍蝇、保持卫生等方式积极控制传染病的传播。

（二）综合防控

传染病综合防控通常采取“以防为主，防重于治，防治结合”的原则。传染病的流行是由传染源、传播途径和易感人群三个环节组成的。因此，采取适当的措施来消除或切断三个环节的相互联系，理论上就可以使传染病的流行终止。

1. 隔离

隔离（quarantine）是指传染病暴发和流行期间，将确诊患者和无症状感染者及时安置在指定场所进行医疗救治，直至消除传染病传播的危险。隔离措施具有医学和法律双重属性。为了公共卫生安全，隔离可将病原携带者与易感人群分开，有效防止病原体的传播和扩散，降低传染病暴发流行的风险。同时，隔离会在不同程度上限制患者的人身自由，直至危险因素消除，是一种行政强制措施。

2. 封锁

依据《中华人民共和国传染病防治法》第四十三条，在甲类、乙类传染病暴发、流行时，县级以上地方人民政府报经上一级人民政府或国务院决定后，可对传染病流行的某一行政区域或城市实施封锁（lockdown），限制该疫区与外界的交通和人员流动，阻止传染病的外溢和扩散。

3. 流行病学调查和分析

流行病学调查（epidemiological survey），简称流调，是指用流行病学的方法进行的调查研究。流行病学调查对传染病的溯源及跟踪具有重要价值，可以为切断传播途径、保护易感人群、遏制传染病的蔓延提供科学依据。

（三）检验检疫

对存在较高疾病暴发风险的特殊场景，如劳动力密集区域、出入境口岸等实施法定传染病检验检疫，是预防传染病发生的重要方式。

1. 卫生检验

卫生检验是利用现代医学理论和科学技术手段，研究与人体健康相关的产品和环境中理化、生物和毒物因子检测及其理论和技术的一门综合性学科（陈昭斌，2010）。依据国家有关卫生标准和检验方法，监测环境、食品作业现场的卫生状况和污染危害，可以为疾病防治提供可靠的科学依据。

2. 卫生检疫

2005年新修订的《国际卫生条例》中将“检疫”定义为：限制有嫌疑但无症状的个人或有嫌疑的行李、集装箱、交通工具或物品的活动和（或）将其与其他的个人和物品隔离，以防止感染或污染的可能传播。一般而言，检疫是指为应对传染病暴发、不明原因群体性疾病、严重食物中毒和职业中毒等严重影响健康的突发事件所采取的检疫检验、卫生监测、卫生控制、卫生监督和卫生处理措施。检疫在国际上统称为卫生检疫。

3. 卫生监测

卫生监测是指卫生监测机构运用物理、化学、微生物学、毒理学的方法，对食品、药品、化妆品、饮用水的卫生质量，人们生产劳动、生活娱乐和学习环境中有毒有害因素，以及人群健康状况进行连续、系统的检测与卫生学评价，并及时地反馈和利用卫生信息的过程。

4. 传染病检验检疫

对出入境人员、环境和媒介生物的监测，为疾病发生风险提供依据。对出入境人员的监测有观察法、调查法、诊疗法、健康检查法、检测法和联合监督法；对环境的监测主要是常规性的实验室方法；对媒介生物的监测包括对引起疾病的媒介昆虫的生态调查、携带病原体的检测，以及对传播疾病的啮齿动物的生态学调查、携带病原体监测与血清学监测。

5. 突发公共卫生事件检验检疫

突发公共卫生事件是指突然发生，造成或者可能造成社会公众健康严重损害的重大传染病疫情、群体性不明原因疾病、重大食物和职业中毒以及其他严重影响公众健康的事件，具有突发性、群体性、阶段性、危害性、综合性的特点。各级医疗、疾病预防控制、卫生监督和出入境检疫机构根据《国家突发公共卫生事件应急预案》，做好检验检疫人员、技术、材料和设备的应急储备，开展检测、预警及报告工作。

6. 检验检疫技术与方法

1）*检验检疫的理化方法*　理化检验检疫方法是在实验室环境条件下，运用物理、化学的方法来测定待测样品中特定病原的方法。常见的理化检验检疫方法有低（高）温处理、电磁波处理、放射性同位素示踪等技术。

2）*检验检疫的生物学方法*　生物学检验检疫方法包括利用生物学的基本原理和技术发展起来的病原快速检测和诊断的方法。在传染病应对中常见的是针对特定的已知病原进行排查和筛查，满足大样本人群的需求。常见的生物学检验检疫方法有聚合酶链反应（polymerase chain reaction，PCR）/荧光定量PCR法、胶体金、酶联免疫吸附测定（ELISA）等。

三、传染病预防和治疗

（一）传染病预防

保护易感人群可以从根本上控制传染病的大规模流行，是传染病预防的根本策略和保障，主要策略有以下5项。

1. 免疫接种

免疫接种（immunization）是将无感染性或低感染性的免疫效应物质或人为设计的特定免疫原输入到人体或动物体内，使被接种的人或动物获得预防某种感染性疾病的能力。

疫苗（vaccine）是指将病原微生物（细菌、病毒等）或其附属成分（蛋白质、核酸等）利用减毒、灭活或基因工程改造等方法制成的用于预防传染病的生物制品。疫苗保留了刺激免疫系统的关键抗原，能有效诱导机体发生特异免疫应答，获得对特定病原的免疫力。根据抗原类型差异和技术研发的进步，疫苗主要分为灭活疫苗、减毒活疫苗、亚单位疫苗、载体疫苗、核酸疫苗等多种形式。其中，灭活疫苗、亚单位疫苗具有安全性高、免疫原性差的特点；减毒活疫苗、载体疫苗、核酸疫苗一般免疫原性更好，但也可能存在返毒风险高、副作用大的缺点。应针对不同传染病病原的特点，结合疫苗技术研发和开发速度等选用合适的疫苗。

2. 药物预防

药物预防是指预先服用药物以防止传染病感染的措施，用于无预防接种疫苗或预防接种来不及控制感染时的应急预防。例如，艾滋病病毒暴露后72h内服用阻断药以预防其感染等。根据不同传染病病原，预防药物主要包括抗菌药物和抗病毒药物。

3. 安全防护

从事传染病预防、医疗、科研、教学、现场处理疫情的人员，以及在生产、工作中接触传染病病原体的其他成员，应严格遵守操作规程，根据传染病种类配置和使用合适的个人防护用品，如防护服、呼吸保护装置和手套等。

4. 提高群体免疫力

营养不良、不健康的生活方式等会降低机体的免疫力，从而增加传染病的易感性。因此，保持营养均衡、培养良好的生活习惯、坚持体育锻炼，能够维持机体正常免疫力，提高人群对传染病的抵抗力。

5. 加强公众卫生健康教育

依靠公众是传染病防控的重要原则。加强公众健康教育，提高群众预防传染病的意识，使公众积极配合和支持传染病防控措施，对控制传染病疫情有重要意义。

（二）传染病治疗

将药物用于已发生感染个体的治疗，可有效控制传染病的传播和扩散。

1. 抗菌药物

抗生素（antibiotic）是最常见的细菌感染性疾病的治疗药物。在抗生素问世之前，结核病、麻风病、黑死病流行都伴随着无数生命的消逝，链霉素、利福平、庆大霉素、氯霉素等抗生素的使用，让这些传染病得到了有效的控制。

噬菌体（bacteriophage/phage）及噬菌体裂解酶（endolysin/lysin）可裂解宿主细菌，是新兴疗法，对于防御和治疗微生物耐药发挥重要作用。

抗菌肽（antimicrobial peptide，AMP）是用于抵抗病原微生物入侵的小分子肽，是机体先天免疫系统的固有组成部分（Hancock and Sahl，2006），以细菌细胞膜为作用靶点，具有广谱、高效的抗菌活性。

益生菌（probiotic）是能定植于宿主肠道内，产生具有健康功效的有益微生物的总称，当给予足够剂量时可使宿主健康受益（Oswald et al.，2000）。益生菌不通过直接消灭病原体发挥作用，而是通过自身的次级代谢产物，如生物活性酶、短链脂肪酸、细菌素、抗菌肽、乙酸、乳酸等，调节宿主肠道微生物组，刺激宿主免疫，提高宿主维持生理稳态的能力和免疫力。

2. 抗病毒药物

抗病毒药物是应对和遏制病毒性传染病的有效手段。抗病毒药物的作用途径有多种，包括直接抑制或杀灭病毒、抑制病毒与宿主细胞的吸附、抑制病毒的入侵、抑制病毒细胞内的生物合成、抑制病毒的释放，以及增强宿主抗病毒免疫等。

抗病毒药物可分为核苷类、小分子抑制剂、蛋白质类和免疫调节剂等。核苷类药物的作用机制主要是抑制病毒核酸的复制，分为嘧啶核苷类和嘌呤核苷类药物，具有代表性的嘧啶核苷类药物有胸腺嘧啶脱氧核苷类似物典苷、三氟胸苷，胞嘧啶核苷类似物阿糖胞苷等，阿糖腺苷（vidarabine）是嘌呤核苷类抗病毒药物的代表。小分子抑制剂是一类能够靶向作用于病毒关键蛋白而抑制病毒活性的有机化合物分子。新冠流行期间，以新冠病毒关键蛋白酶M^{pro}、RdRp、helicase等为靶标，发现了诸多有显著抗病毒活性的小分子抑制剂，如瑞德希韦、法匹拉韦等。蛋白质类抗病毒分子主要包括抗病毒血清（antiviral serum）、单克隆抗体（monoclonal antibody，mAb）、细胞因子等。在缺乏有效的抗病毒药物和疫苗时，可采用抗病毒血清进行治疗。免疫调节剂是一类能增强、促进和调节免疫功能的非特异性生物制品，可以发挥非特异的抗病毒和抗细菌感染的活性。其主要机制是通过非特异性方式增强淋巴细胞的反应性，或促进巨噬细胞的活性，也可以激活补体或诱导干扰素的产生（周德庆，2002）。

四、应对有害生物耐药

近年来，微生物耐药引起广泛关注，WHO曾提出："抵制耐药性，今天不采取行动，明天就无药可用。"我国高度重视有害生物耐药管理问题，相继出台了一系列政策法规与技术规范、标准以规范药物的使用，同时通过宣传引导，加强社会公众合理用药意识，积极应对有害生物耐药。

（一）新药物开发

研制抗生素是一项高投入、低收益、周期长的工作。塔夫茨大学（Tufts University）药物开发研究中心30多年来的统计数据显示，一种新药的研发成本大约为14亿美元，研究一个全新的抗生素需要10～18年。优良的抗生素不仅能够抑制细菌关键的代谢途径，最好还可以改造和修饰以优化性能。随着生物技术的发展，可以直接通过识别一系列病原体新靶点或直接进行全细胞筛选来发现新的抗生素，还可以针对病原菌耐药性的产生机制研发辅助药物。例如，克拉维酸是一种β-内酰胺酶抑制药，能够极大地抑制病原菌产生的β-内酰胺酶活性，从而使其耐药性降低，配合β-内酰胺类抗生素使用可以得到良好的效果。此外，将新型抗生素分为两个部分也是一种新的理念，一个是“前体”，另一个是“激活剂”，前体与激活剂结合之后才有抗菌活性。由于在体外两部分分开，无抗菌活性，可以很好地阻止耐药性的产生。目前这些新型抗生素都处于设计研发阶段，距离面世还有很长的路要走。

（二）生物防治

噬菌体是感染微生物的病毒，对微生物宿主具有高度特异性，可作为生物抗菌剂。2013年，噬菌体制剂ListShield™和EcoShield™获得美国食品药品监督管理局（Food and Drug Administration，FDA）批准作为食品添加剂，可分别用于预防单核细胞增生李斯特氏菌和大肠杆菌O157：H7。其他噬菌体产品，如Listex™、SalmoFresh™及ShigaShield™等作为食品抑菌剂也获得上市批准。噬菌体衍生酶包括肽聚糖裂解酶、多糖解聚酶和尾链蛋白，对宿主菌具有特异的裂解活性，也可用于病原菌的防治。在抗生素的减替计划中，除了噬菌体和裂解酶，还可以使用植物源毒素或动物源抗菌肽等生物源抗菌剂。相比抗生素，大多数生物抗菌剂的作用效果慢、范围窄、不稳定等缺陷依然制约其普及使用。

（三）综合防治

综合防治包括动植物检疫、农业防治、物理防治、生物防治、化学防治等。1966年，联合国粮食及农业组织（Food and Agriculture Organization of the United Nations，FAO）首次提出害虫综合治理系统，该系统从生态平衡的角度，综合考虑生产者、社会和环境利益，协调应用农业、生物、化学和物理等多种有效防治技术，将有害生物控制在经济危害允许的水平以下。

（四）法律制度的完善

我国于2012年发布《抗菌药物临床应用管理办法》，严格规定了抗菌药物在临床中的使用方法。2022年10月25日，由国家卫生健康委员会、教育部、科技部、农业农村部等13个部门联合印发了《遏制微生物耐药国家行动计划（2022—2025年）》，确立了以预防为主、防治结合、综合施策的原则，聚焦微生物耐药存在的突出问题，创新体制机制和工作模式。该行动计划设立了9个目标，形成8项任务，提出保障措施，从多个方面保障遏制微生物耐药工作的有效落实和可持续，为开展微生物耐药性相关研究等工作提供了政策依据和理论指导，具有重要意义。

五、我国传染病防控体系建设

新中国成立以来，我国的传染病防治取得了举世瞩目的成就，鼠疫、天花、血吸虫病、霍乱、麻疹、白喉、疟疾、脊髓灰质炎等在新中国成立初期广泛流行的重大传染病得到了有效控制甚至彻底消灭。在经历SARS、高致病性禽流感、新冠病毒感染等新发传染病疫情后，我国在新发传染病防控方面也积累了丰富经验，逐步建立了较为完善的传染病防控体系。

（一）法律法规体系

《中华人民共和国传染病防治法》是我国最重要的传染病防治专门性立法，于1989年颁布实施，2004年和2013年经历两次修订，对传染病分类、预防、疫情报告、控制、监督及罚则的具体办法作出了细致规定，明确了各级政府、社会各相关部门及个人在传染病防治任务中的责任，为我国的传染病防控提供了坚实的法律依据和实践指导，实现了有法可依、有章可循。我国先后制定了《国内交通卫生检疫条例》《突发公共卫生事件应急条例》《中华人民共和国突发事件应对法》《中华人民共和国国境卫生检疫法》《中华人民共和国动物防疫法》《中华人民共和国生物安全法》等法规，发布了《国内交通卫生检疫条例实施方案》《国家突发公共卫生事件应急预案》《中华人民共和国国境卫生检疫法实施细则》《重大动物疫情应急条例》等实施方案和细则；此外，针对性病、艾滋病和结核病等重大传染病，制定了《性病防治管理办法》《艾滋病防治条例》《结核病防治管理办法》等管理办法。以上法律法规及一些部门和地方性法规、规章共同构成了我国现行的传染病防治法律法规体系。

（二）预警监测体系

在传染病监测方面，我国目前已建立覆盖全部法定传染病的传染病疫情和突发公共卫生事件网络直报系统。根据《中华人民共和国传染病防治法》，对甲类传染病、传染性非典型肺炎和乙类传染病中艾滋病、肺炭疽、脊髓灰质炎的患者、病原携带者或疑似患者，城镇应于2h内、农村应于6h内通过网络直报系统进行报告；对其他乙类传染病患者、疑似患者和伤寒、副伤寒、痢疾、梅毒、淋病、乙型肝炎、白喉、疟疾的病原携带者，城镇应于6h内、农村应于12h内进行报告；对丙类传染病和其他传染病，应当在24h内进行报告。此外，我国目前已建立了多种传染病如流感、结核病和艾滋病等的实验室监测网络。

基于法定传染病的监测数据，我国已建立“国家传染病自动预警信息系统”（China Infectious Diseases Automated-alert and Response System，CIDARS），于2008年4月在全国范围内使用，目前已成为各级疾控机构早期探测传染病暴发和聚集性疫情的重要辅助手段。但是，现行的预警系统存在预警时间关口滞后、信息来源单一和预警技术相对落后等问题，进一步优化传染病预警系统模型、建立更加完善的传染病预警系统和传染病预警专业人才队伍，提高预警系统的敏感性和准确性仍然十分必要。

（三）防治机构

我国公共卫生体系包括卫生行政系统、疾病预防控制系统和医疗系统，各系统依次划分为国家级、省级、地市级和县区级。根据《中华人民共和国传染病防治法》，在传染病防治工作中，卫生行政系统发挥主导作用，由国务院卫生行政部门主管全国传染病防治及监督管理工作，县级以上地方人民政府卫生行政部门负责本行政区域内的传染病防治及其监督管理工作。各级疾控机构承担传染病监测、预测、流行病学调查、疫情报告，以及其他预防、控制工作。医疗系统承担与医疗救治有关的传染病防治工作和责任区域内的传染病预防工作。城市社区和农村基层医疗机构在疾病预防控制机构的指导下，承担城市社区、农村基层相应的传染病防治工作。各级疾控和医疗机构之间可以共同开展传染病防治的科学研究，提高传染病防治的科技水平。

第四节 食品安全与人类健康

食品与人类有着密切的联系，食品相关的生物危害因子有可能通过食物链危害公共健康，造成突发公共卫生事件。因此，食品安全与生物安全息息相关。保障食品安全不仅要在食品生产、加工、包装、运输、销售和消费等环节严格按照食品安全的内涵和标准进行相关的生产活动，而且要在把握微生物与食品品质科学规律的基础上，利用现代生物技术和原理发展食品保藏和保鲜技术，减少由微生物过度繁殖而导致的食品腐败变质和人员感染。利用先进的科学技术和先进的管理理念发展绿色农业，促进农产品安全、生态安全、资源安全和提高农业综合经济效益的协调统一。在健康的土地上，用洁净方式生产安全的食物，是从源头上保障食品安全的农业发展模式。

一、影响食品安全的因素

食品应当无毒无害，对人类健康不造成任何急性、亚急性或慢性危害，符合应有的营养要求。食品中有毒有害物质影响人体健康而造成公共卫生问题则为食品安全问题。引起食品安全的危害因素包括生物性危害、化学性危害和物理性危害。这些危害造成食品污染，可以发生在从农场到餐桌的各个环节中，包括饲养/种植、收获/生产、包装/储藏和销售/烹饪等，进而引起食品安全事件，危害人类健康。全球生物性危害造成的食品安全事件报道最多。

（一）生物性危害因素

生物性危害主要是指生物（尤其是微生物）自身及其代谢过程、代谢产物（如毒素）对食品原料、加工过程和产品的污染。按生物种类可分为细菌、真菌、病毒、寄生虫及虫鼠害等生物性危害。虽然随着现代文明的发展，霍乱弧菌、鼠疫耶尔森菌等引起的甲类细菌性传染病问题得到了有效控制，其他病毒、细菌和真菌等引起的肠胃炎和其他食源性疾病的暴发依然很频繁。

WHO统计显示，2010年全球患食源性疾病的人数有6亿，在31种引起感染的病原体中排名前五的是诺如病毒、大肠杆菌、弯曲杆菌、非伤寒肠炎沙门氏菌和志贺菌（Havelaar et al.，2015）。根据我国国家食品安全风险评估中心（China National Center for Food Safety Risk Assessment，CFSA）统计的数据，2011～2016年我国食源性疾病死亡率最高的引发因素是毒蘑菇，而由细菌病原引起的食源性疾病中排名前五的是副溶血性弧菌、沙门氏菌、金黄色葡萄球菌、蜡状芽孢杆菌和大肠杆菌。

诺如病毒、腺病毒、肠道病毒、轮状病毒、甲肝病毒和戊肝病毒等也是常见的食源性病原，感染后引起以腹泻和（或）呕吐症状为主的急性肠胃炎或肝炎等，能经食物和水，在人和人之间通过粪口途径、气溶胶或接触而传播。

此外，在常见的食源性致病菌中，副溶血性弧菌、沙门氏菌、大肠杆菌、志贺菌和弯曲杆菌都属于革兰氏阴性菌。副溶血性弧菌主要污染鱼、虾、蟹、贝和海藻等海产品；其他革兰氏阴性菌病原一般通过粪便污染土壤和水，在不洁的生冷食物或卫生条件差的熟食制品中繁殖，误食后引起肠胃相关疾病和（或）并发症。金黄色葡萄球菌和蜡状芽孢杆菌属于革兰氏阳性菌。金黄色葡萄球菌常在肉类、家禽、乳制品和医院环境中被检出，它能产生多种毒素和酶类，被误食后可以穿透肠道内壁触发局部和全身免疫反应，引起肠炎，并发肺炎、心包炎甚至败血症和脓毒血症等全身感染。蜡状芽孢杆菌是常见的食品腐败菌，部分菌株能够导致腹泻和呕吐两种不同类型的食物中毒。其他的常见食源性致病菌还有阪崎肠杆菌、单核细胞增生李斯特氏菌、产气荚膜梭菌等。

虽然随着经济和科技的发展，目前的食品生产工艺、质量控制、卫生条件和保存方法都已经大为改善，全球每年生产的食物总量中，据估计还是约有25%因为病原微生物污染引起腐败而被丢弃，而且全球病原微生物污染引起的食品中毒事件频发，对人类健康、经济发展和社会稳定都造成严重的负面影响。

（二）其他危害因素

化学性危害主要包括农药残留、激素残留、重金属污染、添加剂的滥用或非法使用，以及食品包装材料、容器与设备带来的危害等，既有食品原料本身含有或由化学反应产生的危害，也包括在食品加工过程中污染、添加造成的危害。此外，食品安全也涉及各种在食品消费过程中可能使人致病或致伤的、任何非正常的杂质所造成的物理性危害，多是由原材料、包装材料，以及在加工过程中由于设备、操作人员等原因带来的一些外来物质，如玻璃、金属、石块、塑料、纽扣、毛发、皮屑、放射性物质等。

二、食品安全评价方法

保障食品健康安全需要建立完善的食品安全标准、食品安全风险监测与评估体系、食品安全监督管理体系，按照食品安全标准抽样检验食品，建立食品安全事故处置方案和相关法律法规。

（一）食品安全毒理学评价

食品安全评价和风险分析主要是对食品中的添加剂、化学污染物、农/兽药残留、生物性危害因子等的危害进行分析，通过动物毒理学评价这些成分的安全剂量。开展食品安全毒理学评价（food safety toxicology evaluation）有利于系统、科学地评估食品或食品中特定物质的毒性和潜在危害，对人群食用后的风险进行合理的预测和评估（刘宁和沈明浩，2005），并建立食品安全标准。

（二）食品安全国家标准

食品安全国家标准包括与食品安全相关的各种质量要求，包括对食品中的病原微生物、农/兽药残留、重金属和放射性物质、污染物质和其他危害人体健康的物质进行限量，规定食品添加剂的适用范围、品种及用量，规定婴幼儿主辅食营养成分要求，食品检验方法、流程和规章，食品生产和经营相关的卫生要求，以及对食品安全和营养相关的标签标识等。截至2024年3月，我国已制定公布食品安全国家标准1563项，含6000多项食品安全指标，如《食品安全国家标准　食品中真菌毒素限量》（GB 2761—2017）、《食品安全国家标准　食品中污染物限量》（GB 2762—2022）、《食品中放射性物质限制浓度标准》（GB 14882—1994）等国家标准。

三、食品安全保障措施

（一）食品保鲜

食品在生产、加工、储藏、运输、销售及消费过程中都可能受到微生物的污染。微生物可利用食品中丰富的营养成分迅速生长繁殖，导致食品的腐败变质。利用物理、化学及生物学的方法发展食品保鲜技术可以有效减少微生物污染，降低食品导致人群感染的风险。

通过物理和化学的方法阻止食品与微生物之间的接触概率可以防止食物腐败变质，延长其食用期限。例如，利用加热杀菌、脱水、干燥、低温等处理抑制微生物的生长。食品中的微生物既可以是食品变质的“元凶”，也可能是食品保鲜的“法宝”。微生物保鲜是一种以菌治菌的方式，通过保鲜微生物与有害微生物的营养竞争，或者拮抗作用抑制或杀灭有害微生物，从而达到保鲜的目的（黄应维等，2013）。例如，利用嫌气性蜡状芽孢杆菌菌粉在茶叶表面形成生物膜，从而控制茶叶氧化劣变，达到保质保鲜的目的。

（二）绿色农业

食品安全是生物安全的重要内容，保障食品安全的一个重要举措是大力发展绿色农业。运用先进的科学技术、工业装备和管理理念，促进农产品安全、生态安全、资源安全和提高农业综合经济效益的协调统一，倡导农产品标准化，推动人类社会和经济全面、协调、可持续发展的绿色农业发展模式，可以从源头控制食品安全（袁建伟等，2018）。绿色农业倡导在健康的土地上，用洁净方式生产安全的绿色食品。在生产过程中要求禁用或限用农药、化肥等化学合成物，提倡使用人畜粪便、塘泥、秸秆等有机肥，也要加强新兴替代肥料的开发利用，如微生物肥料等。同时在病虫害综合防治过程中充分利用生物防治技术。

第五节　经典案例

一、1994年印度鼠疫

鼠疫，又称“黑死病”，是一种自然疫源性的烈性传染病，在我国被列为甲类传染病。历史上曾暴发过三次鼠疫大流行，给全人类发展带来了巨大灾难。随着经济社会的发展，至20世纪50年代，鼠疫在世界上已较罕见，尽管没有彻底根除，每年有散发鼠疫病例出现，但并未引起人群间的暴发流行。然而，1994年在印度再次暴发规模性鼠疫，给当地人民带来了巨大的恐慌和灾难。

1994年8月初，印度卫生官员报告古吉拉特邦苏拉特市的家鼠死亡数目异常增多。9月21日，苏拉特市卫生局副局长接到一份报告，称一名患者似乎死于肺鼠疫，几天之内，病例数量成倍增加。9月23日，鼠疫暴发的消息被印度各大报纸在显要位置刊登，同时该消息也被传遍世界各地。恐慌笼罩了苏拉特市，1/4的居民（40万～60万人）4天内逃离苏拉特市，留在市区的人惶惶不安，发生市民洗劫药店、哄抢救护车药品、砸毁关门的医院或诊所等事件。9月23日，苏拉特市政府责令逃避的医务人员回到工作岗位，下令关闭所有学校、银行、工业单位和公共娱乐场所；在印度各地的火车站、机场等设立了检查站，监测到来自苏拉特市的居民后由医疗队接收并进行隔离；政府部门不得不在军事部队的帮助下强行阻止人口外流，防止疾病蔓延到邻国。在印度举国上下的共同努力下，疫情很快得到有效控制，报告了54例死亡病例（Singhai et al.，2021）。但疫情在全世界引起巨大恐慌，各国采取强制措施，限制印度航班和旅客（图3-6），印度旅游业、进出口贸易、投资等均受到了不可估量的影响，经济损失达数十亿美元。

图3-6　1994年10月，一位英国海关检疫官员手持消毒喷雾器，对孟买抵达希思罗机场的印度航空公司班机进行检查消毒，以防止其带入鼠疫病菌（https://www.thepaper.cn/newsDetail_forward_15420164）

在此次事件中，比鼠疫本身带来的后果更严重的是人们的恐慌情绪和恐惧心理，苏拉特当地政府的一些举动和措施加剧了人们对疫情的恐慌情绪。卫生官员在未确定是否为鼠疫之前就宣布了鼠疫流行，官方机构提供的疑似病例的统计数据包含大量错误信息，当地报纸的报道高度夸大了鼠疫死亡人数，官方新闻在发布时没有评估信息的准确性，并且联邦卫生部部长没有发表任何声明来澄清情况。

印度鼠疫给人类带来了极为深刻的教训，政府疫情防控不透明、媒体的夸大报道、民众防控知识的匮乏使得此次疫情造成不可忽视的世界性影响。

二、新冠全球大流行

2019年12月31日，武汉市卫生健康委员会向公众及WHO通报了一场原因不明的肺炎疫情，随后2020年1月初确定该肺炎是由一种新型冠状病毒引起的。2020年1月30日，WHO宣布新型冠状病毒疫情为国际关注的突发公共卫生事件。为控制新冠疫情，中国实施了前所未有的严格公共卫生措施，2020年1月23日武汉市正式“封城”，所有的城市交通和旅行都被阻断，在接下来的几周，所有的户外活动和聚集都被限制，公共设施都被关闭。由于采取了这些措施，中国每日新增病例数开始稳步下降。

然而，国际上越来越多的国家报道了大规模的新冠病毒感染。2020年3月11日，WHO正式将全球新冠疫情定性为大流行（pandemic）。虽然疫苗的使用使得疫情有所缓解（Gao et al.，2020；Zhang et al.，2021），但是新型冠状病毒的不断变异，极大地增加了疫情防控的负担。2020年1月至2023年4月，新型冠状病毒在全球200多个国家流行（图3-7），感染病例累计超6.8亿，其中死亡病例超690万人，对全球人类健康和经济发展带来了持续性威胁。2023年5月5日，WHO宣布，新冠疫情不再构成“国际关注的突发公共卫生事件”。新冠大流行是人类有史以来最严峻的突发公共卫生事件，给全球生物安全治理带来了新的冲击和前所未有的挑战。

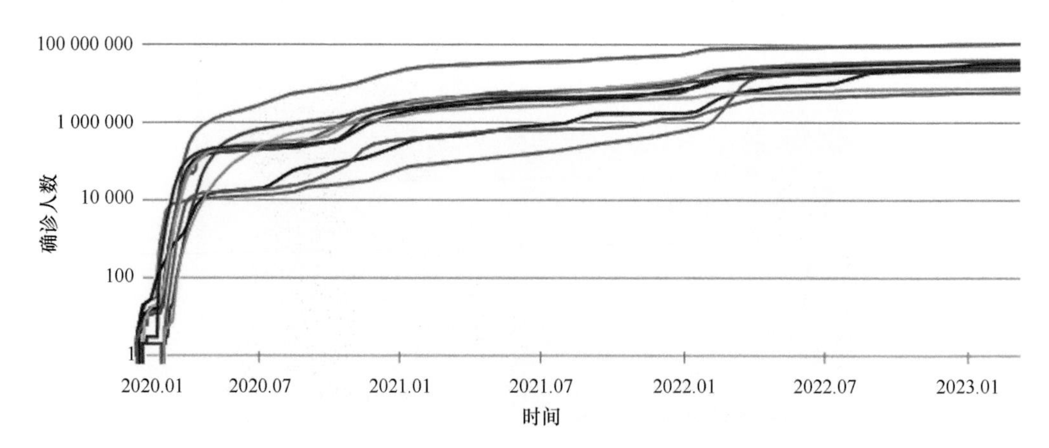

图3-7　2020年1月至2023年1月全球新冠肺炎确诊和死亡人数最多的代表性国家
［约翰·霍普金斯大学新冠资源中心（Johns Hopkins Coronavirus Resource Center）］

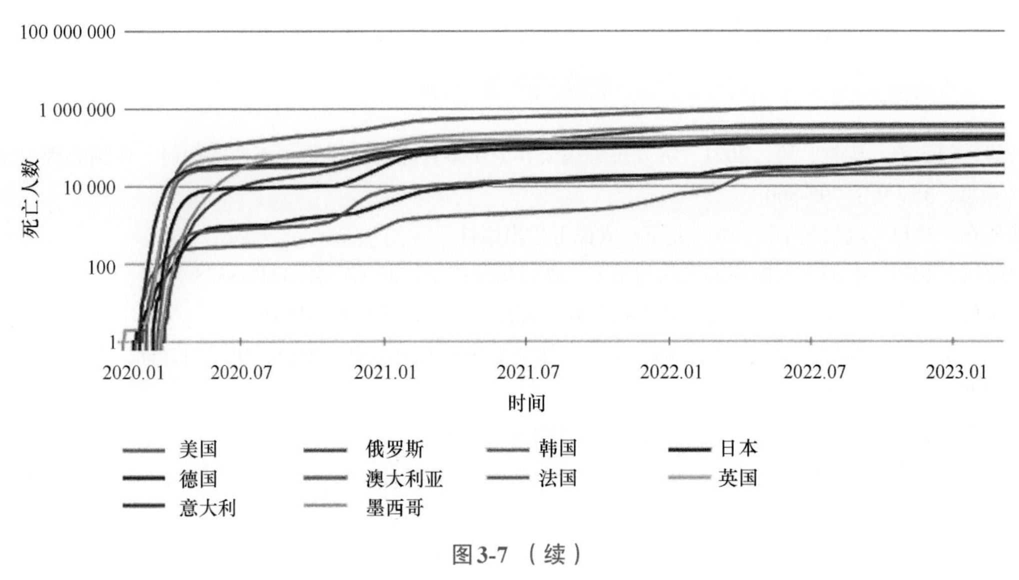

图3-7 （续）

本章小结

人类健康是生物安全发展的前提，生物安全是人类健康的重要保障。针对影响人类健康的生物安全风险因素：重大新发突发传染病、微生物耐药、食品安全、环境污染等，可通过免疫接种和药物治疗的方式防治传染病，加强环境和人群中传染病的检验检疫从而及早发现生物风险因子，采取综合防控策略，利用现代生物技术发展绿色农业保障食品健康安全等措施有效应对。提高突发、重大传染病的防控水平和应对能力，对保护人类生命健康安全、维护社会稳定和促进经济发展具有重要意义。在当今全球化发展时代，世界各国通过加强国家之间的团结协作，完善全球公共卫生安全治理体系，共同应对公共卫生安全问题，才是保护全球生物安全和人类健康的最佳方案。

复习思考题

1. 什么是传染病？传染病与非传染病的区别是什么？
2. 传染病与生物安全之间的联系包括哪些？
3. 与传染病相关的生物安全风险因素包括哪些？
4. 如何应对微生物的耐药性？
5. 抗病毒药物的种类和作用方式有哪些？
6. 简述保障食品安全与控制传染病的关系。
7. 简述传染病综合防控的意义。
8. 如何平衡生物技术发展与人类健康和生物安全的关系？

（张 波 胡晓敏 杨 航 李晓丹）

主要参考文献

安静，刘肇瑞，梁红，等. 2021. 突发传染病公共卫生事件心理危机干预工作的探讨. 中国心理卫生杂志，35（9）：795-800.

曹务春. 2014. 流行病学. 3版. 北京：人民卫生出版社.

陈昭斌. 2010. 中国卫生检验的现状与未来. 现代预防医学，37（17）：3318-3323.

傅小鲁，窦丰满. 2006. 消毒与媒介生物控制. 成都：四川科学技术出版社.

汉斯·辛瑟尔. 2019. 老鼠、虱子和历史：一部全新的人类命运史. 谢桥，康睿超，译. 重庆：重庆出版社.

黄象安. 2017. 传染病学. 2版. 北京：中国中医药出版社.

黄应维，徐匆，马锞，等. 2013. 果蔬微生物保鲜技术的研究进展. 现代食品科技，29（6）：1455-1458.

贾雷德·戴蒙德. 2016. 枪炮、病菌与钢铁. 修订版. 上海：上海译文出版社.

李道春. 1995. 印度突发鼠疫：大自然的惩罚. 中学地理教学参考，（Z1）：33.

刘宁，沈明浩. 2005. 食品毒理学. 北京：中国轻工业出版社.

熊武辉，胡晓敏，袁志明. 2010. 球形芽孢杆菌在病媒蚊虫控制中的应用. 中国媒介生物学及控制杂志，21（1）：1-4.

袁建伟，晚春东，肖维鸽，等. 2018. 中国绿色农业产业链发展模式研究. 杭州：浙江工商大学出版社.

约书亚·S. 卢米斯. 2021. 传染病与人类历史：从文明起源到21世纪. 北京：社会科学文献出版社.

张彦国. 2020. WHO《实验室生物安全手册》（第4版草案）简介. 暖通空调，50（6）：81-85.

周德庆. 2002. 微生物学教程. 北京：高等教育出版社.

Chams N, Chams S, Badran R, et al. 2020. COVID-19: A multidisciplinary review. Front Public Health, 8: 383.

Cui J, Li F, Shi Z L. 2019. Origin and evolution of pathogenic coronaviruses. Nat Rev Microbiol, 17 (3): 181-192.

Gao Q, Bao L, Mao H, et al. 2020. Development of an inactivated vaccine candidate for SARS-CoV-2. Science, 369: 77-81.

Hancock R, Sahl H G. 2006. Antimicrobial and host-defense peptides as new anti-infective therapeutic strategies. Nature Biotechnology, 24: 1551-1557.

Havelaar A H, Kirk M D, Torgerson P R, et al. 2015. World Health Organization global estimates and regional comparisons of the burden of foodborne disease in 2010. PLoS Medicine, 12 (12): e1001923.

Kouadio I K, Aljunid S, Kamigaki T, et al. 2012. Infectious diseases following natural disasters: prevention and control measures. Expert Rev Anti Infect Ther, 10 (1): 95-104.

Lello L S, Utt A, Bartholomeeusen K, et al. 2020. Cross-utilisation of template RNAs by alphavirus replicases. PLoS Pathog, 16 (9): e1008825.

Nicholls H. 2006. Pandemic influenza: The inside story. PLoS Biol, 4 (2): e50.

Oswald E, Schmidt H, Morabito S, et al. 2000. Typing of intimin genes in human and animal enterohemorrhagic and enteropathogenic *Escherichia coli*: Characterization of a new intimin variant. Infection &

Immunity, 68 (1): 64-71.

Shi Z. 2021. From SARS, MERS to COVID-19: A journey to understand bat coronaviruses. Bull Acad Natl Med, 205 (7): 732-736.

Singhai M, Dhar Shah Y, Gupta N, et al. 2021. Chronicle down memory lane: India's sixty years of plague experience. Indian Journal of Medical Microbiology, 39 (3): 279-285.

WHO. 2020. The Impact of the COVID-19 Pandemic on Noncommunicable Disease Resources and Services. Geneva: WHO.

Zhang Y, Zeng G, Pan H, et al. 2021. Safety, tolerability, and immunogenicity of an inactivated SARS-CoV-2 vaccine in healthy adults aged 18-59 years: a randomised, double-blind, placebo-controlled, phase 1/2 clinical trial. The Lancet Infectious Diseases, 21 (2): 181-192.

第四章 动植物疫病与生物安全

学习目标

1. 了解重要动物疫病的种类和特征；
2. 了解重要植物疫病的种类和特征；
3. 了解农业生产中涉及的生物安全；
4. 熟悉动植物疫病的相关生物安全风险因素；
5. 熟悉动植物疫病生物安全风险的应对措施。

动植物疫病是指可以感染动植物并对其产生不良影响的病原微生物所引起的疾病。一个多世纪以来，在世界范围内发生了数以百计的动植物疫情，给人类社会和生态系统带来了严重危害，造成了巨大的负面影响。中国作为一个农业大国，随着经济全球化的加快，我国面临的动植物疫病的挑战越来越严峻。口蹄疫、高致病性禽流感、非洲猪瘟等动物烈性传染病频繁发生，给畜牧业生产带来了沉重打击。危害农作物的有害生物流行暴发，造成农作物大面积、大幅度减产。了解动植物疫病的类型和特征、涉及的生物安全相关因素及其生物安全风险的应对措施，对减少农业生物安全风险，提高农产品的质量和生产具有重大意义。

第一节 动植物疫病概述

动植物疫病的种类不断增多，传播范围和规模逐渐扩大，对农业的安全构成了严重威胁，也对农作物和畜产品的安全产生了重大影响。本节重点描述动植物疫病及其影响因素。

一、动物疫病概述

（一）动物疫病的概念

动物疫病（animal epidemic disease）是指由病原微生物引起，动物群体传播的疾病。其具有较高的传染性和致病性，严重危害动物健康。

动物传染病（animal infectious disease）是由病原微生物引起的具有传播性的动物疾病。这些疾病的病原都是病原生物，动物感染后会存在一定的潜伏期和临床表现，并具有传染性。动物传染病的种类很多，如按病原体的种类来分，可分为病毒性传染病、细菌性传染病和寄生虫传染病等（秦建华，2008）。

（二）动物疫病的分类

根据动物疫病对养殖业生产和人体健康的危害程度不同，《中华人民共和国动物防疫法》将动物疫病分为下列三类，并于2022年对《一、二、三类动物疫病病种名录》进行了修订。

一类疫病是指对人、动物构成特别严重危害，可能造成重大经济损失和社会影响，需要采取紧急、严厉的强制预防、控制等措施的，如口蹄疫、非洲猪瘟、高致病性禽流感等，共11种。

二类疫病是指对人、动物构成严重危害，可能造成较大经济损失和社会影响，需要采取严格预防、控制等措施的，如狂犬病、布鲁氏菌病、草鱼出血病等，共37种。

三类疫病是指常见多发，对人、动物构成危害，可能造成一定程度的经济损失和社会影响，需要及时预防、控制的，如大肠杆菌病、李氏杆菌病、类鼻疽、禽结核病、犬细小病毒病等，共126种。

（三）动物疫病发生的条件

1. 病原微生物

没有一定数量和毒力的病原微生物，动物疫病就不可能发生。

2. 适宜的传染途径

病原微生物通过一定途径侵入动物适宜的部位使动物感染。如果病原微生物侵入动物体的部位不适宜，也不能引起动物传染病。

3. 动物的易感性

动物对某一病原微生物没有免疫力（即没有抵抗力）叫作动物的易感性。因此，病原微生物只有侵入对其有易感性的动物体内时才能引起疫病的发生。

动物的易感性受诸多因素影响。不同种类的动物对同一种病原微生物的易感性不同；同一种动物，但不同年龄，对病原微生物的易感性也不同；同年龄的不同个体的易感性也不一致。

4. 适宜的外界环境因素

1）*影响动物抗病能力*　　每年早春季节，青黄不接，饲料缺乏，动物消瘦，抗病能力下降。

2）*影响病原微生物的生命力和毒力*　　冬季气温低，有利于病毒的生存，易发生病毒性传染病。

3）*影响生物媒介和中间宿主的生命力与分布*　　病媒生物可以携带并传播多种疫病。例如，流行性乙型脑炎［又称日本乙型脑炎（Japanese B encephalitis）］是由蚊虫作为媒介传播的人兽共患病，在夏秋季高发。

（四）动物疫病的致病性

动物疫病的致病特点为致病因子是活的病原微生物，侵入易感动物体内，经过一段潜伏期后发病，具有传染性。根据致病性的强弱动物疫病可以分为以下几个类型。

1. 对自然宿主、人和其他动物均有高致病性的动物疫病

引起此类动物疫病的病原体属于人兽共患病病原体（张洪军，2014），如狂犬病毒、沙门氏菌、志贺菌、弓形虫等。此类病原体具有共同的特征，即都曾局限存在于动物机体，通过与人类接触后，在新宿主的选择压力作用下发生了基因变异，跨越物种屏障成为人兽共患病。

2. 对自然宿主具有较强致病性的动物疫病

此类疫病会造成动物疫病的暴发流行，甚至使整个动物群被破坏。引起这种动物疫病的病原有多杀巴斯德菌、鼠棒状杆菌、小鼠痘病毒、兔出血症病毒等。

3. 对自然宿主的致病性弱，但可对人引起致死性感染的动物疫病

此类动物疫病的病原对自然宿主动物的致病能力很弱，但可以传染给从事动物科研和生产的人员，严重影响人类健康，甚至危及生命，如猴疱疹病毒（B病毒）、肾综合征出血热病毒等。

4. 对自然宿主无致病性，但可引起其他动物致死性感染的动物疫病

此类动物疫病的病原对自然宿主动物无致病能力，但能传染给其他动物。

（五）动物疫病流行特点

由于人类活动、自然环境及人工养殖方式的改变，动物疫病的发生、发展不断呈现出新的特点。

1. 种类多且外来疫病传入风险高

在目前的形势下，畜牧业的发展越来越快，动物疫病谱及发生频率也在不断变化。一些病害由区域性疾病逐渐变成了全球性疾病，如疯牛病、口蹄疫、非洲猪瘟等，这些疫病的传播速度快，危害性大。我国周边一些国家在动物疫病防控能力上存在较大差异，由于存在跨境贸易和野生动物走私的现象，如疯牛病、非洲猪瘟等输入的风险始终存在，防控形势严峻。

2. 群体感染风险大

随着现代养殖业的快速发展，动物养殖数量逐年增长，动物、动物产品频繁调运，畜产品市场日益繁荣的同时也给动物疫病大规模暴发、流行创造了条件。特别是在一些动物饲养密集地区和规模化饲养场，当防疫工作不到位时，极易出现疫病暴发流行，从而造成巨大的经济损失。

3. 易出现混合感染和变异株

由于防疫制度落实不到位，加上消毒、隔离和扑灭措施不健全，往往出现一种动物疫病病原尚未完全消灭，另一种病原又侵入而引起的混合感染。由于外界环境因素的改变，动物个体间免疫力存在差异，特别是消毒剂、生物制品、抗生素和杀虫剂等使用不当，许多病原已经适应了新的生存环境，发生了变异或产生了耐药性。

4. 人兽共患病风险增加

畜禽养殖方式相对落后，增加了人与动物密切接触的概率；动物流通范围不断扩大，频率不断加快；人类居住和生活领域扩大，野生动物与人类的距离不断缩小；伴侣动物数量不断增加等原因，使人兽共患病的发生风险增加。

5. 细菌性疫病危害日益严重

一是细菌性疫病病原耐药性增强。由于大量滥用抗菌药物，多数常见细菌性疫病菌株产生了耐药性，其种数不断增加，耐药率不断升高。耐药种类以链霉素、环丙沙星、阿莫西林、氨苄青霉素等常见抗生素为主（郭明星，2005）。二是细菌性疫病病原对环境的污染严重。随着养殖密度的不断增加及规模化养殖范围不断扩大，环境致病微生物污染日益严重，已成为现代养殖场的严重问题。

（六）典型动物疫病及生物安全危害

1. 禽流感

禽流感（avian influenza，AI），是指由A型流感病毒引起的一类家禽或野禽的烈性传染病，有些类型的禽流感还可感染人类。禽流感可表现为亚临床、轻度呼吸系统疾病，产蛋量下降及急性致死性疾病等多种形式。该病在全球范围内流行，且日趋严重，给家禽养殖行业造成了巨大的经济损失。禽流感根据致病性的不同细分为三类：①高致病性禽流感（highly pathogenic avian influenza，HPAI），传播快、发病急、发病率高、死亡率高，被我国列为一类动物疫病。②低致病性禽流感（low pathogenic avian influenza，LPAI），也叫非高致病性禽流感、致病性禽流感和温和型禽流感，它是指家禽被某些致病性低的禽流感病毒毒株（如H9N2亚型）感染而引起的低死亡率和轻度的呼吸道感染或产蛋率下降等临床症候群，其本身并不一定造成禽群的大规模死亡。③非致病性禽流感，是指某些对家禽致病性很低的禽流感病毒毒株（如H1～H4、H6和H8～H15亚型），其对宿主的致病性相对较低，尽管这些病毒感染了家禽，但被感染家禽不出现明显临床症状。

2. 新城疫

鸡新城疫（newcastle disease，ND），又称为亚洲鸡瘟，是由鸡新城疫病毒引起的鸡的一种急性败血性传染病。其特征为呼吸困难、下痢、神经功能紊乱、黏膜和浆膜出血。我国将其列为二类动物疫病。多种禽类均为新城疫病毒的天然易感宿主，主要通过呼吸道和眼结膜感染，也可经消化道感染。新城疫病毒不同毒株间的致病力差异极大，造成感染鸡群的发病率、死亡率、临床症状、病理变化千差万别。但免疫力低下的鸡群感染，发病率及死亡率可高达90%以上，对养鸡业的危害严重。

3. 口蹄疫

口蹄疫（foot and mouth disease，FMD）是一种由口蹄疫病毒引起的偶蹄动物（如猪、牛、羊等）共患的急性、热性、接触性传染的动物疫病。口蹄疫的传染性强，可快速远距离传播，可经接触或空气传播。口蹄疫的发病率为100%，可形成大范围流行，死亡率为23%，犊牛、仔猪和恶性病例死亡率可达50%～100%。口蹄疫对家畜及其产品的国际贸易造成了严重影响，产生了巨额的经济损失和社会政治负面影响。发病动物的特征是在蹄部、口腔黏膜和雌性动物乳房皮肤出现水泡和溃烂（图4-1）。临床症状的严重程度随毒株毒力、感染剂量、动物品种和物种、动物免疫状态的不同而变化很大。

4. 猪瘟

猪瘟（classical swine fever，CSF），是由猪瘟病毒引起的猪的一种急性、热性传染病，可表现为急性、慢性、非典型或母猪繁殖障碍的病症。猪瘟的传染性极强，具有广

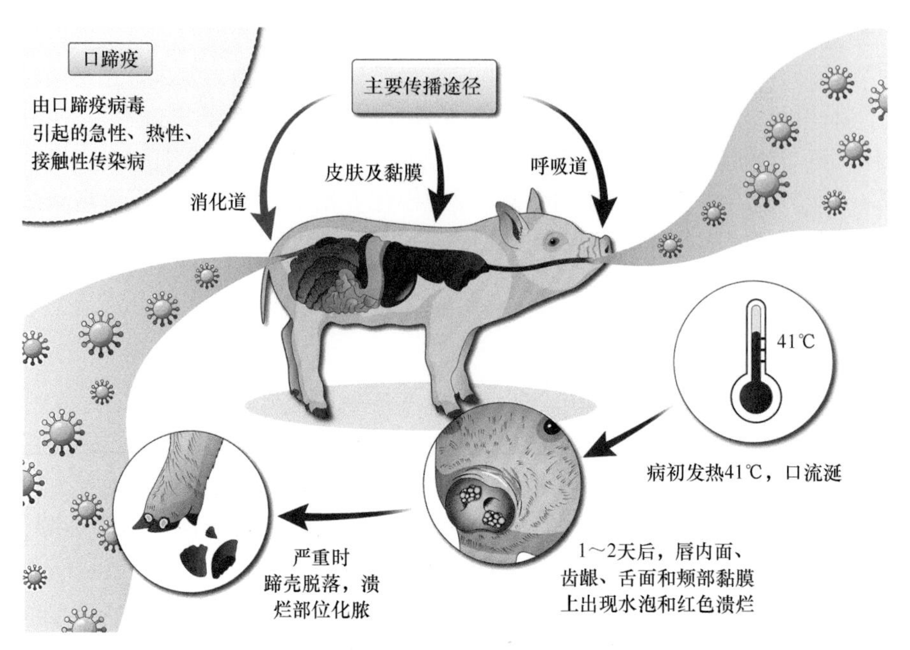

图4-1　口蹄疫传播途径及症状

泛、散发、非典型化、混合感染或继发感染、常出现免疫失败等流行特点，且发病率和死亡率较高。近年的流行特点以零星散发为主，母猪的亚临床感染和繁殖障碍增多。目前猪瘟仍然是危害养猪业最严重的疫病之一，做好猪瘟防控是猪病防控的首要任务。

5．猪繁殖与呼吸综合征

猪繁殖与呼吸综合征（porcine reproductive and respiratory syndrome，PRRS），是由猪繁殖与呼吸综合征病毒感染引起的高度接触性传染病，又名猪蓝耳病，是引起猪群发病最重要的原因之一，猪是唯一易感的动物，各种年龄和种类的猪均可被感染。猪繁殖与呼吸综合征病毒不仅可通过直接接触传播，还可借助空气传染，一旦传播发生很难净化。按临床表现的不同，猪蓝耳病可分为经典猪蓝耳病和高致病性猪蓝耳病。经典猪蓝耳病最重要的流行病学特征为猪感染后表现为慢性持续感染，病毒能在易感猪体内持续感染数月而不表现临床症状，以母猪繁殖障碍、早产、流产、死胎及仔猪呼吸综合征为特征。高致病性猪蓝耳病以高度接触性传播、全身出血、肺部实变和母猪繁殖障碍为特征，由目前我国境内主要流行毒株感染引起（沈朝建等，2011；刘跃清和翁习琴，2021；蒋安文等，2010），我国将其列为二类动物疫病。

除了上述动物疫病外，还存在其他动物疫病，表4-1列出了我国存在的动物疫病名录。

表4-1　我国存在的动物疫病名录

动物种类	危害或潜在危害严重的主要疫病	
	病毒性疫病	细菌性疫病
共患病（7种）	口蹄疫、狂犬病、伪狂犬病、流行性乙型脑炎	布鲁氏菌病、结核病、大肠杆菌病

续表

动物种类	危害或潜在危害严重的主要疫病	
	病毒性疫病	细菌性疫病
猪（11种）	猪瘟、PRRS、圆环病毒感染、猪细小病毒感染、猪流感、猪传染性胃肠炎、猪流行性腹泻	猪支原体肺炎、猪传染性胸膜肺炎、猪链球菌病、猪附红细胞体
羊（7种）	绵羊痘、山羊痘、羊传染性脓疮（羊口疮）	山羊传染性胸膜肺炎、羊快疫、羊肠毒血症、羔羊痢疾
牛（3种）	牛病毒性腹泻、牛出血性败血症	牛产气荚膜梭菌病
犬（2种）	犬瘟热、犬细小病毒病	/
兔（1种）	兔病毒性出血症	/
禽（11种）	H5N1亚型禽流感、新城疫、H9N2亚型禽流感、鸡传染性支气管炎、鸡马立克病、小鹅瘟、减蛋综合征、鸡传染性喉气管炎、禽痘	鸡白痢、禽霍乱

二、植物疫病概述

（一）植物病害及其分类

植物病害（plant disease）是指植物受到非生物或生物因素的影响，继而产生的一系列结构形态、生理生化特征的改变，阻碍正常生长发育过程，从而影响人类经济效益的植物疾病。植物病害的成因包括不适宜的环境因素、理化因素、生物因素、环境与生物的相互影响。

根据植物病害是否具有传染性可分为两大类：一类是侵染性病害（infectious disease），此类植物病害是由病原生物感染造成的。由于病原生物能够在植株之间传染，因此又被称为传染性病害。侵染性病害在植物群体中的顺利侵染和大量发生，称为植物病害流行（plant disease epidemic），即植物疫病。另一类是由于植物自身原因或外界环境条件变化而引起的病害，这类病害没有病原微生物的参与，植株之间不会传染，因此称为非侵染性病害（non-infectious disease）（姜良和刘旭，2016）。

1. 侵染性病害

根据致病病原体的不同，侵染性病害可分为以下7种。

1）真菌性病害　由真菌侵染引起，如稻瘟病。

2）细菌性病害　由细菌侵染引起，如大白菜软腐病。

3）病毒性病害　由病毒侵染引起，如烟草花叶病毒病（图4-2）。

4）寄生植物病害　由寄生植物侵染引起，如大豆菟丝子病害。

5）线虫病害　由线虫侵染引起，如大豆胞囊线虫病。

6）原生动物病害　由原生动物侵染引起，如白菜根肿病、椰子心腐病。

7）螨害　由叶螨或瘿螨侵染引起，如葡萄毛毡病、小麦糜疯病等。

图4-2　未感染（A）和感染（B）烟草花叶病毒的叶片（Zellnig et al.，2013）

2. 非侵染性病害

1）按病因分类　按病因不同，非侵染性病害可分为以下4类。

（1）植物自身遗传因子或先天性缺陷引起的遗传性病害或生理病害，如玉米白化病。

（2）物理因素所致病害，如灼伤与冻害，旱、涝灾害等引起的病害。

（3）栽培不当所致病害，如密度过大、播种过早或过迟、杂草过多等造成植株苗瘦发黄和矮化及不实等各种病态。

（4）化学因素恶化所致病害，如肥料供应过多或不足引起的缺素症或营养失调症，农药使用不当造成的药害。

2）按病害流行病学特征分类　根据病害流行病学特征的差异，可将病害分为单循环病害和多循环病害两类。

（1）单循环病害：单循环病害（monocyclic disease）是指在病害循环中只有初次侵染而无再次侵染，或再次侵染作用很小。小麦线虫病、小麦散黑穗病、水稻恶苗病、大麦条纹病、小麦腥黑穗病、棉花枯萎病、玉米丝黑穗病、麦类全蚀病和黄萎病及多种果树病毒病害等都属于单循环病害。这类病害大都是土壤传播或种子传播的全株性或系统性的病害，在田间的自然传播效能小，传播范围小。

（2）多循环病害：多循环病害（polycyclic disease）是指在一个生长季中病原物能够连续繁殖多代，发生多次再侵染的病害，如稻瘟病、麦类锈病、玉米大小斑病、稻白叶枯病、马铃薯晚疫病等水流和气流传播的病害。这种病害主要是以局部侵染为主，被感染植物的感染发病期长，且病害的潜育期短。病原物的增殖效率高，接种体很容易受到环境的影响，寿命不长，若环境条件不利于生存，会加速其死亡。

（二）植物疫病的致病性及其分化

1. 致病性

致病性是指病原生物具有的侵染寄主植物并引起病害的特性或能力。病原生物对寄主植物致病能力的强弱，又称为致病力。通常用毒性（或毒力）来表示具有寄主专化性的病原生物对寄主植物的特异性致病力。用侵袭力来表示病原生物对寄主或品种的非特异性致病力，侵袭力也指病原生物与致病有关的生长、繁殖，以及产生酶和毒素的能力。病原生物通过以下机制致使农作物患病。

1）酶　在侵染植物时，植物病原生物通过自己产生的酶来分解和软化细胞壁以穿透寄主的表皮角质层和其他的组织成分，完成寄生关系的建立。如在葡萄灰霉病中，多聚半乳糖醛酸酶在分生孢子萌发阶段即可产生，它能够分解植物组织中的中胶层的果胶，从而使细胞崩溃，组织解体，出现软腐或湿腐症状。

2）毒素　病原生物还可以通过分泌毒素类化合物来对植物产生毒害。这类毒素化合物被称为致病毒素，主要包括特异性毒素和非特异性毒素两类。特异性毒素主要损伤寄主细胞的原生质膜，破坏膜的选择性、渗透性，导致细胞内含物、细胞中的水分及电解质外溢，细胞被有毒物质侵入，引起叶部枯死斑，但也有一些毒素会引起叶片褪绿。此外，寄主的代谢活动也会受到特异性毒素的影响。非特异性毒素主要是改变植物的代谢活动，影响寄主细胞的水分供应，抑制生物生命活动中所需重要酶系的合成，引起植物叶片的褪绿斑点和坏死斑，也可以导致萎蔫。

3）多糖类化合物　病原生物还可以分泌一种抑制剂，这种抑制剂能够影响植物的防御反应，使寄主体内苯丙氨酸氨裂合酶的活性和寄主的防御反应受到抑制。

2. 致病性分化

致病性分化是指一种病原生物的不同菌株对寄主植物中不同属、种或品种的致病能力的差异，也称寄生专化性、生理专化性。一般来说，寄生性程度越高的病原生物，其致病性分化程度越高。1894年，瑞典科学家埃里克松（J. Erikson）最早对病原生物的致病性及其分化进行了研究，证实了病原生物的致病性并发现有致病性的分化。

（三）植物疫病的流行特征

植物疫病流行指的是由病原体感染引起的植物群体发病现象。植物病理学曾把在一定时空内，在植物群体中突然大面积暴发病害，损害大规模的植物，引起重大损失的过程称为病害的流行。在定量流行病学中则认为植物群体的病害数量在时间和空间中的增长都可泛称为病害流行。

1. 感病寄主植物

造成植物病害流行的基本前提是存在感病寄主植物。目前在自然界中广泛存在感病的野生植物和栽培植物。虽然通过利用抗病育种技术，人类能够选育高抗品种，但是目前主要利用的是小种专化性抗病性，由于在长时间的育种阶段中不进行选择，植物逐渐失去了原有的非小种专化性抗病性，抗病品种由于病原生物群体致病性改变而失去抗病性，变为了感病品种。

2. 寄主植物大面积集中

随着栽培农业规模化的发展，往往在特定的区域大面积地种植单一农作物甚至是单一品种，这对于病害的传播和病原生物的扩散是十分有利的，往往会引起植物病害的大流行。

3. 具有强致病性的病原生物或媒介数量巨大

许多病原生物种群内存在着明显的致病性分化现象，当致病性强的小种或菌株、毒株占据优势时，就会有利于病害的流行。在种植寄主植物的抗病品种时，逐渐占据优势的会是病原生物种群中与致病力（毒性）相匹配的类型，导致植物丧失抗病性，病害重新流行。病害若是通过媒介生物传播，那么媒介生物的数量也成为病害流行的重要因素。

4. 有利的环境条件

环境条件主要包括气象、土壤和栽培等条件。有利环境条件持续时间长且出现在病原生物侵染和繁殖的关键时期有利于病害流行。气象条件主要通过日照、温度和水分等因素影响病害的流行。土壤条件包含土壤的肥沃程度、土壤中的微生物及土壤的理化性质等因素。土壤因素可以直接对土壤中栖息的病原生物造成影响，也能够影响寄主植物的健康从而间接对病害的流行造成影响。在农业生产过程中应当充分考虑采用多种栽培管理策略，具体分析各种栽培管理措施对病害发生的不同作用。合理的栽培管理措施可以阻止或减少病害的流行。

三、动植物疫病的影响因素

（一）致病的有害生物

危害农作物的病、虫、草、鼠等有害生物在一定的环境条件下暴发或流行，造成农作物大面积、大幅度减产，甚至完全失收，或者导致农产品大批量损坏变质，由此而造成的损失称为农作物病、虫、草、鼠害，或统称为农作物生物灾害。据统计，全世界危害庄稼的害虫有6000多种（田亚东等，2007）。根据联合国粮食及农业组织的调查资料，由于虫害，全球的谷物生产常年损失约14%，因病害损失10%，因草害损失5.8%，每年因病虫（草）害可导致农作物减产30%，由此可造成达1200亿美元的经济损失。

（二）生物入侵

随着全球化进程，生物入侵已成为广泛关注的世界难题。我国加入世界贸易组织（World Trade Organization，WTO）后，农产品及其他有关检疫的贸易逐步增长，外来有害动植物入侵的概率也大幅度增加。据有关部门统计，我国近20年来新出现了近20种畜禽传染病；植物疫病疫情也是如此，农业农村部曾公布了全国动植物检疫性有害生物普查结果，入侵我国的外来有害生物达400多种，其中已造成严重危害的有100多种（袁之报和李新，2016）。有害生物传入给我国经济造成的损失每年在2000亿～3000亿元，除此之外，生物入侵还会影响其他物种的生存，破坏生态系统的平衡，给畜牧业和农业带来不可估量的损失。

（三）转基因生物

转基因生物是指利用重组DNA技术将外源基因整合到受体生物基因组中，产生的具有目标性状的生物体，包括转基因植物、动物和微生物。

转基因作物可以提高传统作物的抗虫、抗病和抗除草剂等性能，从而减少了农药和杀虫剂的使用，对环境也是一种保护。但转基因作物本身可能含有灭杀害虫的基因，而害虫可以依靠淘汰、进化，对这种特征产生更高的耐受性，造成害虫升级，最后可能会造成现有的杀虫药物失效。

（四）抗生素滥用

首先，随着饲料工业与集约化养殖的迅猛发展，养殖业为了追求经济效益，长期在禽畜的饲料中加入抗生素，一方面会导致禽畜携带的病菌经过多种抗生素的长期选择，出现了耐药性；另一方面，抗生素可通过食物链传导而对人体产生不良影响。其次，抗生素的长期使用也会导致动物的免疫功能下降，无法抵御外界感染，造成动物疾病频发，死亡数增加。而动物的免疫力越差，抗生素的使用剂量就越大，形成了一种恶性循环，最终养殖效益无法得到提升。

（五）农业标准化体系不健全

农业标准化是促进农业经济快速发展的重要基础，是农业现代化发展过程中关键的一环，我国《农业标准化生产实施方案（2022—2025 年）》出台后，已经将农业标准化工作上升到国家治理的高度。但我国部分地区存在农业标准体系不完善，标准的执行和监测能力不足；实施过程中对农业标准化的认识不足，农业标准化人才缺乏和农业标准化落实不到位；农业标准化发展与配套设施服务不匹配等问题，阻滞了我国农业标准化的发展，衍生出农业生物安全问题。

集约化养殖是现代畜牧生产的主体，现代化技术、高生产效率及专业化生产环节是这一主体的主要表现，也是现代畜牧业一个最根本的标志。集约化养殖有高产出、高生产效率等优势，但会导致牲畜呈现一种高度应激的状态，这种状态容易使动物感染疾病，同时也使牲畜采食量下降，死亡率升高。当集约化养殖管理不当或监管环节缺失时，会导致疫病发生风险增加，养殖过程中产生的动物排泄物、灰尘、损耗的饲料处理不当，会造成固废堆积，废水、废气等产生臭味及温室效应，对环境造成污染。

第二节　动植物疫病相关生物安全风险

随着经济全球化，农畜产品的流通越来越频繁，动植物疫病流行的概率显著上升，在造成经济损失的同时，也给人类社会和生态系统带来了巨大的危害。本节重点描述动植物疫病对农畜产品、生态和环境、人畜健康及经济收入和人口分布产生的影响。

一、动植物疫病影响农畜产品产量和质量

农业是一个国家的重要经济支柱，动植物疫病对国家和地区的农畜产业会造成严重的影响，是影响农畜产品产量和质量的主要因素之一。它们可以直接感染和杀死动植物，也可以使动植物生长受阻、减少产量和降低质量。例如，非洲猪瘟会造成猪体温升高、呼吸窘迫，以及母猪流产、死产或产弱仔等症状，病死率高达90%～100%，严重影响猪肉产品的产量和质量；玉米花叶病和水稻稻瘟病可以使作物叶片凋谢、穗花畸形，严重时导致作物大面积减产甚至死亡。

动植物疫病的发生还会导致农畜产品的储藏和运输成本增加，这会使农民和消费者

都面临经济上的负担。农民需要增加对防治措施的投入，而消费者则需要支付更高的价格来购买有限的农畜产品。

二、动植物疫病破坏生态和环境

动植物疫病对生态和环境的影响也是非常显著的。许多动植物病原体能够在生态系统中繁殖并传播，导致生态系统失衡。病原体在生态系统中的活动可能导致动植物死亡和衰竭，从而影响生态系统的健康。动植物疫病还可能导致植被减少、水土流失、土地退化和沙漠化等环境问题。

在生态系统中，某些动植物疫病的传播还可能导致生物多样性下降。例如，某些病原体会杀死特定的植物物种，从而导致其他依赖这些物种的动物和昆虫的生存、繁殖受到影响，进一步破坏整个生态系统的稳定性和多样性。

三、动植物疫病危害人畜健康

动物疫病的病原体可能会跨物种传播，通过动物感染人类，导致新的疫情暴发，甚至造成全球大流行病的发生。全球报告的传染性疾病中约60%是人兽共患病，其中75%起源于动物（World Health Organization，2024）。例如，禽流感和猪流感等的病原体都是由动物传染给人类的。

目前尚无文献资料证明，植物疫病病原体可以直接传播给人畜造成感染。但有些植物患病后，除了会造成农作物大量减产外，自身还会产生毒素，人畜食用后会引起中毒。例如，小麦赤霉病由多种镰刀菌侵染引起，人畜误食病麦后会引起呕吐等急性中毒反应，严重影响人畜健康。

四、动植物疫病对经济收入和人口分布的影响

在一些发展中国家，农业是重要的经济支柱，而农业又是许多人口的主要生计来源。动植物疫病的暴发可能导致农业生产的减少和农民收入的降低，进而影响家庭经济收入。此外，动植物疫病还可能导致人口迁移和流动。在某些情况下，动植物疫病的暴发可能迫使农民离开家园，寻找新的生计，从而引发人口流动增加和社会不稳定，进而对人类社会和经济产生更广泛的影响。

第三节 动植物疫病相关生物安全风险应对

动植物疫病严重威胁着农业安全与生态安全。作为社会公共体系重要的组成部分，动植物疫病的防控工作对种植业和畜牧业的健康发展具有重要影响。本节从动物疫病防控和植物疫病防控两个方面，详细描述应对动植物疫病带来的生物问题的措施。

一、动物疫病防控

（一）流行病学调查

为了有效预防和控制动物疫病的大范围传播，畜牧管理部门要积极进行详细的流行病学调查并采取相应行动。流行病学调查可与诊断同时进行，除向动物主人询问疫病相关信息外，还应进行现场观察，获取原始资料整理后进行检验，并做出分析诊断报告给动物疫病防控中心和相关部门，进行完善的流行病学调查（吴梓纯，2021）。不同的疾病调查有不同的内容和要求，但通常应清楚疫病流行情况、疫病来源、传播方式和途径、政治经济情况等问题。

（二）实验室监测诊断

实验室监测诊断是预防和控制疫病的关键环节，实验室诊断的及时性对于疫情防控的有效性至关重要。为保证疫情的及时诊断和报告，当地动物疫病预防控制机构应当采集病畜抗凝血、唾液或拭子等样本，并尽快将标本送上级动物疫病预防控制机构进行实验室检测（图4-3），以及时确认动物是否患有传染病。根据动物间疫情的发展情况，及时报告疫情诊断。常用的动物疾病实验室诊断方法主要包括病理学诊断、微生物学诊断、免疫学诊断和分子生物学诊断4个方面（李林等，2020；孙艳，2015；张秀芳和韩惠瑛，2007；赵福奎等，2004）。

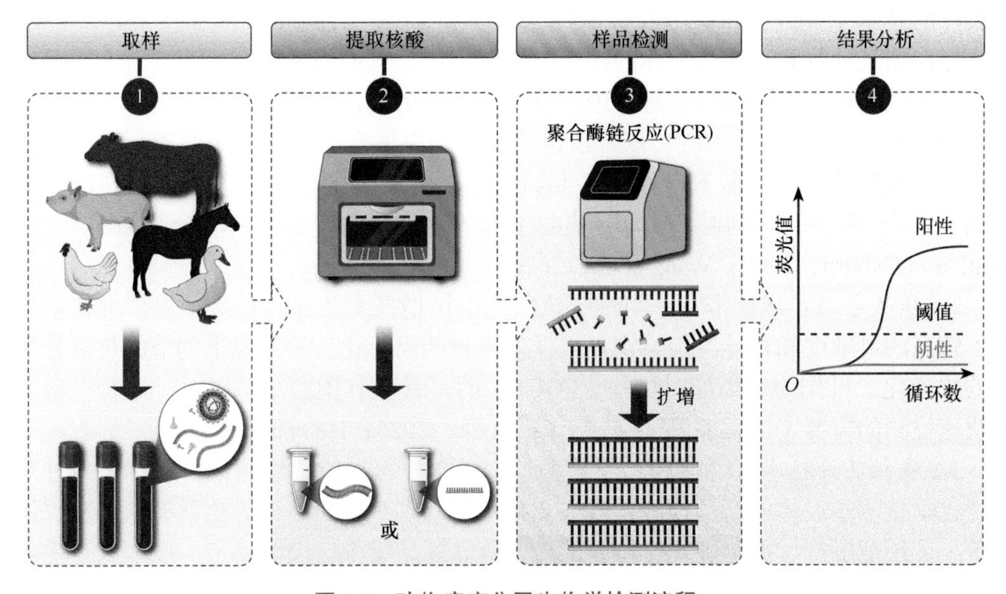

图4-3　动物疫病分子生物学检测流程

1. 病理学诊断

病理学诊断通常包括肉眼观察和组织学检查。对于具有特征性肉眼病理变化的传染病可以通过病理剖检直接做出诊断，如肺结核、猪瘟、新城疫和口蹄疫等。对于没有特征性肉眼病理变化的传染病，通过病理剖检可以为进一步诊断提供线索和启示。

2. 微生物学诊断

微生物学是诊断牲畜传染病的重要方法，常采用的方法和步骤包括采集病料、病料涂片镜检、分离培养和鉴定、动物接种试验4步。

虽然从样本中分离出微生物是诊断的重要依据，但也要考虑到动物体内的“健康带菌”现象。结果需要结合临床诊断、流行病学和病理变化进行分析。即便没有找到病原体，也不能完全排除传染病的诊断（王宏伟和刘有昌，2005）。

3. 免疫学诊断

免疫学诊断是传染病诊断和检疫中常用的重要方法之一，包括血清学试验和超敏反应。

1）血清学试验　诊断是通过抗原和抗体的特异性免疫反应来进行的。利用已知的抗原（抗体）可以测定受检动物血清中的特异性抗体（抗原）。近年来，随着生物技术的进步，血清学检测得到快速发展和创新。例如，单克隆抗体由于具有特异性高、灵敏度高、质量稳定、易于标准化等特点，逐渐取代了传统方法。

2）超敏反应　当动物感染某些传染病（主要是慢性传染病）时，可能会对病原体或其产物（某些抗原性物质）的再入产生强烈反应。可引起超敏反应的物质（病原体、致病性产品或提取物）被称为过敏原，如结核菌素、白喉毒素等，这些物质注射到动物体内时，可能会引起局部或全身反应。

4. 分子生物学诊断

分子生物学诊断主要检测病原微生物的特定核苷酸序列。在动物疾病诊断中，具有代表性的技术主要分为核酸变温扩增技术、核酸等温扩增技术和液相芯片技术三大类。其已经在哺乳动物和禽类病原体的检测中广泛应用，它们能够同时检测病毒、细菌、真菌、寄生虫及抗原或抗体，并对其进行分型（杜文琪等，2020）。

1）核酸变温扩增技术　该方法包括一系列以聚合酶链反应为原理衍生的核酸检测技术。PCR技术具有较高的敏感性和特异性，为检测那些生长条件苛刻、培养困难的病原体及潜伏感染提供了极为有效的手段（陈文炳等，2002；Chaney et al.，2022；Smith and Osborn，2009；Wang et al.，2020）。

2）核酸等温扩增技术　与传统核酸变温扩增技术相比，核酸等温扩增技术既保持了较高的灵敏度和特异度，又实现了操作设备的简单化、检测成本的节约化和检测时间的快速化，可作为现场即时检验（POCT）的工具，有望满足基层对于动物疫病实验室快速检测的需要（王大洲等，2017；Fan et al.，2020；He et al.，2020）。

3）液相芯片技术　液相芯片技术是集激光技术、流式细胞仪、数字信号处理和传统化学技术于一体的新型检测技术，支持单重和多重分析，该方法具有通量高、操作简单、适用范围广、重复性好、特异性高、所需样品量少、灵敏稳定、成本低等优点。

综上所述，每种传染病的诊断方法都有其特定的作用和使用范围，单靠某一种方法不能完成对所有传染病和带菌动物的检测，应尽可能应用多种方法进行综合诊断（李艳梅，2015）。

（三）疫苗接种

在牲畜密度高的地区，仅依靠检疫和扑灭措施根除动物疫病是非常困难的。在缺乏广谱抗病毒药物的情况下，广泛接种疫苗是预防病毒性动物感染的唯一有效方法，也是避免大规模屠宰牲畜的替代方案（Pasick，2004；Pastoret and Jones，2004）。疫苗不仅可以用来保护动物健康，还可以通过动物疫苗接种来保护人类免受人兽共患病，如狂犬病疫苗接种。

疫苗接种是现阶段预防和控制动物疫病非常重要的手段，尤其是针对规模化养殖场，应主动配合相关防疫部门的工作，依据当地动物疫病暴发特点及饲养目的，制订科学合理的疫苗接种方案，规范疫苗接种程序，确保适时、科学、足量接种疫苗（Beer et al.，2021）。此外，还应提供适当的疫苗接种后护理，以确保动物养殖的可持续发展。

（四）环境控制

当无法彻底消除传染源，且疫苗无法提供全面保护时，应该从控制和改善养殖环境着手，加强环境治理，遵循不扩散疫病、不引入疫病的原则。在实际实施中，除了控制养殖场内的微观环境外，还应重视养殖场外的公共环境（即大环境），实行大小环境结合，综合治理，统筹兼顾。

对于养殖环境（小环境），应严格按照《动物防疫条件审查办法》的规定，科学选择场地，合理安排。为了保证动物防疫的顺利进行，养殖场应远离城市中可能影响动物健康的区域。现场周围应设置隔离区、隔离墙和绿化带。门口应设置消毒池和消毒室。养殖场的生产区和生活区应当分开。将污水净化通道与其他功能区分开，构成独立运行的隔离空间。此外，还应采取措施防止外来动物侵袭。生产现场应具有完整的废物排放系统和无害化处理设施。加大环保技术推广和政府支持力度，及时推广和应用实用的环保育种设备、设施、技术和工艺，改善动物养殖的整体环境，确保养殖环境适宜动物饲养，防止有害物质与病原微生物侵袭。此外，还应该加强宣传力度，使全社会认识到防控疫情和治理环境的重要性与必要性，更好地改善养殖大环境，共同促进畜牧业持续、健康、稳定发展。

当发生重要传染病时，除了严格隔离感染动物外，还应划定风险区域并进行封锁来防止疾病传播到安全区域及健康动物进入感染区域。封锁操作应遵循“早、快、严、小”原则，即在疫情早期进行封锁行动，封锁迅速严密且范围不宜过大。风险区域的划分应根据疫情传播规律、当前疫情情况和当地条件进行充分研究，明确感染区、疫源地域和受威胁区域（张学栋和牛静华，2011）。

（五）人员和物流控制

在动物疾病频繁发生或发生的季节，畜牧业和防疫人员应利用电视、广播、宣传册等传统渠道及微信、微博等新媒体技术，提高公众对动物疾病防治专业知识的了解，使相关育种人员积极参与疾病防治工作，从根本上消除动物疾病。做好疫情防控工作，完善人事管理制度、隔离制度、采购制度，建立并认真实施过境货物隔离消毒制度，为了防止疾病传播，应该禁止车辆、人员和畜禽频繁流动，切断所有可能导致外来病原微生物感染的环节，采取封闭式生产和严格管理措施。这样可以有效防止疾病的传入和扩散，保证畜禽健康和食品安全。

根据区域内饲养动物数量，划定相应的检疫员责任区，实行责任制，为了确保疫情防控工作的顺利进行，应该制定符合标准的工作程序和遵循规范的工作纪律。检疫员负责监测区域内传染病的情况，并负责发现和调查疫情，签发检疫证书，对检疫结果负责。

（六）畜禽生产群控制

实现动物疫病区域化管理，改变畜牧业的生产模式，从分散饲养向密集化、标准化和工业化转变。避免引进感染和无症状感染的动物，谨慎引进种畜，在疫情防控工作中，绝不能从存在疫情隐患的场所引进种畜禽，为确保疫情的防控，对于新引进的动物，应该采取严格的检疫隔离观察措施，以确保这些动物是健康的并且不会对其他动物造成威胁（张建国等，2015）。

制订并实施定期免疫、预防、补种计划，激发动物特异性免疫，将易感动物转化为非易感动物。动物群体免疫的密度稳定保持在90%及以上，同时动物免疫抗体合格率达到80%及以上，可以认为该群体具有较高的免疫水平（王玕，2017；郭坚芬，2018）。

尽管已经研发出有效的疫苗来预防许多动物传染病，但仍有许多疾病尚未研制出疫苗。而即使有些疾病已有疫苗，在实际应用中也仍存在问题。因此，通过化学药物防治来预防和控制动物传染病是一个重要的措施。饲料或饮用水中添加安全廉价的化学防治药物，对于群体防治是有效的。

定期杀虫灭鼠。可采用机械捕捉、火焰烧杀、沸水或蒸汽热杀等物理杀虫方法。也可以采用化学药物杀虫的方法，如有机磷杀虫剂、驱虫剂、昆虫生长调节剂等。还有生物杀虫法，采用天敌杀灭昆虫。采取畜栏和卫生措施等防止鼠害或其他啮齿动物的滋生和活动（徐瑞宏，2007；丁壮等，2007）。

（七）合理的饲养管理

合理的饲养管理能够有效降低疾病传播的风险，避免大规模疫情的发生，包括以下措施。

专门用于运送饲料和原材料的车辆，不得用于其他用途。在每次装运之前，应将车辆盖上帆布并进行消毒。在将货物运送到畜禽场门口时，应对车辆进行消毒，拆下篷布，由专职人员进行消毒后再卸下饲料和原材料。此外，为了降低地下水污染的风险，应尽量使用深层地下水用于生产。或者将饲料从颗粒料更改为自配料，现场加工之前应对玉米、豆粕等原材料先进行处理，外包装使用前必须彻底消毒（张文等，2019）。

受污染的饲料、槽、池、井、桶和饮用水易感染易感动物。因此，在疫情防控过程中，要特别注意防止对饲料和饮用水、饲料仓库、饲料加工厂、相关人员和用具的污染，做好防疫、消毒和卫生管理工作。加强对动物的饲养和管理，注意环境卫生及饲料和饮水的清洁，不要喂腐烂、发霉和变质的饲料。为动物提供充足的全价营养，准备清洁卫生的饮用水，确保室内温度、湿度、密度、通风采光等基本生活条件适宜，加强动物活动，增强动物免疫力和抗病能力（徐瑞宏，2007）。

动物防疫专业人员应当加强对动物养殖技术的指导，帮助养殖人员掌握科学的育种方法。同时，对动物饲料和饮用水加强监管，为养殖业的健康发展奠定良好的基础。

（八）优化养殖产业链

确保动物源性食品的安全，降低食源性疾病的发病率。现代畜牧业形成了从农场到餐桌或从畜舍到餐桌的动物源性食品安全产业链，产业链包含生产、屠宰、加工和流通等过程。动物源性食品安全的关键在于动物健康，对产业链中的环节进行风险评估分析，寻找并控制其中存在的风险点，可以有效降低食源性疾病的发病率，提高动物源性食品的安全性。

提高养殖业抵御动物疾病风险的能力和恢复重建能力。在应对突发疫情时，养殖企业应采取适当的风险管理技术，如合理安排专项资金、通过保险转移风险等，尽可能减少疫病的风险损失，尽快恢复生产，保证动物和动物制品的正常供应。

（九）废弃物、排泄物处理和控制（养殖类）

患病或携带病原微生物的动物分泌物和排泄物分散在外界环境中，经风干和气流冲击与粉尘形成空气传播，或落入土壤形成土壤传播。因此，特别要注意患病动物的分泌物和排泄物处理，防止病原体暴露在空气中或落入土壤很长时间，造成疫病大范围传播。对于圈舍内的粪便、污物和动物尸体应当进行严格无害化处理，降低病原体的生存和传播机会（张建国等，2015）。

关注动物福利，创造适宜的饲养环境。完善养殖设施设备，采用先进的技术、工艺和生产设备来进行防寒保暖、通风、消毒和粪便污水处理工作。坚持健康安全养殖、环保清洁生产的科学发展理念，注重特定养殖环境下的牲畜承载能力和对环境造成的宜居性影响。养殖产业应保持合理的规模，为牲畜的生产养殖及废弃物、排泄物处理提供足够的空间（丁壮等，2007）。

（十）病害动物及其产品的处置

患病的动物及病死动物产品也应进行特殊处理，防止病原体长期暴露在空气中或落入土壤中，造成后续难以清理的问题。当动物有传染病病征或者突然死亡的疑似病例时，应立即通知相关兽医工作人员。在兽医到达现场进行诊断前，应当对疑似感染的动物采取隔离等应急临时处理措施，安排专人管理隔离的动物，并对疑似感染动物曾居住场所、饲料槽及排泄物等会被污染的环境和用具进行灭菌消毒（王玗，2017）。

设立无害化处理设施，即化尸池。若在围场内发现有动物死亡时，应当马上进行消毒。动物尸体用密封袋密封好后运出，进行无害化处理。严格按照无害化原则处理病死动物，监督养殖户和养殖场对无害化处理设施的建设，定期对养殖场无害化处理工作进行检查，禁止屠宰、出售、食用、转移病死动物（绳丽丽，2014）。对病死动物进行无害化处理可有效防止疫情传播，提高动物疫病防控能力，有效保障公共卫生安全。然而有些农民不愿主动对死畜进行无害化处理，而是随意弃置、转移、出售。针对这种情况，有必要对捕杀赔偿政策进行重新设计和完善，以提高农民的积极性（李燕凌等，2014）。

（十一）动物的检验检疫

由动物和动物源性产品的国际贸易引起的动物疾病传播时有发生。在控制外源性疾病方面，世界贸易组织和世界动物卫生组织（World Organization for Animal Health，WOAH）等国际组织根据动物疾病的传播特点及其对国际贸易的影响，制定了一系列行之有效的相关法律、法规和技术标准，以促进成员方畜禽产品贸易的发展。

检验检疫是指使用各种诊断方法对畜禽产品和畜禽疫病进行检查，并为了防止疫病的发生和传播而采取相应的防控措施。随着国际社会对动物疫病的日益重视，以及在动物疫病检疫、防治的科学技术方面的不断发展，各国尤其是发达国家对动物疫病检测项目进行了详细的条目划分，对进口动物产品采取更加严格的检验检疫措施，如对细菌感染性疾病进行细菌培养和细菌毒素检测，对病毒感染性疾病进行病毒分离和病毒基因检测，从而准确检测动物和动物产品中的病原体。检验检疫范围包括所有类型的牲畜、家禽、毛皮动物、野生动物、实验动物等；动物产品包括生毛、生皮、生肉、鱼粉、鸡蛋等；检疫运输工具包括运输动物和产品的车辆、船只、飞机、包装物等。

二、植物疫病防控

（一）实验室监测诊断

1. 病害监测

通过病害监测可以确定疾病的流行程度、严重程度和疾病指数等状况，高效提升对农业中病害的预警能力，特别是对有害生物的监测预警，进而提升综合治理水平，对农业生产和植物研究具有重要意义。目前病害监测方法主要包括传统的监测方法和现代高科技监测方法。

传统的植物病害监测方法分为一般调查和系统调查。在调查中，抽样方法必须适合特定疾病的空间格局，否则无法获得准确的代表性值。在疾病调查过程中，需要记录疾病状况。通常以疾病的流行程度、严重程度和疾病指数来表示病情。现代高科技监测病害，比如利用3S［全球定位系统（GPS）（图4-4）、遥感技术（RS）、地理信息系统（GIS）］和3S集成技术及计算机技术进行植物病害监测。植物病原菌的监测主要涉及病斑产孢量的测定、空气中有害病原菌的监测、土壤中有害病原菌的监测、生理小种和病原菌耐药性的监测4个方面（马占鸿，2010）。

2. 实验室诊断

传统的诊断方法因病原体的不同而有所不同，如形态学方法（真菌、线虫检测）、生化方法（细菌检测）和微形态学方法（病毒检测）。然而对于形态学和生化方面相似的致病菌的亚种、品种和致病类型，传统的方法并不能解决致病菌的鉴定问题。此外，常规方法对种子和幼苗携带病原体的分离鉴定速度慢，新兴的分子生物学方法可以满足快速鉴定病原体的要求。PCR是目前最常用的分子生物学技术。这些方法比传统病理学方法更准确，而且不需要丰富的病原检测经验。在实际操作过程中，利用分子生物学方法鉴定病原体的主要难点是直接从植物中诊断出含量较少的病原体，如从携带细菌的

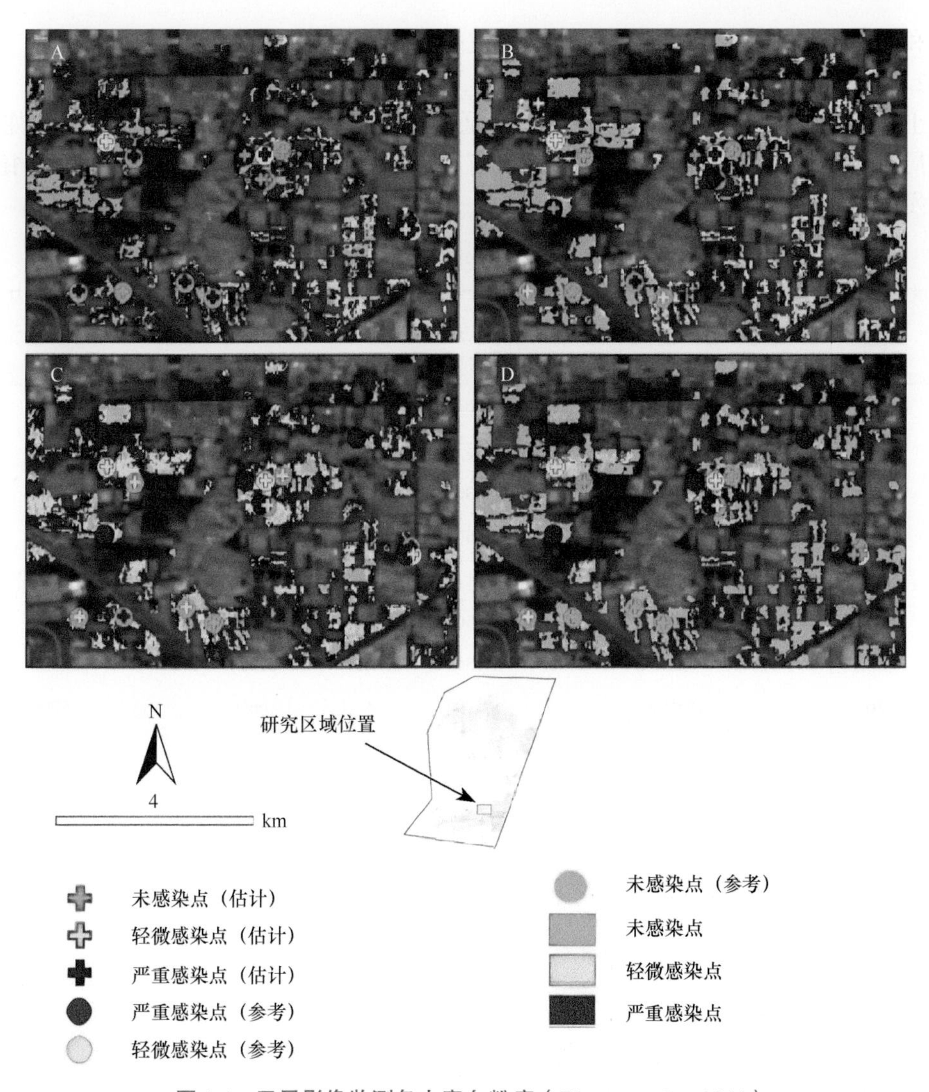

图4-4 卫星影像监测冬小麦白粉病（Zhang et al.，2014）

种子中确定种子携带细菌的数量，检测果实中潜伏的病原体等。此外，由于植物中有大量的抑制PCR扩增的物质，因此在植物基因的提取过程中，要注意有效地去除会抑制PCR扩增的物质（李燕凌等，2014；沈健英等，2011）。

（二）环境控制

病害流行是病原微生物种群与寄主植物在特定环境条件的影响下，病原菌、宿主和环境因素相互作用的结果。在这些相互影响的作用因素中，其所处的环境条件又往往起主导作用。在诸多特征属性各异的生态环境中，对植物病害影响较大的环境条件主要有以下三大类。

1．气象因素

气象因素中温度、湿度、光照和风是最重要的。气象条件不仅影响病原菌的繁殖、传播和入侵，而且影响寄主植物的生长和抗病能力。

2. 土壤因素

土壤因素主要包括土壤结构、水分、通气、肥力（表4-2）和土壤微生物，往往只影响局部地区的疾病流行。分析土壤因素有助于人们控制植物的生存环境，减少植物疫病的发生。

表4-2 不同灌溉水盐度和施氮量处理对籽棉产量的影响

施氮量	灌溉水盐度	籽棉产量/（kg/hm^2）		
		2011年	2012年	2013年
N0	淡水	4627	4727	4613
	微咸水	4338	4089	4159
	咸水	3806	3504	3402
N240	淡水	5600	5729	6070
	微咸水	5127	4808	5102
	咸水	4509	4348	4069
N360	淡水	6563	6716	6927
	微咸水	5709	5660	5809
	咸水	4862	4575	4936
N480	淡水	6849	7076	7036
	微咸水	6039	5867	6061
	咸水	5027	4794	5208

资料来源：闵伟，2015

注：N0、N240、N360、N480分别表示氮肥施用量，单位为kg N/hm^2

3. 农业措施

农作制度、作物的种植密度、肥料种类和田间管理等都属于农业措施。因此，为了减少植物病害的流行，有必要对气象因素、土壤质量和栽培措施等因素进行监测。

（三）人员控制

植物，尤其是农作物的疫病关系到农业生产，关系到土地安全、食品安全、环境保护，还和人民群众的生活息息相关。对于农业农作物疫情的防控，不但需要不同政府部门的配合，还要坚持由政府统一协调，形成相应的行政行为准则和安全计划。

一旦发生疫情，要迅速启动疫情控制计划。应当由县级及以上的人民政府发布对疫区的封锁令，并组织安排所有相关单位响应对应的防控预案，迅速采取封锁、扑灭、保护措施来防止封锁地疫情的传播和严重化。同时也要妥善安排疫区农民的生产生活，在疫区进出的交通路口设置检查站进行检验检疫，对来往被封锁疫区的交通运输工具进行严格的防疫检测。对于来往封控疫区的人员及当地居民，都要禁止邮寄或者携带疫区的种子、种苗和作物及农产品离开封控疫区。对农民进行安全、正确使用农药的培训，提高农民安全使用农药的技能和专业知识（Mubushar et al.，2019）。

（四）病害植物与病害植物产品的处置

农业植物检疫虫害的紧急封锁、扑灭、防治，由各级人民政府统一领导，由有关部门负责分工。县级以上农业行政主管部门应当制定疫区、保护区的治理计划，负责监测和调查疫情，管理应急物资储备，组织销毁受疫病污染的农作物和农产品。有关部门的相关执法人员应严格执行符合标准流程的检疫手段，对已受感染的农田、作物和农产品采取隔离措施，并在保护区内实施农药喷洒防护。

对已确诊疫情作物进行彻底销毁，对受感染的田地和水源等进行无害化处理。同时在疫区周围3km范围内的所有同种作物和离疫区的人员、牲畜、车辆进行强制喷洒防护（刘元明等，2006）。

（五）植物的检验检疫

植物检疫是口岸检验检疫机关为防止外来有害生物传入和外来生物入侵，保护我国农林牧渔业生产和生态安全，在入境前实施的植物检疫。整个植物检疫由申请、检验、评价等多个环节串联起来。

为防止有害生物传入，必须在入境口岸依法实施检疫。根据不同的运输条件采取不同的检疫方法。边境贸易中的散装粮食、木材、饲料等散装货物和船上货物，直接在运输工具上实施现场检疫。因条件限制不适合运输工具现场查验的，可以转口岸检验检疫机构指定的地点查验。对现场肉眼发现或有感染症状的害虫，要及时采集，送实验室检测鉴定。

未经检疫许可、未经出口单位正式检疫、未经申报或者携带国家明令禁止的物品入境的，或者在口岸检疫中发现检疫性有害生物或者指定的非检疫性有害生物的，口岸检疫机关监督实施检疫处理。经口岸检疫或者除害处理合格的，由口岸检疫机关签发放行证书。如引进高风险植物育种材料，经口岸检疫合格后，在种植期内也必须接受检疫监督。如发现进口货物有害虫或者违反植物检疫规定的，应当向上级报告。国家市场监督管理总局将对不合格货物进行汇总分析，并向境外通报（沈健英等，2011）。

第四节 经典案例

本节通过禽霍乱和柑橘黄龙病两个案例，直观了解动植物疫病对畜牧业和种植业的负面影响和危害，明确动植物疫病防控工作对于畜牧业和种植业健康持续发展的重要性。

一、禽霍乱

禽霍乱（avian cholera）是由多杀巴斯德菌（*Pasteurella multocida*）引起的败血性传染病（图4-5）。2015年11月，贵州遵义永祥某生态养殖场林下养殖的肉鸡在2天内死亡了1000多羽；2016年3月，遵义某农场的肉鸡在2天内死亡了400多羽，8月李梓村和山盆村农户林下养殖的肉鸡在1周内死亡了500多羽。这些发病的鸡群品种多样，均为60日龄以上（姚仕华，2017）。尽管在养殖过程中养殖鸡都接种了新城疫、禽流感、新支流和法氏囊疫苗，但是均没有接种过禽霍乱疫苗。最后通过现场观察、剖解、内脏实质器官触片诊断为禽霍乱。

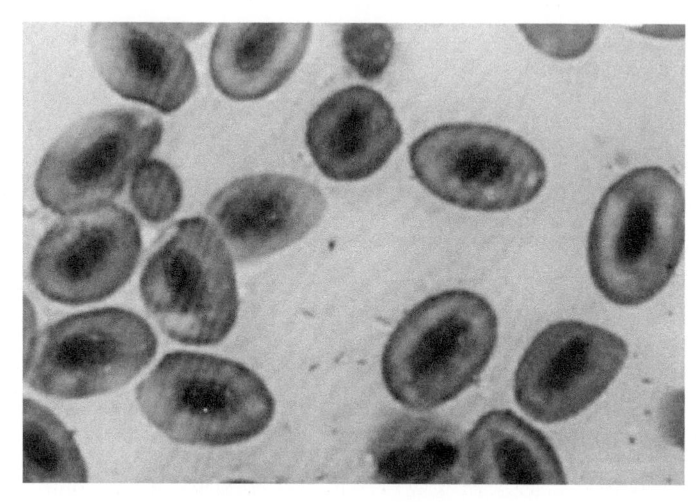

图4-5 感染禽血液涂片中的多杀巴斯德菌（Pillai et al.，2013）

从以上病案例可以看出，禽霍乱在养殖过程中非常普遍且危害严重，如果不能及早地防控和治疗，将会给养殖单位带来严重的经济损失。掌握禽霍乱流行特点，提高养殖人员的防控意识，加强养殖场的饲养管理，营造良好的养殖环境，禁止多种家禽混养，对疑似患病家禽及时隔离、诊断并治疗，可有效控制禽霍乱的暴发，减少经济损失。应重视对禽霍乱等动物疫病的防控，促进养殖业健康发展。

二、柑橘黄龙病

1919年，广东潮汕某柑橘园里的一棵柑橘树长出了黄色的枝梢，就像树顶上的一条黄龙。果农从未想到这是一种毁灭性的传染性病害，果园内的柑橘树几年内全部死亡，这是我国最早的关于柑橘黄龙病的记录。柑橘黄龙病是由亚洲韧皮杆菌侵染而引起，发病植株叶片会出现典型的黄化（图4-6），柑橘木虱是传播黄龙病病原菌的主要媒介昆虫。由于广东温暖的气候因素及地理环境，自黄龙病出现以来，平均每十年就会在广东暴发一次，这是导致广东柑橘种植“衰落”的重要原因，也使广西成为柑橘种植的后起之秀。当然，广西的形势也不容乐观。据不完全统计，自1970年以来，广西已有100多万亩[1]柑橘果园因黄龙病被毁，造成了100亿元的直接经济损失。我国10个省（自治区）300多个县（市）发生过柑橘黄龙病。此外，亚洲、非洲、大洋洲、南美洲、北美洲等大约50个国家和地区也都出现了柑橘黄龙病，严重影响了柑橘产业的健康发展。

---

① 1亩≈666.7m^2

以上案例表明，柑橘种植产业中，黄龙病蔓延造成了严重的经济损失。目前，对于柑橘黄龙病的诊断和治疗能力有限。因此，要采取综合有效的防控措施，特别是对柑橘木虱的防治，阻断柑橘木虱传播病原菌，切断黄龙病的发生途径；同时提高果农的防控意识，保证防控实效；加强对柑橘黄龙病的监控，及时、科学地处置病树；栽种健康种苗，从源头上杜绝病苗传入果园，从而减少柑橘黄龙病暴发造成的危害，提高柑橘的总体产量，提升经济效益。

图4-6　柑橘黄龙病患病植株（Rao et al.，2018）

本章小结

动植物疫病是由病原微生物引起的，对其感染的动植物产生不良影响的传染病。随着经济全球化，动植物疫病暴发风险不断上升，动植物疫病的流行给农业带来了不可估量的损失，同时也给人类社会经济发展带来了巨大威胁，严重影响国家粮食安全、生态安全、经济安全、公共安全及可持续发展。应建立严格的防治措施，提升对动植物的检疫和疫病防控，改善动植物的生长环境，保障农业健康发展。

复习思考题

1. 如何通过对动植物疫病的流行病学特征分析进行疫病防控？
2. 针对转基因生物潜在的危害，人类可以采取什么有效措施？
3. 动植物疫病相关生物安全问题的应对措施相互之间有什么可借鉴之处？
4. 接种兽用疫苗有何意义？如何保证动物在接种疫苗后产生预期的免疫效果？
5. 新冠疫情对全球化造成了巨大冲击，这对出入境动植物检验检疫有何影响？

（刘　红　庞秋香　申辛欣）

主要参考文献

陈文炳，王志明，李寿崧，等．2002．分子标记技术及其在动植物检验检疫中的应用与展望．检验检疫科学，(3)：1-4，26．
程兆康，杨金山，吕敏，等．2022．我国畜禽养殖业抗生素的使用特征及其环境与健康风险．农业资源与环境学报，39(6)：1253-1262．
丁壮，杨松涛，乔红伟，等．2007．动物疫病流行病学．北京：金盾出版社．
杜文琪，夏立叶，李桂梅，等．2020．液相芯片技术在动物疫病检测中的研究进展．中国畜牧兽医，47(12)：4138-4147．
郭坚芬．2018．畜禽疫苗使用的“十个注意”．中国畜牧业，(7)：79-80．
郭明星．2005．动物疫病流行趋势与出入境动物检疫对策．动物医学进展，(1)：112-115．
贾天宇．2013．动物疫病风险损害及规避研究．武汉：华中农业大学硕士学位论文．
姜良，刘旭．2016．现代动物疫病防控．兰州：甘肃科学技术出版社．
蒋安文，吴顺祥，詹兴中．2010．动物疫病防控技术．银川：阳光出版社．
李林，王兆美，周梦雪．2020．探索兽医实验室监测诊断技术提升途径．养殖与饲料，19(12)：167-168．
李艳梅．2015．动物产品检疫技术研究和应用．中兽医学杂志，(11)：59．
李燕凌，冯允怡，李楷．2014．重大动物疫病公共危机防控能力关键因素研究：基于DEMATEL方法．灾害学，29(4)：1-7．
刘元明，许红，王盛桥，等．2006．湖北省植物防疫应急预案的建立与实施．植物检疫，(2)：111-112．
刘跃清，翁习琴．2021．家禽常见疾病的临床症状与治疗．畜禽业，32(8)：101-102．
马占鸿．2010．植病流行学．北京：科学出版社．
闵伟．2015．咸水滴灌对棉田土壤微生物及水氮利用效率的影响．石河子：石河子大学博士学位论文．
秦建华．2008．动物寄生虫病学．石家庄：河北人民出版社．
沈朝建，孙向东，刘拥军，等．2011．我国动物疫病流行特征及其成因分析．中国动物检疫，28(11)：53-56．
沈健英，周国梁，孙红，等．2011．植物检疫原理与技术．上海：上海交通大学出版社．
绳丽丽．2014．关于对我国重大动物疫病防控策略的探讨．中国农业信息，(1)：151．
孙艳．2015．加强兽医实验室建设提高服务水平．中国畜禽种业，11(3)：11-12．
田亚东，康相涛，孙国宝．2007．生物安全现状与管理对策．广东农业科学，(9)：111-114．
王大洲，郭天笑，郑实，等．2017．核酸等温扩增技术在微生物快速检测中的研究进展．生物技术通报，33(7)：49-61．
王玗．2017．重大动物疫病防控策略探析．畜牧兽医科技信息，(11)：24．
王宏伟，刘有昌．2005．动物疫病监测方案与检测技术的综合应用．中国牧业通讯，(17)：10-12．
吴梓纯．2021．动物疫病防治技术要点．畜禽业，32(6)：30-32．
徐瑞宏．2007．洪涝灾后加强畜禽饲养管理及动物疫病防治措施．现代农业科技，(18)：182．
姚仕华．2017．几起禽霍乱疫病诊治报告．中国畜禽种业，13(5)：160．
袁之报，李新．2016．国内口岸动植物疫病疫情风险分析现状及发展对策．福建质量管理，(2)：269-270．
张洪军．2014．动物疫病诊断与防治技术．石家庄：河北科学技术出版社．
张建国，王民敏，刘继承．2015．重大动物疫病防控要切实重视养殖环境的控制．家禽科学，(4)：

3-5.
张文，汤贵生，王骏俊，等. 2019. 规模猪场非洲猪瘟防控及管理措施调查：以安徽鸿远牧业有限公司为例. 养殖与饲料，(11)：6-8.

张秀芳，韩惠瑛. 2007. 控制我国畜禽传染病的策略与措施. 山西农业（畜牧兽医），(7)：35-36.

张学栋，牛静华. 2011. 动物传染病. 北京：化学工业出版社.

赵福奎，朱明艳，任洪志，等. 2004. 有效控制我国畜禽传染病的策略和手段. 畜牧兽医科技信息，(6)：35-36.

Beer M, Amery L, Bosch B J, et al. 2021. Zoonoses anticipation and preparedness initiative, stakeholders conference. Biologicals, 74: 10-15.

Chaney W E, Englishbey A K, Stephens T P, et al. 2022. Application of a commercial *Salmonella* real-time PCR assay for the detection and quantitation of *Salmonella enterica* in poultry ceca. J Food Prot, 85 (3): 527-533.

Fan X, Li L, Zhao Y, et al. 2020. Clinical validation of two recombinase-based isothermal amplification assays (RPA/RAA) for the rapid detection of African swine fever virus. Front Microbiol, 11: 1696.

He Q, Yu D, Bao M, et al. 2020. High-throughput and all-solution phase African swine fever virus (ASFV) detection using CRISPR-Cas12a and fluorescence based point-of-care system. Biosens Bioelectron, 154: 112068.

Mubushar M, Aldosari F O, Baig M B, et al. 2019. Assessment of farmers on their knowledge regarding pesticide usage and biosafety. Saudi Journal of Biological Sciences, 26 (7): 1903-1910.

Pasick J. 2004. Application of DIVA vaccines and their companion diagnostic tests to foreign animal disease eradication. Anim Health Res Rev, 5 (2): 257-262.

Pastoret P P, Jones P. 2004. Veterinary vaccines for animal and public health. Dev Biol (Basel), 119: 15-29.

Paul R, Saville A C, Hansel J C, et al. 2019. Extraction of plant DNA by microneedle patch for rapid detection of plant diseases. ACS Nano, 13 (6): 6540-6549.

Pillai T G, Indu K, Rajagopal R, et al. 2013. Isolation and characterization of *Pasteurella multocida* from poultry and deer. Proc Natl Acad Sci, India, Sect. B Biol Sci, 83: 621-625.

Rao M J, Ding F, Wang N, et al. 2018. Metabolic mechanisms of host species against *Citrus* Huanglongbing (greening disease). Critical Reviews in Plant Sciences, 37 (6): 496-511.

Smith C J, Osborn A M. 2009. Advantages and limitations of quantitative PCR (Q-PCR)-based approaches in microbial ecology. FEMS Microbiol Ecol, 67 (1): 6-20.

Wang Y, Xu L, Noll L, et al. 2020. Development of a real-time PCR assay for detection of African swine fever virus with an endogenous internal control. Transbound Emerg Dis, 67 (6): 2446-2454.

World Health Organization, Eastern Mediterranean Regional Office.Report on zoonotic disease: emerging public health threats in the region. https://www.emro.who.int/about-who/rc61/zoonotic-diseases.html [2024-3-18].

Zellnig G, Möstl S, Zechmann B. 2013. Rapid immunohistochemical diagnosis of tobacco mosaic virus disease by microwave-assisted plant sample preparation. Microscopy (Oxf), 62 (5): 547-553.

Zhang J, Pu R, Yuan L, et al. 2014. Monitoring powdery mildew of winter wheat by using moderate resolution multi-temporal satellite imagery. PLoS One, 9 (4): e93107.

第五章 实验室生物安全

学习目标

1. 了解实验室生物安全的发展历程；
2. 了解生物因子的风险等级和分类依据；
3. 了解生物安全实验室防护水平分级依据；
4. 熟悉实验室相关生物安全风险因素；
5. 熟悉实验室生物安全风险的控制措施和方法。

实验室是开展科学技术研究、教学、诊断等活动的基本场所，在接触、操作、处理病原微生物、毒素或遗传修饰生物体等生物因子的过程中，实验室工作人员存在直接或间接暴露的风险，同时实验室内的生物因子还可能进一步扩散传播，危害周围人群或外界环境。为保障实验室生物安全，必须控制实验室生物安全风险，减少实验室生物危害。本章主要介绍实验室生物安全发展的历程、实验室生物安全相关基本概念、生物因子的风险分级、实验室生物安全水平分级、实验室生物安全风险及其控制措施。

第一节 实验室生物安全概述

本节主要对国内外实验室生物安全的发展历程、相关的基本概念、生物因子风险等级和实验室生物安全水平进行介绍。让读者可以了解生物安全实验室整体发展历程及中国实验室生物安全体系的建立和完善过程。通过了解生物因子的风险，加深对其危害性的认知，并理解生物因子的风险与实验室生物安全防护措施之间的关联，以及有效降低实验室生物安全风险的措施。

一、实验室生物安全的发展历程

（一）实验室生物安全的起源和发展

实验室（laboratory）作为人们从事科学技术研究的可控设施，为科研机构、医疗组织、大学等提供基本的实验活动场所。随着生命科学与技术的发展及新发突发传染病的相继涌现，人们对实验室生物安全的认识持续深化。目前一般认为实验室生物安全的发展可分为4个时期（图5-1）（梁慧刚等，2016；徐涛等，2010）。

1. 萌芽期（1826～1949年）

长期以来，人们了解到空气、土壤、水体中的某些生物因子能导致传染性疾病，医

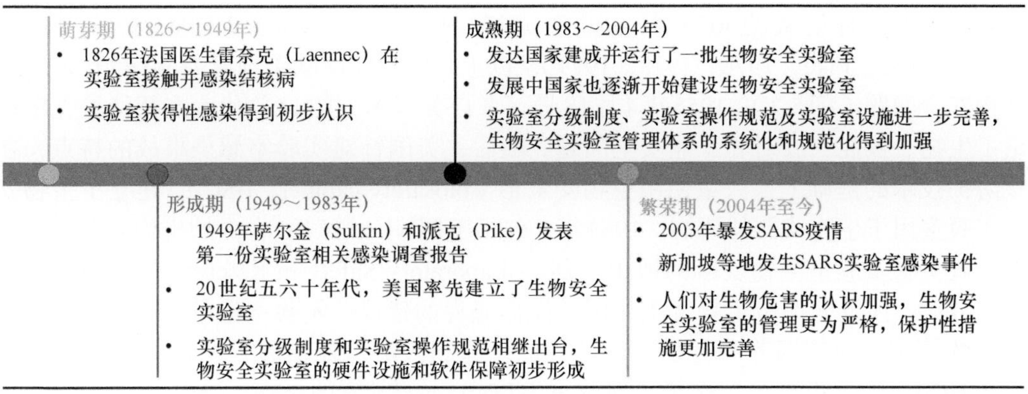

萌芽期（1826～1949年）
- 1826年法国医生雷奈克（Laennec）在实验室接触并感染结核病
- 实验室获得性感染得到初步认识

形成期（1949～1983年）
- 1949年萨尔金（Sulkin）和派克（Pike）发表第一份实验室相关感染调查报告
- 20世纪五六十年代，美国率先建立了生物安全实验室
- 实验室分级制度和实验室操作规范相继出台，生物安全实验室的硬件设施和软件保障初步形成

成熟期（1983～2004年）
- 发达国家建成并运行了一批生物安全实验室
- 发展中国家也逐渐开始建设生物安全实验室
- 实验室分级制度、实验室操作规范及实验室设施进一步完善，生物安全实验室管理体系的系统化和规范化得到加强

繁荣期（2004年至今）
- 2003年暴发SARS疫情
- 新加坡等地发生SARS实验室感染事件
- 人们对生物危害的认识加强，生物安全实验室的管理更为严格，保护性措施更加完善

图5-1　实验室生物安全的发展历程

院和实验场所的人员感染时常发生，但直到法国微生物学家、化学家路易斯·巴斯德（Louis Pasteur）（图5-2）通过试验证明红酒的腐败和某些人/动物传染病都是由微生物造成的，人们才开始对一些重要传染病致病微生物进行分离和鉴定，并证明这些微生物可以在不同的环境条件下感染人。这些发现促使人们采取消毒措施和规范操作行为来减少院内和实验室感染事件的发生。这一时期的标志性事件是对实验室获得性感染（laboratory acquired infection，LAI）的调查。1915年，卡尔·基斯卡尔特（Karl Kisskalt）发表调查报告，指出首例LAI可追溯至1885年实验室工作人员感染伤寒杆菌的记载（Kisskalt，1915）。此后，实验室工作人员感染的病例陆续被报道，包括霍乱、布鲁氏菌病、破伤风、白喉和孢子丝菌病等（Rayburn，1990；Petts et al.，2021）。美国和欧洲分别在1929年及1939年组织了针对微生物学家感染鹦鹉热和Q热的LAI调查（Ramsay，2003；Wedum，1997），指出气溶胶传播是导致LAI的主要因素。以上小范围的LAI调查使人们意识到有必要通过采取安全措施来应对与接触病原微生物相关的潜在风险，美国国立卫生研究院（National Institutes of Health，NIH）在1947年建立了第一个专门为微生物量身定制的研究型实验室（Bayot and Limaiem，2022）。

图5-2　路易斯·巴斯德（Louis Pasteur，1822—1895），法国微生物学家、化学家，近代微生物学的奠基人（Vallery-Radot，1911）

2．形成期（1949～1983年）

1949～1951年，爱德华·萨尔金（Edward Sulkin）和罗伯特·派克（Robert Pike）

对LAI进行大范围的系统性调查，此后他们在20世纪六七十年代继续展开调查，发现1930～1979年有记载的4079例LAI共造成173例死亡（Sulkin and Pike，1949，1951；Sulkin，1961；Pike，1976，1978，1979），以上LAI事件使欧美国家及WHO开始关注生物安全问题（图5-3）。1955年4月18号，来自美国军方的14位代表在德特里克堡讨论了生物、核能、放射和工业安全问题。随后，美国针对实验室感染事故的特点，在核防护技术的基础上，大量使用生物安全柜（biosafety cabinet，BSC），建立了生物安全实验室用于生物武器的研制。1964年，包括美国NIH和CDC在内的机构起草并发布了《微生物实验室生物安全的通用准则》（Laboratory Safety in Research with Infectious Aerosols），涉及病原微生物等生物因子操作流程的建议，实验室建设与装备、生物安全柜的使用、动物饲养和处理，以及其他设施和人员保障措施（Wedum，1964）。随后于1974～1978年连续颁布了《涉及重组DNA分子研究的指南》（NIH Guidelines for Research Involving Recombinant DNA Molecules）、附录《基于危害程度的病原微生物分类》（Classification of Human Etiologic Agents on the Basis of Hazard）及补充文件《实验室安全》（Laboratory Safety Monograph）等，提出病原微生物分级的理念与风险等级（risk group）划分的依据，同时指出操作病原微生物的实验室需采取生物安全措施，包括个人防护装备和限制病原微生物扩散的物理屏障（United States National Cancer Institute Office of Research Safety，1979）。1979年，WHO成立微生物学操作技术（Good Microbiological Practice，GMP）规范/安全编制工作组，并于1983年发布第1版《实验室生物安全手册》（Laboratory Biosafety Manual，LBM），明确了实验室生物安全的定义是“为防止意外接触或释放病原体/毒素而实施的控制原则、技术和操作”，鼓励各国接受生物安全理念，制定并施行生物安全操作规范，以保证实验室生物安全（WHO，1983）。

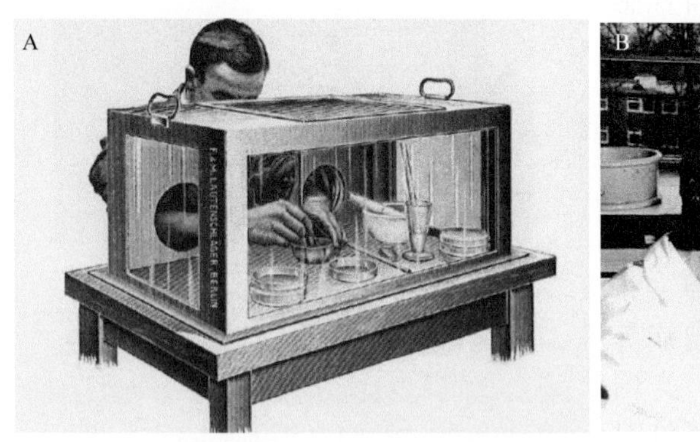

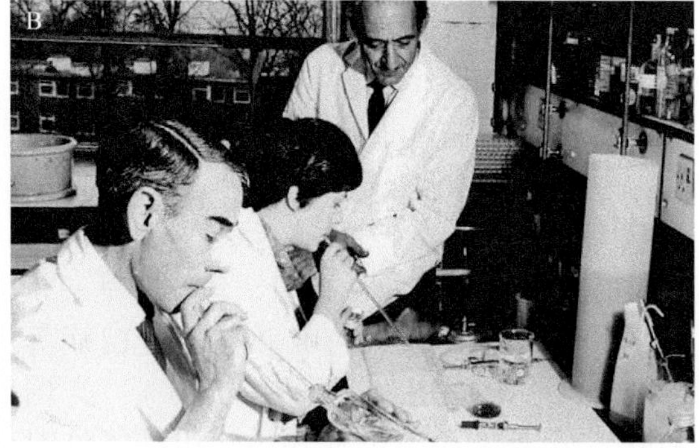

图5-3 1905年罗伯特·科赫（Robert Koch）设计的生物安全柜的原型（A）和20世纪中晚期实验室人员用嘴进行移液操作（B）（Petts et al.，2021）

3. 成熟期（1983～2004年）

1984年，美国CDC和NIH出版了第1版《微生物和生物医学实验室的生物安全》（Biosafety in Microbiological and Biomedical Laboratories，BMBL），明确将实验室生物安全防护的水平分为4个级别（biosafety level 1-4，BSL-1～BSL-4），涉及操作、仪器设

备、设施和工程等规定，其中BSL-4为最高防护级别。随着全球对实验室生物安全的重视，WHO分别在1993年和2004年出版了第2版及第3版的《实验室生物安全手册》，明确了基础实验室（BSL-1/2实验室）及防护实验室（BSL-3/4实验室，高等级生物安全实验室）的分级制度，呼吁各国接受生物安全理念，并根据本国实际情况制定实验室操作规程，标志着实验室生物安全在全球范围内有了统一的基本原则。随着实验室生物安全分级制度、操作规范及硬件设施的进一步完善，生物安全实验室管理体系逐渐系统化和规范化，发达国家开始建立并运行了一批高等级生物安全实验室，发展中国家生物安全实验室的建设也开始起步。美国CDC和美国陆军传染病医学研究所（United States Army Medical Research Institute of Infectious Diseases，USAMRIID）当时拥有全世界唯一的生物安全四级实验室（Cieslak and Kortepeter，2016）。

4．繁荣期（2004年至今）

2003年，SARS（又称“非典”）暴发，以及新加坡等地发生的实验室SARS感染事件促使各国意识到要进一步加强生物安全实验室的规范化管理和运行，并建立健全管理体制及保护性措施。2020年新冠大流行使世界各国意识到如果无法有效地处理和控制病原微生物，将会给全球公共卫生安全带来灾难性的后果。随着生物技术的快速发展和新发突发传染病的不断出现，国际生物安全通用规则也在不断更新。美国CDC于2020年发布了最新版BMBL（第6版），明确指出风险评估的步骤应涉及多个生物安全机构或专业人士参与的原则。WHO则在2020年底发布《实验室生物安全手册》（第4版），强调“安全文化”（safety culture）的重要性，体现在风险评估、良好的微生物操作和程序、标准操作流程、人员的持续性培训及事件/事故发生时的报告和处理。同时，此手册建议各国采用基于证据和风险的全新方法，根据实际情况促进可实现和可持续的生物安全，强调资源优化并在不危及安全的情况下促进公平获得实验室服务和生物医学研究的机会。这些举措将促进全球实验室生物安全管理和运行的进一步完善与优化。

（二）中国实验室生物安全现状

相较于西方发达国家，我国实验室的生物安全建设起步较晚。总体来说分为以下三个阶段（图5-4）。

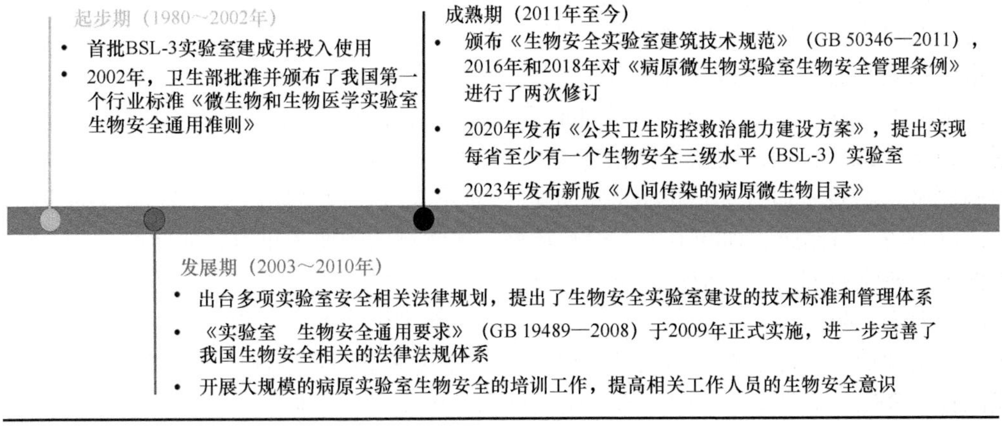

起步期（1980～2002年）
- 首批BSL-3实验室建成并投入使用
- 2002年，卫生部批准并颁布了我国第一个行业标准《微生物和生物医学实验室生物安全通用准则》

成熟期（2011年至今）
- 颁布《生物安全实验室建筑技术规范》（GB 50346—2011），2016年和2018年对《病原微生物实验室生物安全管理条例》进行了两次修订
- 2020年发布《公共卫生防控救治能力建设方案》，提出实现每省至少有一个生物安全三级水平（BSL-3）实验室
- 2023年发布新版《人间传染的病原微生物目录》

发展期（2003～2010年）
- 出台多项实验室安全相关法律规划，提出了生物安全实验室建设的技术标准和管理体系
- 《实验室　生物安全通用要求》（GB 19489—2008）于2009年正式实施，进一步完善了我国生物安全相关的法律法规体系
- 开展大规模的病原实验室生物安全的培训工作，提高相关工作人员的生物安全意识

图5-4　中国实验室生物安全的发展历程

1. 起步期（1980～2002年）

中国生物安全起步时期的标志性事件是20世纪80年代首批BSL-3实验室的建成与使用。由于当时技术薄弱，最早的BSL-3实验室均为合作建设或引进国外的实验室技术和设备。这一时期，我国BSL-3实验室数量较少，约有10个BSL-3实验室分布于各科研机构，且生物安全实验室及实验活动没有统一的标准和管理规范（陆兵等，2012）。2002年，卫生部（现国家卫生健康委员会）批准并颁布了我国第一个实验室生物安全有关的行业标准《微生物和生物医学实验室生物安全通用准则》（WS 233—2002），至此，我国初步建立了较为完整和系统的生物安全实验室管理体系及操作规范（李劲松和周乃元，2011）。

2. 发展期（2003～2010年）

2003年“非典”的暴发流行使我国政府和科研人员意识到生物安全实验室平台建设和生物安全管理的重要性。国家发布了高等级生物安全实验室的建设规划，启动了高等级生物安全实验室的建设，以满足国家传染病防控与科学研究的需要。随后，国家有关部门连续颁布了《病原微生物实验室生物安全管理条例》、《实验室　生物安全通用要求》（GB 19489—2004）和《生物安全实验室建筑技术规范》（GB 50346—2004）等法律法规和标准，提出生物安全实验室建设的技术标准和管理体系。随着国内外生物安全理论及技术体系的不断完善，新版本的《实验室　生物安全通用要求》（GB 19489—2008）于2009年正式实施，进一步完善了我国生物安全法律法规体系，促进微生物实验室生物安全的建设和发展（Wu，2019）。在这一时期，卫生部及农业部均开展了大规模的病原实验室生物安全培训工作，以提高实验室工作人员的生物安全与规范操作的意识（李劲松，2005；祁国明，2005）。

3. 成熟期（2011年至今）

生物安全实验室是保障实验室生物安全的核心设施。2011年，我国参照国际标准，结合国内外先进经验和理论成果，编制并发布了新版《生物安全实验室建筑技术规范》（GB 50346—2011），为生物安全实验室硬件建设提供了参考。《病原微生物实验室生物安全管理条例》也分别在2016年及2018年进行了修订。随着新的病原微生物不断出现，以及对现有病原微生物认识的更新和实验室生物安全研究的深入，国家卫生健康委员会组织对2006年出台的《人间传染的病原微生物名录》进行修订，并于2023年8月28日印发《人间传染的病原微生物目录》，旨在进一步加强与人体健康有关的病原微生物实验室生物安全管理，规范病原微生物实验活动、菌（毒）种和样本运输等行为。2016年，国家发展和改革委员会与科技部联合发布了《高级别生物安全实验室体系建设规划（2016～2025年）》，按照贯彻落实总体国家安全观的要求，为满足国家开展高致病性病原微生物技术研究和产品开发、生产，对重大疫情有效防控和生物防范的战略需求，以医药人口健康、动物卫生、检验检疫三大领域的需要为重点，面向微生物菌种资源保藏、科学研究、产业应用转化三大主体功能，针对烈性传染病病原体的监测预警、检测、消杀、防控、治疗五大环节，统筹全国高级别生物安全实验室整体布局，确保全区域、全领域、全环节有效覆盖和保障，为保障我国生物安全提供重要支撑。2018年，我国首个BSL-4实验室——中国科学院武汉国家生物安全实验室正式投入运行，中国疾病预防控制中心、中国医学科学院、中国动物疫病预防控制中心和其他高校院所的高级别生物安全实验室也分别投入运行，在我国新发传染病和动植物疫情防控科学研究中发挥出了核心的平台支撑作用（宋琪等，2021）。当前，我国高等级生物安全实验室建设和管理进入了新的发展时期，布局合理、网络运行的高等级生物安全实验室国家体系初步建成。在完成实验室布局和建设的基础上，国家不断强化生物安全管理体系建设、规范生物安全培训、着力培养生物安全专业人才，保障实验室生物安全。

科学重器：生物安全实验室

二、生物安全实验室的重要意义

2021年正式实施的《中华人民共和国生物安全法》将生物安全提升为国家安全的重要组成部分。为了切实保障生物安全，生物安全实验室的建设具有十分重要的意义，主要满足以下需求。

（一）传染性疾病防控研究

随着全球一体化的进程加快，人员和物资交流日益频繁，加之人类对自然生态的破坏，动物种群栖息范围与人类接触越来越多，使得病原的跨种传播概率不断增加，从而导致新发突发传染性病原引发疫情的增加。为了应对这些疫情，提出和制定科学的防控策略，生物安全实验室在此过程中发挥了重要的基础支撑作用。

（二）传染性疾病病原研究

为了更好、更快地开发对病原的干预手段，科学、合理、功能完善且符合国家规定的生物安全实验室是开展此类研究的必要保障。

（三）动植物疫病防控

近年来国际暴发的疯牛病、高致病性禽流感和非洲猪瘟等疫情，对我国农业生产造成了极大损失，一些人兽共患病使得人类和牲畜健康面临极大的威胁，为了有效控制动植物疫病，需建立健全符合动植物疫病防控的生物安全实验室。

（四）出入境检验检疫

海关是守卫国门的第一站和前哨。随着国际交流频繁，传染病的跨境传播速度加快。面对此严峻局势，要求生物安全实验室须提高对各类病原，尤其是我国本土还未发现的病原的应急检测、诊断和快速识别的能力。

（五）防范生物威胁

21世纪是生物技术突飞猛进的时代。人们在享受生物技术带来各种便利的同时，不能忽略其另一面——生物威胁。通过基因工程等手段人工合成病原或人工修饰等方法增强病原感染能力的研究，使得生物技术误用和滥用风险增加。生物安全实验室作为重要的技术平台，应该提前布局，将此类风险降至最低。

三、生物因子危害与实验室生物安全水平分级

（一）病原微生物的危害程度

鉴于病原体可能造成的风险，WHO及各国政府根据病原微生物的致病性、宿主范围和传播方式、是否存在有效的预防和治疗措施将病原微生物进行分类管理。依据病原微生物的危害程度和风险评估结果来确定相应的生物安全防护水平。我国的《病原微生物实验室生物安全管理条例》（2018年修订版）将病原微生物分为4类，第一类与第二类病原微生物统称为高致病性病原微生物；WHO也是将病原微生物分为4个风险等级（risk group），风险等级3级与4级为高致病性病原微生物（表5-1）。值得注意的是，病原微生物的风险等级并非与实验室生物安全水平严格一一对应。WHO《实验室生物安全手册》（第4版）开始淡化实验室生物安全水平分级，更加强调风险评估的重要性，提出应通过开展彻底、透明、以循证为基础的风险评估，实现不同生物安全措施与不同个案的生物安全风险平衡。然而，病原微生物危害程度分类的概念在未来相当长的时间内仍然是实验室生物安全工作的必要基础，因此应充分了解其分类依据和危害。

表5-1　病原微生物危害程度

中国[a]		WHO[b]	
危害程度分类	分类依据	危害程度分类	分类依据
第四类病原微生物	在通常情况下不会引起人类或者动物疾病的微生物	风险等级1（risk group 1）（无或极低的个体和群体危险）	不太可能引起人或动物疾病的微生物
第三类病原微生物	能够引起人类或者动物疾病，但一般情况下对人、动物或者环境不构成严重危害，传播风险有限，实验室感染后很少引起严重疾病，并且具备有效治疗和预防措施的微生物	风险等级2（risk group 2）（个体危险中等，群体危险低）	病原体能够对人或动物致病，但对实验室工作人员、社区、牲畜或环境不易导致严重危害。实验室暴露也许会引起严重感染，但对感染有有效的预防和治疗措施，并且疾病传播的危险有限
第二类病原微生物	能够引起人类或者动物严重疾病，比较容易直接或者间接在人与人、动物与人、动物与动物间传播的微生物	风险等级3（risk group 3）（个体危险高，群体危险低）	病原体通常能引起人或动物的严重疾病，但一般不会发生感染个体向其他个体的传播，并且对感染有有效的预防和治疗措施
第一类病原微生物	能够引起人类或者动物非常严重疾病的微生物，以及我国尚未发现或者已经宣布消灭的微生物	风险等级4（risk group 4）（个体和群体的危险均高）	病原体通常能引起人或动物的严重疾病，并且很容易发生个体之间的直接传播或间接传播，对感染一般没有有效的预防和治疗措施

a. 引自《病原微生物实验室生物安全管理条例》（2018年修订版）

b. 引自WHO《实验室生物安全手册》（中文）（第3版）

（二）实验室生物安全水平分级

国际上和我国均将实验室生物安全水平（biosafety level/containment level）由低到高分为4个级别，即生物安全一级（biosafety level-1，BSL-1）到生物安全四级（biosafety level-4，BSL-4），其中BSL-1和BSL-2实验室是基础实验室，BSL-3和BSL-4实验室为高等级生物安全实验室。除适用于体外操作的生物安全实验室，还有动物生物安全实验室（animal biosafety laboratory）、节肢动物生物安全实验室（arthropod containment laboratory）和植物生物安全实验室（plant biosafety laboratory）等类型。

1. 生物安全一级实验室

生物安全一级实验室（BSL-1 laboratory）为一般的基础教学、研究实验室。非必要条件下，不需要空气过滤装置、生物安全柜及灭菌器等安全设施设备，实验台可为开放型，但需遵循微生物学良好操作规范（图5-5）（WHO，2004）。在BSL-1实验室，操作的对象为对人体、动植物或环境危害较低，不具有对健康成人、动植物致病的生物因子，如非致病型大肠杆菌、枯草芽孢杆菌、醋酸菌等。

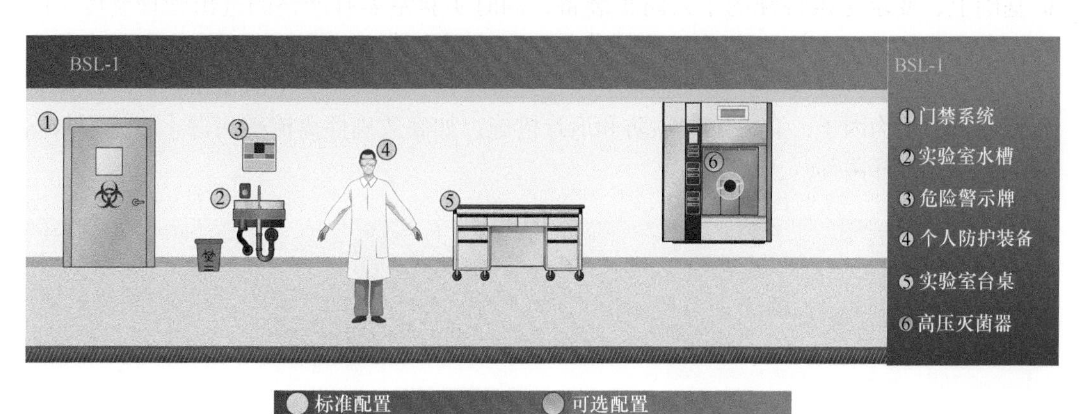

图5-5　生物安全一级（BSL-1）实验室

2. 生物安全二级实验室

生物安全二级实验室（BSL-2 laboratory）主要适用于初级卫生和科研服务，如诊断、卫生保健实验室（以公共卫生、临床或医院为基础的）和研究实验室。BSL-2实验室须配置生物安全柜（biosafety cabinet，BSC）、灭菌器和洗眼器等安全设施，实验台可为开放型，须配备个人防护装备并遵循微生物学良好操作规范（图5-6）（WHO，2004）。在BSL-2实验室，操作的对象为对人体、动植物或环境具有中等危害或具有潜在危害的生物因子，对健康成人、动物和环境不会造成严重危害，具有有效的预防和治疗措施，如乙肝病毒、登革病毒、蜡状芽孢杆菌等。另外，我国《病原微生物实验室生物安全通用准则》（WS 233—2017）中提出了加强型BSL-2（enhanced biosafety level-2）的概念，是指在普通型生物安全二级实验室的基础上，通过机械通风系统等措施加强实验室生物安全防护要求的实验室。

3. 生物安全三级实验室

生物安全三级实验室（BSL-3 laboratory）属于高等级生物安全实验室，主要开展烈

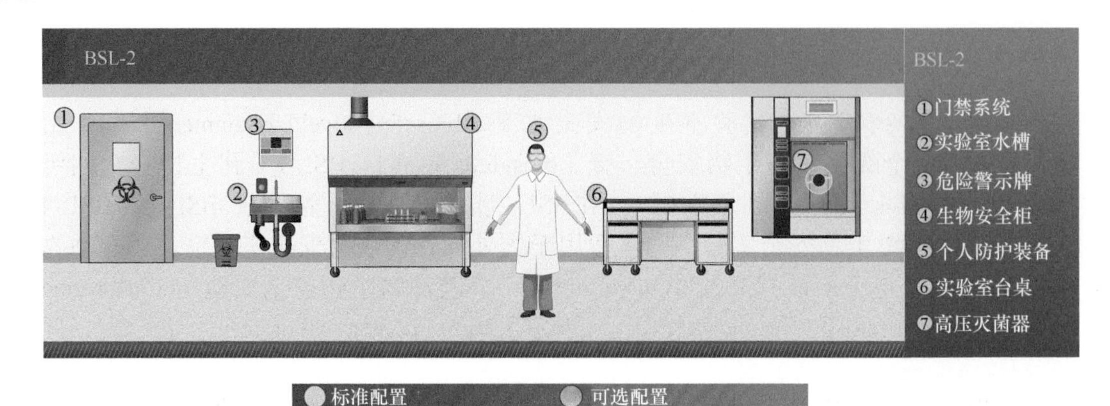

图5-6 生物安全二级（BSL-2）实验室

性病原的研究。其建造位置需与其他区域分开，在建筑物的一侧或一层，自成体系。除满足BSL-2实验室的要求外，必须设置负压及定向气流。在BSL-2实验室的基本防护基础上，要求穿戴特殊的个人防护装备，同时实验室需有严格的进出管理制度（图5-7）（WHO，2004）。BSL-3实验室操作的对象为对人体、动植物或环境具有高度危害性，通过直接接触或气溶胶使人感染上严重的甚至是致死疾病，或对动植物和环境具有高度危害的生物因子，有一定的预防和治疗措施，如高致病性禽流感病毒、新型冠状病毒、炭疽芽孢杆菌等。

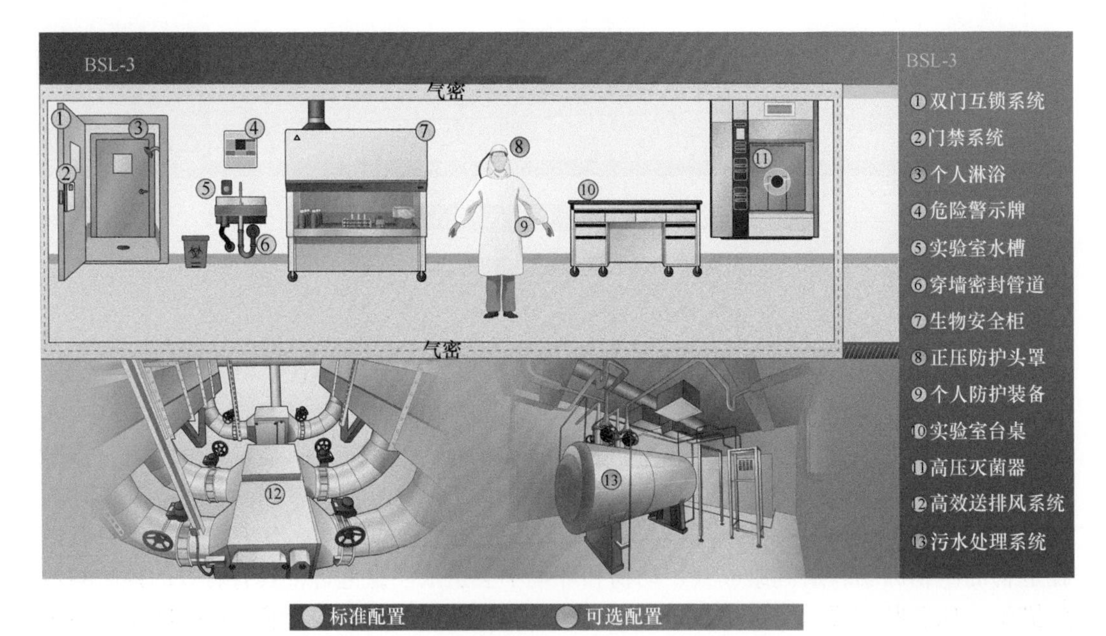

图5-7 生物安全三级（BSL-3）实验室

4. 生物安全四级实验室

生物安全四级实验室（BSL-4 laboratory）为最高等级的生物安全实验室，选址严格，一般位于易被封控的位置。BSL-4实验室可分为正压防护服型（BSL-4 suit laboratory）（图5-8）和生物安全柜型（BSL-4 cabinet laboratory）。正压防护服型BSL-4实验室内须配备生物安全柜、生命支持系统、双扉高压灭菌器（穿过墙体）和正压防护服等（WHO，2004），在生物安全三级水平上增加气锁出入口、个人淋浴、化学淋浴系统等。BSL-4实验室操作的对象为对人体、动植物或环境具有高度危害性，通过气溶胶途径传播或传播途径不明，或未知的、高度危险的生物因子，且缺少预防和治疗措施，如埃博拉病毒、马尔堡病毒、拉沙热病毒等。

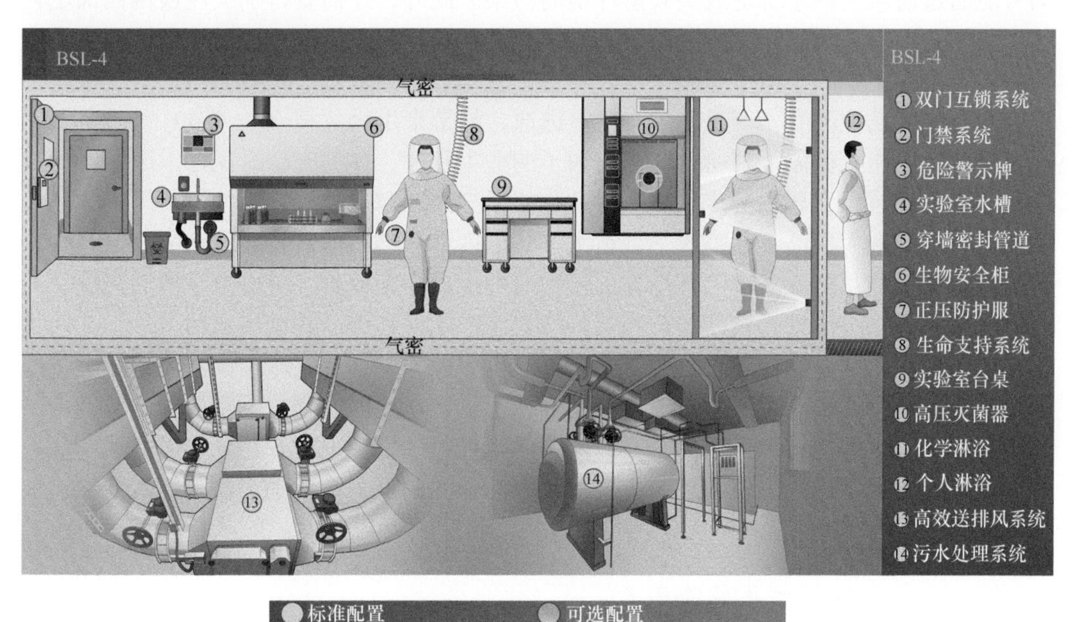

图5-8 正压防护服型生物安全四级（BSL-4）实验室

第二节 实验室相关生物安全风险因素

确保实验室生物安全，首先必须明确影响实验室生物安全的风险因素、风险程度和危害等级，从而避免由操作不当导致的实验室获得性感染、生物因子泄漏等生物安全事故。影响实验室生物安全的风险因素可分为客观因素和主观因素两类，其中客观因素包括生物性因素和物理性因素，主观因素则包括人员因素和实验室管理因素等。

一、生物性因素

（一）生物因子相关的风险因素

生物因子包括病毒、细菌、立克次体、衣原体、真菌和生物毒素等，它们是实验室被操作的主体。生物因子种类繁多，特性复杂，传播途径多样。

实验室获得性感染，是指人员在实验室相关活动过程中因（或合理推测因）接触生物因子而获得的任何感染，随后人与人之间的传播可能会导致继发病例［WHO《实验室生物安全手册》（第4版）］。生物和医学实验室往往含有大量的病原微生物标本，是工作人员和周边人员发生获得性感染的危险场所。生物因子可通过吸入、摄入、接触、虫媒叮咬和气溶胶暴露等途径造成感染。有研究表明，实验室感染事件中80%的原因不清，气溶胶（粒径小于10μm的生物气溶胶粒子）暴露可能是主要原因，如病原微生物可能通过通风空调系统造成实验室环境的污染。此外，还需要特别关注遗传修饰生物体（genetically modified organism，GMO），包括基因重组或者新合成的生命体或生物活性物质，这类生物因子由于基因特征被修饰，其毒力、致病性、繁殖能力、宿主适应性等性状可能会发生改变，一旦发生实验室逃逸，将带来生物危害。

实验室工作人员需了解所操作生物因子的危害程度，并需充分考虑以下因素：①致病性，致病性越强，导致的疾病越严重；②传播方式和宿主范围，生物危害因子的传播和感染可能受到人群已有免疫水平、宿主群体密度和流动、适宜媒介存在的环境卫生水平等因素的影响；③预防或治疗措施，包括通过接种疫苗或给予抗血清（被动免疫）的预防，以及使用抗生素、抗病毒药物等；④卫生措施，如食品和饮用水的卫生；⑤动物宿主或节肢动物媒介的控制。除已知感染性的生物因子外，在临床实验室还存在大量的血液、尿液、粪便、痰等各种“未知”的临床标本，由于无法预先判断标本中所携带的病原微生物，可利用患者的医学资料、流行病学资料（发病率、死亡率、可疑的传播途径、其他有关暴发的调查资料）及有关标本来源地的信息，帮助确定这些样本的潜在危害程度。

（二）实验动物相关风险因素

在动物生物安全实验室开展研究，从事动物相关实验的过程中，会使用各种类型的实验动物，包括脊椎动物如小鼠、大鼠、豚鼠、仓鼠、兔、雪貂和非人灵长类动物（如恒河猴、食蟹猴等）等，以及非脊椎动物如蚊和蜱等媒介节肢动物。

有关的风险因素包括：动物对操作者的叮咬、抓咬等攻击行为，尤其是携带或感染病原微生物的实验动物叮咬抓伤会对人员造成严重威胁；不适当的捕捉极易导致被动物咬伤、抓伤；动物实验操作如接种、采样和尸体解剖过程中可能因操作技术不熟练、动物挣扎、畏惧等因素被针、刀、剪等器械所伤而被感染；饲养中的动物将感染的病原微生物通过呼吸、粪和尿等途径排出体外，污染室内环境，若实验室人员防护或操作不当，就有接触到污染物并被感染的风险；用作实验研究的野生动物也可能携带人兽共患病原微生物，对人类产生严重威胁；动物在运输途中感染病原微生物，而实验室未对动物进行彻底的隔离观察和有效的病原检测就直接转运至实验室，可能会引起实验室污染并对实验动物或工作人员造成危害；此外，实验动物的意外逃逸可将实验室内的病原微生物或有害物质散播到外界环境，还可造成实验室种群在自然环境中的定殖，增加病原传播的风险。

二、物理性因素

（一）实验室设施相关风险因素

病原微生物实验活动必须在与其风险相适应的生物安全实验室进行，实验室的生物安全设施需要符合国家规定的标准。

存在的风险因素包括：实验室布局不合理；实验室设计不科学；送排风系统设计不合理或者发生故障，实验室出现持续正压状态，造成生物因子泄漏；实验室维护结构的气密性发生损害；实验室的污物和废水处理设施的功能故障，不能对废弃物进行彻底的灭活消毒，从而导致生物因子外溢；物理安保设施不完善引起生物因子的意外丢失或外来人员恶意闯入。

（二）实验室的仪器设备相关风险因素

仪器设备是实验室必不可少的技术装备。微生物实验室常用的仪器设备有生物安全柜、离心机、细胞培养箱、组织研磨仪、超声波仪、液氮罐、超低温冰箱、高压灭菌器、动物笼具和动物麻醉机等。由于仪器设备与感染性生物因子接触的机会很多，很容易受到不同程度的污染，从而导致潜在的人员暴露。

一般情况下，与实验室仪器设备有关的风险因素有以下几个方面：仪器设备未通过安全认证；仪器设备在进行维护前未进行彻底的去污染工作；未定期更换生物安全柜的高效空气（HEPA）过滤器或HEPA过滤器存在破损；高压灭菌器等压力容器未定期进行检修及灭菌效果检测；离心机未配备避免气溶胶产生的装置（如生物安全型转子），离心机的吊桶和转子未定期检查；重复使用破损的玻璃仪器；未设置专门盛放破损玻璃或丢弃锐器的容器；未采用移液管替代注射针头吸取液体；动物饲养笼具缺少独立的通风排气装置等。

（三）个人防护装备相关风险因素

个人防护装备（personal protective equipment，PPE）是指为防止工作人员受到生物性、化学性或物理性等危险因子的伤害而使用的器材和用品。生物安全实验室的个人防护装备主要有眼、头部、呼吸系统、手部、躯体、足部和听力等防护装备，包括手套、实验服、防护服（实验服、隔离衣、连体衣等）、面罩、N95及以上的医用防护口罩、自动送风过滤式呼吸器和鞋套等。

个人防护装备的风险因素包括：个人防护装备不符合国家规定的有关技术标准；未按照不同级别的防护要求选择合适的个人防护装备种类和型号；工作人员未掌握正确穿戴或使用个人防护装备的方法；重复使用一次性个人防护装备；N95医用防护口罩使用前未经过个体密合性测试；个人防护装备组合使用搭配不当；重复使用的个人防护装备未经过正确的去污染程序；个人防护装备的储存不当造成破损或过期。

（四）其他

对于生物安全实验室来说，自然灾害不仅可以带来直接的损失，还有可能引起次生危害，导致生物危害因子的扩散。对生物安全实验室可能产生重要影响的自然灾害包括洪水、地震、海啸、山体滑坡等。此外，实验室设备通电时间过长、线路老化、超负荷运行，引起火灾和爆炸性意外事故，也具有导致生物危害因子扩散的风险。

三、人员因素

工作人员良好的身体素质、心理素质、政治素质、专业知识背景和熟练的操作技能是保障实验室安全的重要条件。

（一）人员的身体素质和主观意识

条件致病菌和正常微生物菌群对健康工作人员没有或仅有轻微的危害，但可导致免疫缺陷或免疫抑制人员产生疾病。常见的病原微生物可引起比免疫缺陷或免疫抑制个体更严重的疾病。实验室工作人员在任务繁重、精神高度集中状态下，不仅会造成注意力下降，发生差错的机会增加，还会导致身体免疫下降，感染病原微生物的危险度增加。

此外，工作人员的生物安全观念不强、对潜在风险认识不足、自我保护意识较差，未按照实验室安全操作规程操作。例如，操作时未穿戴合适的PPE；操作结束后不注意手部卫生，如未及时对手套进行去污染，用污染的手或戴着污染手套的手接电话、触摸眼睛等。

（二）人员的专业知识和操作技术

工作人员的微生物、生物安全专业知识储备和微生物操作技术水平是影响实验室生物安全的关键因素。工作人员在处理生物因子、开展试验、操作仪器、处理实验动物、处理实验室废弃物等过程中，如操作不熟练、动作不稳定、反应迟钝或违反操作规程等行为或“危险动作”会导致实验室事故和职业暴露。实验室人员要能够熟练掌握各种操作技能，并在实际操作中尽量减少意外发生。

1. 可能产生气溶胶的操作

1）接种环接种　培养和划线培养、在培养介质中“冷却”、灼烧接种环等。

2）移液操作　对病原微生物悬液进行移液、吸取和混合等。

3）针头和注射器操作　排除注射器中的空气、从塞子里拔除针头、接种动物、注射器针头脱落等。

4）其他操作　离心、搅拌、混合、超声波、打开培养容器、感染性材料的溢洒、在真空条件下冻干和过滤、组织样本的匀浆、接种鸡胚和培养物收取等。

2. 可能引起生物因子泄漏的操作

样本在设施内的传递、倾倒液体、打开菌毒种安瓿瓶、组织样本研磨管破裂、感染性物质滴落在不同的表面上、离心过程中离心管破裂等。

3. 可能造成意外注射、切割或擦伤的操作

样本管掉落、样本离心时离心管破裂、菌毒种安瓿瓶破碎、玻璃器皿破碎、实验动物实体解剖、动物接种等。

四、实验室管理因素

执行严格的实验室管理制度可减少和杜绝实验室感染，保护工作人员人身安全，是保障实验室生物安全所必需的。

（一）实验活动直接相关的管理因素

实验室生物安全管理体系不健全，无法有效运行；相关部门和生物安全实验室人员的生物安全职责不明确或培训宣贯不到位；实验室管理部门未制订有效的生物安全培训计划。病原微生物菌毒种的样本接收、保藏、使用和销毁管理制度不完善；操作人员在实验过程中对病原消毒、灭活等操作规程的掌握不牢固；活毒（菌）的领用、销毁等规范化流程未严格落实；动物实验过程中的各类风险和动物尸体处置流程不规范；仪器设备的使用管理不规范，如不遵守操作规程、仪器未按要求年检或校准、无法保障仪器设备运行的安全。

（二）实验设施外部管理相关因素

生物安保是指主动地采取措施防止故意的，如窃取及滥用生物技术及微生物危险物质引起的生物危害，强调防御动作，重点强调外部、有意行为造成的伤害。生物安保的管理对象涉及科研项目负责人、实验室管理人员、生物安全负责人、运维人员、信息管理人员等，应根据实验室实际情况共同制定有针对性的安保策略。尤其是高等级生物安全实验室，应当加强与当地执法部门的联动，定期与执法部门进行交流、应急演练和培训。实验室安保能力建设，应从物理安保、人员安保、材料管理和控制、运输安保与数据信息安全等方面着手。

1. 物理安保

通过划定限制区域、访问门禁系统等，防止未经授权人员进入受限区域。

2. 人员安保

通过对人员的专业背景、抗压能力等进行有效筛查，确保人员有专业技能和稳定的心理素质，从而保障其获得相关权限后可以承担与其工作职责匹配的风险水平。根据人员的资历、经验等授权出入实验室不同的风险区域。加强对访客的管理，注重预约机制，特别强调全程陪同机制。

3. 材料管理和控制

应建立健全感染性材料管理制度，制定感染性材料进出实验室的制度，加强对样本接收方的资质审查和备案，做到样本闭环管理；加强对实验过程中产生的固体废弃物、动物尸体和其他样本高压灭菌后的监管、记录和流向控制，做到有迹可循，闭环管理。

4. 运输安保

运输安保主要确保实验室感染性材料在内部和外部运输过程中的安全。对于在

BSL-1和BSL-2实验室操作的生物因子，需按照要求进行包装，确保不泄漏。对于在BSL-3和BSL-4实验室操作的生物因子，运输前需报备省级以上的卫健委，并由具备危险品运输资质的人员进行押送。各单位应该确保有两名以上具备危险品运输资质的人员从事相关运输工作或指导感染性样本包装等。

5. 数据信息安全

生物安全实验室在运行和管理过程中，会产生很多数据信息，包括敏感信息，应注重文件文本的管理，做到专人、专柜和专锁。同时对于实验室涉及的各类电子文档及其管理系统，应该设置密码，并控制知晓范围和授权管理。

第三节 实验室相关生物安全风险应对

为保障实验室生物安全，可采取以下措施：通过合理的物理防护屏障等硬件设施来维持实验环境的稳定性和安全性；建立良好的实验室管理运行体系来控制和减少生物安全风险，从而确保人员、样本和环境的安全；设置完善的人员培训制度，保证操作上岗的人员具备从事感染性病原操作资质和对突发事件的正确处置能力。同时国际、国家和地方性的法律规范等行政管理、外部审查监督制度等也是实验室生物安全的重要保障。

一、工程学控制措施

实验室的物理防护屏障为生物安全实验室的主要防护屏障，可分为初级屏障和次级屏障。

（一）初级屏障

初级屏障（primary barrier），又称一级防护屏障，是指直接与操作的生物因子相关的设施，它主要包括各种生物安全设备和个人防护装备。

1. 生物安全柜

生物安全柜是为了保护操作人员、实验样本和环境的设备，可以把处理生物危害因子时发生的污染空气隔离在操作区域的一种防御型负压过滤排风柜。根据结构设计、正面气流速度、送排风量，可将生物安全柜分为Ⅰ级、Ⅱ级和Ⅲ级，如表5-2所示。

表5-2 生物安全柜的类型和防护对象

实验室生物安全水平	生物安全柜类型	提供防护		
		人员	实验样本	环境
BSL-2或BSL-3	Ⅰ级	是	否	是
BSL-2、BSL-3或BSL-4	Ⅱ级（A1、A2、B1、B2）	是	是	是
BSL-3或BSL-4	Ⅲ级	是	是	是

注：Ⅰ级生物安全柜目前已较少使用

生物安全柜是生物安全实验室内进行感染性生物因子操作的直接场所，对保护操作人员、样本和环境至关重要。依据使用的便利性，Ⅱ级生物安全柜是目前应用最为广泛的类型，Ⅱ级生物安全柜依据入口气流风速、排气方式和循环方式可分为4种类型：A1型、A2型、B1型和B2型。

A1型生物安全柜前窗气流速度最小量或测量平均值应至少为0.38m/s，70%气体通过HEPA过滤器再循环至工作区，30%的气体通过排气口过滤排出。A2型生物安全柜前窗气流速度最小量或测量平均值应至少为0.5m/s，70%气体通过HEPA过滤器再循环至工作区，30%的气体通过排气口过滤排出。

Ⅱ级B型生物安全柜均为连接排气系统的安全柜。连接安全柜排气导管的风机连接紧急供应电源，在断电下仍可保持安全柜负压，以免危险气体泄漏出安全柜。其前窗气流速度最小量或测量平均值应至少为0.5m/s（100ft/min）。B1型70%气体通过排气口HEPA过滤器排出，30%的气体通过供气口HEPA过滤器再循环至工作区。B2型为100%全排型安全柜，无内部循环气流，可同时对生物性和化学性的样本进行安全控制，可以操作挥发性化学品。

生物安全柜在使用前，应确保其处于良好工作状态，经过专业人员的规范检测，并在检测有效期内。生物安全柜的使用和操作需遵循标准操作规程（standard operating procedure，SOP）的要求。生物安全柜内的物品摆放要整齐，不能影响气流模式。清洁物品和使用过的污染物品要分开放在生物安全柜内不同的区域，工作台面上的操作应按照从清洁区到污染区的方向进行，避免交叉污染。

2. 生物安全型动物笼盒

动物实验中用到的独立通风笼盒（individually ventilated cage，IVC），是以笼盒为单位，可以进行独立送风的安全防护装备，废气集中排放，使笼盒保持一定的洁净度，并与环境保持一定的压力（负压），从而避免实验动物在笼盒中产生的感染性气溶胶对外界的污染。

独立通风笼盒系统主要由控制主机、笼架和笼盒等构成。控制主机，主要控制空气流速、温度、湿度等，保证进入空气的清洁，并能及时排出废气；笼架主要是对笼盒起到支撑作用，同时其内部管道直接与笼盒相通，起到连接笼盒和控制主机的作用；笼盒为动物饲养容器。独立通风笼盒系统在使用过程中设置供气主机和排气主机，从而维持一个持续的负压屏障，保障了实验安全。

3. 生物安全型离心机

离心机在生物安全实验室中为必不可少的科研仪器，是利用离心力分离液体与固体颗粒/液体的设备。在离心过程中，容易产生气溶胶，为了最大限度地减少因离心而带来的生物安全风险，应选用生物安全型离心机用于感染性样本的处理。在离心的过程中，应注意离心管中填充量不应超过其总体积的2/3，并选取带有密封性能的离心管；离心桶的装载需在生物安全柜内进行；离心过程中注意配平，离心完成后，离心桶也需在生物安全柜内打开；每次使用完成后应对离心桶和离心机进行清理，并开盖晾干离心机。

4. 感染性样本运输容器

根据《中华人民共和国传染病防治法》《病原微生物实验室生物安全管理条例》《可

感染人类的高致病性病原微生物菌（毒）种或样本运输管理规定》等，对感染性样本的运输，需按照相关要求进行。

感染性样本主要分为两类：A类为感染性材料，对人或动物致死或永久致残，联合国危险货物编号（United Nations number）为2814；B类为不符合A类的感染性生物样本，主要为诊断样本或临床样本。两类均为3层包装，主容器最大承载液体量为4L，固体为4kg，辅助容器可以承受－40～55℃的温度；外部包装上的标识、联系人和地址需清晰。

5. 个人防护装备

实验活动过程中存在感染性危害因素时，实验人员应佩戴个人防护装备；依据风险评估结果选用相应的个人防护装备；实验室应为工作人员购置、配置、发放具有相应防护功能的个人防护装备；需要使用多种个人防护装备时，应考虑兼容性和替代性，避免防护失效。

个人防护装备可以分为躯体防护、手部防护、呼吸防护和眼面部防护等装备。

1）躯体防护装备　即通常所讲的防护服，可以防御物理、化学或生物性因素的伤害，分为一般的防护服和特殊作业防护服等。在生物安全实验室一般防护服主要是指普通实验服和隔离衣等；特殊的防护服如在BSL-4实验室使用的正压防护服（图5-9）。

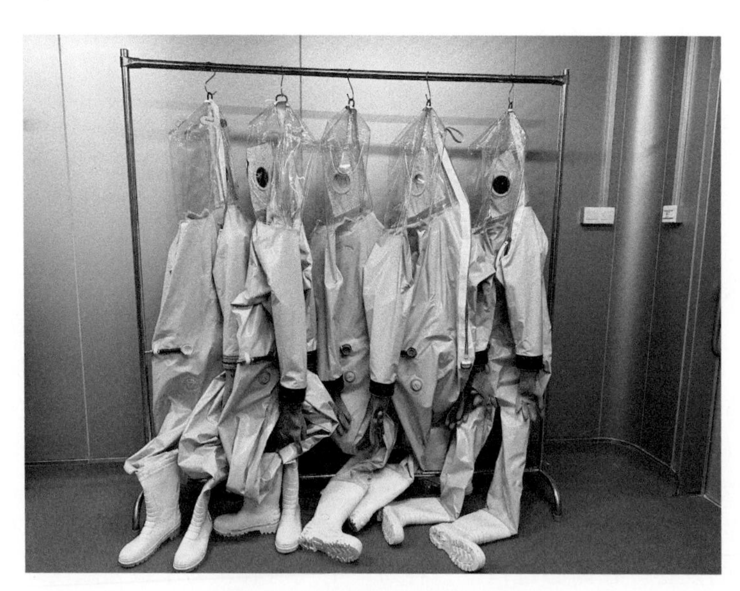

图5-9　一款国产正压防护服

（中国科学院武汉病毒研究所刘波波供图）

2）手部防护装备　手套是用于保护手部免受伤害的防护装备。主要材质有聚乙烯、乳胶、丁腈等。工作人员应该根据具体实验活动，选择合适材质、长度和大小的手套。同时需要注意，天然乳胶手套可能会引起使用者过敏，需通过实际佩戴验证。

3）呼吸防护装备　呼吸防护装备是防范空气污染物进入呼吸道的装备，生物安全实验室常用的为N95及以上医用防护口罩和动力送风过滤式呼吸器（正压防护头盔），其中N95医用防护口罩需进行个体适配性测试，动力送风过滤式呼吸器在使用前需进行培训。

4）眼面部防护装备　眼面部防护装备是预防电磁辐射、紫外线及有害光线、烟雾等伤害眼睛、面部或颈部的防护装备，主要包括护目镜和防护面罩。

（二）次级屏障

次级屏障（secondary barrier），又称二级防护屏障，主要指生物安全实验室的设施结构和通风设计，其作用是对生物安全实验室与其他普通实验室或环境进行物理隔断。

1. 维护结构

实验室维护结构的基本要求是在布局上通过划分核心工作区和辅助工作区进行区分。生物安全实验室可通过对不同区域的气压进行控制，从而形成定向气流，保证空气气流由辅助工作区向核心工作区流动，由风险低的实验区域向风险高的实验区域流动，避免操作的感染性样本外泄的可能性。实验室整体的密封结构对气压的控制非常重要，在实验室建设初期需要由具有设计资质的单位进行设计，关注密封性、科学性、合理性和可行性等各方面需求；在施工阶段由具有生物安全实验室建设资质的单位承建，严格控制施工质量和用料，完工后由第三方进行竣工验收。

对于BSL-2以上的实验室，实验室天花板、地板和墙间交角需易于清洁和消毒灭菌；维护结构的缝隙和贯穿处应严格密封；同时内表面需光滑、耐腐蚀、防水，以易于清洁；地面应注意防渗漏，耐腐蚀，不起尘。综合考虑各等级实验室的气密性、废液等处理，使建成的实验室安全运行。

维护结构的密封性，直接体现在不同级别实验室对于实验室的压力要求，加强型BSL-2实验室的压差不低于10Pa，且应采用机械通风，排风系统应使用高效空气过滤器。BSL-3实验室的维护结构应能承受送风机或排风机异常时所导致的空气压力荷载，在操作非经空气传播病原时，核心工作间的气压（负压）与室外大气压值不小于30Pa，与相邻区域的压差应不小于10Pa。BSL-4实验室所有区域均为负压，其中实验室核心操作间气压（负压）与室外大气压值不小于60Pa，与相邻区域的压差应不小于25Pa。

2. 实验室送排风系统

实验室的通风系统，对于维持实验室内部负压、洁净度和温湿度起到关键调控作用。

BSL-1实验室可以选择自然通风或机械通风，若有可开启的窗户，需安装纱窗防蚊虫，选择机械通风应注意避免交叉污染。BSL-2实验室可自然通风；加强型BSL-2实验室需通过机械通风系统等措施保证整个实验室环境的负压；实验室核心工作间内送风口和排风口的布置应符合定向气流的原则，核心区大气压力最低，确保气流从缓冲间流向核心工作间；实验室排风系统应使用高效空气过滤器，排风与送风连锁，排风先开后关；新风口需采取有效的防雨、防鼠、防昆虫和异物绒毛等措施，设置高度高于室外地面2.5m以上，同时尽量远离排风口和污染源。

BSL-3实验室选用独立的送排风系统，确保实验室压差，实验室排风口和送风口的设置应符合定向气流原则，送排风不能影响其他设备的正常运行，在生物安全柜操作区附近或其他有气溶胶发生地点上方不得设置送风口，实验室排风需通过HEPA过滤器过滤方可排出室外。实验室送风至少设置初、中、高三级空气过滤，同时应设置备用送风机。BSL-4实验室（正压防护服型）除满足上述要求外，还需配置生命支持系统（主供气和备用供气），保证正压防护服内人员的呼吸空气气源。

3. 实验室活毒废水处理与排放系统

BSL-1实验室和BSL-2实验室的供排水系统应该不渗漏，下水有防回流设计，按照国家规定进行排放。BSL-2实验室内应准备消毒液，所有接触过感染性材料的移液管、枪头等，均需要经过消毒液处理后，再高温高压灭菌处理。

BSL-3实验室也须准备消毒液对接触到感染性病原的耗材进行浸泡，并及时高温高压灭菌。实验室内若设置下水系统，应与建筑物的下水系统完全隔离，下水须通过实验室专用的消毒、灭菌系统。实验室的排水系统应牢固、不渗漏、防锈、耐压、耐温和耐腐蚀，关键节点安装截止阀，方便维修和保养；排水系统应单独设置通气管，通气管应设HEPA过滤器或其他消毒装置。实验室废水需经过高压高温处置以后方可排出。BSL-4实验室的活毒废水系统也需满足上述要求，同时注意双扉高压灭菌器排水也应接入实验室废水排放系统。

4. 实验室生物安保设施

生物安全实验室因其实验室活动的特殊性，操作不慎或被不良人士使用，容易给社会或国家带来灾难性影响，包括但不限于生物风险和舆情风险；特别是高等级生物安全实验室的使用过程中，这种风险会相对更高。

生物安全实验室内的工作，因涉及操作对人或动物等有危害的生物因子，因此需要设置门禁系统，可有效防止外来人员进入实验室受控区域或实验区，同时可防止实验区域内的人员进入其他非授权区域，通常采用按键密码、指纹、虹膜和人脸识别等方式进行身份认证。

实验室的关键部位设置视频监控系统，一方面用于对外部侵入进行监控记录，另一方面也对实验室的活动情况进行记录。监视设备应有足够的分辨率，影像存储介质应有足够的数据存储容量。

二、运行管理体系

除生物安全实验室的硬件设施外，生物安全实验室的科学管理和规范运行也是保证实验室工作人员安全、公众安全和环境安全所必需的。经过20年左右的建设与发展，我国已建立了一套系统、科学的实验室生物安全管理体系，包括配套的管理体系文件与管理、监督、检查、认证和评估机制。

（一）生物安全实验室分级管理

生物安全实验室因其工作的特殊性，目前我国对其管理主要分为两级。对于BSL-1和BSL-2实验室的管理，由各个省、自治区、直辖市负责备案管理，其建设审批、运行和日常管理等由各个单位具体负责。对于高等级生物安全实验室，国家根据整体的生物安全规划，确定不同区域的高等级生物安全实验室的建设布局；国务院卫生主管部门或兽医主管部门对实验室从事高致病性病原微生物实验活动的资格进行审查；各单位对具体的实验室运行负责，但是要接受国家相关部门的飞行检查和例行检查。

（二）生物安全实验室的管理体系

1. 生物安全实验室的管理机构和职责

健全的生物安全管理组织结构是确保实验室安全有效运行的重要保证。主要包括设立实验室生物安全管理方针和目标；建立生物安全实验室管理体系文件；明确实验室管理层的职责分工；成立实验室生物安全委员会，协助对实验项目和决策的评估；设立实验室管理的代理人，主要包括实验室主任和生物安全专员等。

1）实验室管理层　　生物安全实验室设立单位的法定代表人和实验室负责人对实验室的生物安全负责，是实验室的管理者，起着组织、指挥、决策作用。实验室管理层负责安全管理体系的设计、实施、维持和改进，为实验室所有人员提供履行职责所需的适当权力和资源；明确实验室的组织和管理结构；指定实验室安全负责人；指定负责技术的技术管理层；指定每项活动的项目负责人；指定所有关键职位的代理人。

2）生物安全委员会　　生物安全委员会主要负责咨询、指导、评估、监督实验室的生物安全相关事宜。具体职责为：贯彻执行与组织落实国家相关生物安全法律法规及技术标准规范，监督实验室生物安全状况；审核实验室生物安全管理体系文件与风险评估报告；组织层层签订责任书，落实生物安全责任制；定期组织实验室生物安全管理督导检查，审核实验室安全计划；听取实验室处理相关安全问题的情况汇报，提出相关意见和建议；审核拟进入实验室的项目申请，对其危害性进行风险评估；审核评估实验活动中涉及生物安全的新技术、新方法；及时了解、协助落实工作人员的培训与考核，提高操作技能，加强生物安全意识；接受上级主管部门的生物安全监督和检查等。

3）生物安全专员　　生物安全专员是实验室的生物安全负责人，受实验室主任委托，在授权范围内负责实验室生物安全管理具体事宜，以确保整个实验室始终遵守生物安全制度和计划。

2. 生物安全实验室的管理体系文件

生物安全实验室的管理体系文件是管理实验室的基础，也是体系评价、改进、持续发展的依据。生物安全实验室的管理体系文件通常包括生物安全实验室管理手册、程序文件、标准操作规程、安全手册、风险评估报告、记录表单等。

1）生物安全实验室管理手册　　生物安全实验室管理手册是实验室管理的纲领性文件和政策性文件，是生物安全管理的第一层文件，因此其编制至关重要，其内容应该能充分体现国家和地方相关法律法规的基本精神，制定实验室管理方针和目标，成立生物安全委员会，明确部门职责等。生物安全实验室管理手册的基本框架需包括实验室组织构架和人员责任、管理方针和目标、管理责任等。

2）程序文件　　程序文件是规定实验室过程的文件，目的是保证科学、有序、高效地落实实验室的安全政策和要求。程序文件包括：目的、适用范围、职责、工作程序和相关联的标准操作规程等。程序文件应明确规定实施具体安全要求的责任部门、责任范围、工作流程及责任人、任务安排及对操作人员的能力要求、与其他责任部门的关系、应使用的工作文件等。

3）标准操作规程、安全手册和风险评估报告　标准操作规程是指设施、设备、实验方法的具体操作过程与具体技术细节的描述，是可以操作的文件。其主要目的是指导工作人员完成某种具体工作，内容必须足够详细，且保证文件的规范性、一致性和可重复性。安全手册是为工作人员在遇到各种紧急情况下可以随手获得并能迅速查阅的书面文件。安全手册主要应包括紧急电话和联系人、实验室平面图、实验室相关标识、人员撤离路线和各种意外事故紧急处置方法等。安全手册应简明、易懂、易读，实验室管理层应每年对安全手册进行评审和更新。当实验室活动涉及致病性生物因子时，实验室应进行生物风险评估。风险评估报告是实验室采取风险控制措施、建立安全管理体系和制定安全操作规程的依据。其核心内容为风险识别、风险评估结论和风险控制措施。

4）记录表单　记录表单是对实验室所有工作活动的原始记录文件，是所有活动、验证、预防措施和纠正措施的证明性文件，必须确保其真实性、完整性和可追溯性，主要内容包括：记录的内容、记录的要求、记录的档案管理、记录使用的权限、记录的安全、记录的保存期限等。

（三）生物安全实验室的日常运行与维护

1. 生物安全实验室硬件管理与维护

1）生物安全实验室设施　实验室墙面、门、窗、电力、通信、监控、通风、温控、过滤和消毒灭菌等为维持实验室正常运转的基础硬件设施，需要在日常使用过程中建立重要硬件设备的维护台账和每日实验室状态巡查，发现问题，及时处理，保障实验室的正常、安全和高效运行。每日实验室巡查记录表主要针对的是次级防护屏障，主要记录设施的运行情况，包括电力、压力、通风等。

2）生物安全实验室仪器设备　生物安全柜、细胞培养箱、冰箱（包括超低温冰箱）、离心机、显微镜、麻醉机、血常规仪、流式细胞仪和动物成像仪等是生物安全实验室经常会使用到的仪器，需要加强仪器设备的使用管理。应建立标准操作规程，指导工作人员按照正确方法操作仪器设备，从而避免由误操作导致的仪器设备故障及产生生物安全风险。对于重要的仪器设备，应指定专人负责，并经培训合格后才能进行操作，还应对每次操作进行记录。此外，还需加强仪器设备的维修和保养工作。

2. 生物安全实验室外部环境管理

生物安全实验室外部环境主要是指与实验室直接相连的外部空间，包括走廊、其他实验室及与之直接相连的外部环境空间。对于生物安全实验室外部环境的管理主要是要保证不会对外部环境造成污染，使实验室安全、高效运行。对于高等级的生物安全实验室，外部环境管理还需涉及实验室安保力量。须有专门的团队负责实验室日常的人员、物品管理，并有完善的应急管理措施。

3. 生物安全实验室人员的管理与培训

1）人员的管理　所有实验室工作人员，都应该通过培训、考核、评估后获得实验室的上岗资格。实验室应建立人员准入程序，明确规定人员的进入审批流程、活动时间与范围、工作内容等事项，禁止人员随意出入，有效控制安保风险。人员准入程序应该按照不同类型的人员进行分类管理。需要对生物安全实验室的所有工作人员开展背景审查，包括人员的基本信息、履历、有无犯罪背景或犯罪记录等。实验室应建立人员健康监督管理程序，以了解工作人员的健康状况，及时识别人员暴露的风险，降低人员职业伤害的可能性。

2）人员的培训　实验室应建立相关程序文件明确人员培训与考核工作的职责、内容及方法，规范实验室各类人员的培训工作，包括实验室各类工作人员和外部人员，如拟进入实验室的外部科研人员、维保人员或清洁人员等。实验室应按实际需求制订年度人员培训计划，纳入安全计划内，审核通过后按计划执行。人员培训计划至少应包括上岗培训、实验室生物安全管理体系培训、安全知识与技能培训、实验室设施设备的管理和使用培训、应急措施与现场救治培训、人员继续教育、人员能力的考核与评估等。针对不同类型的人员，实验室应制定相应的培训内容和方法。培训工作结束后，实验室还应建立相应的培训效果评估机制，征集培训对象的反馈意见，通过考察培训对象对所培训内容的掌握或操作执行情况、观察培训对象在日常工作中的行为变化来综合评估培训是否达到预期的效果。

（四）生物安全实验室应急预案

实验室应急预案是在风险评估的基础上，为降低实验室的人身、财产与环境损失，就事故发生后的应急机构和人员，所涉及的设备、设施和条件，行动的步骤和方案，控制事态发展的方法和程序，预先做出科学而有效的计划和安排。

1. 应急处置组织机构

1）决策机构　实验室设立单位应成立生物安全事件处置领导小组，组长通常为单位法人，副组长为分管领导。

2）执行机构　为应急处置工作组，由各职能处室负责人、相关专家和专业技术骨干组成，应急处置工作组通常设立在对口职能部门。

3）咨询机构　一般为设立单位的生物安全委员会。

2. 应急处置组织机构的职责

1）编制应急预案　实验室依托单位应成立预案编制小组，进行风险评估和应急能力评估，然后进行应急预案的编写，在与生物安全委员会等专门机构沟通后，发布应急预案，在后期预案执行的过程中需注意对预案的内容进行维护、更新和升级。

2）设置应急处置程序　应急处置程序的主要步骤为事故报告、现场处置和警戒隔离、消毒处置、人员的救护和医学观察、应急处置结束、实验室重新开放。

3）实施信息报告　对于每次生物安全实验室事件，应建立信息报告制度，根据事件大小，确定报告的级别；信息报告内容需包括事件内容、人员信息、涉及病原、暴露级别、处置过程、原因分析与整改措施等。

4）采取应急措施　实验室依托单位应根据事实可能发生的意外情况，制定不同的应急措施，包括但不限于感染性材料溢洒、生物安全柜失压、工作人员晕倒或身体严重不适等，实验室水、火灾、地震、台风等自然灾害的预案。

三、法律法规等行政措施

国际组织如WHO、ISO等为了指导实验室生物安全工作，减少实验室事故的发生，制定了相应的规范或要求。例如，1983年WHO出版了《实验室生物安全手册》（第1版），提倡各国接受生物安全的基本理念，并鼓励各国针对本国实验室具体情况制定规程，并为制定这类规程提供专家指导。2020年，WHO发布了《实验室生物安全手册》（第4版），在最新版中淡化了生物安全水平分级，以第3版中风险评估框架为基础，强调风险评估的重要性，从而让不同国家实施的生物安全政策和措施符合其经济发展状况，更具有可持续性（张彦国，2020）。国际标准化组织于2003年发布了ISO 15190：2003《医学实验室——安全要求》（Medical Laboratories—Requirements for Safety），对医学实验室应遵守的安全要求做出了规定，内容涉及风险分级、管理要求、安全设计、人员要求、程序要求、培训和意外事故/事件报告等。

美国CDC和NIH于1984年发布了第1版《微生物和生物医学实验室的生物安全》，并最早提出了根据病原微生物的危险度将病原微生物及生物安全水平分为4个等级。2020年更新到第6版，主要内容包括生物风险评估、生物安全的基本原则、实验室生物安全分级、动物实验室和大规模设施生物安全分级、生物安保、职业卫生和生物因子介绍等内容。

欧洲标准委员会也公布了有关实验室生物安全的管理标准CWA15793：2008《实验室　生物风险管理标准》（Laboratory Biorisk Management Standard），该标准为推荐性标准，主要内容为生物风险管理系统的要求，包括一般要求、政策、计划、实施、检查与纠正、定期评估等。

近年来，我国制定了与实验室生物安全有关的多部法律、行政法规、部门规章和规范性文件，为保障实验室生物安全提供了法律和制度保障。2021年正式施行的《中华人民共和国生物安全法》针对实验室生物安全设置了专章，对实验室管理、资质备案、安保和实验室从事的病原微生物的管理、分级等进行了规定。国务院为加强病原微生物实验室的生物安全管理，保护实验室工作人员和公众的健康，于2004年发布《病原微生物实验室生物安全管理条例》并于2018年进行了最新修订，对病原微生物的分类和管理、实验室的设立与管理、实验室感染控制、监督管理及法律责任做出了总体规定。2008年我国发布首个关于实验室生物安全的国家标准《实验室　生物安全通用要求》（GB 19489—2008），也是我国进行实验室生物安全认可所依据的国家标准。其规定了实验室生物安全管理和实验室的建设原则，同时还规定了生物安全水平分级、实验室布局、实验室设施设备的配置、个人防护和实验室安全行为、风险评估和风险控制的要求。

第四节　经典案例

一、马尔堡病毒实验室感染事件

1967年8月，联邦德国马尔堡、法兰克福和南斯拉夫首都贝尔格莱德的几所医学实验室的工作人员中出现了一种类似出血热的疫情，工作人员突然发生高热、腹泻、呕吐、出血、休克和多器官衰竭。先后31人发病，原发性感染25人，均发生于实验室工作人员中，其中7人死亡；继发性感染6例，无死亡病例。经调查发现这次疫情与实验室使用从乌干达引进的非洲绿猴（*Chlorocebus sabaeus*）有关（图5-10）。对死亡病例的尸体组织材料和急性期患者血液标本进行豚鼠腹腔接种和细胞接种后，分离培养出一种新型的病毒，命名为马尔堡病毒（Marburg virus），经过证实马尔堡病毒为引发此次实验室人员感染的病原体（Brauburger et al.，2012）。本次感染事故发生的原因是对实验过程中使用的动物检疫不严格，导致实验动物携带的高致病性病毒感染工作人员。应重视实验动物检疫指标，并对一些特殊动物或跨区域进口设置检疫附加项。

图5-10　非洲绿猴（**Africa green monkey**）（A）（**https://news.cgtn.com/news/2020-02-08/How-are-African-green-monkeys-linked-to-Marburg--NURlVxOyqc/index.html**）和马尔堡病毒的电镜照片（B）（**https://www.cdc.gov/vhf/marburg/about.html**）

二、SARS病毒实验室感染事件

2003年9月，新加坡国立大学研究生在从事减毒西尼罗病毒（可在BSL-2实验室操作）的研究，课题需要用到野生型的西尼罗病毒（必须在BSL-3实验室操作）。在征得环境卫生研究院的同意后，该学生可以在环境卫生研究院BSL-3实验室从事野生型西尼罗病毒的培养工作，但是该实验室同时也在进行SARS病毒的相关研究。该研究生在环境卫生研究院的工作人员不完全陪同下，一共4次进入BSL-3实验室，其中包括一次20min的实验室生物安全培训。在进入实验室开展工作后不久，该研究生因为发热到新加坡中央医院就诊时被确认为SARS病毒感染者，此前该研究生已经与82人有过接触，其中25人被隔离，最终这些接触者没有发现被SARS病毒感染（图5-11）。

Newsdesk

Recent Singapore SARS case a laboratory accident

The recent case of severe acute respiratory syndrome (SARS) in Singapore was the result of a laboratory accident, so concludes an 11-member review panel led by Antony Della-Porta, Biosafety Expert for the WHO, in a report produced for the Ministry of Health in Singapore. Authorities in Singapore have continued surveillance for SARS since the last reported case in May 2003 and became alarmed when, at the end of August, a 27-year-old doctoral student at the Singapore General Hospital (SGH) developed symptoms consistent with SARS.

The student was working on West Nile virus samples at the BSL-3 laboratory, SGH 3·5 days before onset of illness, a time consistent with the SARS incubation period. Although no SARS work was being done that day, live SARS was definitely in the laboratory 2 days earlier. Stool and sputum samples tested for SARS coronavirus using reverse transcriptase polymerase chain reaction were positive and SARS infection was confirmed by the US Centers for Disease Control and Prevention. The frozen specimen that the student had worked on was positive for both the SARS coronavirus and West Nile virus, suggesting contamination.

The panel concluded that “inappropriate laboratory standards and a cross-contamination of West Nile virus samples with SARS coronavirus in the laboratory led to the infection of the doctoral student”. Their investigation showed that because Department of Pathology BSL-2 laboratories were being renovated, mixed BSL-2/BSL-3 activities were in progress in the BSL-3 facility, which jeopardised good safety practices. Deficiencies were identified at other BSL-3 laboratories and the report recommends that BSL-3 work in Singapore cease until these have been addressed. “The report of the review panel indicates both structural and functional deficiencies in Singapore’s BSL-3 facilities”, comments Paul McKinney, Professor of Medicine and Public Health at the Center for the Deterrence of Biowarfare and Bioterrorism (University of Louisville, KY, USA). Of the two factors, practices are more important; BSL-3-level procedures should provide a sufficient margin of safety in handling the SARS virus. “There is a need for more precisely defined and internationally applicable standards to govern operations at such laboratories”, he says. James Snyder, Professor of Microbiology at the same institute, agrees and stresses that “it is essential that laboratories in all countries achieve and maintain laboratory certification standards”. Consideration should also be given to certification of personnel, which should involve periodic written and direct observation-based examinations, Snyder adds.

Kathryn Senior

THE LANCET Infectious Diseases Vol 3 November 2003 http://infection.thelancet.com 679

图5-11 *The Lancet Infectious Diseases*对新加坡实验室感染事件的报道（Senior，2003）

本次感染事件发生的原因主要有以下三点：第一，新加坡环境卫生研究院实验室没有完全符合BSL-3实验室标准，如病毒样本储存系统、消毒措施、进出实验室的安保系统等。第二，同一时间开展不同类型病毒的研究，增加了生物安全的复杂程度，处理程序不当，造成了SARS病毒感染。第三，其他研究机构的外部人员也可使用新加坡环境卫生研究院的生物安全实验室设施，但是对外部人员进入实验室的资格评估和培训不足。在发生实验室感染SARS病毒之后，新加坡已决定暂时关闭这个实验室，并销毁它库存的所有SARS病毒样本，并计划制定一套全国性立法架构，确保实验室符合国际生物安全标准。

本章小结

随着生物技术发展和新发突发传染病的不断涌现，实验室生物安全逐渐被重视并形成一套完整的理论体系。本章内容概述了国内外实验室生物安全的发展历程，同时介绍了国内外的病原危害程度分类与实验室生物安全水平分级，并对不同生物安全水平实验室的硬件、软件设施要求进行了详细的阐述。梳理了威胁实验室生物安全的生物性及非生物性因素和造成实验室获得性感染的主要途径；阐述了预防和控制实验室生物安全问题的应对措施，包括通过工程学措施建立初级、次级等物理屏障，以及形成科学的生物安全实验室管理运行体系和操作规范。此外，本章还简要介绍了与实验室生物安全有关的重要法律法规。

复习思考题

1. 实验室生物安全与实验室生物安保的区别和联系分别是什么？
2. 简述实验室生物安全水平分级的概况和依据。
3. 生物安全实验室的感染途径有哪些？
4. 生物安全实验室为什么要设置初级防护屏障和次级防护屏障？
5. 生物安全实验室存在哪些风险因素？
6. 生物安全实验室应对生物安全问题的措施有哪些？

（单　超　罗欢乐　夏　菡）

主要参考文献

李劲松. 2005. 生物安全柜应用指南：原理、使用和验证. 北京：化学工业出版社.

李劲松，周乃元. 2011. 中国实验室生物安全关键技术、产品和法规及标准的研究现状. 中国流行病学杂志，32（5）：460-464.

梁慧刚，黄翠，马海霞，等. 2016. 高等级生物安全实验室与生物安全. 中国科学院院刊，31（4）：452-456.

陆兵，李京京，程洪亮，等. 2012. 我国生物安全实验室建设和管理现状. 实验室研究与探索，31（1）：192-196.

宋琪，丁陈君，陈方，等. 2021. 国际生物安全四级实验室建设和实验室安全管理现状. 世界科技研究与发展，43（2）：169-181.

祁国明. 2005. 病原微生物实验室生物安全. 北京：人民卫生出版社.

徐涛，车凤翔，董先智，等. 2010. 实验室生物安全. 北京：高等教育出版社.

Bayot M L, Limaiem F. 2022. Biosafety Guidelines. New York: StatPearls Publishing.

Brauburger K, Hume A J, Mühlberger E, et al. 2012. Forty-five years of Marburg virus research. Viruses, 4 (10): 1878-1927.

Cieslak T J, Kortepeter M G. 2016. A brief history of biocontainment. Curr Treat Options Infect Dis, 8 (4): 251-258.

Kisskalt K. 1915. Laboratory infections with typhoid *Bacill.* Z Hyg Und Infektionskrahkh, 80: 145-162.

Petts D, Wren M, Nation B R, et al. 2021. A short history of occupational disease: Laboratory-acquired infections'. The Ulster Medical Journal, 90 (1): 28-31.

Pike R M. 1976. Laboratory-associated infections: summary and analysis of 3921 cases. Health Lab Sci, 13 (2): 105-114.

Pike R M. 1978. Past and present hazards of working with infectious agents. Arch Pathol Lab Med, 102 (7): 333-336.

Pike R M. 1979. Laboratory-associated infections: incidence, fatalities, causes, and prevention. Annu Rev Microbiol, 33: 41-66.

Ramsay E C. 2003. The psittacosis outbreak of 1929-1930. Journal of Avian Medicine and Surgery, 17 (4): 235-237.

Rayburn S R. 1990. Safe laboratory techniques. *In*: Rayburn S R. The Foundations of Laboratory Safety: A Guide for the Biomedical Laboratory. Filtration & Separation, 67 (12): A313.

Senior K. 2003. Recent Singapore SARS case a laboratory accident. Lancet Infect Dis, 3 (11): 679.

Sulkin S E. 1961. Laboratory-acquired infections. Bacteriol Rev, 25 (3): 203-209.

Sulkin S E, Pike R M. 1949. Viral infections contracted in the laboratory. N Engl J Med, 241 (5): 205-213.

Sulkin S E, Pike R M. 1951. Survey of laboratory-acquired infections. American Journal of Public Health and the Nation's Health, 41 (7): 769-781.

United States National Cancer Institute Office of Research Safety. 1979. Laboratory Safety Monograph: A Supplement to the NIH Guidelines for Recombinant DNA Research. Bethesda, MD: National Institutes of Health: 227.

Vallery-Radot R. 1911. The Life of Pasteur. London: Constable.

Wedum A G. 1964. Laboratory safety in research with infectious aerosols. Public Health Reports (Washington, D. C.: 1896), 79 (7): 619-633.

Wedum A G. 1997. History & epidemiology of laboratory-acquired infections (in relation to the cancer research program). Journal of the American Biological Safety Association, 2 (1): 12-29.

WHO. 1983. Biological Safety Manual. Geneva: WHO.

WHO. 2004. Laboratory Biosafety Manual. 3rd ed. Geneva: WHO.

Wu G Z. 2019. Laboratory biosafety in China: past, present, and future. Biosafety and Health, 1 (2): 56-58.

第六章 生物技术与生物安全

> **学习目标**
>
> 1. 了解生物技术的概念及发展历程；
> 2. 了解生物技术的两用性质；
> 3. 了解生物技术的风险特点；
> 4. 掌握生物技术的风险评估要求和程序；
> 5. 了解生物技术的监管原则和政策。

生物技术的覆盖范围广，其发展可以为传染病防控、减少饥饿和修复环境等诸多全球挑战提供解决方案。新兴生物技术如高效和准确的基因编辑工具［如成簇规律间隔短回文重复（CRISPR）/Cas9］、基因驱动技术、纳米生物技术及合成生物学等，在给人类健康和经济社会带来有益效果的同时，也存在潜在的风险。例如，采用基因驱动技术可以改造蚊子，使其不能作为登革病毒的载体，再通过释放改造后的蚊子在野生种群中扩散，使得消灭登革热等蚊媒传染病成为可能（Gantz et al., 2015）。但改造后的蚊子可能过度繁殖，导致野生蚊子灭绝，带来未知的生态失衡风险；还有可能因改造后的蚊子传播病原体的能力增强，被生物恐怖组织或个人滥用等。因此，生物技术是典型的两用技术，在带给人类进步和益处的同时，也可能由未知因素和意外事故等导致伤害或被不良用心者滥用，对社会、环境和经济造成严重的影响，甚至威胁国家安全。因此，有必要了解生物技术涉及的生物安全问题及如何控制相关风险，在生物技术的创新与风险控制之间取得平衡。

第一节 生物技术概述

一、生物技术的定义

生物技术（biotechnology）这个名词最早由匈牙利工程师卡尔·埃赖基（Karl Ereky）于1919年提出。在那个年代，生物技术包括所有在活的生物辅助下，将原料转化为产品的过程。卡尔·埃赖基曾设想了一个类似于石器时代和铁器时代的生化时代。

如今，根据《生物多样性公约》（Convention on Biological Diversity，CBD），生物技术被定义为“使用生物系统、活生物体或其衍生物来制造或修改产品或过程以用于特定用途的任何技术应用”（Use of Terms，CBD，1992）。最常使用的活生物体或其衍生物包括微生物、动物和植物（或其分离的细胞）及酶。它们可用于加工物质，通常是天然、可再生材料，或用作有价值物质或商品的来源。

另外，美国生物技术创新组织（Biotechnology Innovation Organization，BIO）将生物技术定义为“基于生物学的技术——生物技术利用细胞和生物分子过程来开发有助于改善我们的生活和地球健康的技术和产品”（At its simplest，biotechnology is technology based on biology—biotechnology harnesses cellular and biomolecular processes to develop technologies and products that help improve our lives and the health of our planet，引自 https://www.bio.org/what-biotechnology）。BIO的这个“基于生物学的技术”定义无疑更为广泛，能涵盖所有的生物技术，包括最新发展和建立的生物技术。

二、生物技术的发展历史

生物技术的发展历史悠久，各种起源说法不同，发展阶段的划分标准也有不同，可以根据人类干预生命过程的能力和水平，大致划分为以下几个阶段（图6-1）。

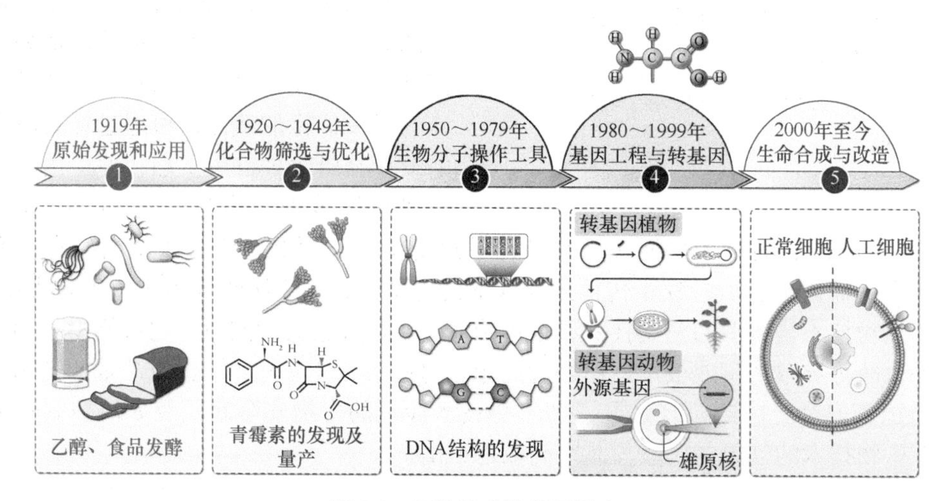

图6-1 生物技术的发展历史

原始发现和应用：最早期到大约20世纪早期，人类根据对自然的实践总结，开始了酿酒和食品发酵等技术，这些传统的发酵技术有些还一直沿用到今天。例如1600～1609年，当时普鲁士医生格奥尔格·恩斯特·施塔尔（Georg Ernst Stahl）开创了一种被称为“zymotechnology”的新发酵技术。在接下来的几个世纪里，生物技术的应用主要集中在改进发酵过程以制造乙醇和食品生产。在这个阶段，人类几乎不能对生命过程进行干预，主要通过从自然界中寻找和筛选合适的菌种来进行发酵。

化合物筛选与优化（1920～1949年）：随着1928年青霉素的发现，人类开始认识到自然界中的微生物能产生对人有益的物质，生物技术开始应用于人类健康领域。在20世纪40年代中期，开始出现了以青霉素等抗生素的大规模和商业化生产为标志的生物技术产业。在该阶段，生物技术的主要特点有两个：筛选和分离能产生感兴趣化学品的生物体；通过生物体的诱变或培养基和发酵条件的优化等提高产量或性状。人类开始能通过一些技术手段如培养基和发酵条件的优化来提高产量或对化合物进行修饰等，但也受到试验方法的限制，需要数年甚至数十年的漫长过程来提高。

生物分子操作工具（1950～1979年）：20世纪50～70年代，DNA双螺旋结构（1953年）、DNA聚合酶（1955年）、mRNA（1960年）、三联体密码（1961年）、逆转录酶（1970年）、DNA连接酶（1972年）等的发现，促进了分子生物学的快速发展，生物技术进入DNA重组时代，人类对于生命过程的认识日益深入，能进行操作的工具手段越来越多。1977年，首次采用基因工程细菌合成了人类蛋白——生长抑素（somatostatin），许多人将这一成就视为生物技术时代的到来。

基因工程与转基因（1980～1999年）：1980年，美国最高法院裁定基因改造的生命形式可以申请专利，这为基因工程的商业开发开辟了巨大的可能性，进一步促进和推动了生物技术的快速发展。例如，第一台自动基因合成仪在加利福尼亚的诞生（1980年），PCR技术的发明（1983年），对昆虫、病毒和细菌具有抗性的基因工程植物的首次野外现场测试（1985年），用首个美国政府批准的基因疗法成功地治疗了一名患有腺苷脱氨酶缺乏症的免疫疾病的4岁女孩（1990年），首个活生物体流感嗜血杆菌的完整基因序列测定（1995年），以及人类染色体的遗传密码被破译（1999年）。

生命合成与改造（2000年至今）：进入21世纪以来，人类基因组全序列公布（2003年），将自我复制的合成基因组移植到受体细菌细胞中来完成“合成生命”（2010年），CRISPR/Cas9系统实现对真核细胞基因编辑（2013年）等重要成果的出现，标志着生物技术进入了生命人工合成和改造的时代。最近随着人工智能技术的发展，通过蛋白质序列预测三维结构的Alphafold2，甚至能设计具有特定结构的生成式计算模型Chroma等已被成功开发应用，为人类理解复杂的生命系统提供了高效工具。

生物技术的普及和日益强大，对生命过程干预越来越有效，也越来越容易，与之相伴的，一旦被误用或滥用，如对环境和人类健康造成危害的转基因生物，生物大数据与先进的分析工具相结合选择具有特定优势的物种等，产生的伤害也会越来越大、越来越深远。

三、新型生物技术简介

（一）合成生物学

1. 合成生物学简介

合成生物学（synthetic biology），又称生物定向设计技术，是21世纪初新兴的生物学研究领域，《生物多样性公约》中合成生物学的定义为“科学、技术和工程的有机结合，旨在促进和提升人类对遗传物质有机体以及生物系统的认知、重新设计、建造和改造”。与传统生物学“自上而下”通过解剖生命体以研究其内在构造及物质基础和功能的思路不同的是，合成生物学的研究方向是“自下而上”，从最基本的要素碱基和基因合成开始一步步建立零部件，再通过模块化组装为具有复杂功能的基因回路或网络，最后重塑生命。合成生物学涉及的方面从DNA分子与基因合成、基因调控网络与信号转导路径到细胞的人工设计与合成等，可以将“基因”连接成网络，通过建立像集成电路一样运行的人工生物系统（artificial biosystem），形成局部具有生物学功能、整体又能协同作用的有机生命体。合成生物学的特点在于将现代工程学的“模块化、标准化”组成单元的基本理念引入生命科学，用基因模块或单元来设计构建较为复杂的系统，是一门融合了生物学、化学、物理学和工程科学等多学科技术和方法的交叉学科。

合成生物学可以助力人类应对社会发展中面临的严峻挑战，如在疾病治疗方面，合成生物学可以通过导入基因模块等来修复受损的细胞功能、让肿瘤细胞凋亡等，从而实现治疗各种疾病的目的。在环境保护方面，可以通过合成生物学创造用于消除水污染、处理生活垃圾、处理核废料、制造清洁燃料的微生物。合成生物学还可以用于合成生物传感器并将其用于探测化学、生物武器等。总而言之，合成生物学在解决与国计民生相关的重大生物技术问题方面有潜力发挥非常重要的作用，可能带来新一轮的生物技术革新浪潮。

2. 合成生物学的范畴及原理

1）人工合成蛋白质　合成蛋白质主要指人们在体外通过化学合成的办法获得完整的、具有生物活性的蛋白质。蛋白质化学合成的方法有（黄永东等，2004）：①逐步合成法，根据目标蛋白质的氨基酸序列，从C端（或N端）依次逐个偶联各个氨基酸来合成蛋白质。②片段合成法，第一步可将整个目标序列分为大约由10个氨基酸残基组成的片段，第二步在液相或者固相载体中进行片段的偶联。③化学选择性连接，一个C端为α硫脂的肽段可以和另一个N端为Cys残基的未保护肽段在中性水溶液中形成硫酯键而连接，硫酯键可以进行S→N的酰基重排从而在结合位点处形成天然肽键。④非共价定向拼接，该方法是利用非共价方法连接未保护的肽段来合成目标蛋白质，并通过在肽链端结合对接体的方式来促使肽段以特定的形式进行拼接。

2）合成基因组　合成基因组（synthetic genome）是通过化学合成的方法构建基因及基因组（王冬梅和洪洞，2011）。

其合成的基本路线为：①将4种碱基原料按照一定序列依次合成寡核苷酸。一般采用固相亚磷酰胺三酯法合成，从待合成的寡核苷酸的3′端向5′端合成，将核苷酸逐个合成直至寡核苷酸合成完成。②寡核苷酸组装成短DNA序列。主要有聚合酶链组装法（polymerase chain assembly，PCA）和连接酶链反应（ligase chain reaction，LCR）两种方法。PCA利用部分重叠的寡核苷酸能通过变性、退火、延伸变得更长一些来实现DNA全长的组装。LCR则像PCR那样通过变性、退火的热循环方式进行基因连接。③短DNA序列融合连接成长DNA片段或者长基因序列（＞1kb）。有多种方法可以用于达成该目的。其中最简单的方法是采用酶切连接。将含有同样限制性酶切位点的两条DNA短序列酶切后，再通过连接酶将片段连成全长。④酶连接或者体内重组合成更长的基因和基因组长片段（≥10kb）。目前主要的方法是通过细菌人工染色体（BAC）和酵母人工染色体（YAC）合成。基因组DNA片段经过转化介导的同源重组（transformation-associated recombination，TAR）可以在BCA或者YAC中逐步重组为更长的基因组。

3）合成生命体　合成生命体的第一步是合成包含完整生命体活动的全基因组，在此基础上将基因组移植到受体细胞，使其表现生命体征。以丝状支原体为例（图6-2），第一步通过化学合成的方法合成寡核苷酸小片段，在体外将这些小片段拼接成长度约为1kb的片段。第二步通过限制性酶切位点和质粒将约1kb的片段导入酵母体内，并利用不同片段上设计的相同序列进行同源重组，得到长度约10kb的片段，随后导入大肠杆

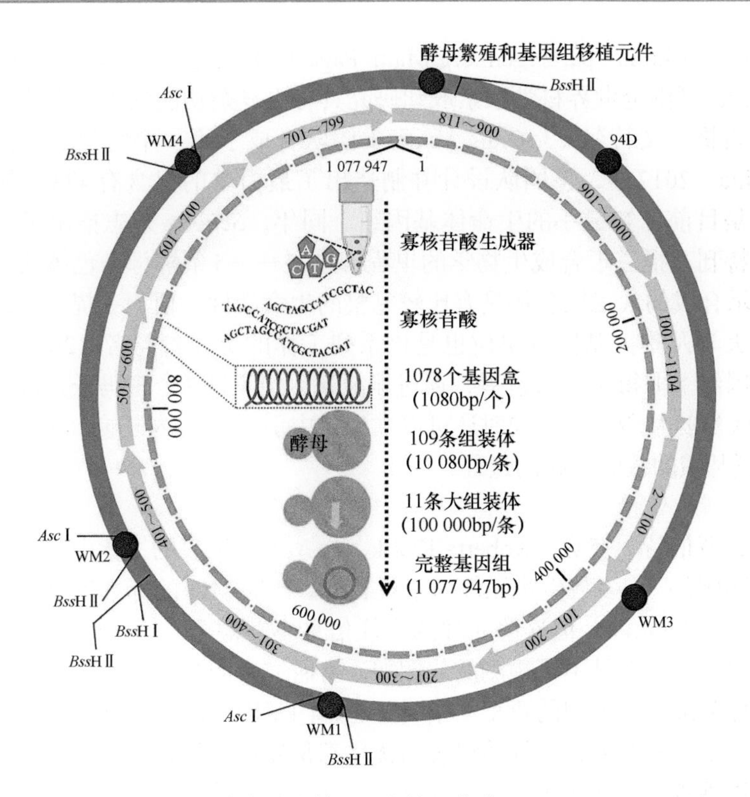

图6-2 丝状支原体在酵母基因组上的组装（Gibson et al.，2010）

菌进行基因的扩增。第三步设计多对重叠序列引物，利用多重PCR将约10kb的片段连接在一起，得到长度为100kb的基因片段（基因盒1和基因盒800～810不参与酵母基因组后续的组装，并在组装过程中被去除）。第四步可以用相同方法PCR扩增多个100kb的片段，得到长度约为1000kb的基因片段，这些基因片段中含有4个人工改造过的水印区域（WM1～WM4）和一个被切除的4kb区域（94D）。第五步将人工合成的丝状支原体基因组在sMmYCp235酵母中克隆并且被提取后导入限制性酶缺陷的山羊支原体受体细胞中，最后通过蓝白斑选择，从选择性培养基中筛选出具有人工合成基因组的生命体。

因为受体细胞并非人工合成，所以将人工合成的基因组导入现有的受体细胞所表现生命活动的生命体是否是“人工合成生命体”还存在很大的质疑。但不可置疑的是这项工作完成了一个完整基因组的重组和移植，使得人工合成生命成为一种可能，同时还表明生命的全部信息可以在计算机上设计、保存，并且通过化学合成后还可以保留其生物学功能。

3. 合成生物学发展主要事件

2000年普遍被认为是合成生物学的开端，在该年，美国科学家詹姆斯·科林斯（James J. Collins）开发出了遗传开关，之后合成生物学研究快速发展，在全世界范围引起了广泛的关注与重视。2002年人类首次合成病毒基因组，美国科学家埃卡德·威默（Eckard Wimmer）首次合成了脊髓灰质炎病毒全基因组，并能产生有生物活性的病毒。2003年，美国麻省理工学院（MIT）成立了标准生物元件登记库（Registry of Standard

Biological Parts）(https://parts.igem.org/Main_Page)，目前已经收集了大约2万个生物积块（biobrick），可供全世界科学家索取和研究具有更复杂功能的生物系统。2010年，美国科学家克雷格·文特尔（J. Craig Venter）团队合成了第一个完整的细菌基因组，被命名为Synthia。2017年，该团队设计并制造出了最简单的只含有473个基因的人工合成生命体，是目前已知最小的生命体基因组。同年，*Science*杂志推出了一期“合成酵母基因组”特刊，报道了合成生物学的里程碑进展——5条酵母染色体的从头设计与合成，结果显示合成的人工染色体具有比较完整的生命活性。值得一提的是，我国的清华大学、天津大学及华大基因等单位也是该系列工作的重要参与者。2019年，在大肠杆菌的合成基因组上取得了重大进展，通过删减基因组上的3个密码子，可以在细胞内引入更多的非天然氨基酸分子。同时还可以在生物中引入非天然核酸，并实现了非天然核酸-非天然氨基酸的编码与解码过程。

4. 合成生物学面临的技术挑战

2010年，罗伯特·夸克（Roberta Kwok）在*Nature*发表的文章中指出了合成生物学所面临的5个困境：①多数生物元件尚未被表征。当时MIT的标准生物元件登记库收集了超过5000个生物元件，但这些元件的表征信息不够健全。②由生物元件组装而成的生物线路在很多情况下是不可预测的。例如，有研究表明当一个逻辑门基因线路转移到不同的大肠杆菌菌株（不同的亚型）中时，逻辑门基因线路的表现也会差异巨大，甚至会完全失效。多数情况下，元件的组装与优化都是靠反复尝试来实现的。③大体系组装的复杂性难以处理。发现即使一些看上去简单并不复杂的线路如拨动开关、计数器等，在实际测试中也会表现得不如预期，一般需要应用定向进化的方法来筛选有设计功能的线路。设计大体系所需的构建线路和测试工作量会变得非常巨大，甚至不可完成。④很多元件不兼容。由于新引入的生物元件经常会干扰底盘生物（如大肠杆菌等）本身的基因表达，将外源的生物元件引入主体或底盘生物中时往往会引起意想不到的副反应。如何建立正交的能够独立于底盘生物的体系也是一个主攻的方向。⑤可变性有时会毁掉整个生物体系。合成生物学需要保证所设计的体系能够可靠地按照所设定的功能进行运行，但一方面细胞内分子行为受随机涨落的影响，另一方面合成的生命体在遗传过程中不可避免地会在基因上发生突变。突变有可能会增强，也可能会减弱所设计的功能。因此，合成生物学也须解决如何保证细胞在随机涨落下还能发挥一致的功能及遗传稳定性的问题。尽管10多年过去了，合成生物学的这些问题或多或少仍然存在。

（二）操作生物系统技术

1. 转基因技术

转基因技术（transgenic technology）自面世以来在人类生活的方方面面都得到了广泛使用（农业部农业转基因生物安全管理办公室，2011）。1983年，世界上第一例转基因植物——一种含有抗生素药类抗体的烟草在美国培育成功。1996～2002年，全球转基因作物种植总面积从170万hm^2扩增到5870万hm^2。转基因技术在动物饲养领域也取得了很大进展，提高了蛋、奶、肉、毛皮等的产量和质量。

不同于传统的人工杂交技术，转基因技术突破了物种间的基因隔离，能够准确地对目标基因进行操作和选择，对后期的表型可以精准预测。所以转基因技术是对传统技术的发展和补充，大大提高了动植物品种改良的效率。那么转基因到底是转入了什么？基因等于启动子加编码DNA序列。如果是通过电击或注射等手段，则是基因本身。如果是通过病毒等载体，则是将整合好的病毒载体和外源基因一起被转入目的细胞的染色体DNA中。转入的基因能够增强目的基因的表达或通过同源重组的方式降低或是替换目的基因。在转基因的具体应用中，有随机整合和定点整合两种常见的基因操作方式。随机整合是将外源DNA片段随机掺入基因组DNA中，对于DNA的拷贝数、掺入位点都不能精确控制。定点整合是基于基因的同源重组原理将外源DNA片段定点、定量地插入基因组DNA中。

2. 基因编辑技术

基因编辑（gene editing）技术是近年来非常热门的基因操作工具，包括基因的定点缺失、突变及替换等修饰。自2008年以来，基因编辑技术经过了几代革新，从一代的锌指核酸酶（ZFN）技术、二代的转录激活因子样效应物核酸酶（transcription activator like effector nuclease，TALEN）技术，再到目前应用最为广泛的CRISPR/Cas9技术（表6-1）。虽然三种基因编辑工具都能适用于基因定点修饰，但三种技术有着不同的技术特点和应用范围。

表6-1 三种基因编辑技术的比较

技术特点	基于ZFN	基于TALEN	基于CRISPR/Cas9
识别模式	蛋白质-DNA	蛋白质-DNA	RNA-DNA
剪切模块	*Fok*Ⅰ核酸酶结构域	*Fok*Ⅰ核酸酶结构域	Cas9蛋白
识别靶点大小	（9bp或12bp）×2	（8～31bp）×2	20bp
优点	平台成熟，效率高于同源重组	设计较ZFN简单	构建简单，细胞毒性低
缺点	构建复杂，依赖蛋白质合成平台	构建烦琐，需要大量测试	特异性不高，有脱靶效应

随着方法的不断改进，基因编辑的操作越来越简单，从以往的几个月到几天快速、精准地实现目标基因的修改。而当下CRISPR/Cas9技术已然成为生物研究领域的一把利器，并且在临床上也在发挥着基因诊断和治疗的巨大潜力。下文将简单介绍几种基因编辑方法，重点介绍CRISPR/Cas9技术的特点、优势及应用前景。

1）基于ZFN技术的基因编辑　锌指核酸酶（zinc-finger nuclease，ZFN）是人工改造的限制酶，由锌指结构的DNA结合结构域和DNA切割结构域两部分融合而成，是能识别64种密码子的锌指组合。针对每一条需要识别和编辑的目标DNA序列，可以使用与密码子对应的方式对锌指结构进行模块化设计和组装（modular assembly），从而获得能够识别特定DNA序列的锌指蛋白结构。锌指核酸酶能够识别并结合指定的位点，高效且精确地切断靶DNA，随后利用细胞天然的DNA修复过程——“同源定向修复”（homology directed repair，HDR）或“非同源末端连接”（nonhomolo-gous end joining，NHEJ）来直接修复断裂的DNA（Urnov et al.，2010）。

2）基于TALEN技术的基因编辑　TALEN技术是继锌指核酸酶技术之后的另一种能够对基因组进行高效定点修饰的新技术（Lee et al.，2015）。TALEN技术是基于植物病原体黄单胞菌分泌的一种转录因子蛋白设计构建的。TALEN的结构一般具有3个特征：N端分泌信号中央的DNA结合域、核定位信号和C端的激活域。其中不同TALEN

的DNA结合域由数目不同的高度保守的重复单元组成，每个重复单元含有33～35个氨基酸，除了第12和13位氨基酸可变外，其余的氨基酸都是相同的。

与锌指核酸酶的3碱基识别相比，TALEN能够识别单个碱基对。因此，基于TALEN技术的基因编辑更富灵活性，在设计的时候可变性更强，但克隆TALEN的DNA序列识别结构域的重复编码序列是一个不小的技术挑战。

3）基于CRISPR/Cas9技术的基因编辑　成簇规律间隔短回文重复（clustered regularly interspaced short palindromic repeats，CRISPR）是一类广泛分布于细菌和古菌基因组中的重复结构，因其具有能对基因进行高效编辑的特点，改变了基因编辑的现状（Adli，2018）。CRISPR基因序列主要由前导序列（leader sequence）、重复序列（repeat sequence）和间隔序列（spacer sequence）构成。其中CRISPR序列启动子的前导序列位于上游，富含AT碱基；重复序列长度为20～50bp，且包含5～7bp的回文序列，转录后的产物可以形成发卡结构，可以稳定RNA的二级结构；间隔序列则是被细菌俘获的外源DNA序列。*Cas*基因一般位于CRISPR基因附近或分散于基因组其他地方，与CRISPR序列区域共同发生作用，被命名为CRISPR关联（CRISPR-associated，*Cas*）基因。*Cas*基因编码的Cas蛋白在防御过程中至关重要，目前已经发现了*Cas1*～*Cas10*等多种类型的*Cas*基因，其中*Cas9*应用最为广泛。

CRISPR/Cas的作用机制大致分为三个阶段：第一阶段是CRISPR高度可变的间隔区的获得，是指外来入侵的噬菌体或是质粒DNA的一小段DNA序列被整合到宿主菌的基因组。第二阶段为包括转录和转录后成熟加工的CRIPSR基因座的表达。CRISPR序列在前导区的调控下转录产生pre-crRNA（crRNA的前体）和与pre-crRNA序列互补的tracrRNA（反式激活crRNA）。pre-crRNA通过碱基互补配对与tracrRNA形成双链RNA并与*Cas9*编码的蛋白质组装成一个复合体。该复合体将在核糖核酸酶Ⅲ的协助下，对间隔序列RNA进行剪切，最终形成一段短小的crRNA（包含单一种类的间隔序列RNA及部分重复序列区）。第三阶段为CRISPR/Cas靶向切割。crRNA、Cas9及tracrRNA组成的最终的复合物将扫描整个外源DNA序列，并识别出与crRNA互补的原间隔序列，最终在Cas9的作用下DNA双链断裂，外源DNA的表达被沉默。

tracrRNA-crRNA在被融合为单链RNA时也可以发挥指导Cas9的作用。如图6-3所示，CRISPR/Cas9基因编辑技术就是通过人工设计的单链向导RNA（single guide RNA，sgRNA）来识别目的基因组序列，并引导Cas9蛋白酶有效切割DNA双链，形成双链断裂，损伤后修复会造成基因敲除（非同源末端修复）或敲入（同源重组修复）等，最终达到对基因组DNA进行修饰的目的。

得益于高效且便捷的操作方式，CRISPR/Cas9基因编辑技术被*Science*杂志列为2013年度十大科技进展之一。2020年诺贝尔化学奖授予法国科学家埃玛纽埃勒·卡彭蒂耶（Emmanuelle Charpentier）和美国科学家珍妮弗·道德纳（Jennifer A. Doudna），以表彰她们在“开发基因编辑方法”方面做出的杰出贡献。近年来，CRISPR/Cas及其衍生技术不只是在编辑效率结果预测等技术层面不断精进，在基因诊断和基因治疗领域也大放异彩。例如，珍妮弗·道德纳团队通过结合两种不同的CRISPR Cas酶——Cas13和Csm6，能够在1h内提供新冠病毒诊断结果。中国科学院上海生命科学院的科学家发现利用CRISPR-CasRx技术将神经胶质细胞转换为神经元，或能有效减缓小鼠集体神经

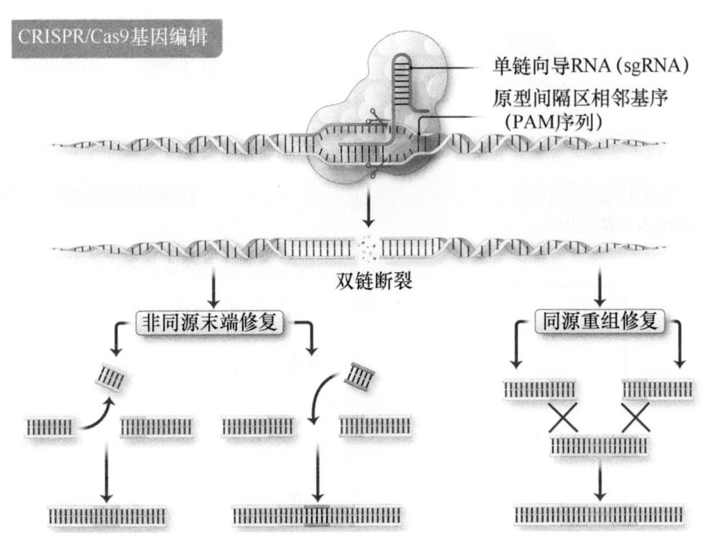

图6-3　CRISPR/Cas9介导的DNA切割重组模式图

性疾病的症状。

3. 基因驱动技术

基因驱动（gene drive）的概念最早是由英国伦敦帝国理工学院进化遗传学家奥斯汀·伯特（Austin Burt）于2003年提出的，是指通过对目标基因组的编辑（如插入特定功能的基因片段，相当于人工突变），且编辑后的基因组可增加遗传因子传递给子代比例的偏性遗传并能稳定复制几代，达到在目标群体中迅速传播突变的目的。如图6-4所示，通过基因驱动改造蚊子，蚊子下方的两条横线代表染色体的两条DNA链，左边为带有驱动基因［此例为核酸内切酶（endonuclease）基因］的蚊子（黑色），右边为野生型（没有突变的基因）蚊子（灰色）。当两种蚊子产生下一代时，其中一条含有驱动基因的染色体会表达成蛋白质（本例为核酸内切酶），该核酸内切酶能切断对应的来源于野生型的染色体DNA。子代的两条染色体DNA中有一条带有基因驱动，一条还是野生型（没有任何突变）。由于核酸内切酶对野生基因的切割，一是通过非同源末端连接机制，一条染色体带有基因驱动，另外一条在切割处发生突变。二是通过同源重组机制，以带有基因驱动的染色体DNA为模板，“修复”了另外一条断裂的染色体DNA，最终两条染色体DNA都带有基因驱动，从而在子代中获得了更多带有突变的蚊子（黑色）。

CRISPR/Cas9等基因编辑技术的发展使得基因驱动变得更容易实现。将基因驱动元件和某一特定功能元件（如不孕基因、抗病毒基因等）整合至目标物种体内，以达到实现特定功能性状快速遗传的目的，这是当前控制虫媒传染病、保护农业和生态环境的研究方向之一。例如，可通过基因驱动获得能控制寨卡病毒、疟原虫、登革病毒等病原体的蚊子，再通过将这些蚊子释放到自然界中使得自然携带这些病原体的野生型蚊子数量大大减少，从而使消灭疟疾、登革热等成为可能。采用类似策略，理论上也可以通过消除入侵或有害物种来实现保护和重建自然生态等。

4. 美国“昆虫联盟”项目

美国国防高级研究计划局（Defense Advanced Research Projects Agency，DARPA）

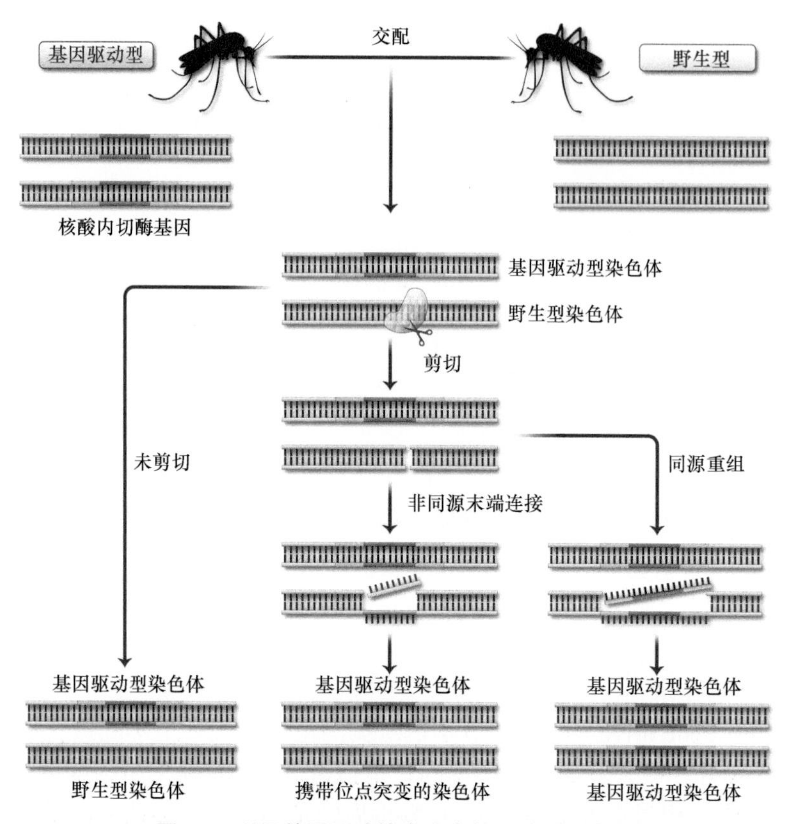

图6-4 利用基因驱动技术改变蚊子种群示意图

是美国国防部下属的专门负责研发军事用途高新科技的机构。DARPA官网介绍，“昆虫联盟”（Insect Allies）项目为一项生物改造计划，旨在寻求可延伸的、易于部署和推广的对策，以应对对美国食品供应造成潜在威胁的自然和生物工程因素，目的是保护美国的农作物系统（Pfeifer et al.，2022）。“昆虫联盟”项目于2016年底启动，旨在以昆虫为媒介，将经基因编辑的病毒传递给农作物，改变农作物基因组与性状，提升作物应对人为破坏、虫害和自然灾害的能力。该项目计划以三种擅长传播疾病的昆虫（蚜虫类、叶蝉科和粉虱科）作为“盟友”，运用CRISPR/Cas9等技术研制出定制化病毒，这种病毒可以“开启或关闭”植物某些基因，如在严重干旱时，控制植物生长速度的基因，以达到植物存活的目的。该项目目前已开展玉米和番茄试验，最终计划在温室环境内开展包括昆虫传递病毒过程在内的全系统、完整功能、大规模演示验证。该研究试图将一些保护性状移入已经长成植株的作物体内，昆虫携带的转基因病毒被称为“水平环境遗传改变剂”，它们能够直接在田间感染农作物并对其进行染色体编辑。目前广泛运用的转基因技术主要是用于作物种子，而“昆虫联盟”则是用在种子发育为植株之后。

5. RNA干扰

RNA干扰（RNA interference，RNAi）技术是双链RNA介导的特异性基因表达沉默现象。早在1990年，科学家就已经在植物中发现了基因沉默的现象。1998年，美国科学家克雷格·梅洛（Craig C. Mello）和安德鲁·法尔（Andrew Fire）在线虫中再次验证了基因沉默现象，将体外转录得到的单链RNA纯化后注射线虫时，基因阻断效应变得十分微弱；而经过纯化的双链RNA（dsRNA）却正好相反，能够高效、特异性地阻断相应基因的表达，发现了RNA具有可以干扰基因的机制。他们也因此于2006年获得诺贝尔生理学或医学奖。

RNAi的作用机制主要是外源的或体内产生的dsRNA首先被一种称为Dicer的核酸酶降解为长21～23bp的小分子双链RNA（dsRNA），也就是干扰小RNA（siRNA）。然后一系列特异性的Argonaute蛋白和siRNA结合，形成基于siRNA的RNA诱导沉默复合物（RNA induced silencing complex，RISC）。RISC通过碱基互补配对与相应的mRNA序列特异性结合，一方面直接在结合部位对mRNA进行降解，从而导致特定基因的表达沉默；另一方面，siRNA反义链也识别并结合mRNA，在RNA聚合酶催化下，siRNA反义链可以作为引物，以靶mRNA为模板合成新的siRNA，然后由Dicer切割产生新的siRNA，新的siRNA再去识别另一组mRNA。合成切割的循环导致沉默信号被不断放大（图6-5），正是这种靶序列指导的扩增机制赋予了RNAi的高效性和持久性。

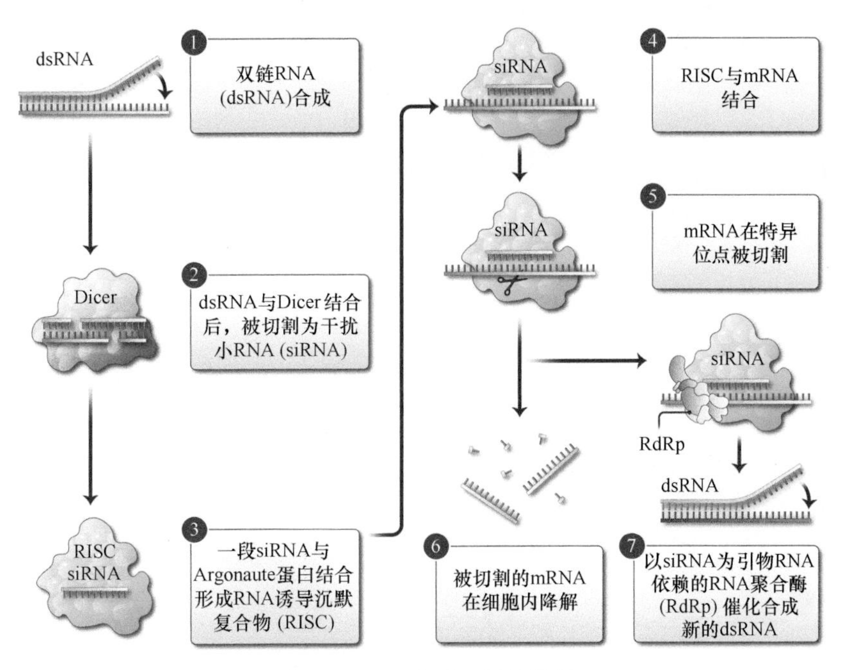

图6-5　RNAi作用机制示意图

自从RNAi被发现以来，相关的基础研究和应用迅速成为21世纪生命科学中的研究热点，RNAi技术已经快速被应用于多个领域。RNAi研究在2001年和2002年连续两年被*Science*杂志评为自然科学十大突破之一。在科学研究中，RNAi技术常被用于体内基因的功能研究，合成与目的基因互补的dsRNA，导入体内可显著降低基因的表达。通过检查基因功能的变化，从而知道该基因的生理功能。目前使用最多的模式动物为线虫和果蝇，被广泛应用于功能基因组学的研究。但是在医学产业化的道路上，RNAi还面临很多困难，如进入细胞的效率不高及高成本等问题。尽管如此，仍有很多公司在持续研发RNAi药物，随着纳米材料的迅速发展，RNAi药物用药途径的难点正在改变。

6. 免疫治疗

免疫治疗（immunotherapy）是近年来肿瘤领域内新颖的治疗手段。与常规的手术、放疗、化疗、靶向治疗不同的是，免疫治疗是针对人体自身免疫系统，而不是肿瘤组织，采取“自主杀敌”的方式来对抗癌变细胞。免疫治疗主要包括细胞因子药物、抗体药物、细胞治疗等方式，其中免疫检查点抑制剂（immune checkpoint inhibitor）和嵌合抗原受体T细胞免疫治疗（CAR-T）在过去的几年内一度风靡全球（Pan et al.，2020）。免疫检查点是指在免疫细胞表面表达可以增强或者抑制免疫激活反应的分子，对防止免疫系统攻击正常细胞及促进免疫系统攻击外来抗原起到重要的调节作用。免疫检查点的存在使得人体免疫反应保持一定的平衡，在一定程度内不会过度活化，也不会因强度不够不足以杀灭外来病原。通过病毒载体实现免疫治疗的基本流程如图6-6所示。首先选择患者的靶细胞并进行分析，使用合适的病毒载体将修饰基因递送到靶细胞，再将经修饰扩增的靶细胞回输到患者体内，实现免疫治疗。

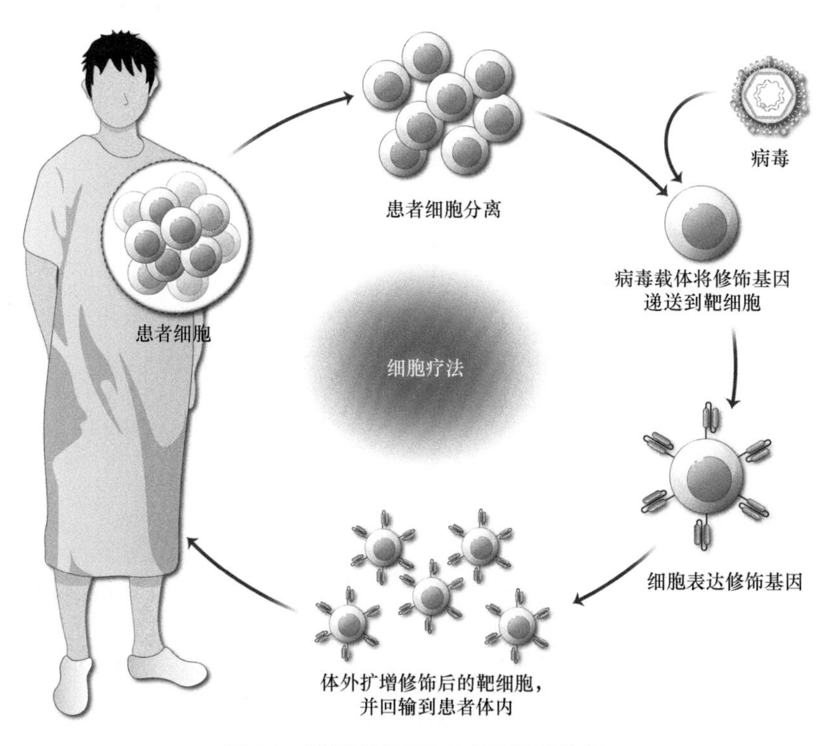

图6-6　基于病毒载体的基因治疗流程

1992年，日本科学家本庶佑（Honjo Tasuku）分离并鉴定出T细胞表面的一种新蛋白质，发现它能够作为T细胞的制动器，抑制T细胞的激活，从而导致免疫细胞产生自杀性的行为，并将其命名为程序性死亡蛋白-1（programmed death-1，PD-1）。正常情况下，PD-1通路在维持免疫稳态中发挥重要作用，PD-1配体在多种组织类型中广泛表达，包括造血细胞、上皮细胞、免疫细胞等，避免了T细胞对这些机体正常组织的杀伤作用。而肿瘤也正是利用了这一通路，通过在肿瘤细胞高表达出配体PD-L1/2来结合PD-1，激活T细胞的抑制通路，从而使T细胞不能发挥清除肿瘤细胞的作用，造成肿瘤免疫逃逸。在肿瘤的免疫治疗方法中正是利用免疫检查点的抑制剂使得肿瘤细胞表达的配体不能和抑制点结合，从而使肿瘤细胞抑制T细胞活性的功能无法发挥。2018年诺贝尔生理学或医学奖授予美国科学家詹姆斯·艾利森（James P. Allison）和日本科学家本庶佑，以表彰他们在癌症免疫治疗方面的贡献。

7. 基因治疗

基因治疗（gene therapy）是指通过改变人的基因来达到治疗疾病目的的一种技术。基因治疗可通过三种方式，即用健康基因替换致病基因、使致病基因失活和导入新的基因治疗疾病。基因治疗产品的治疗对象主要包括癌症、基因疾病和传染病。

1968年，美国医生斯坦菲尔德·罗杰斯（Stanfield Rogers）提出假设“好的DNA能用来替换遗传病患者的缺陷基因”，并试图通过注射含有精氨酸酶的乳头瘤病毒来治疗一对姐妹的精氨酸血症，但试验失败了（Rogers and Pfuderer，1968）。1972年，美国科学家西奥多·弗里德曼（Theodore Friedmann）和里查德·罗布林（Richard Roblin）在*Science*杂志上发表了一篇被广泛认为具有划时代意义的前瞻性评论《基因治疗能否用于人类遗传病》，并评估了基因治疗的需求和风险。2006年有了第一例癌症基因治疗的成功案例，2007年开始眼病基因治疗尝试等。经过二三十年的失败、探索、再失败、再探索的螺旋式进展，基因治疗开始进入高速发展的阶段，其安全性和有效性开始得到医药监管部门和医药巨头的认可。世界范围内，制药巨头葛兰素史克、诺华、辉瑞、赛诺菲等纷纷通过收购或合作进入基因治疗领域，以推动基因治疗药物的上市。2021年，全世界已有20多款基因治疗产品获批上市，涵盖了治疗癌症、病毒感染、遗传疾病等方面。

基因治疗产品类型包括以下几种：①质粒DNA，环状的DNA分子能通过基因工程将治疗基因导入人细胞中；②病毒载体，病毒天生就有将基因导入到细胞的能力，将病毒改造消除其引起传染病的能力，再经过修饰便可以作为载体将治疗基因运送到人细胞中；③细菌载体，同样，细菌改造后去除其引起疾病的功能，再作为载体可将治疗基因携带到人细胞中；④人类基因编辑技术，通过基因编辑消除有害基因或修复突变基因；⑤源于患者的细胞基因治疗产品，将细胞从人体取出，在体外进行基因改造（通常采用病毒载体），再转移到患者体内。

8. 其他新兴生物技术

除上述生物技术外，还有一些处于发展中的、具有重要两用前景的交叉性新兴生物技术。人脑作为人最高级的系统，一直是研究的热点和难点，目前已经有一些技术可以直接作用于人脑。

1）脑机接口　1973年，美国科学家雅克·维达尔（Jacques Vidal）最早提出脑机接口（brain-computer interface，BCI）这一概念，是指在大脑和外部设备之间建立双向信息交流的方法和系统。初衷是帮助肌肉丧失自主控制能力的人实现对外部设备的控制。利用与人脑连接的神经信号记录仪采集脑电信号，经过信号加工和处理后将神经信号传给外部连接设备，达到人脑和设备连接的效果。第一个脑机接口实验已于1969年在猴上取得成功，这标志着脑机接口技术正式成型（雷煜，2017）。

之后，脑机接口在医疗健康、人工智能等领域引起了广泛的关注。浙江大学医学院附属第二医院成功进行了国内第一例脑机接口手术，72岁的高位截瘫患者通过开颅手术将阵列电极植入控制右侧上肢运动的运动神经皮层。患者可以通过“意念”控制机械手臂实现握手、喝水等动作，甚至可以在电脑上玩麻将。2017年，脸书（Facebook）利用脑机接口技术推出了思想代替语言进行交流的“大脑打字”产品，使交流速度比打字或语音等传统方式提高了3倍。

2）换头术　换头术也称作头颅移植手术，是指将一个个体的头颅移植到另一个体的躯体上。成功的换头术有可能让患者的大脑控制新的躯体，让患者“重获新身”。换头术已经在动物上进行了100多年的实验尝试。1908年，美国医生查尔斯·格思里（Charles Guthrie）将一只小狗的头颅移植到一只健康大狗的颈部，使血管肌肉吻合，构建了一只“双头”狗。虽然被移植的狗头几分钟后就出现瞳孔收缩等反应而失去活动功能，但是并没有阻止人们对换头术的研究，随后还在恒河猴及人类遗体等模型上进行了实验。

换头术有望建立一个长期存活的动物模型，为人类健康提供新的技术。但换头术的成功应用还需要攻克诸多医疗技术难题，包括中枢神经再生、免疫排斥反应、人体大脑的低温保存，以及缺血再灌注损伤的预防等难题。随着生物技术的进步，上述技术瓶颈有可能得到解决。

第二节　生物技术相关生物安全风险

一、生物技术相关生物安全风险的来源

生物技术相关生物安全风险的来源主要可以分为两类，第一类是生物技术本身因不成熟或其他未知原因，如在研究或使用过程中因意外、不严谨或不知情情况下导致的生物安全风险，可将该类风险归为源生（self-originated）；第二类是出于恶意或不当的目的，恶意或不当使用生物技术来发展对人、环境或特定目标有害的物质或信息，可将该类风险称为滥用（misuse）。

例如，目前越来越多的实验室采用基因编辑和重组等生物技术来研究病毒的基因功能或是研制减毒疫苗。在研究过程中，有可能产生预计之外的毒力增强毒株，如果发生意外，还可能导致研究人员感染疾病等，这种情况就是生物技术可能存在的源生生物安全风险。与之相伴，这种通过基因编辑和重组来获得高毒力毒株的信息有可能被不当利用，如恐怖组织为了发动蓄意的生物攻击，雇佣黑客获取高毒力毒株的改造方法并制造高毒力病毒，这种情况就是基因改造生物技术可能存在的滥用生物安全风险。

这两类生物安全风险在现实中都曾经发生过。例如，尽管20世纪70年代初期天花已在英国根除，但1978年8月伯明翰大学天花研究实验室的研究人员发生了天花病毒感染。日本邪教奥姆真理教于1995年尝试从中非获取埃博拉病毒株以开发生物恐怖或生物武器制剂，但未成功。2004年，俄罗斯病毒学与生物技术国家科学中心的一位经验丰富的科学家在研究中不小心给自己注射了致命埃博拉病毒并死亡。2019年，我国一家生物药厂在生产兽用布鲁氏菌疫苗的过程中，出现了使用过期消毒剂，导致生产发酵

罐的废气排放灭菌不彻底，引发周边部分人群布鲁氏菌感染的公共卫生事件。这些都表明在研究和使用生物技术时，要防范源生和滥用生物安全风险。

二、生物技术相关生物安全风险的特点

生命科学领域的研究日新月异，新技术层出不穷，如何鉴别哪些技术是生物安全风险较大的两用生物技术？应重点关注可能导致以下变化的生物技术。

（一）提高生产或合成和制备病原微生物及毒素的效率

培养是制备和生产细菌与病毒等微生物制剂的主要技术，能显著提高培养效率和规模的技术显然将有利于制备出大量的微生物，降低生产成本等，但其不良使用也会增大病原微生物的危害程度和范围。现代生物生产技术，如由计算机控制的连续发酵罐能大幅度提高细菌的生产效率。病毒的扩增对细胞和环境的要求苛刻，实验室一直依赖传统的细胞培养，局限于培养瓶等特殊环境。但新的技术如3D培养，使用微小颗粒表面可为细胞培养提供更理想的环境，能为病毒大规模制备提供高效方法；此外，基因工程和蛋白质工程等技术在蛋白质毒素的生产过程中也表现出巨大潜力，合成类多肽毒素的研发水平也随着技术发展不断提高。

（二）扩大或改变病原体的作用范围

1. 新天然病原体的发现

宏基因组测序及微生物培养组等技术的发展，使得发现、获取和表征天然新病原体变得更加简单和容易实现。此外，人类活动范围也在向深海、深空等未知领域拓展，也有更大概率接触到人们目前未知的病原体。新的天然病原体因不在目前病原体的监管之列，有可能滥用时不被发现。

2. 合成已灭绝的高致病性病原微生物

自2001年研究人员在实验室成功合成脊髓灰质炎病毒以来，已有数十种RNA病毒实现人工合成，如1918年的“西班牙流感”病毒（Thao et al.，2020）。病毒学研究的深入和合成基因技术的进展，已经实现了低成本合成病毒。例如，2017年加拿大艾伯塔大学病毒学团队通过邮购基因片段，仅花费10万美元就成功合成了早已灭绝的有21.2万个碱基的马痘病毒（一种天花病毒的近亲）（Kupferschmidt，2017）。这些致病性病原微生物由于灭绝的时间久，人类对其免疫已基本消失，一旦再次感染，有可能给人类带来毁灭性灾难。

3. 可针对特定种族或人群的基因和靶向剂

随着基因测序成本迅速降低和2001年人类基因组草图的绘制，获得人群或种族基因特征已变得越来越容易，这些遗传信息与基因编辑等现代生物技术的共振可能会为新式病原体的研发打开新的“潘多拉盒子”。例如，研究人员现在可以使用生物信息学软件经过分析和比对来发现某些疾病和一些基因之间的关联性，随着越来越多的基因被定位，找出特定人群基因组中存在的弱点也正逐渐成为可能。如果以目标人群基因组弱点作为作用靶标，有可能制造出具有人群和种族针对性的新型病原体。

（三）增强病原体的毒力或逃避免疫

1. 功能获得性改造

功能获得性（gain of function）改造的病原体有可能获得越来越强的毒性。例如，有研究表明小鼠感染模型中的施马伦贝格病毒（Varela et al.，2013）、猪的重配型猪流感病毒（Wei et al.，2014）、豚鼠中的埃博拉病毒（Dowall et al.，2014）和雪貂中的H7N1流感病毒（Sutton et al.，2014）等均会表现出更强的毒性。此外，DNA重组技术可能会将病毒特异受体识别基因转入新的细胞中，从而提供病毒入侵位点。例如，在一些不带有人ACE2受体的细胞中导入人*ACE2*基因，可以使得该细胞对新冠病毒易感。基因重排也可使病原体能识别宿主细胞的侵袭位点，产生毒力更强的变异株。

2. 增强病原体的抗药性

病原微生物接触到抗生素或抗病毒药物后，往往会在其基因组上发生突变或者获得一些抗性基因来抵抗药物，从而变得耐药。一般而言，细菌对抗生素、病毒对抗病毒药物的抗性由特异基因或突变等决定。因此，有可能通过基因改造，将多种抗药基因克隆到病原体中，从而导致细菌或病毒获得对目前已有药物的广谱耐药性，让相关病原体引发的疾病治疗变得异常困难。例如，现有临床证据表明，耐万古霉素的金黄色葡萄球菌和肠球菌、耐神经氨酸酶抑制剂的流感病毒表现出的耐药性远远超过不带有相关基因突变的病原体。

3. 改变病原体的抗原表位

一些病毒，如艾滋病病毒和新冠病毒，可以通过不断变异来逃逸免疫系统。利用基因编辑也可通过改变细菌或病毒外膜蛋白基因的序列来改变蛋白质结构，致使病原体的抗原表位发生变化，从而使病原体能逃避人体免疫系统，以及使原来的检测手段失效。如果无法在短时间内开发出新的疫苗和检测手段，将对病原体的侦检防治造成困难。

4. 增强病原体对环境的抵抗力和适应性

细菌、病毒和蛋白质毒素等生物因子在存储和运送中有可能逐渐失活。随着现代技术的发展，已有多种技术可以用于弱化环境可能对生物因子产生的影响，保证其活力和毒性，以及能在各种环境中长时间保存。例如，通过采用蚕丝蛋白、用矿物涂层或其他材料涂覆病毒衣壳、改构病毒衣壳等来提高生物因子的储存稳定性（Wang et al.，2013）。还可以结合磁性核壳纳米颗粒、立方相纳米颗粒（cubic phase nanoparticle）、自组装液晶纳米粒子、紫外线控制的纳米粒子、生物降解纳米粒子等药物运载工具，以实现生物因子抵抗外界影响、精准靶向施放等目的。

（四）与伦理观点冲突

克隆人、换头术、冷冻复苏、脑机接口或功能增强等新技术随着科技的发展，目前似乎越来越有可能成为现实。但这些技术一旦实现，将会导致复杂的伦理问题，给人类社会带来巨大的影响。在人类还没有为相关事物做好伦理准备时，相关技术的实施需要非常谨慎。例如，通过人工编辑和优化基因组合来设计出没有任何生理缺陷的“完美婴儿”，就可能带来多方面的伦理冲突。一方面，因为实现的费用高昂，这一技术可能会沦为富人们的“专属游戏”，加剧社会不公的同时，也会与通过努力奋斗获得自我能力提升的人类价值观相违背。另一方面，“完美婴儿”因为具有“优质基因”，是否会使基因优劣成为划分人类阶层的新标准和规则？一旦发生，必将诱发严重的基因歧视和社会冲突。而更为严重的是，如果为了“完美婴儿”而引入一些非人类的动物基因，将有可能打破人与动物之间固有的界限和障碍，创造既非人也非兽的人兽嵌合体，并通过生殖繁衍后代，这无疑是对人类伦理底线的践踏和对人性的极大挑战，将会引发人类的自我认同危机和道德困惑。

（五）对环境生态和物种生存有影响

转基因生物等的环境释放，因转基因生物具有的一些特殊功能，可能会更适应环境，从而影响生态和物种的平衡，导致不可预知的后果。例如，被改造的抗病、抗虫、抗旱、抗寒和抗除草剂等农业新品种向环境的释放与泄漏，可能排挤自然种群，降低原生态系统的生物多样性，破坏生态平衡。相关基因也有可能水平漂移转移到野生近缘种如杂草中并被固定下来，因其生态适应性随之大大增强而变成无处不在的“超级杂草”，并迅速发展形成一定规模的群体，挤压其他物种原有的生态位，极大地威胁和危害其他物种的生长、生存。此外，转基因作物还有可能对自然界中的非靶标生物产生未知影响，如导致非靶标生物生命体征变化或是中毒死亡。

（六）降低技术门槛

随着两用生物技术的门槛日益降低，如利用昆虫细胞生产疫苗，通过工业用微型反应器生产病原体，外包生产和模块化设施的新概念等，病原体生产技术趋向小型化和模块化。与此同时，在非实验室场所进行生物实验的“生物黑客”（biohacker）也逐渐增加，有人预计生物黑客所带来的生物技术爆炸将遵循20世纪70年代集成电路每18个月翻倍增长的摩尔定律，且呈专业化和网络化态势快速增长。西方国家普遍认为以生物黑客为代表的非国家行为体已成为生物恐怖威胁的主要来源，与国家组织相比，这类非国家行为体更加隐秘，研究自由度更大，这可能成为机构监管的盲点区域，很难被发现。

（七）依赖计算机和网络的生物医疗装置和健康数据库

随着计算机和网络等信息技术的发展，生物技术也日益数字化和网络化，许多医疗设备如心脏起搏器和患者信息系统都依赖芯片与计算机来运行和控制，一旦相关的计算机或软件被黑客控制，就有可能给患者和社会带来极大的伤害。例如，医疗植入物和其他数字医疗设备可能成为恶意行为者偏离原有意图进行滥用达到其他目的的目标。2017年8月，美国食品药品监督管理局（FDA）发布了一份关于几种广泛使用的心脏起搏器潜在网络安全漏洞的安全通讯。这些漏洞包括敌对方可能故意滥用设备以耗尽其电池或将恶意编程命令插入设备的风险。鉴于心律失常和心力衰竭患者依赖心脏起搏器，这些漏洞可能会对受影响的患者造成严重伤害。在药物输注泵、脑部植入物（如深部脑刺激和无创脑机接口）中也发现了类似的漏洞。2016年，最初由美国国家安全局（National Security Agency，NSA）开发的计算机代码被重新用于对包括默克制药公司在内的各种行业参与者进行网络攻击。同年，大规模WannaCry勒索软件攻击的肇事者对英国国家卫生服务局各个医疗机构的患者数据进行加密，并要求支付赎金以解密数据。这些行为在某种程度上将密码学和分布式账本计算技术转变为了对医疗保健服务的两用生物技术。网络武器不仅可用于破坏生物医学研究和非法获取生物医学数据，还可创建用于生物战目的的工具和基础设施。此外，国家和非国家行为者也可以利用生物信息学的进步来增强生物武器的规模和扩散效果，利用人工智能技术（如ChatGPT等）的垄断数据库来散播错误或有害的信息从而影响人类行为和健康等。

三、生物技术的潜在生物安全风险

（一）合成生物学潜在的生物安全风险

1. 合成病原微生物的扩散风险

采用合成生物学技术，目前已经实现从头合成制造细菌和病毒，包括一些已经灭迹的病毒，如前文提到的脊髓灰质炎病毒和“西班牙流感”病毒的合成。这些技术如果用于合成烈性传染病菌和病毒，一旦泄漏或被人利用，将引发难以估量的生物安全问题。

2. 合成物质的环境生态风险

合成生物学合成的物质，无论是细菌、病毒，还是合成的自然界不存在的生物分子和蛋白质如XNA和XNA酶等（Chaput and Herdewijn，2019），一旦释放或泄漏到环境中将产生何种风险和安全问题目前仍是未知数。

3. 合成生物学技术的滥用风险

合成生物学中建立的蛋白质合成技术、基因元件等，有可能被恐怖组织等利用，以合成毒素、通过改造增强病原毒性或耐药性、研究靶向生物武器等，对人类健康和国家安全造成威胁。

（二）转基因技术潜在的生物安全风险

转基因技术是现代生物安全问题起源的基点。由于生物系统的复杂性，以及人类认知的局限性，转基因技术在应用中存在各种潜在风险。

1. 个体的不良反应具有不确定性

由于生物有机体的复杂性，个体之间也存在遗传背景和免疫等差异，转入的基因涉及对基因转入系统的遗传物质进行改变或调控遗传物质的表达，可能对患者或转入基因的表达系统产生意想不到的不良反应。

2. 对生物体系的全局性影响

转基因技术的应用，使得不同生物体打破了自然繁殖的种间隔离。因此，以前不可能在种系关系很远的机体间流动的基因也有可能进行种间漂移。这种漂移的后果未知，随着时间的积累，有可能会对整个生物体系产生不可预期的全局性影响。

3. 生态风险

转基因通过基因漂移逃逸或渐渗到非转基因作物及其野生近缘种，有可能凭借其竞争优势，在生态中淘汰自然界中的野生种，可能导致生态失衡，给环境和生态带来巨大风险。例如，20世纪90年代中期开始，美国农民就在广泛种植能够耐受除草剂草甘膦的转基因棉花。由于农民对草甘膦随意使用，抵抗除草剂的“超级杂草”得以出现与传播。自从1996年抗草甘膦农作物推出以来，对草甘膦具有抗性的杂草种类已经达到24种。

（三）CRISPR/Cas基因编辑系统潜在的生物安全风险

目前流行的基因编辑技术CRISPR/Cas，在多个方面有可能带来不可控的风险。首先，CRISPR/Cas系统尚未克服脱靶效应，即有可能在基因组的非目标位置进行编辑，从而影响正常基因的功能。尤其在应用于人类基因组时，个体DNA的天然差异及修饰差异，可能会阻碍CRISPR/Cas酶作用于正确的基因目标，从而进一步削弱精准编辑的能力。其次，CRISPR/Cas应用于人体疾病治疗也会引发强烈的免疫反应及增加患癌风险。有研究表明，CRISPR/Cas基因编辑成功的细胞，往往具有p53缺陷或未激活p53，因为p53会降低CRISPR/Cas的编辑效率（Reid et al.，2021）。而缺乏p53的细胞往往因为会不受控制地生长而发生癌变。因此，将体外基因编辑成功的细胞回输到患者体内，这些细胞之后发生癌变的概率可能较大，增加患者患癌风险。最后，CRISPR/Cas对于胚胎细胞的编辑可能会产生“嵌合现象”。嵌合体（chimera）是指不同遗传性状嵌合或混杂表现的个体。由于胚胎细胞会不断分裂，可能在将致病基因敲除之前细胞就已开始分裂，这样会导致一些胚胎细胞基因得到了编辑而另一些胚胎细胞基因没有被编辑。胚胎嵌合体的形成可能给胚胎发育及疾病治疗成功带来不确定性。

（四）基因驱动潜在的生物安全风险

基因驱动技术带来的生态风险比较高。科学家曾构建数学模型评估了经CRISPR/Cas技术改造后的个体释放回野外后对生态系统的影响，结果显示改造后的基因可能会扩散到没有外来入侵物种的区域，从而破坏该区域本身完善的生态系统（Noble et al.，2018）。以基因驱动控制入侵物种鼬鼠为例，通过基因编辑可将降低生育能力的基因引入鼬鼠，再通过释放带有减育基因的鼬鼠到入侵地，随着减育基因在下一代鼬鼠种群中的扩散，入侵鼬鼠后代数量逐渐减少，直至入侵地的整个种群消失。然而，一旦有被基因编辑过的鼬鼠从入侵环境逃脱或者被有意带去他处，那么减育基因的基因驱动很可能传遍整个鼬鼠栖息地，最终可能导致整个鼬鼠种群灭亡。此外，基因改造的生物也存在潜在的健康风险。例如，基因改造过的蚊子虽然不能作为登革病毒的宿主，但其携带其他病毒的敏感性可能增强，从而增加新的疾病传播风险。

（五）“昆虫联盟”项目潜在的生物安全风险

“昆虫联盟”项目自公布之日起，就饱受争议。2018年，*Science*期刊曾专门发表专栏文章“农业研究，还是新的生物武器系统”（Reeves et al.，2018），认为美国正在开展的“昆虫联盟”项目的农业研究作用有限，却有可能成为传播疾病的生物载体，无异于打开了一个“潘多拉盒子”，因为该计划所做的尝试“可能被普遍认为是开发出一种针对敌对国所研发的生物制剂及其投放工具所做的努力”，违反《禁止生物武器公约》。如果能通过昆虫传播病毒来产生有益的作物突变，反过来也有可能利用昆虫传播基因编辑的病毒来破坏作物及收成，并对更广泛的生态系统造成不利影响。也有人质疑如何将携带病毒的昆虫处于可控范围，对于体型非常微小的如昆虫和微生物物种，一旦将它们释放到农田中，就几乎不可能将其清除掉，而且病毒会不断变异。除了对更广泛的生态系统的未知影响外，从这种研究中收集到的知识有朝一日也可能被当作生物武器。

（六）其他新兴生物技术潜在的生物安全风险

脑机接口如使用不当，也存在较大的生物安全风险，包括生命安全和个人隐私安全。若植入大脑的芯片被输入恶意信号或更改信号阈值，有可能引发脑部混乱。此外，脑机接口技术除了能采集人类已表达出来的隐私信息（如脸书所采集的谈话信息），还可以采集各种仅存储在大脑内部的未表达出来的隐私信息，如健康状况、生活方式、行为习惯、信仰、心理特征等。这些信息如被恶意采集和滥用，会造成不可预期的后果。经换头术后头颅移植成功，会带来伦理道德问题，如新生命体的身份认同问题等（孙英梅和刘冬梅，2018）。最近以ChatGPT为代表的人工智能技术取得显著进步，具有功能强大和显著提高人类工作效率等特点，带来了是否将产生硅基生命等的思考，但其背后依赖的庞大预训练数据库的准确性和客观性风险不容忽视。如果部分信息被恶意或有目的地修改，ChatGPT有可能输出错误或具有诱导性的结果，一旦被人采用，有可能产生严重的后果。

总体而言，生物系统操作技术特别是基因操作技术，相对简便、易于应用，但其编辑和改造造成的影响比较广，一些还能遗传给后代。因此，一旦被误用，其伤害和影响将会比较深远和长久，难以短期消除，需要慎重对待可能的生物安全风险和伦理风险。一些新兴的交叉技术特别是人工智能技术对人类生活的影响将越来越深入，相关技术对生物安全的风险影响应引起特别的关注。

四、生物技术的风险评估方法

依据我国科技部2019年3月公布的《生物技术研究开发安全管理条例（征求意见稿）》，生物技术研究开发活动根据现实和潜在风险程度，分为高风险、一般风险和低风险三个等级。高风险生物技术研究开发活动是指具有对人类健康、工农业及生态环境等造成严重负面影响，威胁国家生物安全，违反伦理道德的潜在风险的生物技术研究开发活动及其产品和服务。一般风险生物技术研究开发活动是指具有对人类健康、工农业及生态环境等造成一定负面影响的潜在风险的生物技术研究开发活动及其产品和服务。低风险生物技术研究开发活动是指对人类健康、工农业及生态环境等不造成或者造成较小负面影响的生物技术研究开发活动及其产品和服务。

那么应如何评估一个生物技术风险的大小呢？要评估生物技术的生物安全风险，如一般风险管理一样，首先必须清楚某种生物技术在研究与应用过程中可能存在的危害大小，以及该危害发生的概率（图6-7）。

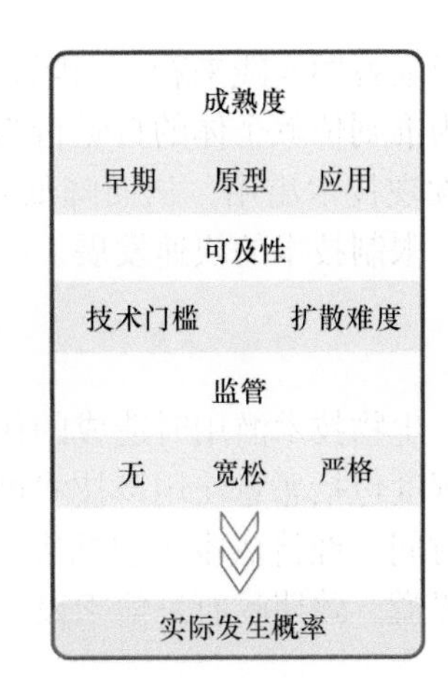

图6-7 生物技术的生物安全风险

目前生物技术的风险评估尚缺乏标准流程，但可从某项技术源生和滥用风险的可能性大小或实际发生的概率，以及可能造成的伤害程度来确定风险大小，再分别进行风险的控制。

（一）实际发生概率评估

评估主要包括以下三方面的指标。

1. 技术成熟度

技术成熟度是指技术在研发及转化应用链条中所处的阶段，包括概念验证、早期研发、高级研发、原型试验、早期应用和广泛商业应用。越往后的阶段，技术成熟度也越高。成熟度越高，因为可靠性越好，该技术能被成功滥用的可能性就越大，发生的概率也越大。

2. 技术可及性

技术可及性是指衡量获取技术的难易程度及技术门槛的高低。获取技术应用所必需的硬件、软件和无形信息是技术滥用的第一步。一般而言，硬件相对于软件而言较难获得，无形信息比有形的信息较难获得。市场供给情况、私营部门的研发能力、购买个体的经济水平和职业状态、上游技术的可及性等都是左右技术获取难易程度的影响因素。但网络的普及增大了相关评估过程的复杂性。网购的便利和发展，已经将地域和国家之间的限制变得越来越小，网络黑客也使得技术信息更容易泄漏，无疑使得技术的获得也越来越容易。一项技术如果很容易获得，技术滥用发生的概率就较大。除了技术获得的难易，技术门槛高低是另一个限制因素。技术门槛的评估主要涉及相关人员的专业积累和隐性知识水平，评估过程要将技术“平民化”程度纳入考量范畴。在满足技术可获得性的前提下，倘若行为个体缺乏相应水平和类型的专业知识，相关技术的掌握和实施没有合格的技术人员，则技术滥用发生的概率小。反之，技术滥用发生的概率大。

3. 技术监管

技术监管是指评估的技术目前是否受到国际组织、国家政府、行业部门等的监管。

就目前各国实践来看，国际和国家法律层次上的监管无疑是最强的措施，而行业自律和行为准则依赖个体的自觉行为，监管比较弱。一般而言，完善有效的监管可以避免或早期发现技术滥用，从而降低发生的概率。但是过严的监管，有可能给技术进步带来阻碍，限制技术的快速发展。

（二）伤害程度评估

生物技术滥用时造成的伤害和严重程度与技术本身和目标脆弱性相关，技术潜在危害程度包括恶意使用该技术可能导致的群体个体死亡和伤害的大概数目、伤害程度和影响时间、经济成本（包括灾害消除和灾后重建）、社会效应（如扰乱社会秩序、造成民众恐慌、致使政府失信于民）等。可以从以下三方面的指标进行评估。

1. 技术潜在危害性质

技术的使用会对作用的对象产生什么样的伤害？例如，有些病原微生物感染只会产生可自愈的疾病，有些可能短期带来死亡。还有些技术可能长期带来癌变和物种灭绝等。技术潜在危害能导致的疾病或后果越严重，则该技术的潜在危害越大。

2. 技术潜在危害范围

技术的使用只对作用的个体有伤害，还是会对某个群体，甚至生态环境有影响？潜在危害的范围越大，受到影响的人越多，则该技术的潜在危害越大。

3. 技术潜在危害时间

技术的使用只对作用的对象产生短期的伤害还是会产生不可逆的永久伤害？恢复该伤害所需要的人力经济成本是否大？以及伤害对人类社会的潜在影响？等等。一般而言，造成的潜在危害程度越大、作用时间越长、恢复代价越大、社会影响越大，则该技术的潜在危害越大。

通过以上的大致参数，可以对某项生物技术的风险进行评估。一旦某项技术经过风险评估为具有较高的风险，应加强对相关生物技术的风险防控，制定风险防控策略，以减少风险。

第三节 生物技术相关生物安全风险应对

生物技术具有覆盖面广、各有特点、形式多样等特征，还要平衡科研创新与潜在危害的关系。因此，在制定生物技术带来的生物安全问题应对措施时，要结合技术的特点，采用不同的措施（张鑫等，2020）。例如，技术可以以硬件、软件、无形信息或相结合等的形式存在。以硬件为主要表现形式的技术相对容易应对，通过对携带有相关技术的设施设备、零部件或原材料等进行登记、出口管制等措施可进行有效防控，如对病原微生物和人类遗传资源的运输和出口等进行审批许可等。但以无形信息为表现形式的技术风险防控难度大，包括基因组数据库、患者数据库、技术秘密、技术诀窍等。此外，技术的发展速度和扩散难度都会给制定风险防控措施带来影响。普遍认为，技术管控难度与发展速度呈正相关，一个技术发展的速度越快，则监管就越难及时跟上；一项技术拥有和使用的国家、组织或人越多，扩散程度就越高，防控难度也越大。对于扩散程度高的技术往往需要广泛的国际协调来制定国际法规或指南来进行管制。

综合而言，生物技术带来的生物安全风险应对措施从严格到不严格，可分为硬法、软法、非正式措施三类（蒋丽勇等，2020）。硬法以法规为基础，包括许可、认证、法律责任、赔偿、出口管制、标记等强制性手段；软法包括安全指南、自愿性准则、标准和行业规范等；非正式措施则包括风险教育、舆论监督、行为准则和提高透明度措施等（图6-8）。

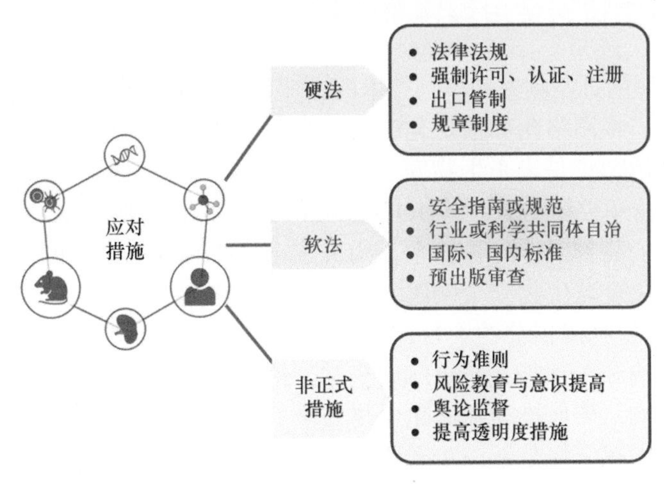

图6-8　生物技术的生物安全风险应对措施

生物安全有关的国内外法律法规等（详见第十一章），都有助于减轻生物技术带来的风险，如国际上的《生物多样性公约》《禁止生物武器公约》等。这些协议或制度中的每一个都分别处理生物安全问题的不同方面，也即生物多样性、生物武器和禁用物质。但每一个都有局限性，如范围有限、资金稀少，以及验证和监测机制不足等。如何顺应生物技术的快速发展，针对不同的技术特点和风险大小，建立完善的监管体系，是有效控制两用生物技术风险的关键，也是急需解决的问题。可以从以下4个方面来考虑加强生物技术的生物安全风险的应对。

一、开展常态化技术风险的监测

加强对新兴技术的认知，追踪其发展进程及其滥用方式和后果，是对包括生物技术在内的新兴技术进行风险评估的关键，也是有效防控两用生物技术被误用、谬用的先决条件。由于技术的专业性，只有专业的科技人员或团体才能对新兴技术进行监测和评估。在国际组织层面，目前已有一些形式来对生物技术进行监测和评估。例如，科技审议已成为当前《禁止生物武器公约》框架下的年度常规议题，旨在对生物技术开展常态化监测（Gerstein and Giordano，2017）。澳大利亚集团为了保持出口管制清单的有效性，成立特设委员会来对某些值得关注的技术进行审查，为该集团出口管制清单的变更提供意见（Zilinskas and Mauger，2015）。在国家层面，政府部门往往委托科学咨询机构来开展两用生物技术的监测和评估。例如，美国国家研究委员会和英国皇家学会是新兴技术风险评估的权威机构。此外还有一些大学和智库也在持续跟踪生物技术的风险动态，如美国约翰斯·霍普金斯大学卫生安全中心和加利福尼亚大学伯克利分校等。

由于新兴技术与时俱进，各国应着眼建立永久、常态化的制度和机构来对新兴技术进行定期或不定期的监测，对于监测到具有较高滥用风险的生物技术，应及时向负责制定监管决策的政府部门报告，并建议可行的风险控制措施。

二、推动全球生物安全治理体系建设

随着全球交往的日益频繁和生物技术的快速发展，生物安全已成为攸关国家安全的全球性问题之一。在网络化和信息化时代背景下，两用生物技术的扩散和管控正变得日益困难，全球治理将是未来生物安全治理的重要方向。目前，以《禁止生物武器公约》为核心的生物军控履约、以WHO为核心的公共卫生治理体系，以及以《生物多样性公约》为核心的物种安全保护体系，构成了全球生物安全治理的基本架构和制度安排，预期将在解决全球生物安全问题方面发挥重要作用，但这些制度仍然存在不少缺陷。例如，《禁止生物武器公约》目前缺乏可靠的监督执行机制，WHO受制于个别强势国家的政治影响和干预等。新冠肆虐全球，给国际格局及安全形势乃至全球治理体系带来了深刻影响，如何推动和深化生物安全的全球治理，克服各国不同的理念差异和排除各国政治干扰，将是下一步需要思考的重点。从大局看，支持联合国等国际组织在全球卫生安全领域的行动，自觉遵守和落实《禁止生物武器公约》等国际规章制度，积极推动全球生物安全治理体系建设，是有效防止两用生物技术滥用风险的重要保障。

三、建立平衡创新与风险的监管体系

由于两用生物技术涉及的范围非常广泛，跨不同学科领域（如合成生物学与医疗植入物）和不同参与主体（如个别恶意生物黑客与国家政府机构），不太可能通过相同的一刀切程序、规范或法规实现有效治理。随着领域和潜在参与主体的数量成倍增加和分散，将监督工作集中在单一监管机构之下变得越来越不可能，而且可能会适得其反。因此，需要建立包括国际组织、各国政府和机构，以及不同利益方共同参与的系统监管体系。在实施治理时，还应该避免过度监管和监管不足。过度监管不仅有碍技术的创新发展，还可能会使研究人员难以实现合规，最终会完全削弱监管的有效性。而监管不足可能会削弱对恶意行为者的威慑力。

四、加强科研人员的生物安全意识

确保生物安全的核心是人。从事生物技术研究的科研人员是最了解相关技术特点和性质的人员，对这些人员加强培训，增强防范生物技术误用和滥用风险，并听取他们对防止滥用的建议，是非常有效的应对措施。在这方面，《科学家生物安全行为准则天津指南》是一个最近的较为成功的例子。《科学家生物安全行为准则天津指南》源于2016

年《禁止生物武器公约》缔约国第八次审查会议上中国政府与巴基斯坦政府联合递交的由天津大学生物安全战略研究中心团队起草的《生物科学家行为准则》。基于该行为准则，2020年底天津大学生物安全战略研究中心与美国约翰斯·霍普金斯大学、国际科学院组织共同牵头，组织科学家团队进行修改完善，最终形成了《科学家生物安全行为准则天津指南》。该指南从科研责任、成果传播、科技普及、国际交流等多个环节倡议提高科研人员的生物安全意识，共包含10项指导原则和行为标准。

第四节 经典案例

一、禽流感病毒“功能增强”研究

自然界中的禽流感病毒很难通过呼吸道传播，高致病性禽流感病毒H5N1可以从鸟类传播到人类。在2011年前后，陆续有一些实验室发现禽流感H5N1病毒经过部分基因改造可以大幅增加在哺乳动物雪貂之间的传播性，且能经气溶胶传播。也就是说通过基因改造增强了病毒的传播性。其中荷兰鹿特丹伊拉斯谟大学医学中心罗恩·富希耶（Ron A. M. Fouchier）博士将“禽流感H5N1甲型病毒的空气传播”论文投给了*Science*杂志；威斯康星大学麦迪逊分校的河冈义裕（Yoshihiro Kawaoka）教授将“血凝素基因突变赋予甲型H5N1流感病毒识别人受体并以呼吸道飞沫在雪貂中传播”论文投给了*Nature*杂志。这些研究是典型的功能增强型研究，发表后相关信息可能会被滥用来改造能引起人类更大规模疾病的病毒。是否发表相关的研究数据及如何对类似的研究进行监管在当时引起了广泛的讨论（高璐，2020）。

美国国家生物安全科学顾问委员会（National Science Advisory Board for Biosecurity）在2011年11月21日建议*Nature*与*Science*杂志只发表关键的结论，而数据与方法部分只分享给那些可信的专家和机构。美国NIH在2012年1月20 日发表了“关于国家安全局审查 H5N1 研究的声明”，认为公布H5N1流感传播性研究的方法和其他细节，可能会推动那些有不合理企图的人复制此类实验，因此建议不要公布这些论文的全文。WHO在2012年2月召开了两次会议后认为这两篇文章公开发表的益处超过风险，建议论文不需要删减即可公开发表，并建议设计有效的交流方案，提高公众对H5N1相关研究的认知和理解。同时认为应该提高从事H5N1病毒研究的实验室的软硬件条件，并建立一个全面的监测系统对相关研究进行监管。2012年3月，美国国家生物安全科学顾问委员会第二次会议审查了之前的会议信息与国际意见，重新审议了之前的出版意见，建议两篇论文全文发表。美国国家生物安全科学顾问委员会同时发布了《美国政府对生命科学两用研究的监管政策》（United States Government Policy for Oversight of Life Sciences Dual Use Research of Concern），指出这项政策的目的是定期审查美国政府资助或进行的具有某些高致病性特征的病原微生物研究，在维护生命科学研究利益的同时，最大限度地减少滥用此类研究的知识、信息、产品或技术的风险。以上对禽流感病毒“功能增强”研究的讨论充分说明了两用生物技术背后面临的生物安全挑战与监管的焦点，相关的讨论为后续制定平衡生物技术的研究与风险监管提供了非常有益的参考（图6-9）。

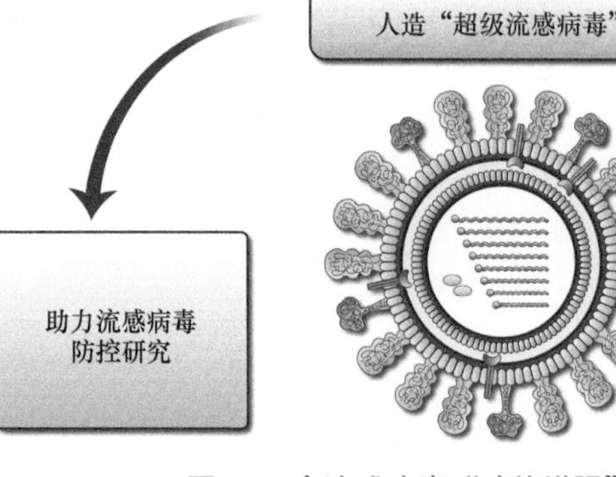

图6-9 禽流感病毒“功能增强”研究的两用性

二、人类婴儿基因编辑事件

2018年11月26日，贺某某声称世界上首次经过基因编辑的婴儿，一对双胞胎女性婴儿露露和娜娜出生。贺建奎利用基因编辑工具CRISPR/Cas9对双胞胎的*CCR5*基因进行修改，以期使得她们出生后就能够天然地抵抗艾滋病病毒感染。这一事件一经曝光就引起了国内外的轩然大波。122名中国科学家联合声明强烈谴责贺某某的实验严重违反了科研伦理，我国《人胚胎干细胞研究伦理指导原则》明确规定可以以研究为目的对人体胚胎实施基因编辑和修饰，但必须遵守14天法则。也就是说，利用体外受精、体细胞核移植等技术在研究范围内获得的人类胚胎，“其体外培养期限自受精或核移植开始不得超过14天”。也违反了卫生部《人类辅助生殖技术规范》中“禁止以生殖为目的对人类配子、合子和胚胎进行基因操作”条款。2019年12月30日，贺某某、张某某和覃某某三名被告人因共同非法实施以生殖为目的的人类遗传基因编辑和生殖医疗活动，构成非法行医罪，分别被依法追究刑事责任。2021年2月26日，最高人民法院、最高人民检察院发布《最高人民法院　最高人民检察院关于执行〈中华人民共和国刑法〉确定罪名的补充规定（七）》，明确指出将基因编辑、克隆的人类胚胎植入人体或者动物体内，或者将基因编辑、克隆的动物胚胎植入人体内，情节严重的，处三年以上七年以下有期徒刑，并处罚金。

从技术角度而言，尽管基因编辑技术在生物研究领域已经是一种常规的操作方式，但仅限于细胞水平及模式动物的构建。即使不久的将来在人类基因治疗上得到有效的应用，依然只是停留在个体的基因治疗上。本案例中女婴的父亲是艾滋病病毒感染者，如果只是为了能够防止他的女儿携带艾滋病病毒出生，完全可以使用目前在医学界已经成熟的“洗精”（sperm wash）技术，让艾滋病病毒和父亲的精子脱离，然后进行体外受精。此外，基因编辑技术并不是万能的，最主要的问题之一就是存在编辑基因的“脱靶问题”。对于这对基因编辑婴儿而言，她们可能不止一处基因被编辑，人为造成很多未知的基因突变风险，导致经基因编辑的婴儿自出生起便承受着患未知疾病的风险（图6-10）。在开展新技术的应用前，要充分考虑相关技术的源生风险及伦理风险等，自觉遵守法律法规的相关要求，将人的尊严放在科学探索之前。

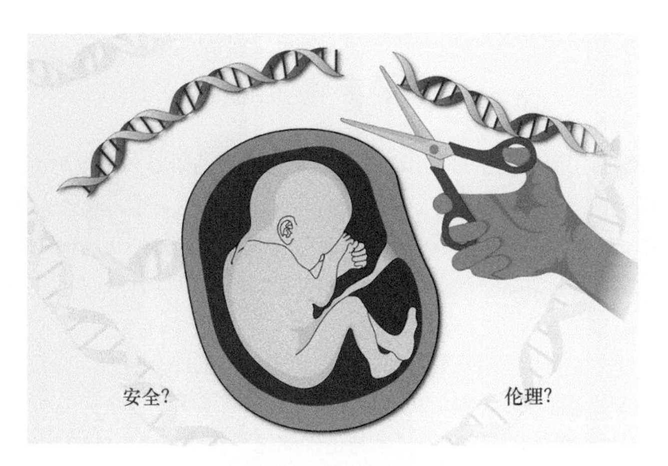

图6-10　基因编辑婴儿研究的伦理和技术风险问题

本章小结

2004年，美国政府首次使用两用研究（dual use research of concern，DURC）来描述可能被滥用的生命科学研究，强调有必要将有益研究成果非正当用于威胁公共卫生和国家安全的风险最小化。WHO也将两用研究定义为“有益但容易被滥用造成伤害的生命科学研究”（life sciences research that is intended for benefit，but which might easily be misapplied to do harm）。有关两用生物技术的讨论非常广泛，也难以概括所有的观点，本章主要介绍生物技术的范围，发展应用历史，以及一些最新的代表性生物技术进展，这些基础知识有助于评估生物技术可能存在的生物风险；讨论生物技术的两个生物风险来源“源生”和“滥用”，两用生物技术的特点，以及如何对生物技术进行生物风险评估；此外还介绍了生物技术的生物安全风险控制措施，包括开展常态化技术风险的监测、推动全球生物安全治理体系建设、建立平衡创新与风险的监管体系，以及加强科研人员的生物安全意识等，从而在实际工作中自觉维护生物安全，使生物技术更好地造福人类。本章最后以两个已发生的实例来介绍生物技术的生物风险，以及引发的讨论和采取的一些防范措施，希望有助于理解为什么在生物技术的实际研究与应用中要密切关注其对生物安全的可能影响。

复习思考题

1. 什么是生物技术的两用性?
2. 避免生物技术滥用的关键措施有哪些?
3. 如何对生物技术的生物安全风险进行评估?
4. 举一个基因操作技术的例子说明其潜在的生物安全风险。
5. 美国“昆虫联盟”项目是否应该开展?

（危宏平　余军平　周　雪　李小红）

主要参考文献

高璐．2020．生命科学两用研究的治理：以H5N1禽流感病毒的研究与争议为例．工程研究：跨学科视野中的工程，12（4）：355-365．

黄永东，韩彦丽，甘一如．2004．蛋白质的化学合成．中南药学，2（3）：164-167．

蒋丽勇，阳沛湘，徐雷，等．2020．生物剂相关的两用生物技术风险评估与防控策略．军事医学，44（10）：721-725．

雷煜．2017．脑机接口技术及其应用研究进展．中国药理学与毒理学杂志，31（11）：1068-1074．

农业部农业转基因生物安全管理办公室．2011．百名专家谈转基因．北京：中国农业出版社．

孙英梅，刘冬梅．2018．"换头术"面临的技术与伦理问题．医学争鸣，9（2）：64-67．

王冬梅，洪洞．2011．从碱基到人造生命：基因组的从头合成．生命的化学，31（1）：13-20．

物联网．2020．物联网下的医疗器械存在怎样的网络安全问题．https://www.21ic.com/article/707291.html[2020-04-26]．

张鑫，王莹，刘静，等．2020．典型两用性生物技术的潜在生物安全风险分析．中国新药杂志，29（13）：1495-1500．

祝叶华．2017．首例头部移植手术在遗体上完成引争议．科技导报，35（22）：9．

Adli M. 2018. The CRISPR tool kit for genome editing and beyond. Nat Commun, 9(1): 1911.

Burt A. 2003. Site-specific selfish genes as tools for the control and genetic engineering of natural populations. Proc Biol Sci, 270(1518): 921-928.

Cavazzana-Calvo M, Hacein-Bey S, de Saint Basile G, et al. 2000. Gene therapy of human severe combined immunodeficiency (SCID)-X1 disease. Science, 288(5466): 669-672.

Chaput J C, Herdewijn P. 2019 What is XNA? Angewandte Chemie International Edition, 58(34): 11570-11572.

Dowall S D, Matthews D A, Garcia-Dorival I, et al. 2014. Elucidating variations in the nucleotide sequence of Ebola virus associated with increasing pathogenicity. Genome Biol, 15(11): 540.

Fire A, Xu S, Montgomery M K, et al. 1998. Potent and specific genetic interference by double-stranded RNA in *Caenorhabditis elegans*. Nature, 391(6669): 806-811.

Friedmann T, Roblin R. 1972. Gene therapy for human genetic disease? Science, 175(4025): 949-955.

Gantz V M, Jasinskiene N, Tatarenkova O, et al. 2015. Highly efficient Cas9-mediated gene derive for population modification of the malaria vector mosquito *Anopheles stephensi*. PNAS, 112(49): 6736-6743.

Gerstein D, Giordano J. 2017. Rethinking the biological and toxin weapons convention? Health Secur, 15(6): 638-641.

Gibson D G, Glass J I, Lartigue C, et al. 2010. Creation of a bacterial cell controlled by a chemically synthesized genome. Science, 329(5987): 52-56.

Kupferschmidt K. 2017. How Canadian researchers reconstituted an extinct poxvirus for $100, 000 using mail-order DNA. https: //www. science. org/content/article/how-canadian-researchers-reconstituted-extinct-poxvirus-100000-using-mail-order-dna[2023-05-19].

Kwok R. 2010. Five hard truths for synthetic biology: can engineering approaches tame the complexity of living systems? Nature, 463(7279): 288-291.

Lee H B, Sebo Z L, Peng Y, et al. 2015. An optimized TALEN application for mutagenesis and screening in *Drosophila melanogaster*. Cell Logist, 5(1): e1023423.

Noble C, Adlam B, Church G M, et al. 2018. Current CRISPR gene drive systems are likely to be highly invasive in wild populations. Elife, 7: e33423.

Pan C, Liu H, Robins E, et al. 2020. Next-generation immuno-oncology agents: current momentum shifts in cancer immunotherapy. J Hematol Oncol, 13(1): 29.

Pfeifer K, Frie J L, Giese B. 2022. Insect allies-assessment of a viral approach to plant genome editing. Integr Environ Assess Manag, 18(6): 1488-1499.

Reeves R G, Voeneky S, Caetano-Anollés D, et al. 2018. Agricultural research, or a new bioweapon system? Science, 362(6410): 35-37.

Reid W R, Olson K E, Franz A W E. 2021. Current effector and gene-drive developments to engineer arbovirus-resistant *Aedes aegypti* (Diptera: Culicidae) for a sustainable population replacement strategy in the field. J Med Entomol, 58(5): 1987-1996.

Rogers S, Pfuderer P. 1968. Use of viruses as carriers of added genetic information. Nature, 219(5155): 749-751.

Sutton T C, Finch C, Shao H, et al. 2014. Airborne transmission of highly pathogenic H7N1 influenza virus in ferrets. J Virol, 88(12): 6623-6635.

Thao T T N, Labroussaa F, Ebert N, et al. 2020. Rapid reconstruction of SARS-CoV-2 using a synthetic genomics platform. Nature, 582: 561.

Urnov F D, Rebar E J, Holmes M C, et al. 2010. Genome editing with engineered zinc finger nucleases. Nat Rev Genet, 11(9): 636-646.

Use of Terms, CBD. 1992. “Biotechnology” means any technological application that uses biological systems, living organisms, or derivatives thereof, to make or modify products or processes for specific use. https://www.cbd.int/convention/articles/?a=cbd-02[2023-10-20].

Varela M, Schnettler E, Caporale M, et al. 2013. Schmallenberg virus pathogenesis, tropism and interaction with the innate immune system of the host. PLoS Pathog, 9(1): e1003133.

Wang G, Cao R Y, Chen R, et al. 2013. Rational design of thermostable vaccines by engineered peptide-induced virus self-biomineralization under physiological conditions. Proc Natl Acad Sci USA, 110(19): 7619-7624.

Wei K, Sun H, Sun Z, et al. 2014. Influenza A virus acquires enhanced pathogenicity and transmissibility after serial passages in swine. J Virol, 88(20): 11981-11994.

Zilinskas R A, Mauger P. 2015. Biotechnology E-commerce: A disruptive challenge to biological arms control. http://www.nonproliferation.org/wp-content/uploads/2015/06/biotech_ ecommerce.pdf [2015-03-31].

第七章 生物资源与生物安全

学习目标

1. 了解生物资源和人类遗传资源的含义与延伸；
2. 了解生物资源和人类遗传资源的类型与特点；
3. 了解生物资源和人类遗传资源与生物安全之间的关系；
4. 熟悉我国对于生物资源和人类遗传资源的立法保护措施；
5. 了解应对生物资源和人类遗传资源生物安全风险的措施。

生物资源是地球生态系统中所有动物、植物、微生物等生物群落的总和，包含生物遗传资源、生物质资源、生物信息资源等，是地球生物圈的有机组成与生物多样性的物质体现，维系着人类社会的生存与可持续发展。生物遗传资源是生物资源的重要组成部分，其遗传多样性是生物多样性的核心体现，遗传资源的流失、不合理的使用等，将减少生物多样性，严重影响人类健康，破坏生态环境，造成诸多安全问题。本章将从生物资源、遗传资源、人类遗传资源的概述、涉及的生物安全风险、风险控制措施及经典案例4个节段介绍生物资源与生物安全相关内容。

第一节 生物资源与人类遗传资源概述

生物资源的保护和利用，是维系国家安全的重要保障。生物资源可分为生物遗传资源、生物质资源和生物信息资源，其中人类遗传资源作为一种特殊生物资源，是开展生命科学研究的重要物质和信息基础，是认知和掌握疾病的发生、发展和分布规律的基础资料，是推动疾病预防、干预和控制策略开发的重要保障。本节将对生物资源与人类遗传资源的相关特性、价值、保护和利用进行概述。

一、生物资源的定义

传统的生物资源（biological resources）包含了人类当前已知的所有可利用的生物材料，如动物、植物、微生物及病毒等多种资源。随着科学文明的不断进步，人类对生物资源有了更成熟的理解：任何具有直接、间接或潜在经济、科研价值的生命有机体都可归于生物资源范畴，如基因、物种、生态系统等（娄治平等，2012）。在《生物多样性公约》中，生物资源是指自然界中对人类具有实际或潜在用途或价值的遗传资源、生物体或其部分、生物群体或生态系统中任何其他生物组成部分。其与水资源、土地资源、矿产资源、能源资源和气候资源等都是人类赖以生存与发展的最为重要的物质基础。

在地球亿万年的演变历史中，不同生物物种之间发生着协同进化关系，使得复杂的生命呈现出从简单互助到互生、共生和寄生等多种生命形态。自然界中存在的生物种类繁多，形态各异，结构千差万别，分布极其广泛。2024年，《生物物种名录》（Catalogue of Life）统计全球已经鉴定的生物物种有230万余种（https://www.catalogueoflife.org/）。据估计，从地球诞生至今，约有1000万种已知的生物、约1000万种未知的生物，以及约1亿种已经埋没于历史长河中的生物。它们在人类的生产生活中占据着重要的地位，与人类的生存发展密不可分。在全球日益突出的生物安全问题中，生物资源与生物技术、传染性疾病、生物武器、生物恐怖活动、生物安全实验室、生物多样性等已成为全球生物安全研究重点关注的领域（曾艳和周桔，2019）。

二、生物资源的分类

生物资源包括基因、物种及生态系统三个层次，从物种与种群层面来讲，生物资源包括动物、植物、微生物等多种资源（赵建成和吴跃峰，2002）。由物种及种以下的分类单位（如亚种、品种等）的个体及其含有生物遗传功能的遗传材料可归为生物遗传资源（biogenetic resources）。以可持续方式利用的生物质则被称为生物质资源（biomass resources）。同时随着生命科学和计算机科学的迅猛发展，生物物种的核酸和蛋白质序列及其衍生的序列分析和结构功能预测的遗传相关信息与数据则被称为生物信息资源（biological information resources）。

（一）生物遗传资源

生物遗传资源又称生物种质资源，1992年签署的《生物多样性公约》将遗传资源定义为："源自植物、动物、微生物和其他具有实际或潜在价值的遗传功能单位的物质的材料"，即除生物外，它还包括含有生物体的环境样本，如水和土壤。我国2010年修订的《中华人民共和国专利法实施细则》第二十六条规定，遗传资源应是来源于人体、动物、植物或微生物等含有遗传功能并具实际或潜在价值的材料。因此，生物遗传资源是基于物种及物种以下的分类单元（亚种、变种、品种、品系）的遗传材料，并包含核酸、染色体、组织、器官和胚胎等具有遗传功能的结构单位。而在生物遗传资源中，特别是栽培作物和野生生物种质资源及微生物中，包含了大量的特殊、优质基因，如抗虫、抗旱、耐盐碱、抗病等抗逆基因，以及高产、速生、雄性不育等优异基因，这些基因遗传资源将极大地促进农作物新品种的选育。

（二）生物质资源

生物质资源是指可以直接利用或具备潜在利用价值的生物质，生物质是一种可再生能源，因为其化学能最终来自通过光合过程的太阳能（Scarlat et al.，2015）。在早期对生物质的理解中，在生物能源领域，生物质指代来自农业（包括植物和动物物质）、林业和相关行业（包括渔业和水产养殖业）的生物来源产品、废物和残留物的可生物降解部分，以及工业和城市废物的可生物降解部分。在生物经济背景下，生物质包括可再生生物资源，即用于将这些废物转化为增值产品，如食品、饲料、生物基产品的资源和生物能源（European Commission，2012）。因此，它包括来自植物、动物和废物来源的可食用（食物）和不可食用（非食物）生物质，包括所有动植物和微生物形成与产生的生物有机体、代谢产物、排泄物、伴生物及衍生物，以及人类生产和生活中所产生的有机质（Ge et al.，2023）。

（三）生物信息资源

人类基因组计划（Human Genome Project）帮助人们获得了人类基因序列，对认识遗传疾病、癌症、免疫性疾病等的致病机制提供了巨大的帮助，为人类医疗与卫生健康研究新方法（分子诊断、基因治疗等）提供了理论依据，也为基因组数字信息化和数字医疗系统的发展铺平了道路（图7-1），推进了人类生物信息资源的快速发展（Yu and Hu，2021）。通过运用计算机技术、信息学理论、生物数学等交叉学科的方法与技术，对生物分子、生物基矿物质及其化合物的序列、结构和功能进行研究，并对其所产生的海量数据进行系统的获取、挖掘、解析、预测，形成非实物化的生物信息数据库资源称为生物信息资源，它是生物遗传资源的延伸（欧江涛和陈集双，2020）。在大数据时代

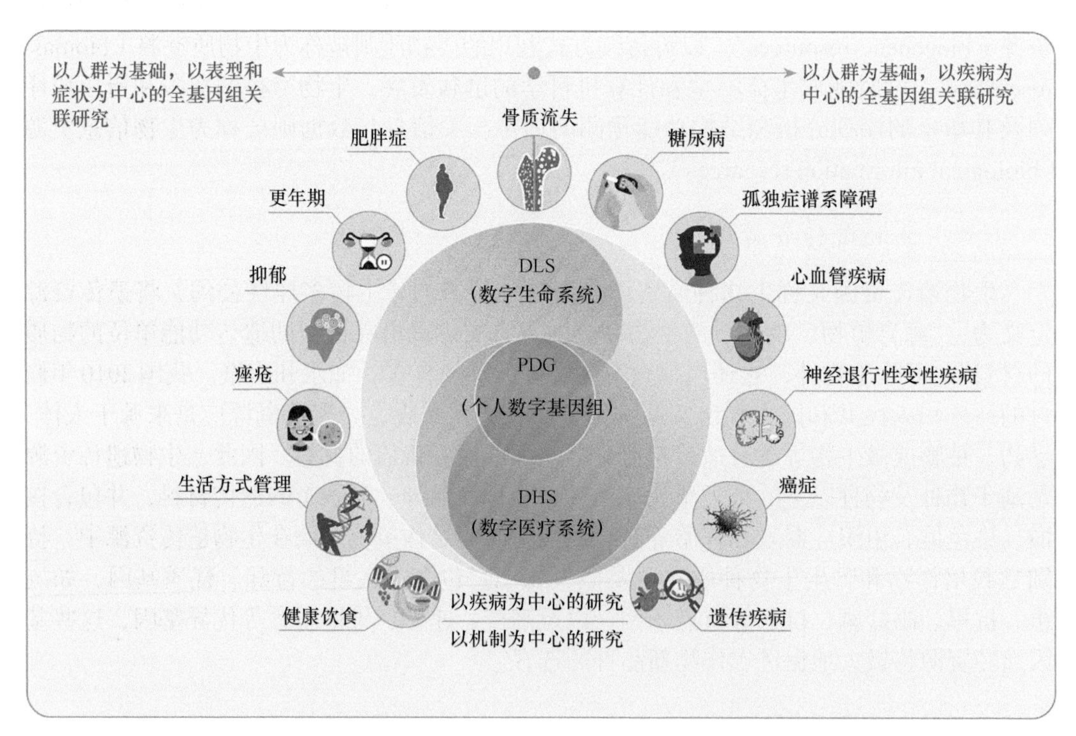

图7-1　基于人类基因组计划发展的三个数字系统：个人数字基因组（personal digital genome，PDG）、数字医疗系统（digital healthcare system，DHS）和数字生命系统（digital life system，DLS）（Yu and Hu，2021）

的今天，生物信息资源展现了强大的生命力和广阔的应用前景，在农业、工业、生态环境、医学研究等领域发展迅猛，催生了合成生物学、蛋白质组学、人工智能、精准医疗等一系列产业。

随着人类基因组计划的展开，以及网络在全球普及，生物遗传信息相关的数据库数量和体量迅猛增加，形成了以美国国立生物技术信息中心（National Center for Biotechnology Information，NCBI）、欧洲生物信息研究所（European Bioinformatics Institute，EBI）、日本DNA数据库（DNA Data Bank of Japan，DDBJ）等为代表的多个国际大数据中心。中国科学院北京基因组研究所面向国家大数据发展战略和科技创新战略，成立了生命与健康大数据中心，建立了生物大数据储存、整合与挖掘分析研究体系，构建的GSA（Genome Sequence Archive）数据库已开展原始组学数据存储与共享服务，并与国际接轨建成了我国生物大数据汇交共享平台，成为全球第四个综合基因组权威数据库（图7-1）。

美国国立生物技术信息中心成立于1988年，NCBI负责创建自动化系统来存储和分析有关分子生物学、生物化学和遗传学的知识；促进研究和医学界使用此类数据库和软件；协调收集国内和国际生物技术信息的工作；并对基于计算机的信息处理的先进方法进行研究，以分析重要生物分子的结构和功能。

欧洲生物信息研究所，是欧洲分子生物学实验室（European Molecular Biology Laboratory，EMBL）的一部分，由原EMBL核酸序列数据库管理机构发展、演变而来，包括核酸序列、基因组、微阵列基因表达、蛋白质序列和注释等多种生物学数据。目前该数据库与美国NCBI生物数据库实现同步更新，是协调搜集和传播生物学数据的欧洲节点。

日本DNA数据库于1984年建立，是世界三大DNA数据库之一，与NCBI的GenBank、EMBL的EBI数据库共同组成国际DNA数据库，DDBJ主要向研究者收集DNA序列信息并赋予其数据存取号，信息主要来源于日本的研究机构。

国家基因库生命大数据平台（China National GeneBank DataBase，CNGBdb）是我国最大的生物大数据中心之一，是一个为科研社区提供生物大数据共享和应用服务的统一平台，基于大数据和云计算技术，提供数据归档、计算分析、知识搜索、管理授权和可视化等数据服务（图7-2）。目前CNGBdb整合了来源于国家基因库、NCBI、EBI、DDBJ等平台的数据，包括文献、变异、基因、蛋白质、序列、项目、样本、实验、测序、组装10个结构的大量分子数据和其他信息。CNGBdb不仅提供数据搜索和索引功能，还能将这些数据与具体的样本甚至活体进行关联，从而实现数据从活体到样本再到信息数据全过程的可追溯性，达成综合数据的全贯穿（https://db.cngb.org/）。

三、生物资源的特性

生物资源是具有生命的有机体，是生物长期进化发展的产物，在人类和全球生态中占据着重要的生态位，因此被赋予与其他资源不同的特性。

（1）可再生性：可再生是生物资源的根本属性，是指生物资源可以通过自我更新，

图 7-2　中国国家基因库生命大数据平台网站

永续利用。在自然和人为条件下，生物具有不断自然更新和人为繁殖的能力。

（2）有限性：生物资源虽然可再生，但其再生能力有一定限制。生物资源遭到破坏后难以自然恢复，受自然灾害、过度的开发与索取及人为破坏时，某些生物资源和种类将减少乃至灭绝。

（3）多样性：生物资源多样性包括生物多样性、功能多样性和价值多样性。生物多样性如物种多样性、遗传多样性、生态系统多样性；功能多样性与价值多样性常常关联在一起，具有不同身份功能的生物如食物、药物、建筑材料等，价值也丰富多样，如观赏、食用、药用、工业原料、科研、美学价值等。

（4）地域分布性：生物资源的分布与气候和环境相关，在高原和温带湿润地区，生物资源丰富多样。在极端环境下物种单一，丰度较低。

（5）可引种驯化：生物资源的引种驯化是指野生生物资源可以通过人为的引种驯化而成为家养生物。

（6）周期性：生物资源大都遵循着大自然的自然规律，有各自的生长周期。

四、生物资源的价值

生物资源是人类赖以生存和发展的基础，在所有社会中都具有多种重要的经济价值，资源种类不同，其价值体系与评估方案也会有所差异。一些生物资源很容易通过直接使用来转化为经济效益，如家禽、野生动物资源和一些经济作物等；也有些生物资源虽然可以为人类所用，但是在收益上却不显著，如用于流域保护、气候调节、土壤肥力、光合作用、科研、鸟类观赏等的资源。一般来说，生物资源的价值往往包括使用价值和非使用价值两个方面。

1. 生物资源的使用价值

生物资源的使用价值可分为直接使用价值和间接使用价值。

1）直接使用价值　生物资源的直接使用价值是指将生物资源用于生产、繁殖和保存等，如农作物产量、动物饲料和生产、制药、配种驯化、基因文库构建等，最直观的体现如用于市场上正式交换的产品的价值，包括木材、鱼类、毛皮、蜂蜜、药用植物、橡胶、水果、观赏动植物等。科学家利用杂交、转基因等技术手段对生物种质资源进行改良，提高栽培品种的抗虫、抗病、抗旱等抗逆性及农作物产量（Wang et al., 2019）。

2）间接使用价值　生物资源的间接使用价值往往无法在实际经济效益中体现出来，但其价值可能远远高于直接使用价值。直接使用价值往往都是来源于间接使用价值，没有消费或生产使用价值的生物物种，在生态系统中可能起更重要的作用，它们支持着具有消费及生产使用价值的物种。而间接使用价值主要与生态系统的功能有关，因此具有以下多种价值属性。

（1）生态价值：主要包括绿色植物通过光合作用固定的太阳能进入食物链；通过传粉达到基因交流；保持水土，调节气候、污染物的吸收及分解；维持生态环境的自然平衡等。

（2）科研价值：某些特殊的生态环境中蕴藏着丰富而独特的生物资源，譬如深海环境。深海具有独特的海底环境，孕育出低温（或高温）、无光照等极端条件的生态系统，存在着丰富的物种生物资源，这些物种体内含有独特的遗传信息，对于研究揭示生命起源等问题具有极高的价值。

（3）社会价值：对于一些物种和它们的栖息地，人类并未直接或间接利用它们，但其存在价值却受到人类的重视，人们期望后代能够从这些生物物种的存在中获得多方面的好处。此外，生物资源的存在可以美化人们的生活，数千万色彩纷呈的植物和神态各异的动物构成了人类生活的世界。

2. 生物资源的非使用价值

非使用价值包括存在价值、遗赠价值、选择价值。存在价值：个体或社会对资源继续存在的满意度，不考虑资源所产生的物质利益。遗赠价值：人们将资源留给子孙后代而自愿支付的费用。选择价值：为防止将来野生生物的不断灭绝，就野生生物利用而言，最好的准备就是拥有一个多样性安全网，即保持尽可能多的基因库，尤其是那些具有或可能具有重要经济价值的物种。

五、人类遗传资源

（一）人类遗传资源的定义

作为生物遗传资源的重要组成，人类遗传资源（human genetic resources）目前还尚未有统一、明确的定义。《生物多样性公约》中仅对“遗传资源”进行了释义，考虑到人类遗传资源的特殊性，未将人类遗传资源纳入其框架内。2019年，我国正式颁布实施《中华人民共和国人类遗传资源管理条例》，条例规定人类遗传资源包括人类遗传资源材料和人类遗传资源信息。其中人类遗传资源材料是指含有人体基因组、基因等遗传物质的器官、组织、细胞等遗传材料，而人类遗传资源信息是指利用人类遗传资源材料产生的数据等信息资料。

（二）人类遗传资源的特征

1. 稀缺性

自然界中资源的数量、种类是有限的，与传统的石油、煤炭、天然气等自然资源相比，人类遗传资源在种类和数量上更为稀缺。人类基因组研究结果显示，对于医学研究和生命科学的发展来说，大多数人类的DNA并无利用价值。而具有利用价值的遗传资源，尤其是那些发生突变的、地域特有的或是遗传性状保存完好的遗传资源，却很难实现产业化，数量也非常有限。与其他动植物相比，人类也仅有300个独特基因（International Human Genome Sequencing Consortium，2004）。此外，由于资源分布区域与存在形式的特殊性，一些类型的人类遗传资源只会出现在特定的地域与种群中，一旦这些地域内种群的生存和繁衍受到威胁与挑战，这些依附存在的人类遗传资源就可能在极短的时间内消失。

2. 可再生性

人类遗传资源具有其他自然资源不具备的一个特性，即可再生性。人类遗传资源可以利用遗传物质的特性，而在特定条件下长期存在。人类遗传资源以生命体为载体，只要相关的生物材料存在，资源就能够永远存在，遗传信息仍然可以被利用。

3. 地域性

人类遗传资源在全世界的分布极不均衡，极具区域性，并在漫长的自然演化的过程中，通过不同的进化途径使遗传资源分布更加差异化，使得在自然选择过程中，一些相对封闭的地区较好地保留了民族特有的遗传基因。中国作为一个14亿人口的大国，大杂居、小聚居的生活特点，使得56个民族经过数千年的民族融合，呈现了显著的地域差别。在我国西南、西北偏僻的乡村和少数民族聚居区仍然存在四世同堂甚至五世同堂的大家族，这些家族有独特的家族遗传疾病，可以通过分析这些家族的遗传信息，找到相应的疾病基因，进而找到治疗手段，研发出治疗药物。

4. 无价性

人类遗传资源与其他实物资源的不同之处在于，其经济价值无法用市场交易来衡量，但它在科学研究、公众健康、国家安全等方面有着极其重要的意义。全球各国通常禁止人类遗传资源的商品交易，即使准许流通，也要经过严格的审查与监管。我国人口基数大、民族多、家系复杂、疾病类型多样，人类遗传资源丰富，这些资源对于促进科学研究、保护公众健康、维护国家安全与社会利益具有重要的价值。

5. 社会性

人类遗传资源被广泛应用于医学研究、治疗检测等多个领域，具有了社会学意义。一方面，利用人类遗传资源为人类社会服务；另一方面，对客观存在的人类遗传资源价值进行充分发掘。人类遗传资源开始被纳入宪法、知识产权法、民法等研究范畴。

（三）人类遗传资源的价值与意义

人类遗传资源就像一张存储着海量人类生命体信息的芯片，如同人类的“生命说明书”一般，是开展生命科学研究的重要物质和信息基础，其价值日渐受到重视，成为各国争夺的目标。人类遗传资源有助于人类认知和掌握疾病的发生与流行规律，推动人类疾病预防、控制策略的开发，揭示人类的起源和进化等。

1. 人类遗传资源与生物技术发展

通过现代生物学技术对遗传资源进行研究开发，生产出对人类有益的遗传疾病治疗与预防产品，将推动医疗技术的发展。这些逐步发展的突破性技术也将日益推动医疗产业的新变革。例如，通过基因检测、靶向治疗等技术推动经验医学向精准医学转变；制造和再生医学的兴起与干细胞和组织工程技术密切相关；免疫治疗技术改变了传统的手术和放化疗等肿瘤治疗手段；而基因编辑技术则将人类带进“精准调控”时代，能在很大程度上改变当前遗传疾病治疗现状。

2. 人类遗传资源与遗传疾病的防控

通过对人类遗传资源进行研究，可以破解不同国家、特定人种的遗传信息和特征等，并且能够了解先天性疾病、慢性病等人类遗传疾病的致病因子，探寻治疗方法。目前已发现有成千上万种疾病与人类的遗传物质和致病基因相关，除了21三体综合征、地中海贫血、白化病、血友病等基因疾病外，还包括高血压、糖尿病、抑郁症等。随着世界各国对人类遗传疾病的重视，以及医学遗传学、生物医学等技术手段的发展，现阶段许多遗传疾病已经从无从着手到可防可治（Piccin，2019；Young et al.，2019；Wu et al.，2021）。

3. 人类遗传资源研究与人类进化

人类DNA中存在很多非典型的小型开放阅读框，其DNA序列长度通常低于300个核苷酸，被称为“微基因”（microgene）。这些“微基因”能编码一些具有重要生理功能的微蛋白，它们的结构、变异与人类遗传进化、基因多样性密切相关，如一些转录因子、倒位结构变异的研究对于理解人类进化历史、种族多样性等有重要的意义（Lambert et al.，2018）。2022年，欧洲的科学家就从人类谱系中发现了155个新基因，这些新基因中的一些可追溯到哺乳动物的远古起源，对于人类进化有着重要作用（Vakirlis et al.，2022）。

第二节　生物资源与人类遗传资源相关生物安全风险

我国是生物资源和人类遗传资源大国，但从20世纪90年代起，一直面临着较为严峻的资源流失的情况。本节简要介绍在当前新形势下，我国生物资源与人类遗传资源面临的生物安全风险。

一、生物资源与人类遗传资源保护现状

（一）生物资源的保护和利用

生物资源与人类的日常生活紧密相关，尤其是在生态环境、粮食与公众健康领域。我国是世界上生物资源最为丰富的国家之一，也是全球重要的农作物水稻、大豆的起源中心及多种特有畜、禽、鱼类种和品种的原产地。对生物资源利用的历史由来已久，为了保护和利用生物资源，我国针对性地制定了多项行动纲领，陆续出台并实施了《中华人民共和国海洋环境保护法》《中华人民共和国渔业法》《中华人民共和国野生动物保护法》等相关法律与政策。2007年，国家环境保护总局（现生态环境部）发布了《全国生物物种资源保护与利用规划纲要》；2010年，环境保护部（现生态环境部）编制了《中国生物多样性保护战略与行动计划（2011—2030年）》（薛达元，2011），并于2014年印发了《加强生物遗传资源管理国家工作方案（2014—2020年）》，确定了生物资源保护的一系列国家方案。2016年，国家发展和改革委员会发布《“十三五”生物产业发展规划》，提出建设生物资源样本库、生物信息数据库和生物资源信息一体化体系。2017年，科技部印发《“十三五”生物技术创新专项规划》，确定我国战略性生物资源发展目标和发展举措。

近年来，我国更加重视种质资源保护，建立植物园（树木园）近200个，保存植物2.3万余种（约占中国植物总种数的60%），系统收集保存濒危植物种质资源，使一些极小种群野生植物初步摆脱灭绝风险。过去10年，中国森林资源增长面积超过7000万hm^2，居全球首位。生物遗传资源的收集保藏量位居世界前列。各类自然保护地总数量超过1万处，约占国土面积的18%。超过90%的陆地自然生态系统类型和71%的国家重点保护野生动植物种类得到了有效保护。

我国实体生物资源保藏水平得到稳定提高，2016年底，我国已建成316家植物保藏机构、96家动物保藏机构、90家微生物保藏机构及国家级人类遗传资源数据中心。截至2018年，全国已建成31家生物种质资源库和20个科学数据中心，覆盖了水生生物、海洋生物、微生物、实验动物标本、干细胞等实物资源（程苹等，2018）。2021年12月，中国科学院发布《中国科学院生物资源目录》，该目录汇集了中国科学院40个研究所72家生物资源库馆逾743万份的生物资源数据，包含生物标本、生物遗传资源及生物多样性监测网络资源等，构成了完整的数据生态系统（图7-3），为支撑前沿研究、助力生物多样性保护、构筑生物安全防御体系提供了重要的数据支持（https://www.casbrc.org/resource）。

在生物信息数据库方面，我国已成为国际基因组数据最大产出国之一，据国家基因库大数据平台Database Commons数据库统计，我国数据库资源总数已位居世界第二（https://ngdc.cncb.ac.cn/databasecommons/）。

数据库包含国家基因组学数据中心（National Genomics Data Center，NGDC）、microRNA-靶标相互作用数据库（microRNA-Target Interactions Database）、人类microRNA疾病数据库（Human microRNA Disease Database，HMDD）、动物转录因子数据库（Animal

图7-3　《中国科学院生物资源目录》图示

Transcription Factors Database，AnimalTFDB）、毒力因子数据库（Virulence Factor Database，VFDB）等，涉及基因表达调控、人类重大疾病研究、蛋白质互作、表观基因组学等研究。

（二）人类遗传资源的保护管理现状

作为一个拥有56个民族的多民族人口大国，中国孕育了丰富的民族基因遗传资源和疾病遗传资源，以及大量的特殊生态环境人群、地理隔离人群和疾病核心家系等遗传资源（图7-4）。早在1998年，我国就成立了中国人类遗传资源管理办公室，并颁布

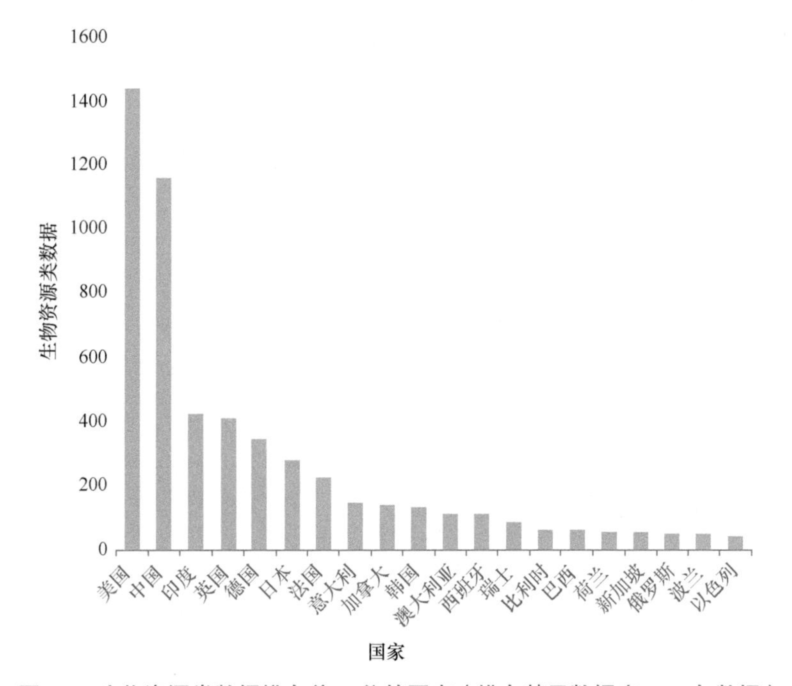

图7-4　生物资源类数据排名前20位的国家（排名基于数据库2023年数据）

实施了《人类遗传资源管理暂行办法》，开启了人类遗传资源保护、利用的制度化时代。2011年、2013年科技部先后两次发布《关于进一步加强人类遗传资源保护管理工作的通知》；2015～2017年，国务院将“涉及人类遗传资源的国际合作项目审批”的行政许可变更为“人类遗传资源采集、收集、买卖、出口、出境审批”，强化了采集、保藏人类遗传资源的行政审批制度。科技部公布了《人类遗传资源采集、收集、买卖、出口、出境审批行政许可事项服务指南》和《科技部办公厅关于优化人类遗传资源行政审批流程的通知》，进一步明确“分级管理、统一审批”的监管体制。2019年，国务院颁布了《中华人民共和国人类遗传资源管理条例》，从采集保藏、利用和对外提供、服务和监督、法律责任厘定4个大方向进一步加大对我国人类遗传资源的保护力度，促进人类遗传资源的合理利用。2021年，《中华人民共和国生物安全法》正式施行，从法律层面保障了人类遗传资源的保护和利用中涉及的生物安全。

（三）生物资源与生物安全的关系

1. 生物资源与生态安全

生物资源是构成生物多样性最重要的元素，生物资源的过度使用、丧失将导致一个地区的生物链断裂，严重时可导致物种灭绝，破坏生物多样性与生态平衡。

科技部发布的全球生态环境遥感监测报告显示，2018年全球森林面积为38.15亿hm^2，占全球陆地面积的25.60%。21世纪以来，即从2000年到2018年，全球森林覆盖面积总体稳定，森林面积净减少0.17亿hm^2，占全球森林总面积的0.44%。2010～2020年，亚马孙河流域、刚果河流域和东南亚区域的热带雨林森林面积都在持续减少，森林覆盖率分别减少了2.07%、1.04%和4.81%。2020年全球典型湖泊藻华暴发呈上升趋势，全球161个典型湖泊中43%存在藻华暴发现象，湖泊生态持续恶化。

2022年我国自然资源部公布的《中国生态环境状况公报》显示，全国39 330种已知高等植物中需要重点关注和保护的植物数量达11 715种，其中处于受威胁的达4088种、近危等级的2875种。4767种已知脊椎动物（除海洋鱼类）中，需要重点关注和保护的脊椎动物数量达2816种，其中受威胁的达1050种、近危等级的有774种。9302种已知大型真菌中，需要重点关注与保护的真菌数量达6538种，其中受威胁的达97种、近危等级的有101种。

联合国2019年发布的《生物多样性和生态系统服务全球评估报告》显示，目前约有100万种动植物濒临灭绝，许多物种在未来几十年内就会灭绝，全球物种灭绝速度比过去1000万年的平均速度高至少几十倍到几百倍，而且仍在加速。根据《世界自然保护联盟濒危物种红色名录》的标准，目前面临灭绝威胁的物种的平均比例约为25%（图7-5）。

而这些生物资源的丧失和破坏造成的直接和间接后果就是物种分布、物候、种群动态、群落结构和生态系统功能等全都受到影响，全球绝大多数生态系统和生物多样性指标迅速下降。75%的陆地表面发生了巨大改变，66%的海域正经历越来越大的累积影响，85%以上的湿地（按面积）已经丧失，气候急剧变化，自然灾害频发，并已经对农业、水产养殖和渔业等造成了影响。

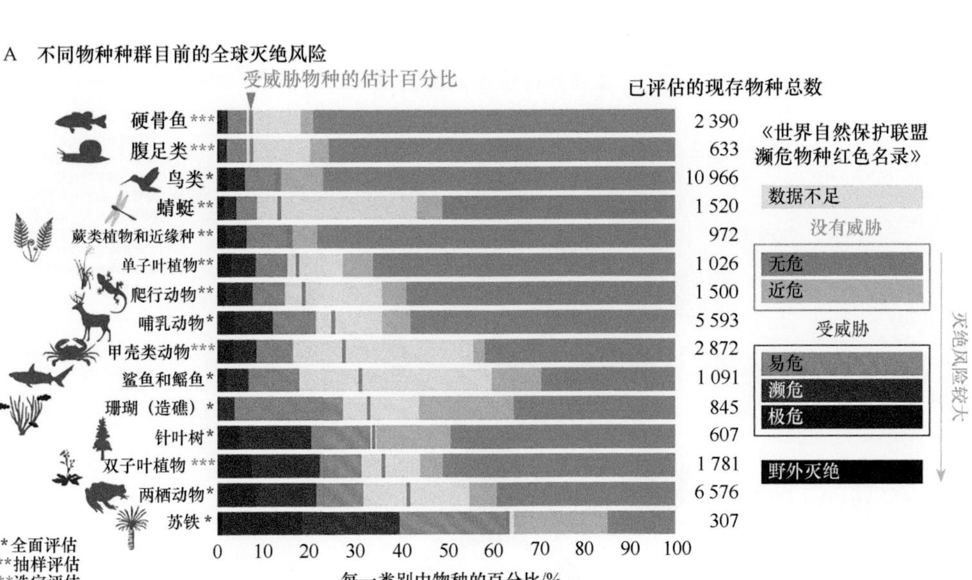

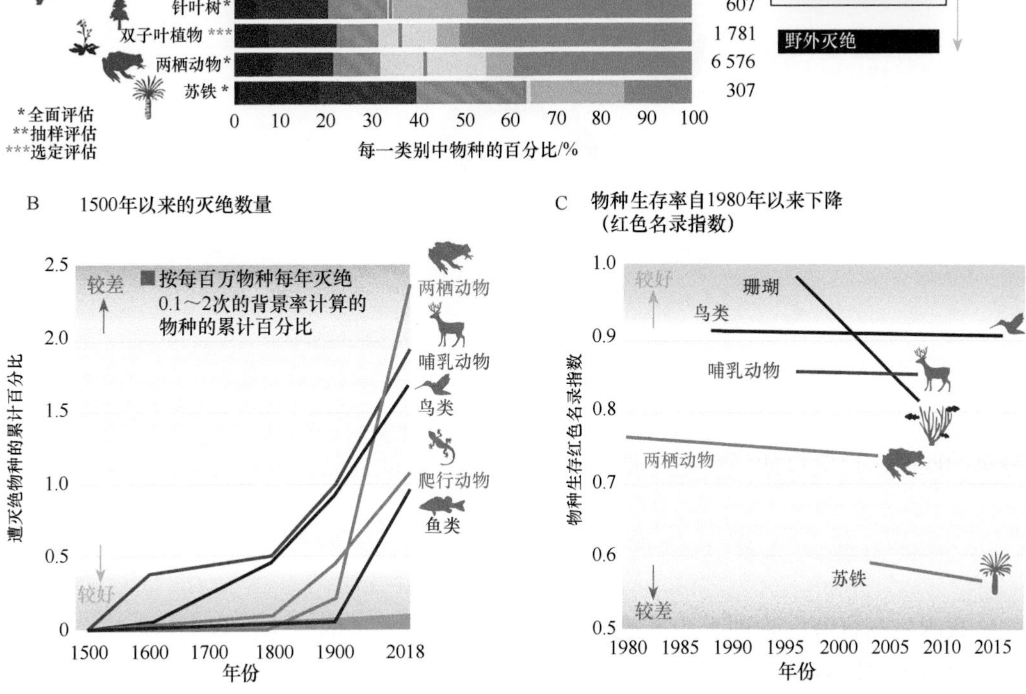

图7-5　全球不同物种灭绝风险评估（引自《生物多样性和生态系统服务全球评估报告》）

2. 生物资源的重要性

生物资源不仅是维持生物多样性和生态安全的关键，更关乎生物医学研究、公众健康、人类社会可持续发展（图7-6）。据统计，全球60%的新药研发都与天然产物和海洋微生物资源等相关，如抗肿瘤药物紫杉醇注射液和长春新碱等，抗疟疾药物青蒿素，心血管疾病相关的活性物质蛤素、鲨鱼油、海藻多糖等（Dewapriya and Kim，2014）。

生物资源的保护开发利用是国家主权和核心利益的重要组成，为了实现可持续发展目标，更好地保藏和利用自身的生物资源，世界多国与地区在动植物资源、微生物资源和人类遗传资源等方面开展了多方位的体系建设。我国作为世界上生物资源最丰富的国家之一，生物技术产业得到快速发展，在一些遗传资源的利用、使用上也已成为主要的技术领先国家。开展生物资源的保护开发利用，保护生物遗传资源公平、公正地获取和

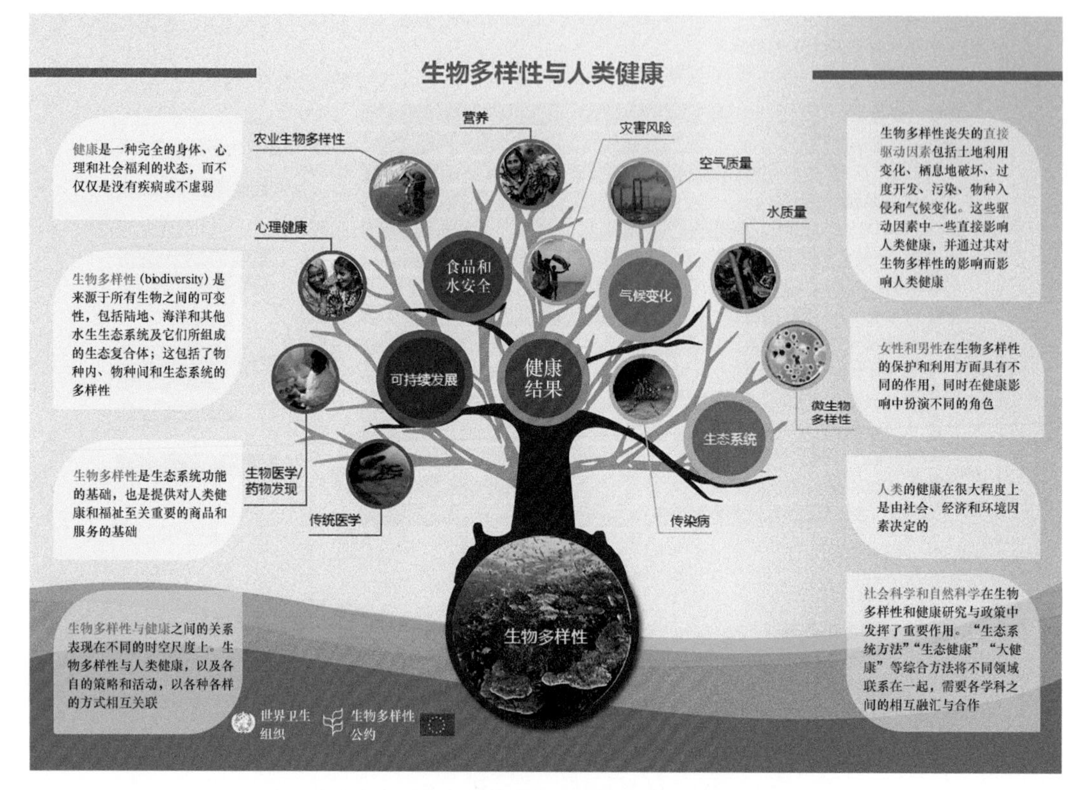

图7-6 生物多样性与人类健康（引自《生物多样性公约》）

分享的同时，也应该加强生物资源有关的生物安全风险控制，维护国家生物安全。

二、生物资源与人类遗传资源的生物安全风险来源

我国生物资源的管理起步虽然较早，但随着全球环境的变化，国际频繁的交流与合作，新兴生物技术的快速发展，面临的生物安全风险愈发凸显，主要存在以下风险来源。

（一）相关制度不完善导致资源流失和非法窃取

我国拥有丰富的具有较高科研和实用价值的生物资源，但是在法律体系配套方面并不完善。尽管已经出台了针对各类生物资源的法律法规、名录等，如《中华人民共和国野生动物保护法》《中华人民共和国海洋环境保护法》《中华人民共和国野生植物保护条例》《中华人民共和国畜牧法》《中华人民共和国种子法》《国家重点保护野生动物名录》《国家重点保护野生植物名录》等。但是保护对象有限，名录的制定也具有一定的局限性。例如，一些过去不重要、不值得保护的物种，不在重点保护物种名录的物种可能有重要价值，但现有法律法规又不能及时加以保护，导致生物资源丧失和流失。

监管能力不足，基础力量薄弱，保护意识缺乏而导致的生物遗传资源流失或被非法窃取的情况时有发生。一些境外国家和机构利用隐蔽的研究项目或是健康检测为借口在我国大量采集生物遗传资源，对相关资源遗传信息的研究申请专利，并利用这些专利创

造大量的经济效益。例如，我国野生猕猴桃成为新西兰奇异果，北京鸭成为英国杂交樱桃谷鸭，这都是源于我国特有生物遗传基因的流失。而作为不知情提供资源的主体，往往需要花费高价购买相应的专利产品。

随着测序与组学新技术的不断涌现，基因组、蛋白质组、代谢组等组学数据呈现指数级增长，这些多组学数据的整合分析，已成为生物时代探索生命机制和疾病发生发展规律的新方向。一些以生物遗传资源为研究基础产生的生物信息数据也成为生物资源保护的重要方向，但是我国尚未形成完善的法律来保护这些信息资源。2021年9月1日起施行的《中华人民共和国数据安全法》仅提供了数据安全法律实施的总则，在生物遗传数据资源共享和安全方面还缺乏更为详尽、具体的配套法律措施。

（二）家底普查不清、保护举措落后，导致资源与生态遭到破坏

目前，我国各类型生物遗传资源家底并不十分清楚，缺乏全面的资源普查。目前已知针对农作物、畜禽遗传资源、中药资源等开展过两到三次全国性普查，而其他生物遗传资源本底调查依然还在推进过程中或尚未实施，因此没有为生物遗传资源保护提供可参考的基础数据。此外，一些就地和迁地保护设施、生物资源保护场所的配套设备及保护举措仍有很大的优化空间。人类生产生活活动也对生物资源产生了较大影响，如生产排放、海砂抽取、海水养殖、海洋能源资源开发、海岸围垦等破坏海洋生物资源生境的活动，致使沿海荒漠化、土壤盐渍化，海洋生物栖息地丧失。过度捕捞、食用和消费野生动物，以及对一些药物资源如紫杉醇、阿魏菇等进行掠夺式开发，造成资源的严重破坏、流失。

（三）安全保障与技术支撑能力不足

尽管我国一直重视生物多样性的保护及生物种质资源的开发利用，但长期的基础研究投入还不足，仍面临较多困难。由于很多自然保护区和景区资源开发设计不科学，水土流失加剧。由于林业从业人员总数少，林地缺乏多方位的监控体系（张迎臻，2023）。例如，禽畜资源保种技术落后，育种与繁殖基础工作薄弱，对优良种质、特色种质资源的收集保存力度不足，缺乏规则规范。选育和品系培育工作的生产效率相对较低，缺乏畜禽资源保护利用研究平台，核心种源对外依存度高。一些珍稀品种的动植物资源由于保种场（点）基础设施不完善，繁殖和鉴定等科研条件、设施设备落后，生物安全防范困难。针对水生生物遗传资源虽然初步开展了基因型、表型性状鉴定工作，但严重缺乏抗病、抗逆等性状高通量精准测量和鉴定技术，品种培育技术等也有待提升，目前经全国水产原种和良种审定委员会审定的品种仅200多个，占我国现有水生生物的比例不足千分之一。海洋生物物种多样性较高，但能够形成大规模养殖生产的仅十几种。此外，一些新型的生物技术应用于生物资源研究时缺乏有效的控制和保障，严重危及人类健康、动植物及生态环境，也挑战着现存规则规范。

近年来，由高致病性病原微生物引发的新发突发传染病不断，而我国在高致病性病原资源战略储备上仍然不足，难以为新发突发传染病的诊断、疫苗药物的研发和主动式防御提供科技支撑（陈方等，2020），虽然已经部署建设了合成医药、生物药、动物模型三家国家技术创新中心，围绕感染性疾病等20种重大疾病建成了50家国家临床医学

研究中心，构建了覆盖11 000多家医疗机构的专病防治创新网络，但生物安全基础设施和基地平台建设不足，尤其是高级别生物安全实验室建设方面，与欧美等发达国家相比还存在差距。

（四）生物技术在生物资源应用中的风险

生物技术发展带来的两用性问题已成为全球性挑战，人们在享受技术对资源利用带来的福利时，也会面临着一些潜在的风险。例如，转基因技术生产的“黄金大米”，通过转基因技术将胡萝卜素转化酶系统转入大米胚乳中，获得外表金黄的转基因大米，富含胡萝卜素和维生素A，可以有效缓解维生素A缺乏症（Tang et al.，2009）；转基因Bt抗虫棉能够稳定地合成Bt杀虫蛋白，可以减轻棉铃虫害虫的危害（Zhang et al.，2021），但也使人质疑其对粮食和环境安全带来严重的威胁。这些转基因生物中的外源基因具有较高的抗生物胁迫（如抗虫、抗病）和抗非生物胁迫（如抗旱、耐盐碱）能力，这类转基因一旦随着基因流漂移到栽培作物的野生近缘种群体，有可能对野生种质资源及生物多样性带来潜在不利影响。

（五）生物资源惠益分享体系建设有待加强

全球生物资源的获取与惠益分享（access and benefit sharing，ABS）机制尚未形成，生物资源蕴藏巨大的研究价值和产业前景，是未来生物经济时代基因工程不可替代的宝贵原材料，其引发的商业竞争与知识产权贸易纠纷逐年上升。在此情形下，迫切需要从法治层面健全和完善相关机制。我国现行的生物遗传资源相关立法为生物遗传资源的获取与惠益确立了基本的法律框架。2014年，在财政部的支持下，环境保护部与联合国开发计划署合作开发了实施期为5年（2016～2021年）的生物资源获取与惠益国家框架项目，确定湖南省、云南省、广西壮族自治区作为项目试点，为我国逐步建立生物遗传资源惠益分享的法律和制度框架提供示范和借鉴。《中华人民共和国生物安全法》的出台则进一步强调了国家对我国生物资源享有主权，并明确中方单位及研究人员应依法分享其所参与的国际科学研究合作中取得的相关权益。《中华人民共和国森林法》《中华人民共和国种子法》《中华人民共和国农业法》《中华人民共和国海洋环境保护法》《中华人民共和国深海海底区域资源勘探开发法》《中华人民共和国人类遗传资源管理条例》等法律条例作为法律框架的主干部分，也对我国生物资源的采集、保藏、利用和对外提供等活动的管理和监督事项作出了原则性规定。

第三节 生物资源与人类遗传资源相关生物安全风险应对

我国在生物资源保护利用领域面临诸多风险，外部风险因素主要包括全球生物安全威胁形势严峻和生物安全威胁种类增多等；内部因素主要包括我国生物资源相关法律法规不够完善、保护利用和惠益共享体系建设问题多、国民对生物资源的重要性认识不足等，可以从以下几个方面应对和控制当前生物资源与人类资源相关的生物安全风险。

一、完善生物资源相关的法律法规体系

我国有关生物资源保护利用相关的法律法规、条例和政策性文件覆盖面虽然广，但多为行业主管部门牵头制定，缺乏全面规划，各项法律法规之间可协调性不强，容易在实际执行过程中造成管理处置行为困境。应坚持需求导向和问题导向，建立国家生物资源保护和利用等协调机制，并由机制组织力量系统梳理我国生物资源保护利用和管理等相关政策，制定国家生物资源战略实施方案和管理实施细则。

由于目前的法律规章多用于规范获取和利用行为，普遍缺乏惠益分享的内容，而且存在执法监管上的漏洞，使得生物资源的保护与发展尚不能与国家对资源的总体需求紧密相连，资源利用的合理性、有效性受到一定的限制。应建立完善的生物资源惠益共享机制和相关法律规章；组织推进构建生物资源监测监管体系，强化监督检查、不断健全完善生物资源安全各领域的监测预警系统和网络，推动各信息系统接入国家安全态势感知平台，统一制定监测预警指标。实现各类信息数据汇交，全域联动，实时共享，进一步提升生物资源风险综合研判机制和能力。结合我国生物资源工作的现实需求与法治基础，未来仍要进一步发挥法律体系的指引和保障作用，明确生物资源整体保护的立法目标，统筹协调生态环境保护和生物资源合理利用的相互关系，推动生物多样性各领域的协同保护，实现遗传资源、生物物种和生态系统的全面覆盖，也要发挥多元参与、公私治理的协同作用，追求合作共治的制度目标。

二、开展生物资源普查、保护和利用

2022年5月10日，国家发展和改革委员会印发了《“十四五”生物经济发展规划》(以下简称《规划》)，将生物经济作为今后一段时期我国科技经济战略的重要内容，《规划》明确未来加大生物资源保护力度，健全生物资源监管制度，开展生物资源全面普查。生物资源普查对于我国生物资源家底的掌握，增强我国生物资源的保护利用，在国际重要战略资源博弈中取得战略优势，提高我国生物医疗产业发展与科技创新具有重要意义。应系统组织开展动植物等生物资源、人类遗传资源及特殊资源的普查、收集、保藏、编制目录等工作，摸清资源家底。同时重视野生种质资源和特殊生物资源的挖掘、保护和利用工作，加强生物遗传资源科学研究基础平台建设，加大经费投入、基础设施建设，合理利用国际国内法律保护生物资源。并对生物遗传资源采集、保藏和数据统计汇交，规范样本采集、处理、保藏等流程建立国家级标准化、网络化的生物信息资源库，实现资源共享等。

三、提升生物资源安全保障技术支撑能力

围绕生物资源安全保障与技术支撑能力不足的问题和现状，推动部署一批重大任务，如生物资源战略计划、生物资源威胁和风险因子监测、生物资源安全早期预警、生物资源核心技术集智攻关等。同时强化底线思维，着眼生物资源未来安全，发展建设海

外、国境门户和国内等三层监测预警网，有效监测对我国生物资源造成直接或潜在威胁的风险因素；建立健全调查排查制度，发挥现有生物资源风险调查部门和机制作用，对重点资源、相关重点行业、重大问题开展协同排查、专项调查，分级分类建立生物资源风险台账，及时动态更新；不断加强生物资源领域科研力量的整合，结合经济发展和民生需求着重发展种质资源培育、保藏、选种等技术，并建立技术与资源储备，保障农业、畜牧业等可持续发展（章嫡妮等，2023）；实时关注国际国内领域动态与技术发展前沿，聚焦生物资源保藏、开发和利用领域“卡脖子”技术，推动生物资源在生命科学、医药、基础研究和医疗健康等领域关键核心技术的创新与突破，稳定推进和解决关键核心技术存在的“卡脖子”风险；加强生物资源大数据挖掘和信息整合技术研究；组织优势力量开展多学科交叉研究，提高生物资源监测数据信息实时获取、整合与分析技术，增强大数据采集、挖掘和分析等能力；坚持需求导向和问题导向，针对性加强生物资源科研能力和设定建设目标，全面夯实生物资源安全保障与技术支撑。

四、加强生物资源库平台体系建设

目前，我国已陆续建成包含野生动植物种质资源、微生物资源、入侵生物标本资源、人类遗传资源和生物信息资源等生物安全特种资源库，以及国家重大科学工程“中国西南野生生物种质资源库”，建成了中国疾病预防控制中心病原微生物菌（毒）种保藏中心、中国科学院武汉病毒研究所微生物菌（毒）种保藏中心、中国科学院微生物研究所普通微生物菌（毒）种保藏管理中心、中国医学科学院病原微生物菌（毒）种保藏中心、中国食品药品检定研究院微生物菌毒种保藏中心、青海省地方病预防控制所国家鼠疫菌种保藏中心、国家兽医微生物菌（毒）种保藏中心等国家级保藏中心，以及一些初具规模的人类遗传资源样本库，取得了显著的成就。并布局组建了31个国家生物种质与实验材料资源库，覆盖动物、植物、微生物、病毒等八大资源类别。但是一些资源库建立时间不长，不管是在资源保有量上还是在管理运营上，与国际上的生物资源平台相比还存在差距。另外，由于我国生物种质资源丰富，疆域辽阔，一些地区需要就近建立合适的生物资源库，但目前已建立的生物资源库并不能满足生物资源在保藏、收集、利用方面的需求。因此，需因地制宜地扩大生物资源库建设，加强药用生物资源、海洋化合物资源、生物基因资源等的质量管理、平台运营和相关规范文件的建立；加强种质资源保护利用和种子库建设，有序推进生物育种产业化应用（刘培培等，2023）。

五、重视人才培养和队伍建设

生物遗传资源和人类遗传资源的研究与建设工作，涉及资源保藏、收集、资源库建立、生物安全风险评估和应用等领域。应发挥国家科技计划和人才计划激励效应，在这些领域培养、造就一批具有国际水平和跨学科交叉复合型人才，提升我国生物资源和人类遗传资源相关技术的创新能力，使得我国的医疗机构、高等院校能够更加广泛、深入地参与国际研究合作，提升我国生物医药领域的竞争力和知名度，大力挖掘我们自身丰富的遗传资源，以此治愈更多的家族遗传疾病，进而绘制我国人类遗传资源分布、利用图谱。以生物遗传资源开发利用为核心，推动基因治疗、疾病防控、效果评估等相关产业、技术的共同进步。

第四节 经典案例

20世纪70年代以后，分子生物学技术取得了突破性进展，人类基因组计划的完成推动着基因技术的飞速发展，人类跨入了生物信息学时代。与此同时，也给生物资源和人类遗传资源安全的保护和利用带来了新挑战，如资源和信息的外泄、剽窃、滥用等问题。通过了解相关经典案例，增强人们对生物资源和人类遗传资源相关生物安全问题的认识。

一、某基因项目组偷猎中国基因

1994年，美国哈佛大学公共卫生学院等机构与中国国内一些单位合作，在中国安徽，以“实验研究”的名义，开展了与我国人群哮喘病、糖尿病、骨质疏松等疾病相关的基因样本采集。然而被采样人员却对采集者的真实目的毫不知情，更不清楚这些血样最终会被怎样使用和处理。此次事件中，仅传递到哈佛大学的哮喘病基因样本就高达16 400余份，还有几百个家庭的基因样本流向了美国千禧制药公司（Millennium Pharmaceuticals），被用于哮喘病等基因的研究。对于这些样本的最终用途我们不得而知，事件最后，哈佛大学仅仅对主要涉事人员作出“纪律处分”。而我国多民族聚居的独厚条件孕育了丰富的民族遗传与疾病遗传资源，研究单位可以针对此研发新靶点、新作用的首创新药。这种人类遗传资源的流失，轻则帮助跨国药企开发药物独占市场，重则危及国家安全，如果我们的基因和基因信息被不友善的国家或者组织所利用，对整个人类来说，都将是一场灾难（图7-7）。

二、中国大豆种质之困：孟山都专利事件

中国是大豆的原产地，拥有世界上已知野生大豆品种的90%。直到20世纪六七十年代，中国仍是世界上最大的大豆生产和出口国。但随后美国就取代中国，成为世界上大豆最大的生产和出口国，而这一切的基础，都源自美国引进优质基因改良当地的大豆品种。

1974年，美国派出一个植物代表团访问中国，其中有美国著名的大豆遗传学家布尔纳德，当他们结束访问准备回国时，布尔纳德在上海机场附近的小路旁采集到一株野生大豆（图7-8），并将其带回美国。布尔纳德如获至宝，他预感到，这种不被关注的野生大豆可能带来的价值远远超过文物。

随后美国跨国农业巨头孟山都（Monsanto）公司对这株野生大豆进行研究，用其作为亲本，与另一个栽培大豆品种杂交，培育出了全新的高产大豆品种，并很快以此申请

光明新闻 news.gmw.cn 首页>首页 > 光明日报

生命伦理的焦点话题

——基因专家细说"知情权"

2001-04-16 来源：光明日报 本报记者 薛冬 通讯员 林志锋 我有话说

近年来，一些外国公司在中国"基因侵权"的现象正在悄然蔓延。一些国外机构利用我国现行法规的不完善和管理上的漏洞，进行一些违反国际准则的活动，如将国外严令禁止的一些人体医学临床试验转移到我国进行，为商业目的在我国开展样品收集活动以及在老百姓毫不知情的前提下抽取血样展开研究等等。这一现象已引起有关专家的高度重视，他们纷纷呼吁，人类基因组研究及其成果应始终坚持知情同意和知情选择的原则，不能以种种理由和手段骗取血样。

随着人类基因组测序工作的完成和基因技术日新月异的发展，关于每个公民对自身基因的"知情选择权"和"知情同意权"的争论，已经成为该领域科学家关注的焦点之一。

当遗传学研究者告诉茫茫人海中的你"我们研究的是你的基因，我们需要的是你的血样，我们得到的是你的基因信息，而用以治病的便是你的基因信息和基因技术"时，你是否有权利反诘：你们如何使用和储存我的信息？你们对此究竟负有什么样的社会责任？我到底可以获得何种切实的利益？

"基因"走近了我们，同时也带来了一个又一个新的问题......

图7-7 光明日报发表基因"知情权"相关话题文章

图7-8 野生大豆种质资源（Nawaz et al.，2018）

专利。2000年4月，孟山都公司向全世界包括中国在内的百余个国家申请了一项有关高产大豆及其栽培检测的专利权，并提出了与此有关的几十项专利保护申请。而这个专利的核心，就是源自对于我国上海郊外野生大豆品种的检测和分析，其中包括与“定位”大豆高产性状基因有密切关系的“标记”、所有具有这些“标记”的大豆（无论是野生大豆还是栽培大豆）及其后代，以及被植入这些“标记”的其他各类转基因植物，奠定了其在粮食领域的霸主地位。如果未获孟山都公司批准，中国的研究人员将不能自主使用这种基因“标记”进行研究或培育大豆新品种，尽管它来自中国。如果在育种过程中使用了孟山都公司保护的这种野生大豆或仅具有的这种基因“标记”，都会被视为“侵权”。

本章小结

本章根据生物资源的特性对其含义进行介绍，将其分为生物遗传资源、生物质资源和生物信息资源。其中具有实际或潜在价值的动植物、微生物种及种以下的分类单位（如亚种、品种等）的个体及其含有生物遗传功能的遗传材料，为生物遗传资源。生物质资源大都是一种可再生能源，如几丁质、木质素等，为人类的生产生活提供大量的能源来源，是生物资源利用的物质基础。生物信息资源则是生物遗传资源的延伸，是知识经济和信息化发展的产物，是重要的战略性资源，在多个领域具有应用前景。人类遗传资源承载着海量的人类生物遗传信息，包含着人类生命体本质的信息，蕴藏着巨大的价值，是生物科学研究的重要基础，是人类生存和社会经济可持续发展的战略性资源。生物资源和人类遗传资源与生物安全和国家安全息息相关，生物资源和人类遗传资源相关的生物安全风险不可忽视，本章还从风险因素和风险应对措施两个方面对生物资源与人类遗传资源的生物安全相关风险内容进行了初步阐述。

复习思考题

1. 生物资源有哪些研究价值？
2. 我国在人类遗传资源保护方面有哪些法律法规？
3. 科研院所应该如何加强人类遗传资源的管理？
4. 如果不涉及伦理且目前对人类危害未知的情况下，一种新的生物技术应用是否应该被纳入生物安全法及人类遗传资源管理相关条例的管理范畴内？
5. 我国在生物资源和人类遗传资源方面面临的生物安全风险有哪些？

（邓 菲 沈 姝 唐 霜 蒋柏勇）

主要参考文献

常伟，芮海荣，丁建华. 2001. 谈人类基因资源的保护. 医学信息，(2)：115-116.
陈方，张志强，丁陈君，等. 2020. 国际生物安全战略态势分析及对我国的建议. 中国科学院院刊，35(2)：204-211.

陈龙. 2017. 木质纤维素类生物质组分分离研究进展. 新能源进展, 5(6): 450-456.
程苹, 卢凡, 张鹏, 等. 2018. 我国生物种质资源保护和共享利用的现状与发展思考. 中国科技资源导刊, 50(5): 64-68.
段志华, 付红梅. 2021. 云南省保山市畜禽遗传资源保护与开发利用现状及对策. 养殖与饲料, 20(2): 123-125.
国家环境保护总局. 2005.《全国生物物种资源保护与利用规划纲要》颁布. https://www.gov.cn/banshi/2005- 09/20/content_65120.htm[2023-05-20].
何能高, 王婧堃. 2021. 生物识别技术应用的法律风险与规则规范: 以郭兵案为例. 中国司法, (6): 41-49.
孔令博, 林巧, 聂迎利, 等. 2023. 中国农作物种业发展现状及对策分析. 中国农业科技导报, 25(4): 1-13.
刘培培, 江佳富, 路浩, 等. 2023. 加快推进生物安全能力建设, 全力保障国家生物安全. 中国科学院院刊, 38(3): 414-423.
刘永新, 邵长伟, 张殿昌, 等. 2021. 我国水生生物遗传资源保护现状与策略. 生态与农村环境学报, 37(9): 1089-1097.
娄治平, 赖仞, 苗海霞. 2012. 生物多样性保护与生物资源永续利用. 中国科学院院刊, 27(3): 359-365.
陆兵, 李京京, 程洪亮, 等. 2012. 我国生物安全实验室建设和管理现状. 实验室研究与探索, (1): 5.
闵俊. 2018.《第一批罕见病目录》正式发布. 中华医学信息导报, 33(11): 1.
欧江涛, 陈集双. 2020.《生物资源学》教材与课程建设初探. 生物资源, 42(1): 151-156.
孙名浩, 李颖硕, 赵富伟. 2021. 生物遗传资源保护、获取与惠益分享现状和挑战. 环境保护, 49(21): 30-34.
王献伟. 2017. 河南省畜禽遗传资源保护利用现状及发展对策. 黑龙江畜牧兽医, (14): 84-86.
武建勇, 薛达元. 2017. 生物遗传资源获取与惠益分享国家立法的重要问题. 生物多样性, 25(11): 1156-1160.
熊蕾, 汪延. 2002. 哈佛大学在中国的基因研究违规. 瞭望新闻周刊, (15): 48-50.
薛达元. 2011.《中国生物多样性保护战略与行动计划》的核心内容与实施战略. 生物多样性, 19(4): 387-388.
曾艳, 周桔. 2019. 加强我国战略生物资源有效保护与可持续利用. 中国科学院院刊, 34(12): 1345-1350.
翟良安, 姚爱琴, 赵小春, 等. 1990. 溴氰菊酯对鱼类毒性的研究. 淡水渔业, (4): 10-13.
张海龙. 2023. 畜禽遗传资源保护与开发利用现状及对策研究. 中国动物保健, 25(2): 105-106.
张迎臻. 2023. 自然保护区林业资源的保护及利用策略. 新农业, (1): 16-17.
章嫡妮, 王蕾, 卢晓强, 等. 2023.《生物多样性公约》及其议定书下"能力建设与发展"议题的磋商、挑战及政策建议. 生物多样性, 31(4): 27-35.
赵建成, 吴跃峰. 2002. 生物资源学. 北京: 科学出版社.
Attfield R. 1998. Existence value and intrinsic value. Ecological Economics, 24(2-3): 163-168.
Demirbas A. 2008. Biofuels sources, biofuel policy, biofuel economy and global biofuel projections. Energy Conversion and Management, 49(8): 2106-2116.

Dewapriya P, Kim S K. 2014. Marine microorganisms: An emerging avenue in modern nutraceuticals and functional foods. Food Research International, 56: 115-125.

Escobar J C, Lora E S, Venturini O J, et al. 2009. Biofuels: Environment, technology and food security. Renewable and Sustainable Energy Reviews, 13(6): 1275-1287.

European Commission. 2012. Innovating for Sustainable Growth: A Bioeconomy for Europe. Brussels: European Commission.

Fu X M, Wang N A, Jiang S S, et al. 2018. Value evaluation of marine bioresources in Shandong offshore area in China. Ocean & Coastal Management, 163: 296-303.

Ge M, Liu S, Li J, et al. 2023. Luminescent materials derived from biomass resources. Coordination Chemistry Reviews, 477: 214951.

Haykiri-Acma H, Yaman S. 2010. Interaction between biomass and different rank coals during co-pyrolysis. Renewable Energy, 35(1): 288-292.

He F, Li Y, Tang Y H, et al. 2016. Identifying micro-inversions using high-throughput sequencing reads. BMC Genomics, 17(Suppl 1): 414-424.

Hobern D, Barik S K, Christidis L, et al. 2021. Towards a global list of accepted species Ⅵ: The catalogue of life checklist. Org Divers Evol, 21: 677-690.

International Human Genome Sequencing Consortium. 2004. Finishing the euchromatic sequence of the human genome. Nature, 431(7011): 931-945.

Kang Q, Appels L, Tan T, et al. 2014. Bioethanol from lignocellulosic biomass: current findings determine research priorities. The Scientific World Journal, doi: 10. 1155/2014/298153.

Kim S, Dale B E. 2005. Life cycle assessment of various cropping systems utilized for producing biofuels: bioethanol and biodiesel. Biomass and Bioenergy, 29(6): 426-439.

Lambert S A, Jolma A, Campitelli L F, et al. 2018. The human transcription factors. Cell, 175(2): 598-599.

Nawaz M A, Yang S H, Chung G. 2018.Wild soybeans: An opportunistic resource for soybean improvement. http://dx.doi.org/10.5772/intechopen.74973[2023-10-20].

Piccin A, Murphy C, Eakins E, et al. 2019. Insight into the complex pathophysiology of sickle cell anaemia and possible treatment. Eur J Haematol, 102(4): 319-330.

Sale J B. 1983. The importance and values of wild plants and animals in Africa. Gland: IUCN: 3-8.

Scarlat N , Dallemand J F , Monforti-Ferrario F, et al. 2015. The role of biomass and bioenergy in a future bioeconomy: Policies and facts. Environmental Development, 15: 3-34.

Tang G, Qin J, Dolnikowski G G, et al. 2009. Golden rice is an effective source of vitamin A. Am J Clin Nutr, 89(6): 1776-1783.

Tirnaz S, Batley J. 2019. DNA methylation: Toward crop disease resistance improvement. Trends in Plant Science, 24(12): 1137-1150.

Vakirlis N , Duggan K M , Mclysaght A. 2021. *De novo* birth of functional microproteins in the human lineage. Cell Reports, 41(12): 111808.

Wang N N, Xu S W, Sun Y L, et al. 2019. The cotton WRKY transcription factor (GhWRKY33) reduces transgenic *Arabidopsis* resistance to drought stress. Scientific Reports, 9(1): 724.

Wu D, Cline-Smith A, Shashkova E, et al. 2021. T-cell mediated inflammation in postmenopausal osteoporosis. Front Immunol, 12: 687551.

Young J, Xu C, Papadakis G E, et al. 2019. Clinical management of congenital hypogonadotropic hypogonadism. Endocr Rev, 40(2): 669-710.

Yu J, Hu S. 2021. On the ultimate finishing line of the human genome project. Innovation (New York, N. Y.), 2(3): 100133.

Zhang M, Ma Y, Luo J, et al. 2021. Transgenic insect-resistant Bt cotton expressing Cry1Ac/1Ab does not harm the insect predator *Geocoris pallidipennis*. Ecotoxicol Environ Saf, 230: 113129.

Zhang Q Q, Ying G G, Pan C G, et al. 2015. Comprehensive evaluation of antibiotics emission and fate in the river basins of China: source analysis, multimedia modeling, and linkage to bacterial resistance. Environ Sci Technol, 49(11): 6772-6782.

第八章 生物入侵与生物安全

学习目标

1. 掌握生物入侵的含义；
2. 掌握生物入侵的过程和机制；
3. 了解生物入侵的生物安全风险；
4. 了解生物入侵的风险因素及其评估方法；
5. 熟悉防范外来物种入侵风险的措施。

随着人类活动对大自然影响的日益加剧和国际贸易的快速发展，全球各个国家和地区外来入侵物种的数量正在迅速增加，生物入侵（biological invasion）的问题日益突出。入侵物种不断蔓延扩张、危害逐渐加剧，严重威胁到被入侵地的生物安全、生态安全、经济安全、社会安全、文化安全，甚至国防安全。了解外来物种的入侵机制并采取有效措施防止其进入、扩散和影响，是保护本国生态环境、国民经济、人民健康和国际贸易的前提。

本章系统介绍了外来物种的入侵过程、入侵机制、风险因素、风险评估方法及风险控制策略，并分别以非洲猪瘟和紫茎泽兰为例，分析了入侵动物疫病和入侵植物的特征与防控要点。

第一节 生物入侵概述

一、生物入侵的定义

外来种（exotic species）是指人类有意或无意将其引进到这些物种栖息地之外并跨越了生物地理障碍的物种。全球气候的改变打破了本土物种及非本土物种间的平衡，模糊了两者之间的界限，改变了物种的分布和丰度。过去的上百万年间，物种分布的范围随着地球冷、暖期的气候变化而变化。如今欧洲和北美洲大部分地区分布的本土物种为11 500年前跨越1000km的外来物种（Pyšek et al.，2020）。由于物种分布是动态变化的，因此以何种时间尺度来确定某种生物是本地物种还是外来物种，在学术界存在争议。有些学者主张以15世纪大航海时代为节点，而有些学者则主张以100年为节点。日本2004年颁布的《预防外来入侵生物对生态系统造成不利影响的基本政策》中以明治时期（1868～1912年）为分界点，将1868年以前传入日本的认作本地物种，而1868年之后传入日本的物种认作外来物种（万方浩等，2011）。

生物入侵的概念是由英国生态学家查尔斯·埃尔顿（Charles Elton）于1958年首次提出的，即非本地的生物物种因为人为因素被有意或者无意传入新的区域，建立其种群并持续生存，且逐步扩散到其他区域的过程。与外来物种相比，入侵生物指的是对人类利益有害的外来物种。在世界各地的外来物种中，那些由人类引入新的地区并建立的自然种，如果没有扩散到相邻的地区，也没有显著影响本地的物种群落特征及生态系统的稳定，这些外来物种是非入侵物种；而那些到达新的地区则快速繁衍，并对当地的种群、生态系统等产生巨大影响的外来物种被认为是入侵物种。《生物多样性公约》将入侵物种定义为威胁当地生态系统、栖息地及物种的外来物种（Perrings et al.，2010）。我国的研究学者将生物入侵定义为生物由原生存地经自然的或人为的途径侵入另一个新环境，对入侵地的生物多样性、农林牧渔业生产及人类健康造成经济损失或生态灾难的过程（万方浩等，2011）。

2021年正式实施的《中华人民共和国生物安全法》的第六十条规定，国务院农业农村主管部门会同国务院其他有关部门制定外来入侵物种名录和管理办法。目前国内多个部门均制定了外来入侵物种名录。生态环境部发布的《2020中国生态环境状况公报》显示，全国已发现的外来物种有660多种。生态环境部联合中国科学院先后发布了三批《外来入侵物种名单》和一批《中国自然生态系统外来入侵物种名单》。此外，农业部于2013年发布的《国家重点管理外来入侵物种名录（第一批）》确定了外来入侵物种52种。农业农村部于2022年发布的《全国农业植物检疫性有害生物分布行政区名录》包括农业植物检疫性有害生物31种。国家林业和草原局2013年发布的《全国林业检疫性有害生物名单》共有14种，《全国林业危险性有害生物名单》共计190种，其中都包括了外来入侵物种。

中国外来入侵物种和自然生态系统外来入侵物种名单

二、生物入侵的历史

化石骸骨的证据表明早在7000多年前，人类将绵羊、猪和山羊带到科西嘉岛，随后狗和狐狸的引入导致土著哺乳动物的灭绝（Simberloff，2013）。早期的生物入侵是一个缓慢的过程。哥伦布开启大航海时代后，欧洲人在世界各地建立殖民地加快了生物入侵的速度。在其发现新大陆的百年间，由于西班牙征服者从欧洲带来的天花、麻疹、伤寒等疾病，墨西哥中部的人口锐减超过5%。欧洲殖民者除引入人类病原微生物外，其带入的多种动植物不断地转变并取代美洲大陆的原生物种（Perrings et al.，2010）。1800年前，随着哥伦布或者“五月花号”轮船的到来，由欧洲引入了几乎所有入侵美洲的昆虫。19世纪初，达尔文观察到原产于欧亚大陆的水飞蓟（*Silybum marianum* L.）和原产于地中海地区的刺苞菜蓟（*Cynara cardunculus* L.）入侵美洲阿根廷并占据了大片地区。过去的几个世纪，生物入侵具体的发展速度和规模取决于人类活动的历史和物种的特定类型。人类特意引进的物种（如鲤）、人工开凿的运河、船只的压舱物、进口苗木的引进等均带来了新一轮的生物入侵（Davis，2009）。最近的100年间，随着全球化的发展，人类行为（贸易、旅游、农业、引种等）使许多生物跨越地理障碍传入新的地区，导致生物入侵的频率激增。美国夏威夷群岛过去每隔5万年仅有一种或一类昆虫定殖，20世纪以来每年有15～20种昆虫入侵。过去100年间侵入我国的外来有害生物至少有520种，远高于历史的平均水平。20世纪90年代的研究表明，入侵物种对发展中国家农作物产量的影响占比达50%，严重威胁世界最贫困地区非洲撒哈拉地区的作物产量。进入21世纪以来，外来入侵生物是最主要的影响自然环境甚至造成生物灭绝的因素之一，每年产生的经济损失约为1.4万亿美元，接近全球生产总值的5%（Pimentel，2014）。

我国拥有世界第三的国土面积。多样的地理环境及气候为许多入侵生物提供了机会。早在2000多年前，外来的植物被引入中国并本土化，如从非洲引进的罗望子（*Tamarindus indica* Linn.）、芦荟［*Aloe vera*（Haw.）Berg］，以及张骞出使西域时期从中亚引进的葡萄（*Vitis vinifera* L.）、紫花苜蓿（*Medicago sativa* L.）、石榴（*Punica granatum* L.）等。达·伽马开拓的从欧洲绕过好望角通往印度的航路促进了欧亚贸易，引进了番薯［*Ipomoea batatas*（L.）］、马铃薯（*Solanum tuberosum* L.）和蓝色西番莲（*Passiflora caerulea* L.）等经济作物（Xie et al.，2001）。近代中国饱经战乱，英美等列强的入侵有意或无意间将一些外来物种传入我国。例如，荷兰人占据台湾期间带来的鬼针草（*Bidens pilosa* L.），以及鸦片战争后入侵我国的原产于北美洲的小蓬草［*Conyza canadensis*（L.）Cronq.］、南美洲的香丝草［*Conyza bonariensis*（L.）Cronq.］等。我国是遭受生物入侵威胁最大和损失最为严重的国家之一。在560种已被证实的入侵我国的生物中发现125种为害虫，其中92种破坏农业生态系统，19种破坏森林，14种破坏住宅。外来入侵物种在我国每年造成的直接经济损失超过2000亿元。同时，还严重地破坏了生态系统和生物多样性（马玉忠，2009）。因此，生物入侵是我国面临的重要生物安全问题之一，近几十年来一直受到政府和学界的高度重视。

三、生物入侵的过程和机制

生物入侵不仅会给入侵地带来巨大的经济损失，同时会给当地的生态安全、文化安全、社会安全、人类健康乃至国防安全带来重要的影响。这里简要介绍外来生物入侵的过程和机制。

（一）生物入侵的过程

生物入侵是一个多阶段级联的过程，共分为如下几个阶段：进入阶段、定殖阶段、扩散阶段和暴发阶段。

1. 进入阶段

进入阶段是指非本地物种到达（或多次到达）一个或多个新的环境。它们进入一个新的地区，可能是非人为因素引起的，即自然入侵，但更多的是由贸易或者旅游等无意带入的，或者为了促进种植业和畜牧业有意引进的。有害生物进入新生境的方式主要有自然入侵、无意带入和有意引进。

1）自然入侵　　外来物种的进入不是人为原因引起的，而是通过风、水流或由昆虫、鸟类等动物的传播，使得植物种子、动物幼虫、卵或者微生物发生自然迁移到达新的环境，且造成生物危害的过程。例如，飞机草（*Eupatorium odoratum* L.）、紫茎泽兰［*Ageratina adenophora*（Spreng.）R. M. King et H. Rob.］、薇甘菊（*Mikania micrantha* H. B. K.）及美洲斑潜蝇（*Liriomyza sativae* Blanchard）均靠自然迁徙而入侵中国。

2）无意带入　　外来物种虽然是被人为引入的，但引入者并无主观上的引进意图，它们是伴随着进出口贸易、轮船或旅客无意带入的。例如，松材线虫［*Bursaphelenchus xylophilus* (Steineret Buhrer) Nickle］是在进口设备时随着木制包装箱带入中国的，豚草（*Ambrosia artemisiifolia* L.）则是由火车从朝鲜传入的。跨国航行的海轮压舱水的大量释放也是水生生物被无意引进的一种渠道。例如，中华绒螯蟹（*Eriocheir sinense* H. Milne-Edwards）是1900年左右由商船的压舱水带到德国的（Pyšek et al.，2020）。入境旅客携带的果蔬、肉类甚至旅客的鞋子，都是外来物种无意引入的途径。例如，中国海关多次从入境人员携带的水果中查获地中海实蝇（*Ceratitis capitata* Wiedemann）、桔小实蝇（*Bactrocera dorsalis* Hendel）等（万方浩等，2011）。

3）有意引进　世界各国出于农业、林业和渔业发展的需求，有目的性地引进优良的动植物品种。同时，也引入了许多有害的生物，如加拿大一枝黄花（*Solidago canadensis* L.）（图8-1）、大米草（*Spartina anglica* Hubb.）、尾穗苋（*Amaranthus caudatus* L.）、福寿螺（*Pomacea canaliculata* Spix）、多花黑麦草（*Lolium multiflorum* Lamk）等。由于引入地的生存环境和食物链的改变，在缺乏天敌的情况下，这些物种的种群迅速增长，造成生物灾害。大多数的有害生物都是通过有意引进而进入世界各国的（Mack et al.，2000）。例如，我国在20世纪80年代为了解决动物饲料缺乏的问题引进了凤眼莲［*Eichhornia crassipes*（Mart.）Solms］，由于缺乏对该物种种植规模的控制，引发了长江流域、黄河流域及华南各省水体的生态灾难，同时对农业灌溉、水产养殖、粮食运输等方面造成了巨大的经济损失。

2．定殖阶段

生物种群中的一个或者多个物种到达一个新生境后开始繁殖，并且成功脱离在当

图8-1　2022年10月武汉市街头出现的大片加拿大一枝黄花

（武汉市农业农村局，https://mp.weixin.qq.com/s/SQumKi0BxA10RZ-f4j-4Nw）

地迅速灭绝的危险。在这一阶段，外来物种需要在当地存活下来，并且建立能够维持自身的种群规模。对生物入侵的长期时间趋势分析表明，在全球45 000多个有详细记录的进入物种中，有16 000多个物种成功建立了在当地生存的种群规模（Pyšek et al., 2020）。

有一些在引入地定殖的外来物种并不立即暴发，而是进入一段延迟期（lag phase）。这种时滞现象的产生，有的是其扩散需要另外一个物种的帮助。例如，榕树需要等到榕小蜂（Hymenoptera，Chalcidoidea）到来为其传粉。有的是与人类对环境的改造有关。例如，巴西胡椒木（*Schinus terebinthifolius*）在美国佛罗里达州存在了半个世纪没有形成入侵，但20世纪40年代，农业用水导致水位下降，大量使用肥料使土壤养分提高，它变成了该州最为广泛的入侵物种；蛀木水虱（*Limnoria lignorum*）早在19世纪就附着于船体到达了洛杉矶港口，但是数量极少，而20世纪60年代一个成功的污染治理项目引起蛀木水虱的暴发，导致几个码头倒塌。有一些入侵物种有漫长的潜伏期，但原因不明。例如，1910年从日本引进的舞毒蛾生防菌（*Entomophaga maimaiga*）在美国释放，在接下来的70多年里并没有它的记录，然而在1989年它又出现了（Simberloff，2013）。

3．扩散阶段

在进入地定殖成功的外来物种种群数量急剧增加，不断向周边扩张，即进入扩散阶段，对当地的生态系统结构和功能造成明显的损害，这些外来物种即入侵物种。如果定殖成功的外来物种只是存在于引入地，没有进一步扩散到周边地区，引入地的物种群落特征没有显著改观，生态系统的功能保持相对稳定，这些外来物种就是非入侵物种。

4．暴发阶段

在这一阶段已定殖的外来物种在新的生境内与本地物种持续生存和竞争，并且对入侵生境造成重要的、持续性的影响。

在这些生物入侵的阶段之间都存在很强的物种过滤现象，即只有一部分外来物种到达新的生境后能够定殖成功，在定殖的物种中也只有一部分能够扩散并对新生境造成影响，而大多数归化的物种对新生境没有明显的影响。由于外来物种中形成生物入侵的只占一小部分，认识物种过滤现象对入侵物种的监测和管理策略均有十分重要的意义。

（二）生物入侵的机制

在外来物种入侵的过程中，来自原产地的种群中少数个体通过不同途径传播到新入地而成为外来物种，并通过自身的特征发挥其内在的潜力，逐渐适应当地环境以至在新入地建立起一定规模的种群。外来物种入侵发生的机制主要从以下两个方面讨论：一是入侵物种的生物学特性，二是被入侵生境的可侵入性。

1．入侵物种的生物学特性

外来入侵物种通常具有较宽的生态幅或者宿主范围，对不同环境压力具有较强的适应性和耐受性。一般入侵物种还具有较强的繁殖能力，能产生大量的后代，在入侵的第一个阶段占据了优势。为了解释这些现象，科学家提出了多种假设。

1）内禀优势　外来入侵物种一般具有较强的环境适应性和强大的繁殖力，这些特性使得外来物种相对于本地物种在新环境中具有较强的竞争力，或者更容易占据某些本地物种不利用的生态位，由此形成了“内禀优势假说”（inherent superiority hypothesis）（Hufbauer and Torchin，2007）。

2）适应性进化　根据经典遗传学，对于小种群来说有两个原因容易导致灭绝：一是近交衰退的威胁，即当近亲交配时，很多遗传疾病和缺陷会显现，尤其在小种群中这种现象更为明显；二是遗传漂变，即遗传变异的缺失仅仅是因为偶然因素，在小种群中这种概率会被极大地提高。很多物种的入侵都源于很少的个体，它们必然经历过“遗传瓶颈”（genetic bottleneck），即一种种群规模大幅度减小而引起的遗传变异的缺失。因此，这些外来物种能够存活下来的特性并不是天生的，而是在引入后进化而来的（Blossey and Nötzold，1995；Zou et al.，2007）。

3）化感作用　外来入侵植物往往存在着对本地物种的抑制作用，这类影响是由于入侵植物的根系分泌物能够抑制其他植物种子的萌发和植株的生长，这种现象称为化感作用。化感作用不仅使外来入侵植物排挤本地植物，还通过拒食、毒性和影响发育等作用减少大型动物、植食性昆虫及其他天敌对它们的取食，从而获得竞争优势成功入侵，由此提出了“新武器假说”（Callaway and Ridenour，2004）。

4）竞争取代　入侵物种往往具有强有力的竞争能力，比如与本地物种的资源竞争、干涉竞争等，因此它们能够成功入侵到全球各地并造成危害。入侵的B型烟粉虱（*Bemisia tabaci* MEAM1）比本地的温室粉虱（*Trialeurodes vaporariorum*）具有更高的降解有毒物质的能力，这有利于它们对寄主物质资源的利用，从而竞争取代本地温室粉虱。另外，干涉竞争如生殖干涉、格斗干涉等，也是入侵物种成功取代本地物种的途径。

5）互利助长　物种之间存在互利共生、共栖、捕食、抑制、竞争或者中性关系。在生物入侵的过程中，入侵物种与其他物种之间存在互利共生或者共栖关系时，就会产生互利助长入侵的现象。例如，昆虫共生微生物能够促进昆虫的入侵。昆虫伴生菌的变异也与其成功入侵相关，入侵昆虫与共生菌、伴生菌、寄主植物等形成一个复杂的协同作用网络，对入侵昆虫的定殖与扩张具有重要意义。传播病毒的媒介昆虫，也与病毒存在协同互作。病毒可以通过抑制植物的防御反应，改变入侵昆虫在生长与防御资源分配的平衡。

6）协同进化　很多外来病害会引起本地外来寄主极高的死亡率，之后寄主进化出对这些疾病的抗性，称为协同进化。从病原体的角度，毒性太强对其繁殖也不是有利的，因为寄主死亡太快，病原体没有来得及大量繁殖而无法产生大量的后代，这不利于其扩散。如果病原体的毒性不能保证其大量繁殖，自然选择就会使其毒性增加，这引出“最佳毒力”（optimal virulence）的概念。20世纪50年代，穴兔（*Oryctolagus cuniculus*）入侵欧洲和澳大利亚，种群迅速扩张，对当地的生态系统造成威胁，当地引进黏液瘤病毒（myxoma virus）防治穴兔。起初这种病毒的防治效果很明显，消灭了99%的穴兔种群（图8-2）。但随着时间的推移，被感染的穴兔越来越少。一方面是穴兔对病毒的抗性提高了，另一方面是病毒的毒力减弱了。毒性最强的病毒很快杀死了穴兔，使媒介将它传播给其他个体的机会减少了，自然选择将病毒的毒性维持在一个折中的水平（Simberloff，2013）。

图8-2　澳大利亚联邦科学与工业研究组织动物营养与健康部主任莱昂内尔·布尔（Lionel Bull）于1937年在Ardang岛上释放第一批感染黏液瘤病毒的穴兔（引自https://csiropedia.csiro.au/Myxomatosis-to-control-rabbits/）

2. 被入侵生境的可侵入性

入侵物种在新入地得以生存并定殖，可能不是入侵物种本身具有的特性所致，而是它偶然到达了其种群不受限制的环境，从而快速扩散造成灾害。

1）群落生物多样性抵抗作用　“多样性阻抗假说”认为群落的生物多样性在抵抗外来物种入侵方面具有重要作用。在物种多样性高的群落中，本地物种对资源利用充分，而外来物种对资源的利用相对较少，因此对外来物种入侵具有更强的抵抗力（Elton，1958）。群落的可侵入性并不简单地取决于群落内部各物种与入侵物种的资源竞争，不同植物间的互作、植物与土壤微生物的互作，对外来物种的入侵成功与否具有更为重要的影响（Blumenthal，2005）。

类似的假说还包括“空余生态位假说”和“资源机遇假说”。空余生态位假说认为，岛屿生态系统易于遭受生物入侵，其原因之一就是岛屿生态系统内物种较单一，为外来物种提供了更多的空生态位，相较于大陆生态系统更容易遭受入侵（Funk et al.，2008）。资源机遇假说则认为，在大尺度的范围内，能够被利用的生态资源是决定生态系统可侵入性的重要因素。在新入地的生物群落如果具有入侵物种所必需的环境资源（包括水分、光照和营养等），并且这些资源也不能被本地物种充分有效地利用，将为外来物种的入侵提供潜在的空间，即新生境中存在空余的生态位，这与空余生态位假说在理论上是一致的（Davis，2009）。

2）天敌逃逸　这一观点认为外来物种可以成功入侵新的环境，是由于其失去了原产地天敌（包括捕食者、竞争物种和病原微生物等）的控制，而本地竞争物种的专一性天敌对其没有控制作用，或者本地广谱性天敌对入侵种的控制较弱，使得外来物种的种群数量逐渐扩大，即“天敌逃逸假说”（Keane and Crawley，2002）。比如，互花米草（*Spartina alterniflora*）在原产地北美洲有一种病原微生物天敌——麦角菌（*Claviceps purpurea*），它能够在互花米草种子内形成菌核，并在花期感染花部，使种子的产量大幅度降低。互花米草在进入新的栖息地时，原产地的麦角菌并未被一起带入，失去了对其种子的控制作用，是其成功入侵的关键机制（Simberloff，2013）。该假说是通过引入天敌控制入侵生物的理论基础。

3）生态系统干扰

（1）人为干扰。在大多数生态系统中，人类活动使外来生物繁殖体给入侵地造成更大的压力，各种农事活动、城乡建设对当地的干扰也影响了物种间的关系，以及小生境和资源的可利用性，从而增加外来物种入侵的可能性（Jesse et al.，2020）。例如，人类的活动会使水体严重富营养化，水体中氮、磷含量增加，凤眼莲的种子更容易萌发、个体更快生长。

（2）自然干扰。全球气候变化和自然灾害也影响生物入侵的进程。环境的变化使现有的生态系统弱化了对外来物种的抵抗性，同时激活外来物种的活跃性，通过竞争、替代等方式促进本土物种被排挤甚至灭亡。相关假说有"生态系统干扰假说"（Silveri et al.，2001）、"环境化学变化假说"（Bradley et al.，2010）等。"波动资源假说"认为，降水量的增加是通过增加水的可利用度而有利于外来生物入侵的（Davis，2009）。在北美洲降雪量增加的情况下，入侵物种铺散矢车菊（*Centaurea diffusa*）、圆锥石头花（*Gypsophila paniculata*）和达尔马提亚麻（*Linaria dalmatica*）的生物量都明显增加，而本土物种对降雪量增加的反应则不明显。

总之，生物入侵本身是一个非常复杂的过程，任何单一假说都很难解释普遍存在的生物入侵现象。一个外来物种能否成功定殖和扩散的因素在不同地区或生态系统中可能是不同的，同一类型的生态系统对不同外来物种的抵御性也不一样，每一种假说都有其应用的局限性。

第二节 生物入侵相关生物安全风险

外来物种在一个新的生态系统成功入侵，会对当地的农林牧渔业安全生产、生物多样性及人畜健康等造成重大的负面影响。

一、生物入侵影响入侵地的生物多样性

外来物种的入侵会严重影响入侵地的生物多样性，甚至造成一些本地物种的灭绝。外来物种一旦入侵成功，会在入侵地大量地繁殖和扩张，从而竞争挤占本土物种的生态位，进而导致本地物种的生长繁殖、生活习性、种群动态等发生变化，引发连锁性的灭绝效应，降低入侵地的生物多样性。互花米草可以导致新入栖息地环境发生改变，使本土物种，如盐地碱蓬（*Suaeda salsa*）和芦苇（*Phragmites australis*）等，逐步向陆地迁移，这一现象又会影响以本土植物为食或作为栖息地的大型游泳动物、昆虫种群、鸟类和微生物种群的多样性与丰富度，使得入侵地的生物多样性显著降低（Bellard et al.，2016）。

在全球有记录灭绝的782种动物和153种植物中，261种动物和39种植物灭绝的主要驱动因素就是外来物种入侵，排在狩猎、收割和农事活动之前（Pyšek et al.，2020）。灰西鲱（*Alosa pseudoharengus*）于20世纪60年代由韦兰运河进入北美五大湖，因增殖过快与本地鱼类争食浮游生物，导致了几种大型本地鱼的消失（Davis，2009）。克氏原螯虾（*Procambarus clarkia*）通过捕食新入地的水生动物，对长江流域的水产品中华绒螯蟹和青虾（*Macrobrachium nipponense*）种群具有极大的破坏作用，同时还减少了本地其他水生动物的生存空间，使鳑鲏（*Rhodeus sinensis*）和叉尾斗鱼（*Macropodus opercularis*）等野生鱼类消失（徐海根和强胜，2011）。

二、生物入侵影响生态安全

许多外来物种的入侵局部改变了物种原有的空间分布格局，改变了其他物种的群落结构，阻碍了生态系统的服务功能。例如，凤眼莲死亡后，与泥沙混合会沉积水底，逐渐抬高河床，使池塘、河道、湖泊逐渐沼泽化，失去它们应有的生态功能，并引起周边的气候恶化和自然景观改变，提高水灾、旱灾的频率，加剧了危害程度。从日本引进的虾夷马粪海胆（*Strongylocentrotus intermedius*）在我国北方养殖，从养殖笼逃到自然海域环境中后不断繁殖，不仅与本地物种光棘球海胆（*S. nudus*）争夺食物和生活空间，对它们的生存构成威胁，而且能够咬断海底大型海藻的根，破坏当地的海床，严重影响当地海洋的生态平衡。

外来物种入侵还会促使入侵地化学性质发生改变，这种改变又导致外来物种与本地物种间的竞争，从而促进了生物入侵的进程，形成了生物入侵的“正反馈”效应。例如，互花米草（图8-3）可以截留海水中的硫，并提高植物组织的含硫量，植物凋零后进入土壤，不仅增加了硫酸盐还原反应的底物，还提高了底泥中的溶氧度、氧化还原电位及硫化物的氧化程度，这些改变抑制了本地植物的生长，进而促进了互花米草群落的繁荣。有一些外来物种在入侵成功后，当地土壤营养资源被极大地消耗，使得土壤的可耕性受到破坏。豚草对土壤中水分、氮和磷的消耗极大，造成土壤干旱贫瘠，对本地农作物的生长造成严重影响（Richter et al.，2013）。

三、生物入侵影响经济安全

外来物种入侵对经济活动的影响表现在对农林牧副渔等行业的生产、运输、起居、贸易等活动的直接破坏，并造成巨额的经济损失。美国的外来物种种类超过50 000种，73%的杂草属于外来物种，扩散面积超过4000万hm^2，而且每年以8%～20%的速度增加，外来入侵物种造成的损失总计达1380亿美元。6种外来入侵杂草给澳大利亚造成的经济损失每年达到1.05亿美元；福寿螺给菲律宾的水稻生产每年造成损失达2800万～4500万美元；生物入侵给南非和印度造成的经济损失每年分别达1200亿美元和980亿美元（Pimentel，2014）。而入侵物种每年给我国造成的直接和间接经济损失超过2000亿元。空心莲子草（*Alternanthera philoxeroides*）、凤眼莲（图8-4）等水生植物的肆意扩张，覆盖湖泊和河流的广大区域，影响水利水电设施，不仅产生了重大的经济损失，用

图8-3　广西北海山口合浦挤退红树林的互花米草（引自自然资源部南海局，http://scs.mnr.gov.cn/scsb/hykp/202006/5961819d42be4cb98546e5dce7faa439.shtml）

图8-4　2007年昆明滇池泛滥的凤眼莲（引自中国科学院武汉植物园，http://www.wbg.cas.cn/KPPJ/zrjy/hbsjt/201601/t20160115_4518595.html）

于打捞这些入侵植物的费用每年更是高达1亿元（徐海根和强胜，2011）。

外来物种入侵不仅造成上述直接危害，它们还会带来更加严重的间接危害。农作物病害的大暴发是一些媒介昆虫入侵的间接结果。例如，最近几年Q型烟粉虱在我国很多省份成为棉花、蔬菜等农作物的重要害虫，由其传播引起的番茄黄化曲叶病毒（tomato yellow leaf curl virus）在我国多地暴发成灾，导致农作物大面积受害。克氏原螯虾携带而来的病原物，可以造成青虾、中华绒螯蟹等养殖虾类发生疾病，造成虾类生产的巨大损失（徐海根和强胜，2011）。

生物入侵也影响国际贸易。基于对外来物种入侵的应对，以及对它们所引起巨大损失的考量，容易引起两国之间的贸易摩擦，也可以被用作贸易制裁的借口，从而导致重大的国际贸易损失。日本曾以水稻疫情为借口，禁止我国北方稻草及稻草制品出口到日本；美国以我国鸭梨可能携带桔小实蝇为由，禁止我国鸭梨出口美国；一些国家以我国有口蹄疫等动物疫病为借口，使得一些畜产品不能正常进入国际市场（万方浩等，2011）。

四、生物入侵影响人类健康安全

有些入侵物种对人类健康直接产生威胁。例如，被红火蚁（*Solenopsis invicta*）叮咬后，人类皮肤会出现红肿、红斑和痛痒，体质敏感的人会产生过敏性休克，严重的甚至可能死亡。福寿螺是寄生虫病的中间宿主，如果烹饪时处理不当，容易引起食源性的广州管圆线虫（*Angiostrongylus cantonensis*）病（图8-5）。在我国已经广泛分布的美洲大蠊（*Periplaneta americana*）和德国小蠊（*Blattella germanica*）不仅取食食物，破坏物品，损坏书籍、衣物和文物等，还会携带多种病原细菌，危害人类健康（徐海根和强胜，2011）。豚草在花期能产生大量的花粉，它的花粉致敏性很强，敏感人群吸入后，会诱发过敏性鼻炎、哮喘、皮炎、荨麻疹等疾病，导致肺气肿、肺心病甚至死亡（Richter et al.，2013）。

图8-5　产在水稻上的福寿螺卵（引自《中国水产》，https://kns.cnki.net/kcms2/article/abstract?v=G5Hy7WP7MHOQSseHBjCxxAv9mC4YheKvWKbKEqa_tq2h5M8NNqtfiOkJBpXl4YXJApjlUBKMuo77AxYB_6qDJWI_Tz3P-PEdjmvKARcgyWMhB2l_wjc2O10PZCShNw55gijRDPFqxswRi3zAH_CjMQ==&uniplatform=NZKPT&language=CHS）

许多入侵物种是人类及动植物的病原或病原传播媒介，在它们入侵成功后，就会造成严重的疾病流行，影响人类的健康、养殖动物和作物的生存。埃及伊蚊（*Aedes aegypti*）活动范围扩张导致登革热传播范围扩大，以及由外来黑家鼠（*Rattus rattus*）寄生的跳蚤（*Neopsylla* spp.）引发鼠疫传播扩散（Brady and Hay，2020）。

五、生物入侵影响重大工程建设

生物入侵是重大工程建设的生态风险之一。我国在云南西部大理至保山高速公路的前期研究工作表明，高速公路建设为紫茎泽兰提供了入侵通道，造成了原有植被生境被侵占、土壤贫瘠化等生态风险（Dong et al.，2008）。紫茎泽兰对三峡库区的生物种群结构、水土流失控制、土壤营养循环、生物多样性造成严重影响。空心莲子草、凤眼莲和大薸（*Pistia stratiotes*）的扩散也对南水北调工程产生了重大的威胁（郑志鑫等，2018）。2022年入侵南美洲的金贻贝扩散到巴西伊泰普水电站，并造成了水轮机组的停运。

六、生物入侵影响社会安全

外来物种入侵除了导致严重的经济损失外，还对入侵地的社会文化和生活方式造成了巨大的影响。例如，凤眼莲入侵东非后，覆盖在维多利亚湖上，使渔民无法进入渔场；20世纪90年代，由于凤眼莲的疯长，其覆盖了我国云南整个大观河水面和部分滇池水面，致使大观河-滇池-西山这条理想的水上旅游线路被迫废弃。淡海栉水母（*Mnemiopsis leidyi*）入侵黑海后，因为其堵塞了渔网，部分地区被迫放弃了凤尾鱼渔业。美国西南部柽柳（*Tamarix chinensis*）灌木的入侵使农业用地退化，并导致某些地区的耕作土地被荒废。

七、生物入侵与国防安全

生物入侵曾经被用于战争，通过使用某种生物危害他国的粮食生产或者通过传播疾病危害他国的安全。抗日战争时期，日军在1940～1944年先后在浙江的宁波、衢县（现衢江区）、金华等地，湖南的常德，以及浙赣铁路沿线地区实行了残酷的细菌战，其中包括使用鼠疫耶尔森菌、伤寒杆菌和炭疽杆菌制剂（陈致远，2014）。关于生物入侵曾经被用于战争的内容详见第九章。

第三节 生物入侵相关生物安全风险应对

生物入侵对人们赖以生存的自然环境和生态系统造成的影响越来越巨大，因此有关入侵物种的控制与管理非常重要。为了应对外来物种入侵的生物安全风险，应做好相关法律法规和制度建设，加强边境检验，尽量拒其于国门之外。对于已经入侵的有害生物，需要通过综合治理策略，建立可持续的管控技术体系，通过物理方法、化学方法、生物方法的综合运用，发挥各种治理方法的优势，获得最佳的外来入侵物种防除效果。

一、建立完善的法律法规和制度

外来物种入侵作为全球性的问题已经引起世界各国政府和国际组织的高度重视。例如，世界自然保护联盟（International Union for Conservation of Nature，IUCN）、环境问题科学委员会（Scientific Committee on Problems of the Environment，SCOPE）、国际海事组织（International Maritime Organization，IMO）、国际农业与生物科学中心（Center for Agriculture and Bioscience International，CABI）等通过制定国际公约、协议和指南，成立联合管理机构等方式来预防和管理外来入侵物种。为防止外来物种的入侵，目前已通过了40多项国际公约、协议和指南，而且还有许多协议正在制定中。虽然许多国际公约还缺乏直接约束力，各国在检疫标准的制定上也存在差距和矛盾，但这些文件仍然在一定范围内发挥着重要的作用。1993年正式生效的《生物多样性公约》第8条的h款指出："每一缔约国应该尽可能并酌情防止引进、控制或消除那些威胁生态系统、生境或者物种的外来物种。"与控制外来入侵物种密切相关的两个重要的国际规则《实施卫生与植物卫生措施协定》和《技术性贸易壁垒协议》，也都明确规定在有充分科学依据的情况下，以保障国家安全和生产安全为理由设置技术壁垒以阻止有害生物的入侵时，必须提供足够可信的定量风险评估。《联合国海洋法公约》里也明确规定对于抵御海洋外来物种的入侵，"各国必须采取一切必要措施以防止、减少和控制由于故意或偶然在海洋环境某一特定部分引进外来的新的物种致使海洋环境可能发生重大和有害的变化"。

截至2020年，我国与生物入侵的监测和管理相关的法规文件有《中华人民共和国环境保护法》《中华人民共和国野生动物保护法》《中华人民共和国进出境动植物检验检疫法》《中华人民共和国种子法》《中华人民共和国动物防疫法》《中华人民共和国草原法》《中华人民共和国畜牧法》等法律，以及《中华人民共和国货物进出口管理条例》《中华人民共和国进出境动植物检疫法实施条例》《植物检疫条例》《森林病虫害防治条例》《中华人民共和国濒危野生动植物进出口管理条例》等条例，国务院和国家不同部门还分别颁布了《关于加强防范外来有害生物传入工作的意见》《进境植物和植物产品风险分析管理规定》《进境动物和动物产品风险分析管理规定》等条例和规范性文件，确定国家不同部门的分工和责任，对生物入侵防治发挥了一定的作用，但仍缺乏专门应对生物入侵的法律规范。

2021年正式实施的《中华人民共和国生物安全法》将"防范外来物种入侵与保护生物多样性"列入适用范围，同时还适用于"防控重大新发突发传染病、动植物疫情"和"应对微生物耐药"等生物入侵相关问题。其中，第六十条明确规定："国家加强对外来物种入侵的防范和应对，保护生物多样性。国务院农业农村主管部门会同国务院其他有关部门制定外来入侵物种名录和管理办法。国务院有关部门根据职责分工，加强对外来入侵物种的调查、监测、预警、控制、评估、清除以及生态修复等工作。"这部法律为我国外来物种入侵的防范和应对提供了基本法律保障，也为其他配套法律和法规的出台与修订提供了指南和根本保障。

二、完善监测和预警体系

我国对外来物种管理的组织机构包括海关进出口检验检疫机构、农业农村部、国家林业和草原局、国家卫生健康委员会、生态环境部等。海关进出口检验检疫机构是我国行使国家卫生检疫、进出口商品检验、进出境动植物检疫的行政执法机构，负责对进出境动物、植物及其产品进行检验和检疫，防止外来物种随进口货物、商品传入我国，保障国门生物安全。农业农村部的职能包括起草动植物防疫和检疫的法律法规，组织和监督国内动植物的防疫、检疫工作，发布疫情动态并组织消除。国家林业和草原局的职责包括针对湿地的保护，组织和指导陆生野生动植物资源保护和合理开发利用等。国家卫生健康委员会在食品及相关产品的安全评估、预警，突发公共卫生事件的监测预警、风险评估及应急处置等工作中发挥作用。生态环境部则在指导、监督、协调生态保护工作，尤其是重要生态环境建设和生态破坏恢复等事务上发挥其职责。

外来物种的监测和预警策略是争取在第一时间、第一地点将危害性较大的生物物种拒之国门之外。我国的检疫评价系统目前应用最多的是杂草风险评估法。

口岸检验检疫是防止外来入侵物种的第一道防线，而开发快速检测识别技术是提高检验检疫效率的关键。我国已经建立了中国外来入侵物种数据库系统，该系统由中国外来入侵物种地理分布信息系统、中国外来入侵物种信息系统、外来入侵物种野外数据采集系统、外来入侵物种安全性评价系统、中国主要外来入侵昆虫DNA条形码识别系统和中国重大外来入侵昆虫远程监控系统等6个子系统组成（冼晓青等，2013）。基于全球卫星导航系统、地理信息系统、移动互联网等现代信息技术的云采集平台，也为外来生物入侵野外调查大数据采集提供了信息化支持（邱荣洲等，2021）。这些数据库为我国从事外来入侵物种研究、检测监测工作提供了综合信息服务平台。

我国已开发出40种严重入侵性害虫的快速分子检测技术，建立了实蝇科昆虫和蓟马共195种昆虫的DNA条形码鉴定技术，用于快速监测的技术系统解决了识别幼虫和幼年昆虫的问题。基于快速分子检测、化学信息素监测（如性信息素、植物挥发性气味和蛋白质引诱剂）和物理监测（如黄板、光谱和地质雷达）技术，监测了20余种入侵昆虫的发生和传播动态；其中包括红火蚁、烟粉虱（*Bemisia tabaci*）、西花蓟马（*Frankliniella occidentalis*）、稻水象甲（*Lissorhoptrus oryzophilus*）、红棕象甲（*Rhynchophorus ferrugineus*）、苹果蠹蛾（*Cydia pomonella*）和螺旋粉虱（*Aleurodicus dispersus*）等（Wan et al.，2017）。细胞色素氧化酶亚基Ⅰ基因（*CoI*）序列探针、序列特异性扩增区（sequence characterized amplified region，SCAR）分子标记、实时荧光PCR法、DNA芯片等分子鉴定技术的建立与应用，为入侵物种的快速鉴定提供了更有力的数据支撑（Wang et al.，2019）。

三、建立有效的生物入侵风险评估体系

生物入侵对人们赖以生存的自然环境和生态系统造成的影响越来越巨大，因此有关

入侵物种的管理与防除受到各个国家的高度重视。外来有害物种一旦入侵，想从某个地理区域完全根除是非常困难的。因此，需要建立科学规范的有害生物风险分析（pest risk analysis，PRA），对有害生物的危险性进行科学、有效的评估，为防止或者减少入侵生物的进入/扩散和影响提供科学依据。

国内外高度关注有害生物危险性分析，在有害生物传入风险分析、定殖与扩散风险分析和经济损失与生态风险等方面均进行了大量的工作。

（一）传入风险分析

传入是生物入侵的起始阶段，分析传入风险需要考虑的因素包括：入侵物种的现有分布、环境条件、可能的传入途径、与来源国的贸易情况及口岸截获记录等。国际贸易活跃程度与外来物种传入密切相关，是评价有害生物传入风险的关键因子（Hulme，2014）。卢辉等（2020）利用风险性评估体系及多指标综合评估的方法，对海南区域性外来入侵物种进行了风险评估，结果表明：在海南，石茅（*Sorghum halepense*）、草地贪夜蛾（*Spodoptera frugiperda*）、椰子木蛾（*Opisina arenosella*）、木瓜粉蚧（*Paracoccus marginatus*）、瓜类果斑病菌（*Acidovorax citrulli*）、扶桑绵粉蚧（*Phenacoccus solenopsis*）、红火蚁属于高风险有害生物；而薇甘菊、水椰八角铁甲（*Octodonta nipae*）、螺旋粉虱、细菌性黑斑病菌（*Xanthomonas campestris* pv. *mangiferae indicae*）、三叶草斑潜蝇（*Liriomyza trifolii*）属于中风险有害生物。

（二）定殖与扩散风险分析

定殖与扩散风险分析最常用的研究手段是有害生物的适生性分析。随着信息技术的发展，可用于适生性风险分析研究的技术与方法越来越多，如基于规则集的遗传算法（GAPR）、最大熵模型（MaxEnt）、生态气候模型（CLIMEX）、地理信息系统（GIS）、绘图软件和地理信息系统（DIVA-GIS）等。这些方法的主要原理是通过气候、物候和生物种群的相互关系来推测某种生物的适生范围。研究人员通常把几种模型结合起来，通过叠加分析功能加入对气候和生物因子以外的寄主分布、土壤类型及土地利用等影响因子进行综合分析。柳晓燕等（2019）基于315个分布数据和气候、高程、土地利用等环境因子，通过调用ENMeval数据包调整MaxEnt参数，对红火蚁在中国的适生范围进行了预测，并通过受试者工作特征曲线对模型精度进行了验证。林伟等（2019）以全球的分布数据为基础，结合环境气候数据，利用MaxEnt对草地贪夜蛾在我国的潜在地理分布进行预测，结果认为该虫在中国的适生区约占全国面积的52.79%。

（三）经济损失与生态风险分析

经济损失与生态风险分析涉及的变量主要包括寄主产量、产品价值、损失量、防治费用和生态损失等。当前使用较多的经济损失评估多数都是定性的分析方法，如通过专家打分法，对涉及的经济损失因子进行赋值。我国在定量分析方法的使用上已经进行了大量的探索。例如，将MaxEnt与ArcGIS结合使用，根据云南2017年主要农作物种植面积和产量数据，运用市场价格法建立的草地贪夜蛾危害损失模型，预测草地贪夜蛾通过玉米、烤烟、薯类和甘蔗4类主要农作物可能对云南农业造成的经济损失高达3.95亿～8.94亿元（喜超等，2019）。

目前使用的物种分布预测模型还不完美，由于这些模型仅考虑气候和其他物理因素，而没有考虑物种间的相互作用，也没有考虑持续的全球气候变化的影响。由于参与生物入侵过程的生物的和非生物的因素十分复杂，理解和预测生物入侵是否发生及其影响程度都极具挑战性，需要在充分认识生物入侵过程的所有可能存在的风险基础上，不断地完善这些风险的评估方法和预测模型。

四、发展有效的防除措施

一旦入侵生物在本地造成危害，可以利用物理防除、农业防治、化学防治和生物防治等措施进行处置。

（一）物理防除

物理防除就是利用人工或者借助机械、装置等控制杂草、动物等入侵生物。例如，在美国南部很多地方相关部门通过机械或者物理防治，有时候结合火烧的方法成功控制了野葛（*Pueraria lobata*）的入侵。英国花费10年根除了20万只河狸鼠（*Myocastor coypus*），用到的主要技术是诱捕，这个方法成功的关键是仔细研究河狸鼠种群的生物学特性、绘制详细的种群分布图及科学设计的诱捕器（图8-6）（Simberloff，2013）。

图8-6　物理防除方法控制河狸鼠（引自https://pestcontrolservices.co.uk/nadc-members/）

（二）农业防治

入侵的昆虫、植物可以通过一些农业措施防除，包括选择与不敏感作物轮作，调整寄主作物的种植期，清除作物残茬，选择抗性的作物品种，以及采取合理的水肥管理措施等。例如，水旱作物轮作可以有效地控制稻水象甲（图8-7）。马铃薯与非寄主作物轮作可以有效提升马铃薯甲虫（*Leptinotarsa decemlineata*）越冬成虫的死亡率，延长越冬成虫的出现时间（Guo et al.，2017）。

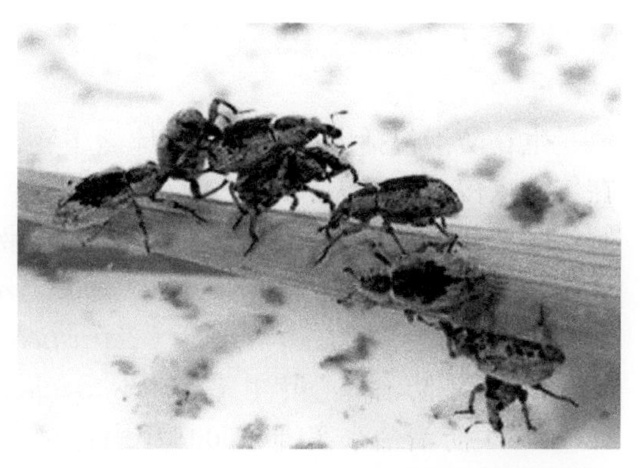

图8-7　稻水象甲（引自中国科学院动物研究所，https://www.ioz.cas.cn/kxcbb/kpkxjd/201904/t20190426_5282174.html）

（三）化学防治

化学农药依然是防除入侵物种最经济、有效的技术手段之一。例如，亚致死剂量的吡虫啉可以显著降低红火蚁的生殖能力，导致成年工蚁和蛹的延迟出现。结合使用毒饵与接触性杀虫剂，可大规模杀灭94%的红火蚁种群。将乙酰胺类和吡虫啉类杀虫剂等高效、低毒的新烟碱类杀虫剂拌种或喷施，可以有效地控制马铃薯甲虫（图8-8）的幼虫（Guo et al.，2017）。化学杀虫剂存在伤害非目标生物、害虫容易产生抗药性、污染环境等问题，可以采用一些将化学农药与其他应用技术结合的方法，减少环境污染。例如，用诱饵技术诱集入侵的黄蜂（*Vespula vulgaris*）和欧洲黄蜂（*V. germanica*），然后在诱集器中加入氟虫腈将其杀死（Edwards et al.，2017）。

图8-8　马铃薯甲虫（引自中国科学院动物研究所，https://www.ioz.cas.cn/kxcbb/kpkxjd/201904/t20190426_5282174.html）

（四）生物防治

生物防治包括昆虫天敌、病原微生物、性激素、转基因生物释放等。外来入侵害虫在传入入侵地后，天敌的有效控制力下降，导致种群增长。因此，从外地引入天敌是控制外来入侵物种的一种普遍接受的方法。例如，1978年，中国引进丽蚜小蜂（*Encarsia formosa*）来防治温室粉虱（*Trialeurodes vaporariorum*），将其控制在了危害水平之下。2004年，海南省引进了啮小蜂（*Tetrastichus brontispae*）和椰甲截脉姬小蜂（*Asecodes hispinarum*）防治椰心叶甲（*Brontispa longissima*）。2005年引入阿里山潜蝇茧蜂（*Fopius arisanus*）防治桔小实蝇，2008年引进了海氏桨角蚜小蜂（*Eretmocerus hayati*）和浅黄恩蚜小蜂（*Encarsia sophia*）防治烟粉虱（*Bemisia tabaci*）（Wan et al.，2017）。

细菌、真菌、病毒类等生物农药具有杀虫率高、害虫不容易产生抗性、环境友好、对人畜无害等优点，用于入侵昆虫的防治方面也显现出良好的效果。利用苏云金芽孢杆菌（*Bacillus thuringiensis*，Bt）库斯塔克亚种（Btk）喷雾防治入侵的苹果蛾（*Teia anartoides*）时显现出良好的效果（Qaim，2009）。还可利用球形芽孢杆菌（*Bacillus sphaericus*，Bs）对蚊幼虫进行防治（图8-9A、B），利用美国白蛾核型多角体病毒（*Hyphantria cunea* nucleopolyhedrosis virus）对美国白蛾进行防治，利用草地贪夜蛾核型多角体病毒（*Spodoptera frugiperda* nucleopolyhedrosis virus）对入侵害虫草地贪夜蛾进行防治（图8-9C、D）。

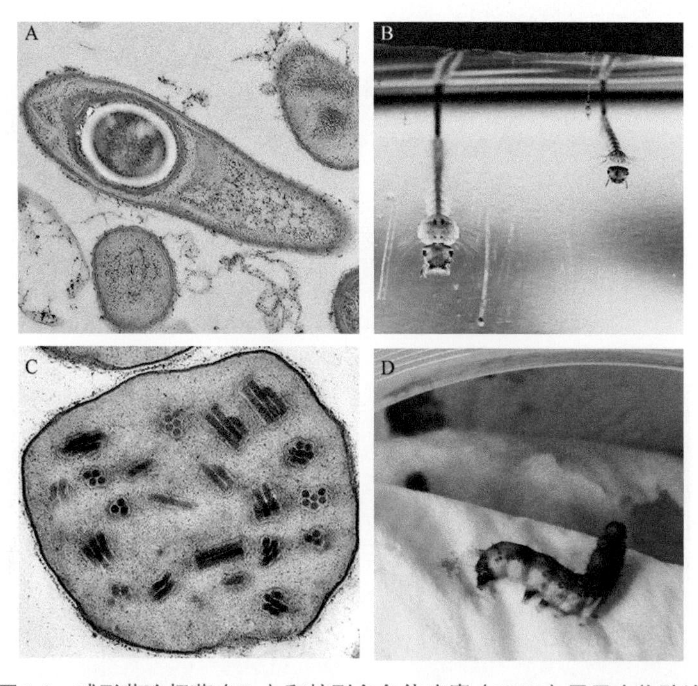

图8-9 球形芽孢杆菌（Bs）和核型多角体病毒（NPV）用于生物防治

A. Bs菌体（中南民族大学胡晓敏供图）；B. 库蚊幼虫（中国科学院武汉病毒研究所夏菡供图）；C. 草地贪夜蛾核型多角体病毒包涵体；D. 草地贪夜蛾核型多角体病毒感染后的草地贪夜蛾幼虫（C和D中国科学院武汉病毒研究所类承凤供图）

昆虫不育技术、RNA干扰技术、基因驱动技术等新型生物技术也用于治理入侵生物。雄性不育技术（malesterile technique，MST）是将大量不育雄性昆虫释放到种群中，与它们交配的雌性会产生很少后代甚至没有后代。雄性不育技术已经有几十年的历史，并有很多成功的范例。昆虫不育的另一种方法是释放携带显性致死因子的昆虫（release of insects carrying a dominant lethal，RIDL），这种方法已用于控制蚊虫。在巴西进行的为期一年的试验将埃及伊蚊的密度降低了95%，而在巴拿马多次释放携带显性致死因子的埃及伊蚊后，环境中的埃及伊蚊减少了93%（Gorman et al.，2016）。为了减少成本和解决劳动密集型的制约，这个概念最近得到扩展并形成了特洛伊雌虫技术（Trojan female technique，TFT）。TFT可以作为多代害虫抑制手段，利用线粒体DNA的突变，抑制雄性昆虫生育能力，而对雌性没有影响。

RNA干扰技术的高特异性使其成为害虫控制的理想工具。在豌豆蚜虫（*Acyrthosiphon pisum*）的不同变态期饲喂含有高浓度双链RNA的饲料能够有效杀死豌豆蚜虫。利用转基因植物表达昆虫基因的双链RNA来抑制植食性昆虫防御基因（如*P450*基因）表达，在棉花抗棉铃虫的应用上被证明非常有效（Mao et al.，2007）。

越来越多的入侵生物正在全球范围内出现，对人类及环境和居住在其中的许多本地物种造成了损害。通过开展多学科合作，发展相应的综合防治技术，是保障我国生态安全、食品安全和农业经济安全的重要措施。

第四节 经典案例

本章前面几节系统介绍了生物入侵过程、入侵机制、生物安全风险因素及防除措施。本节简要介绍入侵动物疫病和入侵植物的代表：非洲猪瘟和紫茎泽兰。

一、2018～2019年我国非洲猪瘟大流行

非洲猪瘟（African swine fever）是由非洲猪瘟病毒（African swine fever virus）感染家猪和各种野猪而引起的一种烈性动物传染病（图8-10）。非洲猪瘟的特征是发病进

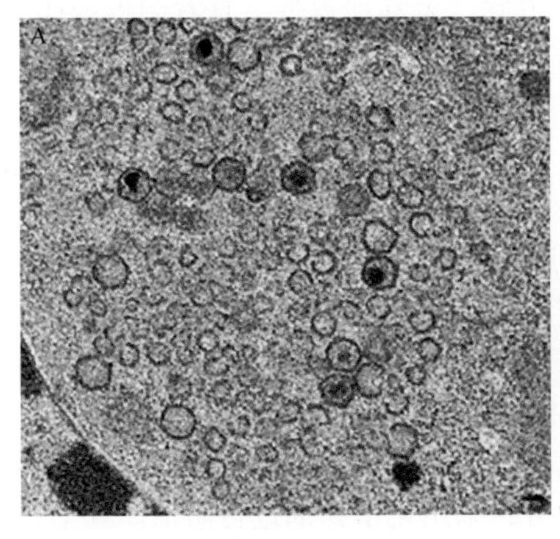

图8-10 非洲猪瘟病毒感染猪肺泡巨噬细胞（alveolar macrophages，AM）的超薄切片（A）和感染家猪的症状（B）（中国科学院武汉病毒研究所危宏平供图）

程快，急性感染使生猪的死亡率高达100%。世界动物卫生组织将非洲猪瘟列为需法定报告的动物疫病，中国将非洲猪瘟列为一类动物疫病。非洲猪瘟于1921年在非洲肯尼亚被首次报道，随后几十年在撒哈拉以南的非洲国家持续存在，1957年先后传至西欧和拉美国家，2018年非洲猪瘟首次传入我国。2018～2021年，我国共报告非洲猪瘟疫情200多起，扑杀生猪120多万头，总经济损失达数十亿元。

为了防止非洲猪瘟从境外传入我国，海关总署、农业农村部加强了检疫、防疫和监督工作，并采取以下措施：①禁止直接或间接从非洲猪瘟疫区（国家或地区）输入猪、野猪及其产品，停止签发输入猪、野猪及其产品的"进境动植物检疫许可证"。②对已经启运的非洲猪瘟疫区的猪、野猪及其产品，一律作退回或销毁处理，获检疫合格后方可放行。③禁止寄递或携带来自非洲猪瘟疫区的猪、野猪及其产品入境。④从来自非洲猪瘟疫区的进境船舶、航空器和铁路列车等运输工具上卸下的动植物性废弃物、泔水等，一律在海关的监督下作除害处理。⑤对边防等部门截获的非法入境的来自非洲猪瘟疫区的猪、野猪及其产品，一律在海关的监督下作销毁处理等。

二、植物界"杀手"——紫茎泽兰

紫茎泽兰（图8-11）原产于中美洲的墨西哥和哥斯达黎加，20世纪40年代由缅甸边境传入中国云南，目前云南、广西、贵州、四川、西藏、重庆、湖北和台湾等地均有分布，并大约以每年60km的速度向北和向东扩散。紫茎泽兰富含有毒物质，牲畜误食后引起中毒或死亡，其入侵侵占了大量农田、草地和林地，影响农林牧业生产。紫茎泽兰具有适合入侵扩展的生物学特征和繁殖特征：①紫茎泽兰的种子非常有利于扩散，且具有适应长距离传播的机制。②繁殖方式多，除种子之外，也可以通过根、茎等进行无性繁殖。③其生物学特征与入侵地的气候变化节律吻合度高。④光饱和点高，光补偿点低，具有阳性偏阴的生态习性。⑤具有很强的固氮能力，在与本土植物的竞争中能够获得更丰富的营养资源。⑥通过化感作用抑制本土植物种子萌发和幼苗生长，排挤和取代本土植物，形成单种优势群落，从而破坏或改变了本土植物格局，也可以通过改变入侵地土壤微生物群落结构，阻碍本地植物的营养吸收和生长。⑦其含有的化学物质使动物拒食，使自身的种群不断增长。紫茎泽兰的防除措施包括：①替代控制。在秋冬季将紫茎泽兰植物体挖除，晒干烧毁，立即种上合适的牧草或者树种，如皇竹草（*Pennisetum sinese*）、象草（*P. purpureum*）等，以减少和避免紫茎泽兰的侵占，最终实现植物替代。②化学防除。对危害严重、面积大，人工清除有困难的地方，采用化学药剂进行防治。③生物防除。引进天敌昆虫，如泽兰实蝇（*Procecidochares utilis*）和其他草食性昆虫，对紫茎泽兰的

图8-11　紫茎泽兰植株（华南农业大学杨仪韩供图）

生长有一定的控制作用。泽兰尾孢菌（*Cercospora eupatorii*）等真菌可以引起紫茎泽兰叶斑病，造成叶子被侵染，失绿，生长受阻。

本章小结

生物入侵是一种生物由原生存地经自然或者人为的途径侵入另一个新环境，对入侵地的生物多样性、农林牧渔业生产及人类健康造成经济损失或生态灾难的过程。它是一个多阶段级联的过程，典型的生物入侵过程可以分为进入、定殖、扩散和暴发等阶段。生物入侵往往对被侵入地具有巨大而长期的直接和间接影响。外来物种入侵发生的机制主要可以从两个方面考量：一是入侵物种本身的生物学特性，二是被入侵生境的可侵入性。外来入侵物种会影响入侵地的生物多样性，改变其他物种的群落结构，阻碍生态系统的服务功能，破坏入侵地农、林、牧、渔业生产和交通航运等，并由此造成巨额的经济损失，危害人类健康福祉、重大工程、社会结构和文化传承，威胁入侵地的生物安全、生态安全、经济安全、社会安全、文化安全，甚至国防安全。应对外来物种入侵的生物安全风险，关键是做好相关法律法规和制度建设，加强边境检验，尽量拒其于国门之外。对于已经入侵的有害物种，要通过综合治理制度，建立可持续的控制与管理技术体系，并通过生物方法、物理方法、化学方法等多种方法的综合运用进行防除。

复习思考题

1. 外来物种与入侵物种有什么区别？
2. 关于生物入侵的机制主要可以从哪两个方面考量？相关的假说主要有哪些？
3. 生物入侵引起的风险主要有哪些？
4. 生物入侵风险分析评估主要包括哪几个方面？
5. 应对外来物种入侵风险有哪些措施？你认为哪一种措施最为关键。为什么？

（胡　葭　孙修炼）

主要参考文献

陈致远．2014．日本侵华细菌战．北京：中国社会科学出版社：135-152．

韩欣娆，朱耿平，门永亮，等．2021．基于集合模型的草地贪夜蛾的潜在分布预测．生物安全学报，30（1）：65-71．

江南纪，王琛柱．2019．草地贪夜蛾的性信息素通讯研究进展．昆虫学报，62（8）：993-1002．

林伟，徐淼锋，权永兵，等．2019．基于MaxEnt模型的草地贪夜蛾适生性分析．植物检疫，（4）：69-73．

柳晓燕，赵彩云，李飞飞，等．2019．基于MaxEnt模型预测红火蚁在中国的适生区．植物检疫，6：70-76．

卢辉，吕宝乾，刘慧，等．2020．海南区域性有害生物的风险分析．热带农业科学，S1：38-42．

马玉忠. 2009. 外来物种入侵 中国每年损失2000亿. 中国经济周刊，21：43-45.
邱荣洲，赵健，陈宏，等. 2021. 外来物种入侵大数据采集方法的建立与应用. 生物多样性，29：1377-1385.
万方浩，谢丙炎，杨国庆. 2011. 生物入侵学. 北京：科学出版社.
王明娜，戴志聪，祁珊珊，等. 2014. 外来植物入侵机制主要假说及其研究进展. 江苏农业科学，42（12）：378-382.
王亚如，蔡香云，王锦达，等. 2020. 重大入侵害虫草地贪夜蛾的研究进展. 环境昆虫学报，42（4）：806-816.
喜超，姜玉英，木霖，等. 2019. 草地贪夜蛾在云南的潜在适生区分析及经济损失预测. 南方农业学报，6：1226-1233.
冼晓青，陈宏，赵健，等. 2013. 中国外来入侵物种数据库简介. 植物保护，39（5）：103-109.
徐海根，强胜. 2011. 中国外来入侵生物. 北京：科学出版社.
郑志鑫，王瑞，张风娟，等. 2018. 重要外来入侵植物随南水北调工程传入京津冀受水区的风险评估. 生物安全学报，27（4）：300-308.
周曙东，周桢. 2011. 我国外来入侵动物的扩散风险分析及分级管理. 长江流域资源与环境,20（10）：1191-1197.
Bellard C, Cassey P, Blackburn T M. 2016. Alien species as a driver of recent extinctions. Biology Letters, 12: 20150623.
Blossey B, Nötzold R. 1995. Evolution of increased competitive ability in invasive nonindigenous plants: a hypothesis. Journal of Ecology, 83(5): 887-889.
Blumenthal D M. 2005. Interrelated causes of plant invasion. Science, 310: 243-244.
Bradley B A, Blumenthal D M, Wilcove D S. 2010. Predicting plant invasions in an era of global change. Trends in Ecology & Evolution, 25(5): 310-318.
Brady O J, Hay S I. 2010. The global expansion of Dengue: How *Aedes aegypti* mosquitoes enabled the first pandemic arbovirus. Annu Rev Entomol, 65: 191-208.
Cadenas-Fernández E, Sánchez-Vizcaíno J M, van den Born E, et al. 2021. High doses of inactivated African swine fever virus are safe, but do not confer protection against a virulent challenge. Vaccines (Basel), 9(3): 242.
Callaway R M, Ridenour W M. 2004. Novel weapons: invasive success and the evolution of increased competitive ability. Frontiers in Ecology and the Environment, 2(8): 436-443.
Davis M A. 2009. Invasion Biology. New York: Oxford University Press.
Day R, Abrahams P, Bateman M, et al. 2017. Fall armyworm: Impacts and implications for Africa. Outlooks on Pest Management, 28(5): 196 -201.
Dong S K, Cui B S, Yang Z F, et al. 2008. The role of road disturbance in the dispersal and spread of *Ageratina adenophora* along the Dian-Myanmar international road. Weed Research, 48: 282-288.
Edwards E, Toft R, Joice N, et al. 2017. The efficacy of Vespex® wasp bait to control *Vespula* species (Hymenoptera: *Vespidae*) in New Zealand. International Journal of Pest Managemant, 63: 266-272.
Elton C S. 1958. The Ecology of Invasions by Animal and Plants. London: Methuen.
Funk J L, Cleland E E, Suding K N, et al. 2008. Restoration through reassembly: plant traits and invasion resistance. Trends Ecol Evol, 23(12): 695-703.
Gorman K, Young J, Pineda L, et al. 2016. Short-term suppression of *Aedes aegypti* using genetic control does

not facilitate *Aedes albopictus*. Pest Management Sciences, 72: 618-628.

Guo W C, Li C, Ahemaiti T, et al. 2017. Colorado potato beetle *Leptinotarsa decemlineata* (Say). *In*: Wan F H, Jiang M X, Zhan A B. Biological Invasions and Its Management in China. New York: Springer Press: 195-217.

Gutiérrez-Moreno R, Mota-Sanchez D, Blanco C A, et al. 2019. Field-evolved resistance of the fall armyworm (Lepidoptera: *Noctuidae*) to synthetic insecticides in Puerto Rico and Mexico. Journal of Economic Entomology, 112(2): 792-802.

Hufbauer R A, Torchin M E. 2007. Integrating ecological and evolutionary theory of biological invasions. Biological Invasions, 193: 79-96.

Hulme P E. 2014. Invasive species challenge the global response to emerging diseases. Trends in Parasitology, 30: 267-270.

Jesse W A M, Molleman J, Franken O, et al. 2020. Disentangling the effects of plant species invasion and urban development on arthropod community composition. Global Change Biology, 26: 3294-3306.

Keane R M, Crawley M J. 2002. Exotic plant invasions and the enemy release hypothesis. Trends in Ecology & Evolution, 17(4): 164-170.

Mack R N, Simberloff D, Lonsdale W M, et al. 2000. Biotic invasions: causes, epidemiology, global consequences, and control. Ecological Applications, 10: 689-710.

Mao Y B, Cai W J, Wang J W, et al. 2007. Silencing a cotton bollworm P450 monooxygenase gene by plant-mediated RNAi impairs larval tolerance of gossypol. Nature Biotechnology, 25: 1307-1313.

Perrings C, Mooney H, Williamson M. 2010. Bioinvasions and Globalization. Oxford: Oxford University Press.

Pimentel D. 2014. Biological invasions: economic and environmental costs of alien plant, animal, and microbe species. Boca Raton: CRC Press.

Pyšek P, Hulme P E, Simberloff D, et al. 2020. Scientists' warning on invasive alien species. Biological Reviews, 95(6): 1511-1534.

Qaim M. 2009. The economics of genetically modified crops. Annual Review in Resource Economics, 1: 665-693.

Richter R, Berger U E, Dullinger S, et al. 2013. Spread of invasive ragweed: climate change, management and how to reduce allergy costs. Journal of Applied Ecology, 50: 1422-1430.

Silveri A, Dunwiddie P W, Michaels H J. 2001. Logging and edaphic factors in the invasion of an Asian woody vine in a mesic North American forest. Biological Invasions, 3: 379-389.

Simberloff D. 2013. Invasive species: what everyone needs to know. Oxford: Oxford University Press.

Storer N P, Kubiszak M E, Ed King J, et al. 2012. Status of resistance to Bt maize in *Spodoptera frugiperda*: Lessons from Puerto Rico. Journal of Invertebrate Pathology, 110(3): 294-300.

Wan F H, Jiang M X, Zhan A B. 2017. Biological Invasions and Its Management in China. New York: Springer Press.

Wang Y S, Tian H, Wan F H, et al. 2019. Species-specific COⅠ primers for rapid identification of a globally significant invasive pest, the cassava mealybug *Phenacoccus manihoti* Matile-Ferrero. Journal of Integrative Agriculture, 18(5): 1042-1049.

Xie Y, Li Z Y, Gregg W P, et al. 2001. Invasive species in China: an overview. Biodivers Conserv, 10(8): 1317-1341.

Zou J, Rogers W E, Siemann E. 2007. Differences in morphological and physiological traits between native and invasive populations of *Sapium sebiferum*. Functional Ecology, 21(4): 721-730.

第九章 生物威胁与生物安全

学习目标

1. 掌握生物威胁、生物武器、生物恐怖等基本概念；
2. 了解生物武器与生物恐怖的起源与发展历史；
3. 了解生物恐怖、生物武器使用的生物危害因子的类型与致病特点；
4. 熟悉生物恐怖、生物武器的特点与危害性；
5. 了解生物武器与生物恐怖的生物安全风险应对措施。

生物安全问题是当前最突出和最具代表性的人类命运共同体议题之一，防范生物武器和生物恐怖威胁是维护生物安全的重要方面。生物武器的起源最早可以追溯到公元前战争时期，随着人类文明的进步，生物武器逐步发展，在战争中的应用也日益频繁。生物武器和生物恐怖威胁的长期持续存在，是当今世界人类面临的重大挑战。随着生物科学技术的不断发展，生物信息的广泛传播将增加生物恐怖袭击和生物战发生的概率。为应对可能存在的生物安全风险，应加强国际合作，采用包括法律、公约及非法律法规层面措施在内的多种策略来预防和控制新时代可能出现的生物威胁。

第一节 生物威胁概述

本节主要介绍生物威胁的定义、生物武器和生物恐怖的起源与发展、构成与类型等内容。

一、生物威胁的定义

生物威胁（biological threat/biothreat），通常是指由突发事件、自然灾害和战争等原因造成的生物危害因子突发、大量地繁殖或传播，威胁人类健康和社会经济。2018年9月，美国政府发布《国家生物防御战略》，对生物威胁的来源进行了明确，三大主要来源包括自然形成的突发性生物事件、意外发生的生物事故和蓄意制造的生物袭击（王萍，2020）。狭义的生物威胁是指生物武器和生物恐怖造成的威胁。《中华人民共和国生物安全法》第七章专门对防范生物恐怖与生物武器威胁作出了相关规定。

（一）生物武器

生物武器（biological weapon/bio-weapon），是指以细菌、病毒、毒素等使人、动物、植物致病或死亡的生物危害因子制成的武器，是生物战剂及其施放装置的总称。

生物战剂（biological warfare agent/bio-warfare agent）是构成生物武器杀伤威力的决定性因素。生物战剂是生物武器的核心部分，生物战剂的施放装置属于辅助部分。在某些特定情况下，生物战剂也可以脱离施放装置而单独作为生物武器使用。

生物战（biological warfare/biowarfare），旧称细菌战，是指通过生物来毁坏农作物、威胁伤害人畜的一种作战方式。在作战中，使用多种方式来施放生物战剂，在对方军队和后方地区造成传染病流行，或大面积农作物毁坏，从而达到削弱对方战斗力，降低其战争潜力的目的。

（二）生物恐怖

生物恐怖（biological terrorism/bioterrorism），是指恐怖组织或恐怖分子蓄意使用病原体、生物毒素等来实施袭击，在人群中造成传染病的暴发和流行或集中出现中毒的现象，导致人类或与人类生存息息相关的动植物患病或死亡，从而引起人心恐慌、社会动乱，企图达到政治、经济、宗教、民族等特定目的的行为。其中恐怖分子为破坏社会稳定或引起恐慌而故意针对农作物或畜牧业投放化学制剂或病原生物因子的行为称为农业生物恐怖（agricultural bioterrorism）（Wilson et al.，2000）。农业的收益和规模大，涉及面广，因此农业产业被认为是恐怖主义的完美目标。农业生物恐怖事件不仅会损害农业和贸易，还可能使疫病传染到人，造成的危害大而广泛。

生物恐怖的行为主体除了可以是个人，也可以是团体甚至是国家。生物恐怖与生物战使用的都是生物武器，只是使用的场合不同、目的有所差异，在战场上使用生物武器就称为生物战，在恐怖活动中使用生物武器就称为生物恐怖。

二、生物武器和生物恐怖的起源与发展

（一）生物武器的起源与发展

生物武器的产生，源于战争时期传染性疾病造成的战斗减员甚至扭转战局的启示。纵观历史，病原体和生物毒素一直被当作武器来使用。

公元前4世纪，塞西亚弓箭手用腐烂尸体的血液、粪便和组织涂抹箭头。公元前6世纪，亚述人在敌人的水井中投放麦角菌（一种真菌），这也是目前已知的最早将生物毒素用于作战的事件。

中世纪时期，埃塞俄比亚军队在包围麦加城时（公元6世纪），出现了天花病毒流行，全军因感染致病丧失了进攻作战能力，不得不放弃唾手可得的胜利而另择战机。自然界出现的生物毒素能对作战军队的伤亡和作战进程产生巨大的影响，使当时的许多军事家想到通过人工传播病原或毒素等来赢得战争这种方法，从而开始了人类利用病原体或生物毒素作为战争武器的险恶历程。

公元14世纪，袭击者向位于法国北部Hainault的Thun L'Eveque城堡投掷了死马和其他动物的尸体。据城堡守卫者回忆，当时的空气极度恶臭，怨声载道，于是双方最终协商休战。鞑靼人的军队在攻击卡法城（克里米亚地区的贸易中心）时，用抛石机将受鼠疫感染的尸体抛入城里，城内鼠疫暴发，守军被迫弃城撤离。

公元15世纪，在波西米亚（现捷克地区）的Karlstein城堡，进攻部队将战亡士兵的腐烂尸体投入防守方的城墙，以期在守军内部引起疾病的广泛传播。

1763年7月16日，英国军官杰弗里·阿默斯特在一封信中批准了一项向特拉华州印第安人传播天花的计划（Robertson et al.，2001）。他在信中建议，可通过使用天花病毒来“减少”对英国人怀有敌意的美国土著部落（Parkman，1901）。当时，Fort Pitt（现Pittsburgh的前身）地区天花正处于暴发期，这也为阿默斯特计划的执行提供了契机，同时也提供了计划中所需的被天花病毒污染的材料。而早在此之前，这个军官的下属就将从天花救治医院获取的毯子和手帕送给了印第安人，并在日记中写道：“我希望它们能起到预期的效果”（Sipe，1929）。

经过几个世纪的发展，这种武器逐渐发展为用于战场和具有秘密用途的精密生物武器。第一次世界大战期间，德国首先研制和使用了生物武器（当时被称为细菌武器）。

第二次世界大战期间，侵华日军广泛研究和使用生物武器，并专门组建了细菌作战部队，即我们熟知的第七三一部队（图9-1），在中国开展鼠疫细菌战。1935年起日军在中国哈尔滨等地开展大规模细菌武器研制，于1940～1942年向河北、浙江、湖南、河南等省的11个县、市散播鼠疫耶尔森菌，在这些地区引起鼠疫流行，给中国人民造成了巨大灾难。1945年8月下旬，美国德特里克堡微生物学家默里·桑德斯（Murray Sanders）受命赴日本调查细菌战，调查报告对第七三一部队的研究范围、组织机构、整体规模、第七三一部队所在地哈尔滨平房略图和细菌炸弹图纸等进行了详细的记录

GENERAL HEADQUARTERS
UNITED STATES ARMY FORCES, PACIFIC
Scientific and Technical Advisory Section

REPORT
OF
SCIENTIFIC INTELLIGENCE SURVEY IN JAPAN
September and October 1945

VOLUME V

BIOLOGICAL WARFARE

1 November 1945

图9-1　侵华日军第七三一部队本部旧址正门（A）（项阳，2015）和《默里·桑德斯报告》首页（B）（张艳荣等，2017）

（张艳荣等，2017）。

第二次世界大战以后，世界各国开始大规模发展生物武器。其中美国在20世纪50年代和60年代生产并使用了细菌、病毒、生物毒素和立克次体等生物制剂，用于杀伤人员、动植物和毁坏植物的生态系统。在朝鲜战争中使用的生物武器，给朝鲜人民和生态系统带来了巨大且持久的伤害。

为了减轻战争所造成的苦难，1971年联合国大会通过《禁止发展、生产、储存细菌（生物）及毒素武器和销毁此种武器公约》，简称《禁止生物武器公约》。1972年4月《禁止生物武器公约》开放签署，并于1975年3月生效。中国于1984年11月15日加入了这一公约。

历史上生物武器的发展大致可以分为两个阶段（Guillemin et al.，2006）。

第一阶段为初始阶段，最早开始研制的是当时最具有侵略性，而且细菌学和工业发展水平较高的德国。当时主要使用的战剂仅限于少数几种致病的细菌，如马鼻疽杆菌、炭疽杆菌等，主要以特工人员进行人工投放为主，污染的范围相对较小。

第二阶段从20世纪30年代开始至70年代末结束。当时的主要研制者先是德国和日本，后为英国和美国。战剂仍主要是细菌，但使用的种类增多，后期美国也逐渐开始研制病毒战剂。开始主要通过携带生物战剂的媒介昆虫投放，耗资较高，后期则开始利用气溶胶来散播。运载的主要工具是飞机，使得污染面积显著增大，并且在战争中进行实际使用，影响范围大。

（二）生物恐怖的起源与发展

生物恐怖最初是建立在各国主动开展的生物武器计划之上的（Miller et al.，2001）。由于生物武器有极强的致病性和传染性，传染途径多样，污染面积大，能造成大批人、畜受染发病，且危害作用持久，对人类和其他生物的生存有极大的威胁，除了对军事家，对恐怖分子也具有很大的吸引力。少量生物制剂，以极其隐蔽的实施方式、极少的人力财力，即可达到预期的效果，从而导致政治和社会的大规模混乱。生物恐怖袭击成为政治、宗教狂热分子达到自身不正当目的的重要手段。尽管实际发生的生物恐怖袭击数量相对有限，但造成的损失不容小觑，严重影响社会稳定和人类健康。

最早的一起典型的生物恐怖事件于1984年发生在美国俄勒冈州达尔斯小镇，这是美国历史上规模最大的生物恐怖事件（孙琳和杨春华，2017）。为了干扰当地的选举，罗杰尼希教的教徒从一家医药供应公司获取了鼠伤寒沙门氏菌菌株，并蓄意投放到当地10家餐厅，目的是让当地选民无法投票，以便该组织的候选人能够胜出。此次事件导致751人食物中毒，其中45人需要入院治疗，但没有人因此丧生。

1995年，日本邪教奥姆真理教在东京市中心的数个地铁站投放沙林毒气毒液（化学武器），因此而臭名昭著。除此之外，该组织还试图研制和使用生物恐怖制剂，预谋制造生物恐怖袭击，但并未成功。

“9·11”恐怖袭击事件后，美国又发生炭疽邮件恐怖袭击案。自2001年9月18日起，美国发生了延续数周的生物恐怖袭击，有人把含有炭疽杆菌的信件寄给多个新闻媒体办公室及政府工作人员，导致数人死亡和感染（Bush et al.，2001）。

三、生物武器和生物恐怖的构成与类型

生物危害因子是构成生物武器的核心部分，是指任何病原微生物（包括但不限于细菌、病毒、真菌、立克次体、原生动物）或感染性物质，或微生物、感染性物质的组成部分，包括自然产生的、经生物改造产生的及被合成的。目前，大多数生物武器是由活的微生物组成的，这意味着一旦被施放，这些病原生物因子就能迅速增殖。

生物武器不单由“生物”构成，一般还包括运载投放生物战剂的载体。炮弹、炸弹、火箭弹、导弹弹头和布撒器、喷雾器、气溶胶发生器等是比较有代表性的生物武器施放装置。生物战剂是构成生物武器杀伤威力的决定性因素，是生物武器的核心部分，而施放装置是辅助部分。

公认的可用于生物恐怖袭击的制剂主要有6种：出血热病毒［如埃博拉病毒（Ebola virus）］、天花病毒（smallpox virus）、鼠疫耶尔森菌（*Yersinia pestis*）、炭疽杆菌（*Bacillus anthracis*）、土拉杆菌（*Bacillus tularense*）及肉毒毒素（botulinum neurotoxin）。此外，还包括危害性相对上述几种较小的其他制剂。这些病原生物因子有些较为常见，也易于在自然界中获取。在潜伏期，受害者症状不明显，且人类肉眼无法识别病原体。

3类危险生物因子与相关疾病

美国传染病和公共卫生部门专家组根据危险生物因子对公共卫生和健康的影响水平将其分为A、B、C三类。这些需要高度关注的危险生物因子很容易在人与人之间传播，致病致死率高，容易引起公众恐慌和社会混乱，对国家安全具有严重威胁。

A类危险生物因子威胁最为严重。A类危险生物因子本身及其造成的疾病对生物防御和生物安全计划提出了重大挑战。这些病原生物因子在人群中普遍流行，并会对公共卫生产生重大负面影响。B类危险生物因子的威胁性相对A类小，但这类危险生物因子中的许多成员被认为是生物武器的“适宜候选对象”，因为它们既容易传播，又可对人和动物造成失能性的效果。如果战争一方在战斗中选择使用生物武器，那么他们可能希望生病的士兵比死亡的更多，在战争中给对方军队带来更大的负担。C类危险生物因子经常出现并可导致疾病威胁，如SARS病毒、西尼罗病毒等。这些微生物可能不会被直接用来制作生物武器，但可能会被用于吸引民众和媒体的注意。

2007年初，美国国土安全部发布的总统指令中第18条对医学防御对策的研究、开发和成果进行了概括。由于未来的生物武器可能将难以预料且难以定义，因此生物武器在传统A类、B类、C类危险生物因子分类的基础上进一步被分为传统、增强型和新出现的和高级别危险生物因子。

传统危险生物因子是指可能被施放并造成大量伤亡的天然病原生物或毒性产物，如炭疽杆菌和鼠疫耶尔森菌。增强型危险生物因子是指传统病原因子被改良或优选后，产生的一种对人类具有更强的杀伤性能，或不受现有防御措施影响的生物因子，如耐药病原生物、耐药结核杆菌和多重耐药鼠疫耶尔森菌。新出现的危险生物因子是指一种之前不为人所知的天然存在并能对人类造成严重威胁的生物因子。可被用于检测和

治疗这种生物因子的方法还未被发现或广泛应用。高级别危险生物因子是指一种新型病原生物因子或其他经过人工改造或修饰之后不受现有防御措施影响或可诱发更为严重的一系列疾病的生物因子。

第二节　生物武器和生物恐怖相关生物安全风险

生物武器和生物恐怖制剂具有致病力强、多数有传染性、污染面积大、危害时间长、生产容易、成本低廉、不易发现等特点，世界各国都应该坚决反对生物武器和生物恐怖制剂的研发与生产。

一、生物武器和生物恐怖的特点

（一）生物武器和生物恐怖制剂的共同特点

1. 多数具有传染性且致病力强

某些生物武器和生物恐怖制剂往往只需少数病菌（或病毒、毒素）侵入人体，就能引发疾病。例如，几十个土拉热弗朗西斯菌在侵入人体后就能致病；鼠疫耶尔森菌具有极强的传染性，在一定的条件下能在人群中迅速传播，并长期流行。

2. 污染面积大

生物武器和生物恐怖制剂产生的气溶胶随风飘散，在遇到气象和地形条件都比较适宜的情况下能造成大范围的污染，影响广泛。

3. 存在一定潜伏期

生物武器和生物恐怖制剂从施放到产生效果往往需要经几小时甚至几天的时间，不具有立即杀伤的作用，在此期间被感染的人员不会很快出现减弱或丧失工作能力的情况。当发现时，往往已经造成较大范围的传播。

4. 危害时间长

生物武器和生物恐怖制剂存活时间即其危害时间，从几小时至几十天，甚至数十年。如果在当地大量繁殖，则危害时间更长，不仅会对人的机体产生严重伤害，还会危害人类心理状态，造成全社会大范围的精神恐惧或恐慌。

5. 难以侦检和救治

对生物武器和生物恐怖制剂感染后的救治一直是一个难题，目前没有哪个国家可以对所有类型的感染进行特别高效的诊断和治疗。例如，病原体可以发生基因突变，对原有治疗药物出现耐药性；自然界已经消失的病原体，如天花病毒，人类已经不再对其进行预防，一旦再次出现被用作生物武器或生物恐怖制剂，将对人类社会公共健康安全带来极大威胁；随着现代生物技术的发展，生物制剂的致病性和抗原性还可能被人为地修改，导致传统的诊断、治疗技术无法有效阻止病原的传播。

（二）生物武器的独有特点

1. 具有生物专一性

生物武器通常只伤害人、畜和农作物等，而不会对武器装备、建筑物等物体造成破坏，适用于不寻求破坏武器装备、建筑物等非生物目标区的战争场景。

2. 受自然条件的影响较大

气温、日光、风雨这些均可影响其存活时间和效力。因此，生物武器在使用上也会受到自然条件一定的限制。采取周密的防护措施，能大大减弱其效力。

3. 杀伤力大

生物武器往往配合施放装置使用，一旦用于实战，其威力在施放装置的加持下，不仅影响军队作战能力，也将给人类社会带来巨大灾难。

（三）生物恐怖的独有特点

1. 生物恐怖制剂的易得性

目前，共有70多种生物恐怖制剂，虽然全球大部分国家对生物恐怖制剂进行了重点监控，但是仍然存在向社会面泄漏、造成生物恐怖威胁的风险。尤其具有简单生物常识的人即可对某些生物恐怖制剂进行扩增。而且少量的菌（毒）种即可在适宜的环境中实现短时间内的大量繁殖和扩增。

2. 生物恐怖袭击的可操作性

部分生物恐怖制剂不需要特殊的储存或运输条件，可以直接冻干、做成胶囊、简易包装后随身携带和使用。使用时不需要特殊工具且使用后不留痕迹，不容易被发现。当恐怖分子发动生物恐怖袭击后，被攻击对象的发病期为几小时、几天、几个月甚至几年，在这个时间段内，恐怖分子可以随时撤离现场不被发现。尤其在一些国际化大城市，人员流动性大，当生物恐怖袭击被发现时，调查取证难度大。

3. 生物恐怖袭击的突然性

生物恐怖袭击具有散发式的突然性，不需事先进行多方面的物质准备，这是与传统袭击方式不同的地方。例如，传统的航空恐怖袭击，恐怖分子需要熟练驾驶飞机，以自杀式方式实施恐怖袭击。而生物恐怖袭击在时间、空间上具有无关联性，恐怖分子可以随时出现在人群中实施恐怖袭击。

二、生物武器和生物恐怖的危害

生物武器和生物恐怖制剂因其多重特性、多种侵入途径、多种施放方式，可在多方面使人类、动植物发病，廉价但威力巨大。其不仅破坏生产与生态环境，对植物、动物产生不利影响，还会破坏人类和平与安全。

（一）破坏生产与生态环境

1. 对植物的影响

生物武器和生物恐怖制剂主要是可以通过风、昆虫、水等媒介进行传播的病原微生物，这些病原微生物可以附着在植物上或者侵入植物体内，然后导致大豆、高粱、水稻、小麦等多种农作物染病，最终破坏农田生态系统，打破整体生态平衡。在联合国列举过的10种国际性作物病中，危害最大的是麦锈病、稻瘟病和甘蔗黑穗病，严重破坏小麦、水稻和甘蔗的高质量生产。虽然防护农作物被病原侵害的措施不少，但大部分措施不仅花费高，而且实际运用难度高。农业较发达的国家可以利用抵抗力强的改良作物代替易感病的作物栽种，但对于那些农业不发达的国家，则很难运用这种方法来抵抗生物威胁的危害。

2. 对动物的影响

生物武器和生物恐怖制剂作用于牲畜与作用于人类的方式相同，如禽流感病毒，不仅可以造成一些常见家禽患病，有一部分还可以感染人类，降低人类的抵抗力。生物武器和生物恐怖制剂在对家禽、家畜造成威胁的同时，还会给政治和经济带来严重损失。例如，最初在法国流行并传遍欧洲各个国家的黏液瘤病，导致了家兔数量锐减，还有常见的疯牛病、口蹄疫等传染病也造成了巨大的经济损失。相比作用于人类，将生物武器和生物恐怖制剂作用于牲畜要容易得多，恐怖组织也许会选择专门针对农作物和牲畜的病毒对农业、畜牧业进行破坏，从而破坏国家的政治和经济安全。

3. 对生态环境的影响

生态系统长期处于一个动态平衡的状态，一旦其中一个环节受到影响，就会导致生物多样性的破坏，打破生态系统的整体平衡，同时对人类生存造成巨大威胁。生物武器和生物恐怖制剂除了会威胁农作物产量，还会引发动物疾病，无论是破坏植物还是破坏动物，都是对生态环境稳定的一种挑战。

（二）破坏人类和平与安全

生物威胁主要是利用危险生物因子使人类、动植物患病或致死，进行恐怖袭击或达到某些军事目的。这不仅剥夺了人类生命权利，而且从伦理层面上讲，也是对生命的极不尊重，与人的道德操守背道而驰。以基因工程为核心的生物技术近年来发展迅速，被认为是一种更容易制造超级病原体的手段。如果不怀好意之人将基因工程制剂运用到战争或恐怖活动中，将对人类和平与安全造成毁灭性后果。

在任何情况下，生物武器和生物恐怖制剂的生产、储存和使用，均会对受害国的民众和所有爱好和平的人们造成心理恐慌和致命的危害，对人类、动植物及生态环境产生巨大的负面影响。无论是人患病还是动植物患病，一旦引起疫情的暴发，都会严重威胁到国内民生和国际贸易必需品的生产能力，造成重大经济损失，引起社会恐慌，扰乱社会秩序。

第三节　生物武器和生物恐怖相关生物安全风险应对

本节主要介绍与生物武器和生物恐怖相关的法律、公约及非法律法规层面的生物安全风险应对措施，帮助同学们树立正确的生物安全观，同时了解一些防范和监督措施。

一、法律和公约

生物武器与生物恐怖威胁的持续性存在对全球生物安全提出了更高的要求，国际组织及世界各国需要不断完善针对生物武器与生物恐怖威胁的法律和公约内容，以更好地应对其可能带来的负面影响。

《禁止生物武器公约》是国际社会第一份禁止发展、生产以及储存一整类大规模杀伤性武器的国际公约，该公约于1975年生效，标志着全球生物武器军控进入了一个全新时代。各国在自愿的基础上遵守该公约。通过加强各国国内立法和内部措施来全面禁止生物武器的发展、生产和储存，该公约在防止生物武器扩散和消除生物武器方面发挥着关键作用。

在生物威胁不断上升、全球传染病疫情频发的情况下，利用专家组会和年会等多边形式加强公约的有效性，具有重要的现实意义。1985年，澳大利亚政府组建了澳大利亚集团，旨在减少化学和生物武器的使用与扩散。更确切地说，澳大利亚集团的主旨是支持和拥护《禁止生物武器公约》，其主要工作目标是提高国家对某些特殊化学制剂和病原生物因子出口许可的管控。在布鲁塞尔召开了组建后的第一次会议之后，澳大利亚集团就迅速建立了出口管制措施，在之后的很多年中，为了应对新出现的各类威胁和挑战，这些措施也在逐步完善和改进。迄今为止，加入该集团的国家数量已经增加了2倍多（从1985年的15个增加到现在40个以上）。同时，参加该集团的所有国家也都自愿签订了《禁止生物武器公约》。

1989年，美国国会通过了《1989年生物武器反恐法案》。随后，英国、澳大利亚和新西兰等国家纷纷效仿。《1989年生物武器反恐法案》规定了“任何人开发、使用、生产或储存任何打算用于造成危害、疾病、损伤或死亡的生物物质都是非法的”。该法案的意图是在美国境内施行《禁止生物武器公约》，旨在防止美国遭受生物恐怖袭击的威胁，其中没有任何内容意在约束或限制和平的科学研究。

2004年7月21日，在美国国土安全部和美国卫生与公众服务部的共同努力和推动下，乔治·沃克·布什（George W. Bush）总统签署了《生物盾牌计划法案》，并提供了大量的拨款来支持此计划的实施。生物盾牌计划的目的是通过提供医疗方面的对策来保护美国公众免受核生化袭击。生物盾牌计划的立法，是民主党和共和党共同努力应对“9·11”恐怖袭击事件、炭疽邮件袭击事件及蓖麻毒素袭击事件的结果（Marek et al., 2007）。

近年来，随着时代的进步和科技的发展，生物安全的范畴不断扩大，《禁止生物武器公约》的内涵和外延也在不断发生演变。基因编辑和合成生物学等新兴生物技术的快速发展，在造福人类生命健康和经济进步的同时，也存在着被误用和谬用的风险，甚至被生物武器化或用于发动生物恐怖袭击，如何针对相关技术的发展实施有效的监管成为新的全球性挑战。在新形势下，如何巩固和维护《禁止生物武器公约》的约束效力，也是缔约国近年来必须深入思考和反复讨论的核心问题。国际条约要发挥实效，离不开国际合作。履行《禁止生物武器公约》的义务，除了依靠各国自觉遵守规定外，还应推动国际监督核查机制的建立，加强公约的有效性。

中国作为联合国安理会常任理事国之一，是负责任的大国，坚决维护国际和平与安全。2022年12月16日，《禁止生物武器公约》第九次审议大会在日内瓦闭幕，在中国代表团的积极推动下，大会对全球生物安全形势和公约执行情况进行了全面审议，并以182票赞成，1票反对无效为最终结果，确定了成立公约专门工作组，全面保障核查、国际合作、科技审议、国家履约等方面工作的开展，将《禁止生物武器公约》推进到实质性工作中，为今后公约产生法律约束力打下了重要基础。中国外交部表示，中方在审议大会中提出通过建立核查机制确保遵约，促进生物技术和平利用及普惠共享等主张，体现了广大缔约国特别是发展中国家的共同意志。中国将继续同国际社会一道，以此次审议大会为新的起点，进一步推进全球生物安全治理，为实现普遍安全共同发展做出更大贡献。由于生物威胁具有难以觉察性和后果灾难性，各国必须不断完善法律，且严格执法，充分发挥法律的强制约束作用，严厉打击构成生物威胁的恐怖分子，尽可能避免生物恐怖的发生，或减轻生物恐怖带来的严重后果。

二、非法律法规层面的预防和控制措施

生物武器和生物恐怖相关的法律可能会对一些随机恐怖分子或恶作剧者有一定的威慑作用，然而，对于那些蓄意实施恐怖主义活动的人来说，这些法律则几乎没有任何约束效力。因此，非法律法规层面的预防和控制措施也至关重要。

（一）加强对实验活动的严格管理

近年来，随着各种传染性疾病在全球范围内的迅速暴发、蔓延扩散，生物安全实验室在应急处置、强化国家生物安全水平及提升生物科技竞争力方面的作用和地位日益突出。为了减少实验室生物风险和实验室生物危害，WHO和各国政府都在不断探索完善实验室管理的制度和机制，以更好地发挥效力。总体而言，世界各国在加强生物安全实验管理方面有着相对一致的策略：一是建设生物安全国家实验室。二是将国家生物安全实验室管理纳入国家战略规划，并以高等级生物安全实验室为主，建立实验室网络体系。三是实行分类管理，可分为政府拥有且直接管理运行的实验室；政府拥有资产但委托承包商管理的国家实验室；政府提供资助，与大学或企业界共同建设的国家实验室。四是建立完善严格的生物安全实验管理、运行和培训体系（马丽丽等，2019）。

（二）不断完善侦查体系

通过情报系统监测和限制危险病原体的获取，或在攻击之前充分地获取关于潜在恐怖活动的情报，在一定程度上能有效地制止生物恐怖活动，或减少生物恐怖带来的危害。应针对可能发生的生物恐怖袭击，建立专门的防御机构，对生物恐怖袭击进行情报收集、信息传递及可能性评估。比如美国的生物监测计划，即早期的预警和监测。它是一种针对雾化病原生物因子的早期预警系统，有助于在发生生物武器的早期检测到一些病原生物因子的存在，从而尽早干预，让暴露于病原生物因子的人接受必要的医学治疗以更好地恢复，最大限度减少生物恐怖袭击造成的后果。再比如美国的生物感

知计划，即一款用于收集全国卫生数据、基于网络的应用软件，它会将收集的数据传输给公共卫生工作人员以提高他们对可能发生的生物安全事件的识别能力（Caldwell，2006）。

（三）建立应急策略和生物防御系统

加强技术储备和人员管理，一套相对完备的应急策略也是预防和控制生物恐怖的重要手段。可采用的应急管理办法包括：一是迅速的预警反应机制；二是控制病源，追踪轨迹；三是公开信息；四是实施隔离，切断传播途径；五是积极救治；六是保障后勤；七是医疗资源相对充足；八是有序复工。

生物防御能在发生类似袭击时最大程度地减少消极影响。政府应建立预警系统，一旦受到袭击，紧急组织抗击。比如成立专门的恐怖袭击医疗研究机构，负责抗细菌、抗病毒药物的研发，防护设备的研制，推进一些疾病的新治疗策略的研发，制定预防和抗击工作措施，做好战略性国家储备，必要时为各地公共卫生机构和应急管理部门提供用药与分配方面的技术援助，尽可能地消除某些生物战剂可能带来的威胁，保护国家免受生物袭击的威胁。

坚实的技术储备及有序的专业人员管理，是应对突发生物安全事件的有力盾牌，要充分重视技术的开发和专业性人才的培养。

（四）加强伦理道德教育和公众防范意识的培养

加强对公众的伦理道德教育，从思想上减少生物恐怖主义的预谋。同时，政府应加强公众对生物恐怖袭击相关知识的普及，开展一些宣教讲座，进行适当的恐怖袭击躲避演练等，提高公众对生物恐怖袭击的防范能力。

（五）建立有效的监督机制

一是卫生主管部门需切实履行监督管理职责：对病原微生物菌（毒）种，样本的采集、运输、储存进行监督检查；对从事高致病性病原微生物相关实验活动的实验室是否符合相关规定进行监督检查；对实验室培训、考核工作人员的情况进行监督检查。二是畅通监督举报渠道，发挥公众的力量，对非法生物恐怖主义活动进行监督，及时举报。

三、生物威胁的后果管理

广义的后果管理（consequence management）包括采取措施以保护公众健康和安全、恢复基本的政府服务，以及为受灾害影响的政府、企业和个人提供紧急救济，主要起到应急管理的功能。狭义的后果管理，是指当涉及恐怖活动时，保护恐怖袭击后的公共健康和安全、恢复恐怖袭击后的基本政府服务，并为受恐怖袭击影响的政府、企业和个人提供紧急救济。面对恐怖袭击时，国际层面、国家层面乃至各个区域和地方都需要相互协作，以减小此类袭击所带来的影响（Seiple，1997）。系统且全面的后果管理和应急响应策略，是维系社会稳定与和谐的重要手段。侦测是后果管理的第一步，各国都应致力于建立完备的侦测系统，打好应对生物威胁的第一枪，在各种应急响应策略的支持下，做好后果管理（Farazmand，2001）。

第四节 经典案例

本节主要介绍与生物武器和生物恐怖相关的经典案例，帮助读者切实了解生物武器和生物恐怖带来的巨大危害，在正确生物安全观的引导下，从中吸取经验与教训，重申全球都应该坚决反对和防范生物武器与生物恐怖威胁的观点。

一、德特里克堡——原美国生物武器研究基地

美国陆军传染病医学研究所（USAMRIID）位于美国马里兰州的陆军基地德特里克堡。1970年以前，德特里克堡的生物实验室曾是美国生物武器研究计划中心（图9-2）。1942年，为应对纳粹德国和日本生化武器，美国在本土马里兰州组建了“德特里克堡试验田”。第二次世界大战后，德特里克堡获取了德国纳粹集中营和日本第七三一部队的生化实验相关数据，并聘请了石井四郎等作为高级顾问。1947年9月，美国国务院向当时美国驻日最高司令麦克阿瑟作出指示，为了获取石井等掌握的细菌实验资料，可以“不追究石井及其同伙的战争犯罪责任”。美国以豁免第七三一部队战犯战争责任为条件，得到了第七三一部队进行人体实验、细菌实验、细菌战和毒气实验等方面的数据。

图9-2 “470号大楼”（A）和“八号球”（B）（Martin，2002）

A.“470号大楼”（Building 470），是德特里克堡的老实验厂，曾开展炭疽杆菌孢子生物战剂的研制；B.“八号球”（eight ball），一个体积为100万L的金属球体，是迄今为止建造的最大的空气生物学实验仓，曾用于生物武器的测试

1969年后，德特里克堡从“生物武器研究”转向了“生物防御计划研究”，拥有美国军方唯一的最高等级生物安全（BSL-4）实验室。

二、2001年美国炭疽邮件事件

2001年9月，美国曼哈顿岛上空的浓烟还未散去，生物恐怖的毒雾又在华盛顿国会山飘起。“9·11”恐怖袭击发生仅一周后，两批装有可疑粉末的信件被陆续寄往多位美国国会议员及各大媒体的办公室，全美范围内一时间风声鹤唳。

罗伯特·史蒂文斯（Robert Stevens）是美国一家报社的工作人员。他在收到一封装有可疑粉末的信件不久后，就开始出现肌肉疼痛、恶心和发热之类的症状。随后，他又因高热不退和神志不清被送往佛罗里达医疗中心急诊科进行救治。但历经十数日的治疗，罗伯特还是不幸去世。医疗中心的检验科最终鉴定到罗伯特死于炭疽杆菌（*Bacillus anthracis*）感染。佛罗里达州卫生管理局也证实了这一鉴定结果。随后的调查显示，在患者工作的地区和当地邮政中心均检测到了炭疽杆菌，这意味着传染源可能是一个或多个被邮寄的信件或包裹（图9-3）。调查结束后，官方认为共有5封这样的信件被寄出，其中4封被追回，这些信件中含有的炭疽杆菌孢子的质量为1～2g。这就是2001年发生在美国的炭疽邮件生物恐怖袭击事件，这一事件最后共造成22人被感染，其中5人死亡。直至2010年，美国司法部才正式宣告炭疽邮件生物恐怖袭击事件结案，在其随后公布的调查报告中，司法部宣称：调查中获取的证据表明，布鲁斯·埃文斯（美国陆军传染病医学研究所炭疽研究领域知名专家）单独实施了炭疽邮件袭击。时至今日，美国民众对于谁才是真正的炭疽邮件杀手仍旧争论不休，并且可能永远不会有定论，但不可否认的是，任何人为的疏忽或蓄意破坏都可能会给生物恐怖主义分子发动恐怖袭击提供潜在的机会。

4TH GRADE
GREENDALE SCHOOL
FRANKLIN PARK NJ 08852

SENATOR DASCHLE
509 HART SENATE OFFICE
BUILDING
WASHINGTON D.C. 2051

图9-3　寄往美国华盛顿参议院参议员的装有炭疽杆菌粉末的信件（McCarthy，2001）

本章小结

通过本章内容的学习了解了生物威胁、生物武器、生物恐怖等基本概念，生物武器与生物恐怖的起源与发展历史，生物威胁的范围与防范的紧迫性，以及危险生物因子可能被恐怖组织用于制造大规模杀伤性武器。目前，可被用于生物恐怖制剂与生物武器的最主要生物因子包括：细菌性病原体、立克次体病原体、病毒病原体、朊病毒、真菌病原体和生物毒素。生物制剂的特性，使得它们对恐怖分子具有巨大的吸引力。为应对持续存在的生物武器与生物恐怖带来的威胁，除了法律、公约的约束外，还有非法律法规层面的预防和控制措施及后果管理。全球化促进了传染病和生物安全风险的跨境传播，人类活动范围的拓展侵害了其他生物的领地，越来越多的病毒、细菌和真菌也加速“越界”侵袭，使得可用于制作生物武器和生物恐怖制剂的材料越来越容易获取。在此背景下，全球都应该坚决反对生物武器与生物恐怖，世界各国必须保持高度警惕，加强生物安全能力建设，通过生物防御计划来识别与应对意外或潜在的生物威胁，共同维护全人类安全。

复习思考题

1. 生物武器为什么能得到发展？

2. 病原生物因子作为武器使用的优缺点是什么？

3. 为什么恐怖分子倾向于用病原生物因子打击地方农业，而不是使用其他大规模杀伤性武器来破坏关键基础设施？

4. 面对生物武器与生物恐怖带来的危害，除了本书提到的，还可以采用哪些非法律法规层面的预防和控制措施？

5. 从本章经典案例中，我们能得到哪些启示？

（彭　珂　李淑芬　张崇涛）

主要参考文献

马丽丽，陈晓晖，吴跃伟，等. 2019. 依托大科学设施的生物安全国家实验室建设经验与启示. 科技进步与对策，36（2）：20-27.

孙琳，杨春华. 2017. 美国近年生物恐怖袭击和生物实验室事故及其政策影响. 军事医学，41（11）：923-928.

王萍. 2020. 美国生物防御战略分析. 国际展望，12（5）：138-156.

项阳. 2015. 侵华日军731部队细菌实验室旧址建筑技术研究. 哈尔滨：哈尔滨工业大学硕士学位论文.

张艳荣，杨微，李志平. 2017. 攫取与交易：美军对日本731部队的调查. 医学与哲学，38（6）：81-85.

Bush L, Abrams B, Beall A, et al. 2001. Index case of fatal inhalational anthrax due to bioterrorism in the United States. The New England Journal of Medicine, 345: 1607-1610.

Caldwell B. 2006. Connecting for Biosurveillance: Essential BioSence Implementation Concepts. https://www.amia.org/sites/amia.org/files/2006-Policy-Meeting-biosurveillance.pdf [2023-05-21].

Farazmand A. 2001. Handbook of Crisis and Emergency Management. New York: Marcle Dekker.

Guillemin J. 2006. Scientists and the history of biological weapons. A brief historical overview of the development of biological weapons in the twentieth century. EMBO Reports, 7(Spec No): S45-S49.

Marek A C. 2007. A Meager Yield from Bioshield: A Federal Effort to Protect the Public from Bioterrorism Isn't off to a Strong Start U. S. News and World Report, doi: 10.1063/1.1445467.

Martin E. 2002. On Biowarfare's Frontline. Science, 296(5575): 1954-1956.

McCarthy M. 2001. Anthrax attack in the USA. Lancet Infect Dis, 1(5): 288-289.

Miller J, Engelberg S, Broad W. 2001. Germs: Biological Weapons and America's Secret War. New York: Simon and Schuster.

Parkman F. 1901. The Conspiracy of Pontiac and the Indian War after the Conquest of Canada. Boston: Little Brown and Company.

Robertson E. 2001. Rotting Face: Smallpox and the American Indian. Caldwell: Caxton Press.

Seiple C. 1997. Consequence management: domestic response to weapons of mass destruction. Journal Parameters, 27(3): 119-134.

Sipe C H. 1929. The Indian Wars of Pennsylvania. Harrisburg: Telegraph Press.

Wilson T M, Gregg D A, King D J, et al. 2000. Agroterrorism, biological crimes, and biological warfare targeting animal agriculture. *In*: Brown C, Bolin C. Emerging Diseases of Animals. Washington, DC: ASM Press: 23-57.

第十章 特殊领域的生物安全

学习目标

1. 了解深海、深空、深地、深蓝、冰川、极地和冻土等特殊领域；
2. 知晓冰川、冻土、考古相关的生物安全风险；
3. 了解特殊领域生物安全风险的应对措施；
4. 了解深蓝的内涵及其发展所带来的生物安全风险；
5. 了解特殊领域的发展及其带来的风险对各国的影响。

冰川、极地、冻土、深海、深空、深地、深蓝等领域也称为特殊领域，主要指人类极少涉足的环境，尤其是极端环境，如超低温、高压、低压、缺氧、高温高湿、低营养、水下环境、外层空间环境，以及冲击、爆炸、辐射、强磁场、高频噪声等环境。在科技进步和经济全球化的背景下，特殊领域的政治、军事、气候及资源等价值不断提升，日益受到国际社会的广泛关注。众多大国从科学、经济和政治的角度了解特殊领域、研究特殊领域、积极参与治理并利用特殊领域。中国作为特殊领域利益攸关方，将特殊领域视为关乎国家安全的战略新疆域，重视对特殊领域的探索，积极参与特殊领域治理，在特殊领域和平稳定与可持续发展中发挥着重要作用。在深海方面，要启动深海空间站建设，加强深海探测、深海装备的关键技术研发；在深空方面，要继续实施现有的探月工程，还要部署火星探测，推进深空探测；在深地方面，要加强地球深部探测、城市空间安全利用、深部矿产勘探等。在探索的过程中，往往会遇到新的生物，并可能带来新的生物安全风险。由于人类对特殊领域生物的了解极其有限，因此在探索的过程中需要进行科学的评估，避免带来一系列的生物安全风险。

第一节 生物安全特殊领域概述

随着科技的不断进步，人类对特殊领域的探索不断加深，特殊环境中所蕴含的各种资源逐渐被人类所发现、开始利用，尤其冰川、极地、深海、深地、深空领域，已成为各国科技探索的新目标。本节重点阐述了冰川、极地、冻土、深海、深空、深地、深蓝等领域的发展现状，包括人类对这些领域的开发和研究进展等。

一、冰川

冰川是极地或高山地区地表上多年存在的具有沿地面运动状态的天然冰体。尽管冰川持续低温、缺乏营养并遭受强辐射，仍有丰富且活跃的微生物存在，是一个独特的生态系统。冰川微生物广泛参与到冰川生态系统的生物地球化学循环过程中，是冰川碳循环过程的主要驱动者（陈玉莹等，2020）。

20世纪初发表了首份关于冰川中微生物的报告（McLean，1919），随着研究的广泛深入，在北极和南极地区及高山的冰川都发现了微生物（Garcia-Lopez et al.，2019）。这些研究显示，在大多数冰川冰的样本中，存在变形菌门（Proteobacteria）、放线菌门（Actinobacteria）、厚壁菌门（Firmicutes）和拟杆菌门（Bacteroidetes）多个门类的微生物，微生物浓度比海水或土壤低几个数量级，为10^2～10^4个细胞/ml。由于古老冰川中的低温和干燥环境，这些微生物一般以孢子形式存在。两份关于古冰川中存在病毒的报告，分别通过PCR扩增法从14万年前的格陵兰岛冰芯中检测到了番茄花叶病毒核酸（Castello et al.，1999），通过透射电子显微镜观察到南极洲东方站（Vostok）冰芯深处（即2749m和3556m深处）存在的病毒样颗粒（VLP）（Priscu et al.，2006）。此外，科学家还报告了来自其他环境的古代病毒，如永久冻土和冷冻动物粪便样本中均发现了病毒。近期在中国青藏高原古里雅冰川样本中发现了多种微生物（图10-1），包括15 000年前的全新病毒（Zhong et al.，2021）。

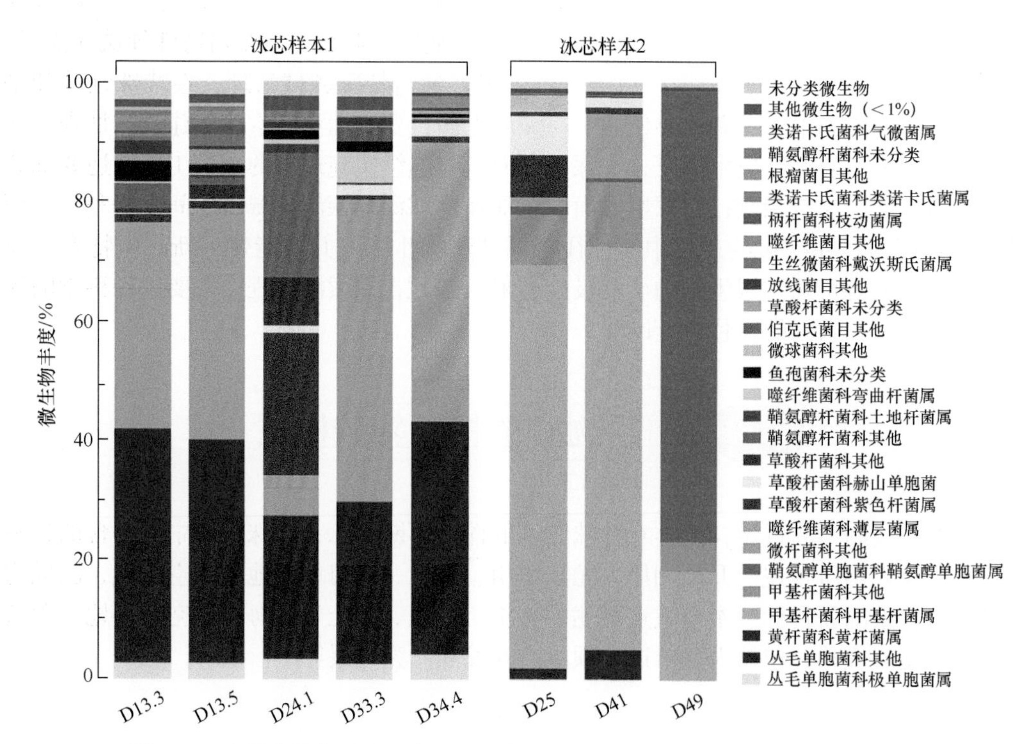

图10-1 中国青藏高原古里雅冰川样本中微生物的组成（Zhong et al.，2021）

地球陆地表面近10%的面积被冰川所覆盖，冰川底部微生物的生命形态多样，在极端环境（如低温、高压、无光、低营养输入）下的生存机制，以及被气候变化驱使的群落演替的特征等无疑是21世纪的热点科学问题之一，随着冰下原位探测技术、取样技术和分析手段的提高，近年来人们对冰下环境的探索越来越多（马红梅等，2017），会接触更多的冰川微生物。

二、极地

地球的极地地区，也称为寒冷区或极区，是围绕其地理两极（北极和南极）的地球区域，位于极圈内。在这些高纬度地区，主要是覆盖在北部北冰洋大部分地区的浮冰，以及南极大陆和南部南大洋的南极冰盖，共同组成了地球上独特的冰冻生物圈。极地地区是一个复杂的生态系统，同时蕴藏着丰富的生物种群，包括各种动植物群和微生物群。这些生物为了能够适应极地的低温、低营养、强风和高紫外线辐射等极端生存环境，进化出独特的生理生化特征，能够产生大量结构新颖、生物学活性显著的次级代谢产物，是创新药物的突破口。随着现代分离技术的发展，越来越多的具有显著抗菌、抗病毒、抗肿瘤等生物活性的代谢产物被从极地生物中发现。

极地的环境价值、资源价值、科学价值和地缘价值有目共睹，尤其是生物资源更是具有巨大的开发利用前景。2022年4月，法国政府发布其首个极地战略报告《平衡极端——法国至2030年的极地战略》，强调了法国对南北极的重视，表示将在未来8年内投入约9.5亿美元用于支持南北极可持续发展相关项目，加强关注北极地区的政治安全、气候影响、生物多样性、环境风险等（武志星，2022）。随着南北极地理奥秘和环境资源价值不断被揭开面纱，极地的国际战略地位还在擢升，世界有关国家围绕极地和海洋权益的争夺也还将继续加剧，人类接触极地微生物的机会也在加大。

三、冻土

冻土是指0℃以下的含有冰的各种岩石、沉积物和土壤。有别于其他冷环境，冻土低温、可利用液态水少、营养匮乏的特殊结构，为生物群落提供了得天独厚的栖息场所，被认为是一个储存古老活性细胞的巨大“仓库”。

冻土保存着不同年代的古微生物种群。冻土中的细胞密度达到10^5～10^8个细胞/ml（Boetius et al.,2015）。利用宏基因组测序和分析技术，从瑞典北部斯托达林（Stordalen）沼泽的非连续多年冻土样品中获得了1529个基因组，包括细菌基因组1434个，古菌基因组95个，揭示了该冻土中存在着跨越30个门的微生物类群（Woodcroft et al.，2018）。北极冻土中的微生物细胞浓度为10^5～10^9个细胞/g，而南极冻土中微生物细胞浓度相对较低，为10^3～10^6个细胞/g。极地地区的冻土中，存在的微生物主要门类包括放线菌门、拟杆菌门、变形菌门、厚壁菌门、绿弯菌门和酸杆菌门等（Rosa，2017）。

2014年，科学家在西伯利亚的冻土中发现一种超过3万年的巨型病毒，被命名为西伯利亚阔口罐病毒（*Pithovirus sibericum*）（图10-2），可感染变形虫（amoeba）。虽然这种古老的病毒对人无害，但发现该病毒的科学家警告称，这一发现表明对人类或动物有

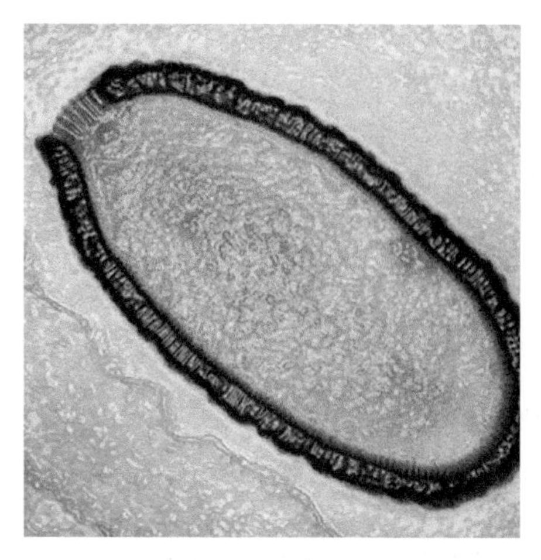

图10-2 俄罗斯西伯利亚冻土层中发现的3万多年前的西伯利亚阔口罐病毒

致病性的病毒也可能保存在古老的冻土层中，包括一些在过去引起全球大流行的病毒，气候变化或采矿而导致的极地地区冻土的解冻可能给人类健康带来威胁（Legendre et al.，2014）。

2022年，由法国、俄罗斯等国科学家组成的研究团队在拥有27 000～48 500年历史的7个古老西伯利亚永久冻土样本中，识别并复活了属于5个不同进化支的13种病毒，并发现其中7种仍具有感染性及繁殖能力。这13种复活的病毒，属于以下5个病毒亚型：潘多拉病毒（*Pandoravirus*）、香柏病毒（*Cedratvirus*）、巨大病毒（*Megavirus*）、阔口罐病毒（*Pithovirus*）和帕克曼病毒（*Pacmanvirus*）（图10-3）。这些病毒均属于“巨型病毒”——直径可达微米级，与可感染人类的大多数病毒相差可达100倍，很容易用光学显微镜发现（Alempic et al.，2023）。

气候变暖使得全球永久冻土层和永久冻土悬崖的快速腐蚀及深度融化加剧，并可能影响永久冻土融化的微生物生态学（胡平等，2012），有可能引发新的生物安全问题。

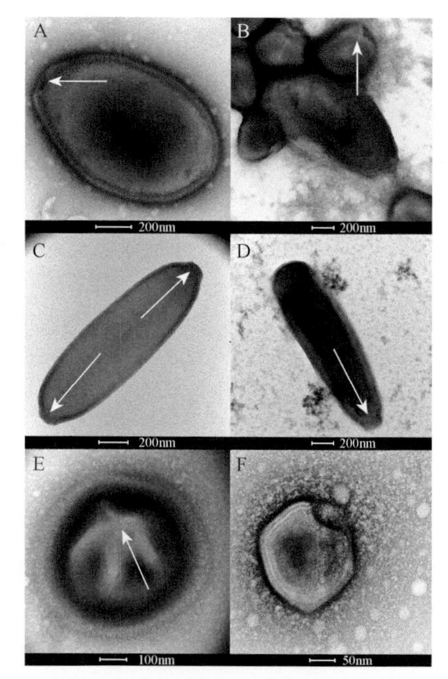

图10-3 永久冻土样本中分离出的多种病毒（Alempic et al.，2022）

A. 潘多拉病毒（长1000nm）；B. 潘多拉病毒和巨大病毒的混合物；C. 香柏病毒（长1500nm）；D. 阔口罐病毒（长1900nm）；E. 巨大病毒（直径770nm）；F. 帕克曼病毒（直径200nm）；图中箭头指每种病毒的不同结构性特征

四、深海

深海作为世界上最大的栖息地，具有独特的海底环境和生态系统，包括海山、热液喷口、冷水珊瑚礁和冷渗口等。深海中的生物种群多种多样，包括微生物、无脊椎动物和鱼类等，且特殊的生态环境赋予了其独特的生物化学结构（张文慧和朱玉贵，2019）。深海海底的微生物群落是细菌和古菌的多样化组合，丰度跨越10^6～10^9个细胞/cm^3沉积物，且高纬度地区浓度相对较高（Vuillemin et al.，2019）。2015年，日本研究人员发现，在深海2500m深度的钻探样品中仍有微生物活动（Fumio et al.，2015）。2020年，科学家成功复苏了从南太平洋海底深处沉积物中提取的休眠了约1亿年的微生物（Morono et al.，2020）。

研究已显示深海中病毒的丰度和多样性

很高，科学家已从深海海水（深度1500～7000m）中分离鉴定出4株病毒，其中3株属于长尾噬菌体科（*Siphoviridae*），另一株属于肌尾噬菌体科（*Myoviridae*）（蹇华哗和肖湘，2019）。2006年，安格利（Angly）等利用宏病毒组学技术对包括北冰洋3246m深海在内的样品进行分析，结果表明90%以上的病毒序列与已知病毒序列同源性低，暗示深海病毒种类的多样性；2014年，恩格尔哈特（Engelhardt）等通过电子显微镜观察到深部生物圈沉积物样品中的病毒颗粒呈现出多种不同的形态和大小，也表明该环境中的病毒多样性很高；2016年，水野（Mizuno）等对来自地中海的两个宏基因组文库进行测序分析，发现了99个病毒来源的序列重叠群（contig），并从中组装得到了28个完整的病毒基因组，分析结果表明它们均与已知病毒显著不同；2017年，科里纳尔代西（Corinaldesi）等对来自地中海、黑海和大西洋等5个不同海域的深海沉积物样品（水深在1970～5571m）进行了宏病毒组学分析，发现不同病毒组之间存在具有显著差异且无法注释的序列，表明深海环境中病毒遗传多样性很高，其中可能包括了大量未知的病毒种类。

五、深空

深空探测是指对月球及其以外的地外天体进行空间探测的活动（叶培建等，2018），旨在探索宇宙奥秘、寻找地外生命、获得新知识。人类对深空的探测活动始于20世纪60年代。截至2020年4月，美国、俄罗斯（苏联）、中国、日本、印度、欧洲等国家和地区先后实施了240多次深空探测活动（刘继忠等，2020）。

深空环境对任何形式的生命来说都是恶劣的，目前暂未发现生命体。但已发现许多极端耐受和嗜极微生物能够承受多种组合环境因素，如高温或低温和压力、高盐条件、高剂量辐射、干燥或营养限制等。鉴于此，深空环境还是有可能存在生命的。另外，自深空探索以来，人类开展的大量深空探测活动可能将微生物从一个星球带到另一个星球，这些微生物就可能在新的深空环境中存活并繁殖，衍生新的生物安全问题。2021年，美国科学家从国际空间站分离出4株甲基杆菌科（*Methylobacteriaceae*）细菌，其中3种是此前地球上未知的细菌，这些细菌已经证明能够在空间站的条件下生存（Bijlani et al.，2021）。

六、深地

深地涉及的范围更广，从地表下5000m到地心都可以算作深地。人类对于地球深部的认知仍然相对匮乏（谢和平等，2017），近百年来的地球科学研究与实践证明，地表的现状和地球表层出现的各种地质现象，其根源为地球深部，尤其是大范围、长尺度的地质现象更是如此（董树文等，2014）。自20世纪70年代开始，世界各国围绕“深部地球科学”开展了一系列的地球深部探测计划。美国、欧洲、德国、意大利、加拿大先后启动了相关探测计划。我国的深地科学研究也已经提升到国家战略层面。我国地球深部探测工作起步较晚，在探测程度、精度和资金投入等方面与美国还存在明显差距；但是随着我国深部探测工作的力度不断加大，在大地电磁观测、地球化学、科学钻探等领域也逐渐形成了自己的优势（谢和平等，2021）。

在深地环境中生活着数量庞大且种类众多的微生物，主要是细菌和古菌，还包括真核生物和病毒。细菌以厚壁菌门（Firmicutes）和变形菌门（Proteobacteria）为主；古菌以产甲烷菌——甲烷微菌纲（Methanomicrobia）和奇古菌门（Thaumarchaeota）较常见；真核生物有原生动物、真菌、线虫等；病毒较常见，瑞典的深地实验室岩石裂隙水中检测到每毫升水中有10^5～10^7个类似病毒的颗粒（董海良，2018）。2018年，美国纽约的弗莱提荣研究所（Flatiron Institute）计算生物学中心的研究人员分析预测显示，大陆地下微生物的数量为2×10^{29}～6×10^{29}个（Deep Carbon Observatory，2018）。深地环境还存在一些特有的微生物，比如科学家在南非地下金矿中发现了硫酸盐还原菌（candidatus *Desulforudis audaxviator*），占整个生态系统群落的99%以上，基因组显示其具有硫酸盐还原、碳氮固定、嗜热、运动性、产孢子等特征（董海良，2018）。目前预测的微生物种类可能有1万亿种，但仅发现大约56万种（蒋永光和石良，2018）。

七、深蓝

深蓝指的是网络空间、信息技术、人工智能领域，此外还包括网络生物安全这一新兴交叉领域。进入21世纪，网络新技术、新应用与生物科技高度融合，出现了一批以高通量测序、生物大数据分析、高性能基因编辑、大规模生物合成为代表的高新技术，成为推动农业育种、病虫害生物防治、人造生命器件、生物清洁燃料、基因治疗等前沿领域发展的重要引擎。近年来，随着生物安全在新时代数字化、智能化、自动化、工程化浪潮中不断发展并呈现出了新特征，国家安全交叉领域——网络生物安全应运而生，涵盖以生物特征数据、基因数据为代表的生物数据安全，用于生成、存储、处理生物信息的基础设施安全。网络生物安全是近年来国家安全领域出现的一类新兴问题，其源于并超越生物武器、重大传染病、生物科技两用技术等经典生物安全框架，成为影响国际战略稳定的新兴变量。

随着越来越多的致病微生物基因组测序结果被公开发布，加之合成生物学自动化程度不断提高，不法分子利用网络攻击控制生物合成系统、制备活体致病微生物成为可能。2020年12月，以色列内盖夫本·古里安大学报告了一种端到端的网络生物攻击，即“合成生物学中的远程DNA注入威胁”。黑客可以使用恶意软件入侵生物学家的计算机，通过篡改部分或全部正常DNA序列，创建出具有致病性的DNA序列片段，并利用恶意软件代码常用的混淆技术成功帮助该致病DNA序列绕开有害基因合成筛查软件的安全检测，使其获得生产许可。这种通过网络攻击实施生物威胁的新途径能够在生物学家毫不知情的情况下制造病毒或生物武器，且不需要物理接触危险物质，有可能引发生物战，严重威胁国家和国际层面的生物安全及人类的健康福祉。

生物信息方面，存储在云端的个人基因数据、健康数据等极具隐私性的生物信息一直以来都是黑客攻击的重点，存在极高的泄漏风险。黑客通过操纵临床试验和研究结果数据、使用勒索软件盗窃知识产权等途径恶意攻击生物制药公司，给其带来巨大的财务负担的同时，还会影响新药或疗法的开发进程，从而导致生物行业经济受损，患者和公共健康受到不利影响，还可能使人类无法快速应对新出现的公共健康威胁。

八、其他

考古是研究和寻找及获取古代人类社会的实物遗存，以及如何依据这些遗存来研究人类历史的一门学科。考古工作对于研究古代历史和文化具有非常重要的意义。考古工作涉及洞穴、保护区、原始森林等环境，可能会引发由古代病毒或其他潜在危险生物因子的感染或释放等相关的生物安全问题。最典型的例子是考古学家对木乃伊的研究。木乃伊保存了古代法老和沙漠游牧民的肉体和服饰，这让科学家了解到更多关于古代人口的饮食、服装、外观、遗传学和一般生活方式的信息，然而，还可能同时保存古代病毒和其他潜在病原体。法医已经发现，古代病毒和其他潜在病原体可以在木乃伊体内保持休眠状态。对木乃伊的病理学研究表明，针对木乃伊开展的研究可能会意外地使天花等早已根除的疾病重新出现，特别是对于来自寒冷气候地区的木乃伊。天花形成的痂可以包住病毒，使其能够长期保存，甚至可长达数千年。如果感染天花的人的尸体被制成木乃伊，这些痂可能含有天花病毒的残余部分。在一具有3200年历史的埃及木乃伊（似乎死于天花）和一具19世纪中期的非洲裔美国妇女的木乃伊中，已经发现了这种病毒的部分序列信息。尽管在埃及和其他木乃伊中发现了病毒的残余部分，但到目前为止还没有发现具有潜在威胁的活病毒（Strom，2017）。

此外，野外洞穴、保护区、原始森林等环境内也存在很多未知的微生物，包括病毒、真菌等，存在于野生动物及其粪便、土壤等中。野外洞穴中常见的蝙蝠携带的病毒就有数千种，另外一大类威胁是真菌，其来自于洞穴里的蝙蝠（或鸟类）粪便及土壤中。美国医学会杂志曾经报道过一起集体急性组织胞浆菌病的暴发案例，1988年，一群大学生进入哥斯达黎加圣罗莎国家公园的一个洞穴内，感染了组织胞浆菌。在开展洞穴、保护区、原始森林等野外现场活动时，需要做好个人防护措施，以避免感染。

第二节 特殊领域相关生物安全风险

随着科技的不断进步，人类对特殊领域的探索不断加深，在这些环境中有可能存在一些未知的生物，尤其像冰川、冻土等寒冷环境，以及深海、深地、深空等未知领域，由于数亿年的地质和气候变幻，很可能隐藏着一些对人类安全具有潜在威胁的古老微生物；人类的开采、利用、探索等活动可能会导致一些致病菌的释放及变异等；快速发展的信息技术可能被不法分子用于盗取生物信息，造成生物信息的滥用和误用等。本节系统分析了冰川、极地、冻土、深海、深空、深地、深蓝等领域可能存在的生物安全风险，包括极端环境存在的未知微生物、中间宿主保存的致病微生物、耐药性基因漂移释放、非地球生物圈生物入侵、误带入特殊环境的微生物、生物信息泄漏和滥用等。

一、极端环境存在的未知微生物

已有大量研究证实，冰川、极地、冻土、深海、深地等环境内存在着大量的未知微生物，目前也无法确定其是否有危害，存在着潜在的危险。随着人类砍伐森林、猎杀野生动物、污染海洋、暖化冰川、探索深海和宇宙等，自然界中早就存在的古老微生物与自然宿主之间的平衡逐渐被打破，会带来极大的生物安全风险。

冰川和冻土中储存着年代久远的古菌和病毒，低温条件使大多数古菌和病毒都保持了完整性和多样性，被冰封数万年至数十万年的古老微生物和病毒将随着冰川的融化或人类的探索活动被释放到环境中，极有可能会危及人类的生存。研究人员从冰川、冻土等环境中发现了距今数百年甚至上万年的病原微生物（表10-1），包括白念珠菌、短梗霉、隐球菌等，这些古老的真菌以其特有的规避机制在极端寒冷和营养缺乏的环境中保持着生命力。研究人员从西伯利亚冻土、格陵兰岛冰、亚北极地区流冰等冰冻环境中提取到了距今几百年甚至上万年的DNA病毒和RNA病毒（表10-1）。一些古病毒的基因组结构和复制循环特点与可感染人类和动物的病毒相似（Legendre et al.，2014）。

表10-1　冰川、冻土中的古老微生物

微生物	类型	样本来源	距今年代/年	宿主
与大隐球酵母（*Cryptococcus magnus*）相近	真菌	南极冰芯	105 000	哺乳动物和人
出芽短梗霉（*Aureobasidium pullulans*）	真菌	斯卡里索瓦拉（Scarisoara）冰穴（罗马尼亚西北部）	900	人
与向日葵茎溃疡病菌（*Diaporthe helianthi*）相近	真菌	南极冻土	未知	向日葵
白假丝酵母菌（*Candida albicans*）	真菌	南极冻土	23 705～7 485	哺乳动物和鸟类
西伯利亚阔口罐病毒（*Pithovirus sibericum*）、西伯利亚软体病毒（*Mollivirus sibericum*）	DNA病毒	西伯利亚冻土	30 000	变形虫
天花病毒（*Variola virus*）	DNA病毒	西伯利亚冻土中的木乃伊	300	人
烟草花叶病毒属（*Tobamovirus*）病毒	RNA病毒	格陵兰岛冰	140 000	植物
与双生病毒（*Geminiviruses*）、核盘菌（*Sclerotinia sclerotiorum*）相近的病毒	DNA病毒	亚北极流冰区	700	植物
蟋蟀麻痹病毒属（*Cripavirus*）病毒	RNA病毒	亚北极流冰区	700	昆虫

在冰冻条件下，微生物处于休眠状态或低代谢水平，该生理状态抑制了基因变异却有利于基因修复，使得微生物可稳定保存。同时，古微生物凋亡所分解释放的生物因子（如基因片段），也因降解酶活性受到抑制而得以保存。冰川、冻土的融化及人类在此活动的拓展，使得其中封存的微生物或基因片段离开原有的栖息环境，并直接或间接地与周围乃至下游自然环境产生关联。有研究估计每年有10^{17}～10^{21}个微生物细胞从冰冻环境中释放出来（Rogers et al.,2004），并证实休眠的微生物在百万年后仍可复苏（Barras，2017）。当复苏的古微生物进入当今地球生物圈，其中的病原体和一些基因将可能对人

类健康构成潜在的威胁。

由于深海独特的环境，很大部分深海微生物还鲜为人知。这些微生物往往具有极端和特殊的生理生化特性。科学家发现人类免疫系统对深海微生物没有免疫作用，一旦这类潜在病原体在深海探测的过程中通过潜水器等设备、人员或样本被带回陆地就有可能引发传染病大流行。

据中国新闻网报道，2018年地质学家和生物学家首次准确测量出，生活在地下深处的微生物及其他“居民”的总质量是人类总质量的数百倍。地下的极端环境造就了地下微生物独一无二的生理生态特征，如厌氧（包括兼性厌氧）、自养、寡营养、嗜热、嗜压、耐辐射、耐干旱等。目前CO_2封存、页岩气开发、核废料处置等一系列人类活动对深地环境与深地生物圈产生了干扰，可能会带来一系列的生物安全风险，如地下特殊环境中微生物的释放。

二、中间宿主保存的致病微生物

这些特殊环境中还存在易感染致病微生物的动植物尸体等中间宿主。在全球变暖的趋势愈加明显、人类探索范围不断扩大的情况下，冰川、冻土会进一步融化，冰川、极地、冻土、深海、深地、考古等领域进一步探索开发，其中中间宿主直接或间接携带的远古病菌会被慢慢解封，也许在不久的将来会导致肆虐远古的未知病菌再次来袭。

科学家已经发现，一旦冰川或永久冻土融化，被困在冰或永久冻土中间宿主中的休眠病毒就会复苏。2016年俄罗斯出现炭疽疫情，调查人员推测病原体很可能源于埋藏于冻土中70余年的受感染驯鹿尸体，冻土融化致使炭疽杆菌被释放出来，并通过驯鹿、牛等牲畜感染传播至人类。埋藏于冰冻环境的致病菌可随冰雪融化而扩散，并经水、动物等媒介传播至人类（Brad et al.，2018），从而对人类健康构成威胁。

考古过程中，感染过致病菌的中间宿主被挖掘出来，可能导致这些致病菌的释放。尽管到目前为止，科学家还未在木乃伊中发现活病毒，但医学研究人员认为，与在炎热、干燥的气候中发现的木乃伊相比，寒冷气候中的木乃伊可能构成更大的病毒来源威胁。同时，保存在木乃伊中的病毒所构成的潜在健康威胁可能取决于木乃伊的年龄。例如，史前木乃伊中不太可能存在导致流感或天花等流行病的病原体。这是因为在建立大型人口中心（如村庄、城镇和城市）之前，流行病在人类中并不常见。有记载的最早的天花流行发生在公元前1600年左右的埃及，这相比其他疾病要晚得多。其原因是，病原体需要大量的潜在宿主才能成功传播而流行。如果宿主的数量非常少，病毒或细菌如果过快地杀死其宿主，自己也将很快灭绝。农业和城市住区的兴起使成千上万，甚至数百万的潜在宿主聚集在同一个地方，这意味着一种容易传播并迅速杀死宿主的病毒可以存活很长时间，因为一旦当前的宿主死亡，还有大量的宿主可以传播它。因此，密集人口中心形成后制成的木乃伊更有可能含有导致流行病甚至大流行的病原体。虽然目前木乃伊中还没有发现可能对人类造成危害的病毒，相关疾病不太可能从木乃伊中复苏并导致流行病，但还是建议挖掘者在处理木乃伊或开展考古研究时要谨慎，以防发生此类事件。

三、耐药性基因漂移释放

已有研究表明，这些特殊环境中的古病菌很多携带耐药基因，这些耐药基因可能随着气候变化和人类的活动而被释放出来，通过基因漂移进入其他病原微生物，使其获得相应的耐药性。这将进一步加剧人类面临的耐药性威胁，导致更重的公共卫生负担。

耐药性基因是冰冻环境生物安全风险的重大威胁之一。微生物的耐药性已经成为当今世界公共卫生事业的一大威胁，尤其是多重耐药菌严重威胁着公共健康。研究人员在极地环境中发现了大量耐药性细菌和抗性基因，这些抗性基因共涉及50多种抗生素，地理分布区域跨越地球多数冰冻环境（Sajjad et al.，2020）。许多抗性基因与现代致病细菌中的相关基因具有同源性，表明抗生素抗性具有古老且世界性的起源，并早于人类使用抗生素（Petrova et al.，2014；Perron et al.，2015）。极地中的抗性基因可能伴随冰雪的融化而被释放出来，随着细菌增殖扩散，通过水平基因转移的方式被冰冻圈以外的微生物所获得。迁徙鸟类等动物及空气传播细菌均可在抗性基因的扩散传播过程中充当媒介（Segawa et al.，2013；徐静阳等，2021）。古老病原体中的致病基因还可通过水平基因转移的方式进入当代微生物圈中（徐静阳等，2021）。

四、非地球生物圈生物入侵

由于人类认知的局限性，虽然至今为止尚未发现外星生命存在的迹象，但已有研究表明，微生物在太空中的生存状态与在地球上的相差无几，它们的生长速度与繁殖速度并没有受到过多影响。如果宇航员携带外星存在的微生物返回地球，或者将地球微生物带到其他星球，这些微生物都可能因为地球与其他星球环境的巨大差异，而产生变异进化，产生不可控后果。

自从第一颗人造卫星开始，特别是自载人登月成功后，人类就开始策划实施火星采样返回等地外天体采样返回任务，在实施这类任务时，外太空生物因子可能因为人类的探索活动从太空入侵地球，如外太空生物因子通过“搭便车”的方式经由人类飞船抵达地球，可能带来未知的危害。此外，类似太空的条件已被证明能刺激微生物的快速基因突变。研究人员发现，当1000代大肠杆菌在微重力下生长时，这种细菌变得更具竞争力，导致抗生素耐药性产生，这种突变的微生物如被意外带回地球，或将严重危及人类生命（Gupta，2021）。

五、误带入特殊环境的微生物

在人类开展深海、深空、深地等未知领域探索的过程中，使用的仪器设备或者人类活动可能破坏这些环境的生态系统，同时可能将这些环境中本不存在的生物带入其中，这都会打破其原有生态系统的平衡，影响这些环境的生物多样性，同时也会阻碍人类对这些领域的认识进程。

海洋和地下遗传资源是国家战略资源，在各国竞相开发海洋和地下资源的过程中不可避免地会对深海和深地的自然环境造成破坏，包括对多金属结核、热泉喷口和结壳进行开采将导致生物多样性丧失，而且这些资源一旦破坏就无法恢复。此外，机械产生的光线与噪声污染，以及沉积物地质化学、食物链和碳封存途径的重大改变都可能给深海和深地的生态环境造成影响。

寻找生命的起源、演化和地外天体是否存在生命的答案是人类太空探测活动的重要目标之一。而在太空探测活动中，地球生物可能会被带入被探测的天体，而污染被探测天体。应采取必要的措施来避免地球上的微生物污染其他天体，从而避免导致错误的探测结果，或影响后续的地外生命探测任务。

六、生物信息泄露和滥用

随着新兴技术的融合，网络、生物和人类安全威胁之间的相互依存度越来越高，生物技术供应链与数据中心和信息网络的相互依存却变得非常脆弱。网络生物安全入侵带来的灾难性后果将对生命科学和公共安全构成一系列新的多层次威胁。例如，基因合成技术理论上可以用来开发由病原体基因组序列衍生的生物武器。随着DNA合成变得越来越广泛，人们越来越担心，通过网络攻击，干预DNA合成订单，可能会导致意外合成一些可编码病原体有害蛋白质和毒素的DNA。以色列的研究人员通过概念验证发现，一种端到端的远程网络攻击的恶意软件可以很容易地替换生物工程师计算机上的DNA短序列，DNA序列被篡改可能意味着意外产生危险物质，包括合成病毒或有毒物质。2017年，美国华盛顿大学的研究人员首次证明，有可能将恶意软件编码到DNA的物理链中，这样当基因测序仪对其进行分析时，产生的数据就会变成一个程序，破坏基因测序软件，并控制计算机。虽然这种攻击对任何真正的间谍或犯罪分子来说都还不到实用的阶段，但研究人员认为，随着时间的推移，这种攻击的可能性会变得更大，因为DNA测序变得更加普遍、强大，并由第三方服务在敏感的计算机系统上执行。

恶意利用网络生物安全漏洞的行为包括：改变基因组序列，制造、增强或扩大微生物的感染、宿主范围、致病性或耐药性；调整建筑物的通风系统，以改变行政管理和实验室工作空间之间的压力差，这可能导致建筑物内的人暴露于传染性微生物或其有毒产品、污染设施，或将病原体通过空气释放到周围的外部环境等。生物技术中的网络安全问题不再只是电视节目和科幻电影中看到的一种设想，网络生物安全问题构成了真实的、真正的威胁。

第三节 特殊领域相关生物安全风险应对

随着人类对特殊领域的探索不断加深，可能存在的生物安全风险不断凸显，这些风险通常具有特殊性和不可预知性，需要根据不同领域的研究特点，开展生物安全风险评估，积极发现可能存在的风险，采取相应措施以应对可能存在的风险，避免给人类造成损失。生物安全风险防控首先要着眼于贯彻总体国家安全观、统筹发展和安全的要求，重点围绕这些特殊领域可能存在的生物安全风险和特点，顶层设计，完善国家生物安全法律法规制度体系，同时从加强特殊领域生物安全风险评估，建立针对性的防护研究设施，加强检疫隔离和个人防护，完善特殊样品管理体系，优化网络生物安全等方面入手全面提高国家生物安全保障能力，为全球生物安全治理贡献中国智慧、提供中国方案。

一、完善法律法规

虽然我国不断出台法律法规来完善生物安全法治建设，但关于特殊领域生物安全的法律法规还比较少。因此，相关部门应该加强合作和沟通，推动建立特殊领域生物安全相关的法律法规，尽快完善我国的法律体系。

要完善相关法律法规，首先要对特殊领域的生物安全风险进行了解，开展生物学调查，根据相关经验进行风险预估。根据调查结果，评估可能存在的问题，包括近期和中远期可能出现的问题，找出解决办法；在了解国际立法的基础上，提出立法建议和实施路线图。

二、开展风险评估

特殊领域的生物安全风险评估工作也是生物安全管理的一部分。随着人类对特殊领域的开发与应用的深入发展，评估其对生物多样性的影响及可能存在的风险已经成为一个重要的课题。生物多样性对人类社会可持续发展至关重要，理论上，任何领域的开发和应用都应考虑其对生物多样性的潜在风险，在合理运用情况下将会对保护生物多样性产生积极的影响，同时也需做好技术跟踪和评估，并建立相应的风险应对机制和方案。风险是无处不在的，只是发生的概率和产生的危害程度有所不同。风险评估主要从微生物实践、防护设备和设施保障三个方面出发，分析和确立不同活动防护设备、设施及人员、管理等方面的风险，并选择和确定减少、消除这些风险的措施，预防微生物相关感染事故的发生，保护实验室工作人员、环境和公众不接触使用的病原。生物风险评估作为风险管理的核心内容，包括三个基本步骤，即风险识别、风险分析、风险评价（汪保卫等，2022）。

三、建立防护研究设施

对于从特殊领域中采集的生物标本，由于人类对其了解有限，是否具有传染性、致病性并不清楚，因此建议在具有安全防护措施的条件下，按照生物安全管理的要求，由专业技术人员进行操作，避免潜在的生物安全风险。

人类对于特殊领域的探索是一个循序渐进的过程，在面对特殊领域的开发和应用中，也应该逐渐建立起一定的防护设施和操作规范，以加强对该领域的生物多样性的保护，为以后的研究奠定基础和提供更多的资源。例如，对于冰冻圈研究的防护措施和操作规范可考虑以下几个方面。

（一）建立冰川、冻土微生物战略资源库

冰川、冻土环境中微生物的多样性使其成为一个微生物资源的存储库，保存着大量未知的原核、真核微生物和病毒。一些微生物具有特殊的功能，如对极端条件的适应性、抑菌性、生物催化活性或合成能力等，这些丰富的基因资源未来可用于生物技术的研发、生物化工、生物制药等领域。为了更好地利用这些未知生物资源，同时减少潜在的生物安全风险，需要在充分调查和掌握冰冻环境微生物多样性的基础上，开展冰冻环境微生物资源及信息资源的收集和保藏，并将其纳入国家生物安全战略资源体系中。

（二）开展冰川、冻土中微生物普查，并建立监测预警机制

冰川、冻土等环境保存了不同时期的微生物样本，通过宏基因组学和分离鉴定等手段，可以分析其病原微生物组成和多样性的时空变化，反映极端环境和气候变化影响下微生物圈的演变过程，同时揭示不同历史时期微生物的特点及其与传染病流行的时空关联。

中国作为全球中低纬度地区冰冻环境最多的国家，冰川、冻土和积雪分布范围广、数量大。其中，青藏高原由于其深居内陆、低纬度、高海拔的独特地理特点而被称为“第三极”（姚檀栋等，2017），具有十分重要的生态学价值。因此，有必要对青藏高原等具有代表性的冰冻环境中的微生物多样性开展病毒资源调查、病毒多样性和传播风险分析，以及进行古病毒与传染病流行关系的回溯分析。在此基础上，建立冰川、冻土消融释放病毒种类、通量及其对生态环境影响的长期监测网络，形成风险预警和相应的应急处置机制。

（三）开展多学科视角的冰冻环境病原微生物研究

冰冻环境微生物中含有的致病菌、病毒及抗生素抗性基因提示存在潜在的生物安全风险，这些风险因素与生态环境、人类健康的关系还有待深入解析。为了充分评估冰冻环境微生物的生物安全风险，需要结合基因组分析、病毒致病机制研究、病原菌致病机制研究、病毒与宿主互作分析等一系列研究手段，对特殊生境里的古老微生物进行前瞻性的研究。人类健康和疾病防控是一项涉及多个学科、跨时空尺度的课题，需要将古微生物致病机制研究、病原体及其传播机制研究等纳入多学科研究框架中，充分吸纳生态学、病原学、流行病学、社会学及人类学等多学科知识和运用大数据分析方法，从更加全面的视角探讨病原微生物的致病机制、扩散和传播机制，以及潜在的生物安全风险（徐静阳等，2021）。

四、加强检疫隔离和个人防护

随着越来越多特殊领域探测、研究活动的开展，相关的人员或设备可能将未知病原微生物带回地球表面，地球表面的微生物也可能被带入特殊环境造成污染，从而引发潜在的生物安全危害，因此需要加强相关的检疫隔离和人员防护。目前各国已在深空探

索中开展了较为严格的检疫隔离措施。例如，在航天员起飞前7～10天对其进行医学隔离，使航天员尽量少接触到细菌、病毒等微生物。在航天员进舱前，还要对其进行全面的检疫，为航天员的安全再上一层保险。当航天员执行完任务返回地面以后，根据他们飞行时间的长短，还要进行一段时间的医学隔离。探空、探海和探地的过程中，相关人员应佩戴具有相应生物安全防护级别的个人防护装备，包括防护服、防护面罩等，并且在作业前后做好消毒等个人防护措施。

五、完善特殊样品管理体系

针对深海、深空、深地等获得的特殊样品实施特殊管理体制和措施，在样品的“采、运、制、储、用”等流程中进行安全、高效、精准的管理。利用人工智能等新技术代替常规人工操作，实现样品的智慧管理，提高安全性、可靠性和效率。将生物样品盘点、交接等工作方式优化为“非接触式”，以避免流转中的交叉感染。此外，制定相关特殊样品管理的体制和规范，针对样品使用和研究过程中存在的生物安全问题也应制定相应的管理措施，包括在采取有效生物安全防护的条件下开展研究，并且相关研究需要受到国家生物安全管理机构的有效监管。

六、优化网络生物安全

针对网络生物安全这一重要新兴国家安全问题，应在其发展初期抓住机遇，进行自上而下的系统谋划，引导该领域健康有序发展。首先，需要构建维护国家网络生物安全的政策、路径和举措，将维护网络生物安全工作融入网络安全、生物安全、数据安全的立法、配套措施与标准制定等相关工作中。其次，需要考察网络安全、生物安全等具体学科知识在解决现实社会问题中的着力点和贡献，鉴别代表新知识发展方向的因素，形成解决网络生物安全问题的合力。最后，需要结合已有网络安全与生物安全测评工作，针对医疗卫生、基因测序、疾病防治、人造器官、基因治疗、生物特征识别等行业相关的生物数据安全及生物信息基础设施安全制定体系完善、生态闭环的管理策略，建立有针对性的风险评估、安全测评体系，研究制定威胁应对措施，加强我国网络生物安全威胁防御能力。

第四节 经典案例

生物安全与网络安全、科技安全融合交织，形成网络生物安全及上述特殊领域生物安全等新形态。随着生物安全与国家安全的其他领域不断交叉融合发展，新兴生物安全形态不断显现，威胁不断加大，且相关的生物安全事件偶有发生。人类社会发展和科技进步，正逐步推动生物科技内在风险的凸显，也进一步放大了科技双刃剑效应。可以预测，未来还会出现更多样的生物安全形态，生物安全威胁或将进一步提升。

一、俄罗斯冻土融化引发炭疽

2016年，俄罗斯亚马尔涅涅茨自治区暴发了一场炭疽疫情，导致一名男童死亡，70多人感染后出现严重呕吐、腹泻、身体起疱症状，以及2300头驯鹿死亡（图10-4）。经当地疾控中心调查，暴发此次疫情的主要原因是，连续一个月的高温导致冻土带融化，此前因炭疽疫情死亡的动物再次出现，直接污染了草地和水源。食草动物在吃草时接触到了炭疽杆菌的芽孢，从而导致感染炭疽杆菌。人类通过食用这些食草动物或者通过这些被感染牲畜的血液、排出物，也被感染。

图10-4　一名兽医在亚马尔半岛检查鹿（ABC News，2016）

二、黑客攻击生物制造基础设施

2021年11月，美国生物经济信息共享与分析中心（Bioeconomy Information Sharing and Analysis Center，BIO-ISAC）披露，2021年春季发现有黑客利用极其复杂的恶意软件Tardigrade攻击生物制造基础设施，2021年10月在另一处生物制造基础设施网络中再次发现该恶意软件，成为人们发现的首例针对生物制造基础设施的复杂高级持续威胁（advanced persistent threat，APT）攻击。美国生物医学和网络安全公司BioBright的研究人员在深入研究后发现，Tardigrade是恶意软件SmokeLoader的新变种，只有在特定环境中才会运行，能够适应环境并隐藏自己，有选择地识别要修改的文件，在与命令和控制服务器断开连接后可以自主运行，难以被检测和清除，或为生物制造基础设施量身定制，是迄今为止在生物制造领域发现的最复杂、极具针对性的恶意软件。

该恶意软件正在生物制造领域广泛传播，攻击活动所涉及的部署勒索软件可能仅用于掩盖攻击者进行的其他活动，攻击行为复杂性极高，操纵者很可能是一个APT组织（图10-5）。

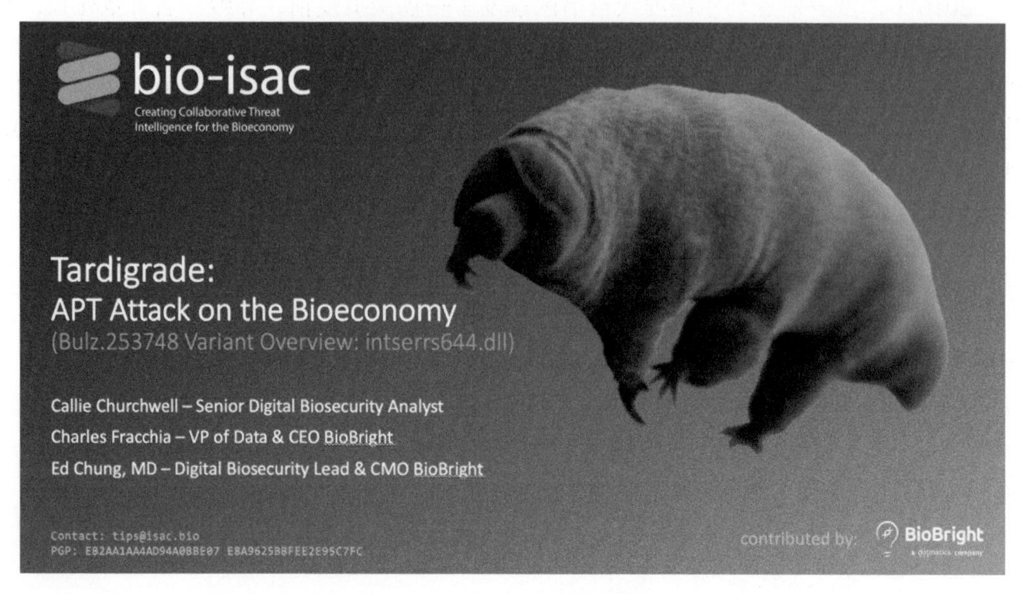

图10-5 BIO-ISAC发布的关于Tardigrade的APT攻击公告（BIO-ISAC，2021）

本章小结

“上天、入地、下海”是人类探索自然、认识自然和利用自然的三大壮举，关乎人类生存与可持续发展。从我国古代夸父追日、嫦娥奔月的神话传说到17～19世纪对月球和火星存在生命的猜想，人类对宇宙的好奇心有增无减。20世纪中叶以来，随着航天技术的迅猛发展和现代科学的革命进步，人类真正实现了探索太空的愿望，逐步实施了对月球、火星及太阳系内其他天体的探测，并开始探讨生命起源、地外生命、宜居星球、宇宙演化等终极科学问题。随着人类对海洋的不断探索，深海事业不断发展，已进入前所未有的机遇期。世界各主要海洋国家围绕海洋空间拓展、战略资源开发、新型技术装备研发、海洋环境保护等，正在积极推动深海领域进入新发展阶段。地球深部既是重要的战略空间，又蕴含着丰富的资源，还是重大地质灾害的策源地。深部探测揭开了地球深部结构与物质组成的奥秘、深浅耦合的地质过程与四维演化，为解决能源矿产资源可持续供应、提升灾害预警能力和“碳封存”提供深部数据基础。在很多未知领域仍然存在很多生物安全风险，在人类探索过程中应该展开国际合作，及早防范风险，促进人类文明和社会的稳定发展。

复习思考题

1. “深海”“深空”“深地”“深蓝”分别指什么？

2. 试述深海生物资源的重要性及存在的生物安全风险。
3. 探索深空相关的生物安全风险有哪些?
4. 冰川、冻土、考古有哪些生物安全风险?

（梁慧刚 黄 翠 朱小丽 王鑫）

主要参考文献

艾云灿. 2017. 关于发展我国海洋微生物学及微生物技术的若干思考与实践. 热带海洋学报, 25（6）: 80-84.
陈玉莹, 张志好, 刘勇勤. 2020. 冰川生态系统固碳微生物研究进展. 微生物学报, 60（9）: 2012-2029.
董海良. 2018. 深地生物圈的最新研究进展以及发展趋势. 科学通报, 63（36）: 3885-3901.
董树文, 李廷栋, 陈宣华, 等. 2014. 深部探测揭示中国地壳结构、深部过程与成矿作用背景. 地学前缘, 21（3）: 201-225.
董树文, 李廷栋, 高锐, 等. 2010. 地球深部探测国际发展与我国现状综述. 地质学报, 84（6）: 743-770.
胡平, 伍修锟, 李师翁, 等. 2012. 近10a来冻土微生物生态学研究进展. 冰川冻土, 34（3）: 732-739.
蹇华哗, 肖湘. 2019. 深海病毒的特征及其生态学功能探讨. 科学通报, 64（15）: 1598-1609.
蒋永光, 石良. 2018. 人类活动对深地微生物的影响. 科学通报, 63（36）: 3920-3931.
刘刚, 董树文, 陈宣华, 等. 2010. EarthScope: 美国地球探测计划及最新进展. 地质学报, 84（6）: 909-926.
刘继忠, 胡朝斌, 庞涪川, 等. 2020. 深空探测发展战略研究.中国科学: 技术科学, 50（9）: 1126-1139.
马红梅, 闫文凯, 程永前, 等. 2017. 极地冰川底部微生物多样性及其对气候变化响应的研究概况与前景. 极地研究, 29（1）: 1-10.
汪保卫, 常江, 王智文. 2022. 合成生物技术对生物多样性影响的评估探索. 环境工程技术学报, 12（1）: 215-223.
武志星. 2022. 法国发布《平衡极端: 法国至2030年的极地战略》报告. 科技中国, 299（8）: 106.
谢和平, 高峰, 鞠杨, 等. 2017. 深地科学领域的若干颠覆性技术构想和研究方向. 工程科学与技术, 49（1）: 1-8.
谢和平, 张茹, 邓建辉, 等. 2021. 基于“深地-地表”联动的深地科学与地灾防控技术体系初探. 工程科学与技术, 53（4）: 1-12.
徐静阳, 张强弓, 施一. 2021. 冰冻圈微生物演变与生物安全. 中国科学院院刊, 36（5）: 632-640.
姚檀栋, 陈发虎, 崔鹏, 等. 2017. 从青藏高原到第三极和泛第三极. 中国科学院院刊, 32（9）: 924-931.
叶培建, 邹乐洋, 王大轶, 等. 2018. 中国深空探测领域发展及展望. 国际太空,（10）: 4-10.
张文慧, 朱玉贵. 2019. 深海生物资源养护与管理措施国际合作原则研究. 中国渔业经济, 37（6）: 38-44.

ABC News. 2016. Scientists warn anthrax just one threat as Russian permafrost melts. https://www.abc.net.au/news/2016-08-11/scientists-warn-anthrax-just-one-threat-as-russian-permafrost-m/7720362[2023-10-20].

Alempic J M, Lartigue A, Goncharov A E, et al. 2023. An update on eukaryotic viruses revived from ancient permafrost. Viruses, 15(2): 564.

Angly F E, Felts B, Breitbart M, et al. 2006. The marine viromes of four oceanic regions. PLoS Biol, 4: e368.

Barras C. 2017. Zombie creatures that have been resurrected after millions of years can help us understand the very nature of life. New Scientist, 234: 34-37.

Bijlani S, Singh N K, Eedara V V R, et al. 2021. *Methylobacterium ajmalii* sp. nov. , isolated from the International Space Station. Front Microbiol, 12: 639396.

BIO-ISAC. 2021. BIO-ISAC releases advisory to biomanufacturers. https://www.isac.bio/post/tardigrade [2023-10-20].

Boetius A, Aneesio A M, Deming J W, et al. 2015. Microbial ecology of the cryosphere: Sea ice and glacial habitats. Nature Reviews Microbiology, 13(11): 677-690.

Brad T, Itcus C, Pascu M, et al. 2018. Fungi in perennial ice from Scărişoara Ice Cave (Romania). Scientific Reports, 8: 10096.

Castello J D, Rogers S O, Starmer W T, et al. 1999. Detection of tomato mosaic tobamovirus RNA in ancient glacial ice. Polar Biol, 22(3): 207-212.

Corinaldesi C, Tangherlini M, Dell'Anno A. 2017. From virus isolation to metagenome generation for investigating viral diversity in deep-sea sediments. Sci Rep, 7: 8355.

Deep Carbon Observatory. 2018. Life in Deep Earth totals 15 to 23 billion tons of carbon: hundreds of times more than humans. https://www.sciencedaily.com/releases/2018/12/181210101909.htm [2023-12-10].

Edwards A, Douglas B, Anesio A M, et al. 2013. A distinctive fungal community inhabiting cryoconite holes on glaciers in Svalbard. Fungal Ecology, 6(2): 168-176.

Engelhardt T, Kallmeyer J, Cypionka H, et al. 2014. High virus-to-cell ratios indicate ongoing production of viruses in deep subsurface sediments. ISMEJ, 8: 1503-1509.

Fumio I, Kai-Uwe H, Kubo Y, et al. 2015. Exploring deep microbial life in coal-bearing sediment down to~2.5km below the ocean floor. Science, 349(6246): 420-424.

Garcia-Lopez E, Rodriguez-Lorente I, Alcazar P, et al. 2019. Microbial communities in coastal glaciers and tidewater tongues of Svalbard Archipelago, Norway. Front Mar Sci, 5: 512.

Gupta A. 2021. Alien bio-threat: Space travel presents biosecurity risks of Pathogens Hitchhiking to Earth, Warn Scientists. https://weather.com/en-IN/india/space/news/2021-11-26-alien-pathogens-could-hitch-a-ride-to-earth-warn-scientists[2021-11-29].

Legendre M, Bartoli J, Shmakova L, et al. 2014. Thirty-thousand-year-old distant relative of giant icosahedral DNA viruses with a pandoravirus morphology. Proceedings of the National Academy of Sciences of the United States of America, 111(11): 4274.

Legendre M, Lartigue A, Bertaux L, et al. 2015. In-depth study of *Mollivirus sibericum*, a new 30, 000-y-old giant virus infecting *Acanthamoeba*. PNAS, 112(38): 5327-5335.

McLean A L. 1919. Bacteria of ice and snow in Antarctica. Nature, 102: 35-39.

Mizuno C M, Ghai R, Saghaï A, et al. 2016. Genomes of abundant and wide spread viruses from the deep ocean. mBio, 7: e00805-e00816.

Morono Y, Ito M, Hoshino T, et al. 2020. Aerobic microbial life persists in oxic marine sediment as old as 101.5 million years. Nat Commun, 11(1): 3626.

Ott E, Kawaguchi Y, Kölbl D, et al. 2020. Molecular repertoire of *Deinococcus radiodurans* after 1 year of exposure outside the International Space Station within the Tanpopo mission. Microbiome, 8(1): 150.

Perron G G, Whyte L, Turnbaugh P J, et al. 2015. Functional characterization of bacteria isolated from ancient arctic soil exposes diverse resistance mechanisms to modern antibiotics. PLoS One, 10(3): e0069533.

Petrova M, Kurakov A, Shcherbatova N, et al. 2014. Genetic structure and biological properties of the first ancient multiresistance plasmid pKLH80 isolated from a permafrost bacterium. Microbiology, 160(10): 2253-2263.

Priscu J C, Christner B C, Foreman C M, et al. 2006. Biological material in ice cores. *In*: Elias S A. Encyclopedia of Quaternary Science. London: Elsevier: 1156-1166.

Rogers S O, Starmer W T, Castello J D. 2004. Recycling of pathogenic microbes through survival in ice. Medical Hypotheses, 63(5): 773-777.

Rosa M. 2017. Psychrophiles: From Biodiversity to Biotechnology. Heidelberg: Springer International Publishing: 153-179.

Sajjad W, Rafiq M, Din G, et al. 2020. Resurrection of inactive microbes and resistome present in the natural frozen world: Reality or myth? Science of the Total Environment, 735: 139275.

Segawa T, Takeuchi N, Rivera A, et al. 2013. Distribution of antibiotic resistance genes in glacier environments. Environmental Microbiology Reports, 5(1): 127-134.

Strom C. 2017. Viruses sleeping in Mummies: Could Ancient Corpses Lead to Modern Epidemics. https://www.ancient-origins.net/news-history-archaeology/viruses-sleeping-mummies-could-ancient-corpses-lead-modern-epidemics-009234 [2017-12-05].

Vuillemin A, Wankel S D, Coskun Ö K, et al. 2019. Archaea dominate oxic subseafloor communities over multimillion-year time scales. Science Advances, 5(6): eaaw4108.

Woodcroft B J, Singleton C M, Boyd J A, et al. 2018. Genome centric view of carbon processing in thawing permafrost. Nature, 560: 49-54.

Zhong Z P, Tian F, Roux S, et al. 2021. Glacier ice archives nearly 15,000-year-old microbes and phages. Microbiome, 9(1): 160.

第十一章 生物安全治理

学习目标

1. 了解生物安全治理的背景和概念；
2. 了解生物安全立法的起源与发展；
3. 熟悉重要的国际组织与协议在生物安全治理中的作用；
4. 熟悉我国生物安全法律法规体系；
5. 了解我国和其他代表性国家生物安全治理的概况。

在全球化（globalization）时代，生物安全治理已经超过了单个国家管理能力的范围，生物安全威胁不再局限于某个国家或地区，而是全球都要面对、关注和解决的关键问题之一，需要全球共同治理。在国际社会层面，各类主权国家、国际组织、非政府组织等通过创建规范和原则、制定国际标准和行动规划、开展多边和双边合作等措施，处理跨国生物安全问题；在国家层面，通过建立国家生物安全协调机制，制定相应的战略、政策、法律法规、风险监测、应急处置、保障协调体系，处理本国的生物安全问题。除了国家、国际组织和非政府组织，公众的参与也在生物安全治理体系中发挥重要作用。本章对生物安全治理体系、生物安全立法的发展历史、国际组织与国际协议、中国和其他代表性国家生物安全治理概况等进行简要介绍，以帮助读者了解生物安全治理。

第一节 生物安全治理概述

生物安全问题已成为全人类面临的重大生存和发展威胁之一，引发世界各国高度关注，对于生物安全威胁，任何国家都难以独善其身，需要通过全球治理。生物安全风险防控的治理体系不断发展和完善，由国际层面（全球和区域性）和国家层面的生物安全治理共同促进全球生物安全治理。其中，法律法规体系的形成与完善是生物安全治理中重要的组成部分之一，为生物安全治理提供了最基本的制度保障。

一、生物安全治理相关概念

治理（governance）一词源于西方，1995年全球治理委员会（Commission on Global Governance）发表了研究报告《天涯成比邻》（Our Global Neighborhood），对治理进行了明确的定义：治理是各种公共的或私人的个人和机构管理其共同事务的诸多方式的总和。它是使相互冲突的或不同的利益得以调和并且采取联合行动的持续的过程。它既包括有权迫使人们服从的制度和规则，也包括各种人们同意或认为符合其利益的非正式的制度安排。法律是由国家制定或认可的并由国家强制力保证实施的具有普遍约束力的行为规范的总和，其目的在于维护、巩固和发展一定的社会关系和秩序。国际法（international law）是指调整国际法主体之间，主要是国家之间关系的有法律拘束力的原则、规则和制度的总体（邵津，2014）。道德伦理则是人们关于善与恶、正义与非正义、光荣与耻辱、公正与偏私等观念、原则和规范的总和。法律和道德作为上层建筑的组成部分，都是维护社会秩序、规范人们思想和行为的重要手段。

在经济全球化加速发展的背景下，生物安全问题也成为全球化的问题，解决全球化面临的生物安全问题需要用治理的理念，全球生物安全治理（global biosecurity governance）成为必然（崔建树，2022；阙天舒和商宏磊，2022）。现阶段全球生物安全治理已初步形成了国际组织与主权国家共同参与的总体架构，通过不同国家和地区之间的合作，政府内不同机构、部门间的合作，政府与非政府组织间的合作，最终实现全球生物安全治理（图11-1）。

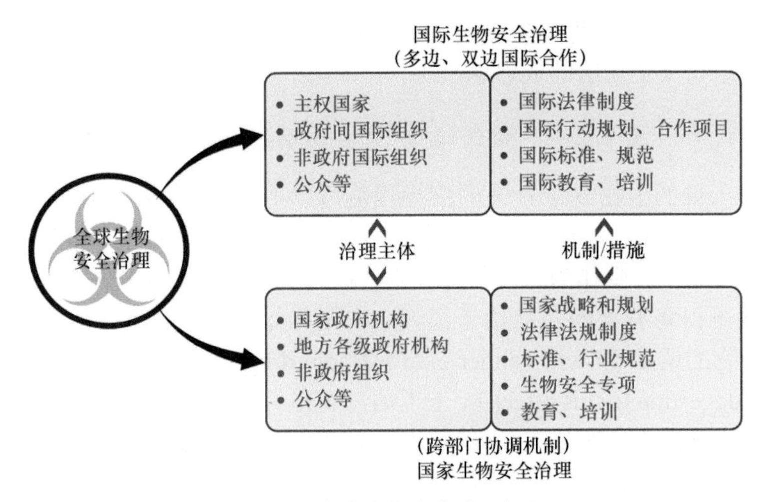

图11-1　全球生物安全治理框架

生物安全治理机制/措施即维护生物安全正常秩序的规则体系，包括用以调节国际国内关系和规范生物安全秩序的所有原则、法律、规范、标准、政策、程序和教育等。其主要可分为三类（表11-1）：①“硬法”措施，是指强制性的法律法规，如国际法、行政和刑事法规、条例；②“软法”措施，为自愿、非约束性的自愿准则或行业最佳做法；③非正式措施，基于道德劝诫的行为守则、教育和培训等（Tucker，2020）。

表11-1　多个层面的生物安全治理机制/措施

层面	“硬法”措施	“软法”措施	非正式措施
国际组织	国际法、多边公约、框架公约	多边出口管制制度、监督机制、国际标准化组织（ISO）标准	国际规范、指南
主权国家	行政和刑事法规、条例	国家标准	国家规范、指南

续表

层面	"硬法"措施	"软法"措施	非正式措施
部门/机构	注册、认证、现场检查	行业标准、机构生物安全委员会、非正式监督机制	机构规章、行业规范、指南
公众	安全审查、注册筛选、认证	自愿准则和最佳实践	专业、行业准则、教育和培训

生物安全治理的主体即制定和实施生物安全治理措施的组织机构，具有多元性和多层次性，主要涵盖国际组织（政府间机构和非政府机构）、主权国家、国家政府机构、企业（跨国和本国）、社区、私人行为体等，它们以互补、协同的方式从多个层面协同发挥作用。

二、生物安全立法的发展历程

生物安全立法的发展历程大致可以分为三个阶段：①古代和中世纪，大致以15～16世纪为下限，为生物安全立法的萌芽和开端时期。②近代，从1500年前后到20世纪初为生物安全立法的发展期。③现代，从20世纪初起，经过第二次世界大战直到目前这个时期，为生物安全立法的成熟期。

（一）古代和中世纪——生物安全立法的萌芽和开端时期

人类最早出现的生物安全有关的指导规范可以追溯到2400年前的《希波克拉底誓言》(Hippocratic Oath)。《希波克拉底誓言》是警诫人类的古希腊职业道德的圣典，在今天世界医学行业中，则作为一种行业准则，已经具有了行业法规的地位。在誓言中有这样一句：我不得将有害的药品给予他人，也不指导他人服用有害药物，更不答应他人使用有害药物的请求（I will neither give a deadly drug to anybody who asked for it, nor will I make a suggestion to this effect）（王子灿，2015）。

中国湖北云梦出土的距今2200多年（公元前200多年）的《睡虎地秦墓竹简》中记载："者（诸）侯客来者，以火炎其衡厄（轭）。炎之可（何）？当者（诸）侯不治骚马，骚马虫皆丽衡厄（轭）鞅韅辕靷，是以炎之，"是世界上最早的生物安全相关法律文献。"骚马"是马身上的一种寄生虫，为了防止其他诸侯国的车马带入这种寄生虫，凡是进入秦国的车马都要用火熏车衡、轭及驾车的皮带，以防止寄生虫传播，称之为"火炎防疫"（李尉民，2020）。

公元583年，里昂市议会颁布规章，决定由政府建立麻风病院，对患者实施隔离措施。12～13世纪麻风病盛行，欧洲兴建了许多隔离医院；到14世纪，强制隔离措施使得欧洲大陆麻风病基本绝迹。

14世纪，欧洲大陆深陷鼠疫，也称黑死病（black plague）漩涡。为了有效对抗黑死病流行，威尼斯共和国（Republic of Venice）于1423年在撒勒圣玛利亚（Santa Mariadi Nazareth）岛建立了世界上第一个海上旅客的卫生检疫站（lazaretto）（Municipality of Venice，1979；Tognotti，2013），强制对所有外来船只连同船上人员和货物进行为期40天的隔离（quarantine），确保没有疫病才允许进港登陆，以防止鼠疫等传染病传入境内。隔离防疫这一措施卓有成效，随后西欧各国争相效仿，并且出现了“健康证明”（faith of health certificate）（图11-2）官方文件，用以允许非感染人员和货物的流动，进一步在此基础上制定卫生检验检疫法规，推动了专门的卫生检验检疫机构的设立。

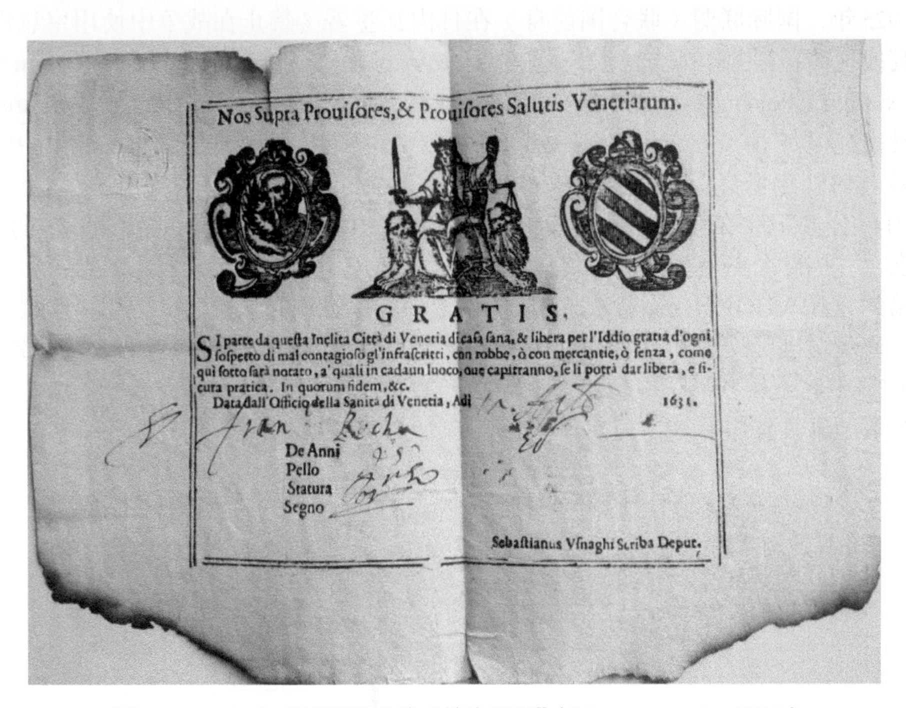
Nos Supra Prouisores, & Prouisores Salutis Venetiarum.

GRATIS.

SI parte da questa Inclita Città di Venetia di casa sana, & libera per l'Iddio gratia d'ogni sospetto di mal contagioso gl'infrascritti, con robbe, ò con mercantie, ò senza, come qui sotto sarà notato, a' quali in cadaun luoco, oue capitranno, se li potrà dar libera, e sicura pratica. In quorum fidem, &c.

Data dall'Officio della Sanità di Venetia, Adì　　　　1631.

De Anni
Pello
Statura
Segno

Sebastianus Vsnaghi Scriba Deput.

图11-2　1631年威尼斯使用的“健康证明”（Marrone et al., 2021）

（二）近代——生物安全立法的发展期

17世纪中叶，来自西非运载奴隶的船将黄热病从非洲带到美洲，造成美国费城等港口城市居民大规模死亡，导致整个美洲海港陷入恐慌。1878年，黄热病从古巴传入，沿密西西比河而上，在美国孟菲斯引起大流行，城里大部分居民外逃，仅留下19 000人，其中17 000人患黄热病，死亡人数超过5000人。这场黄热病疫情促使美国国会设立国家卫生委员会，并于当年通过了《国家检疫法》（National Quarantine Act）。

1851年，奥地利、西班牙、英国、法国、希腊、俄国等11个国家在巴黎举行了历史上第一次国际公共卫生会议，对各国港口当局采取的隔离防疫进行协调。1892年1月30日达成了第一个地区性《国际卫生公约》（International Sanitary Convention），主要针对鼠疫、霍乱、黄热病的控制，这是国际上首次正式运用法律手段干预生物安全问题（Fidler，2005）。后来发展成为《国际卫生条例》，为国际社会应对新发和再发传染病发挥了重要作用。

1660年，法国地方政府通过法令，禁止小麦秆锈病菌传入。1866年，英国签署法令，采用紧急措施扑杀被进口患牛瘟病种牛传染的全部病牛，1869年又制定了《（动物）传染病法》[Contagious Diseases（Animals）Act]以控制动物进口，1877年发布了《危险性昆虫法》（Destructive Insects Act）。美国在1875年制定法律，以控制桃树黄化病的传播扩散。

（三）现代——生物安全立法的成熟期

1925年，国际联盟（联合国前身）在日内瓦签署《禁止在战争中使用窒息性、毒性或其他气体和细菌作战方法的议定书》（Protocol for the Prohibition of the Use in War of Asphyxiating，Poisonous or Other Gases，and of Bacteriological Methods of Warfare），简称《日内瓦议定书》（Geneva Protocol），这是国际上首次明确规定禁止在战争中使用生物武器。1951年世界卫生大会（World Health Assembly）通过了世界上第一个全球性的《国际公共卫生条例》（International Sanitation Regulations），1969年第22届世界卫生大会对《国际公共卫生条例》修改充实并更名为《国际卫生条例》（图11-3A），旨在通过缔约方和WHO的合作行动，为从源头上预防、发现和遏制公共卫生风险提供法律框架，避免对国际交通和贸易造成不必要的干扰。1975年生效的《禁止生物武器公约》（图11-3B）是国际上第一份禁止开发、生产和存储生物武器的多边裁军条约，目前对绝大多数国家具有约束力。

A

INTERNATIONAL HEALTH REGULATIONS 1

INTERNATIONAL
HEALTH REGULATIONS
(1969)

adopted by the Twenty-second World Health Assembly in 1969 and
amended by the Twenty-sixth World Health Assembly in 1973
and the Thirty-fourth World Health Assembly in 1981

THIRD ANNOTATED EDITION

WORLD HEALTH ORGANIZATION
GENEVA
1983

Third annotated edition 1983
Updated and reprinted 1992, 1995

ISBN 92 4 158007 0

© World Health Organization 1983

B

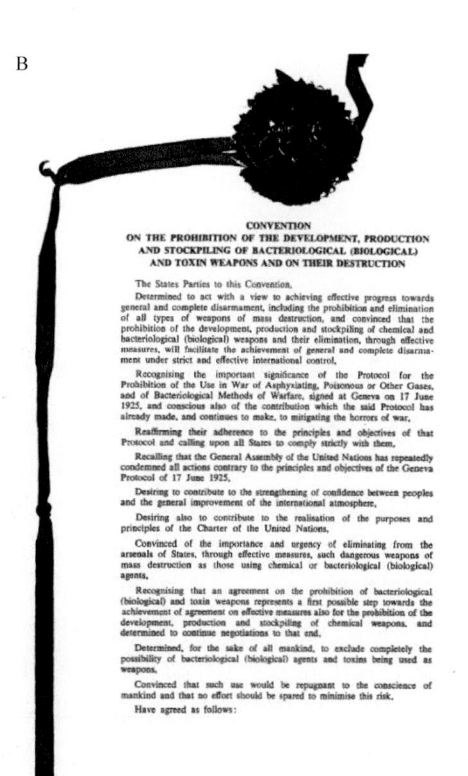

CONVENTION
ON THE PROHIBITION OF THE DEVELOPMENT, PRODUCTION
AND STOCKPILING OF BACTERIOLOGICAL (BIOLOGICAL)
AND TOXIN WEAPONS AND ON THEIR DESTRUCTION

The States Parties to this Convention,

Determined to act with a view to achieving effective progress towards general and complete disarmament, including the prohibition and elimination of all types of weapons of mass destruction, and convinced that the prohibition of the development, production and stockpiling of chemical and bacteriological (biological) weapons and their elimination, through effective measures, will facilitate the achievement of general and complete disarmament under strict and effective international control,

Recognising the important significance of the Protocol for the Prohibition of the Use in War of Asphyxiating, Poisonous or Other Gases, and of Bacteriological Methods of Warfare, signed at Geneva on 17 June 1925, and conscious also of the contribution which the said Protocol has already made, and continues to make, to mitigating the horrors of war,

Reaffirming their adherence to the principles and objectives of that Protocol and calling upon all States to comply strictly with them,

Recalling that the General Assembly of the United Nations has repeatedly condemned all actions contrary to the principles and objectives of the Geneva Protocol of 17 June 1925,

Desiring to contribute to the strengthening of confidence between peoples and the general improvement of the international atmosphere,

Desiring also to contribute to the realisation of the purposes and principles of the Charter of the United Nations,

Convinced of the importance and urgency of eliminating from the arsenals of States, through effective measures, such dangerous weapons of mass destruction as those using chemical or bacteriological (biological) agents,

Recognising that an agreement on the prohibition of bacteriological (biological) and toxin weapons represents a first possible step towards the achievement of agreement on effective measures also for the prohibition of the development, production and stockpiling of chemical weapons, and determined to continue negotiations to that end,

Determined, for the sake of all mankind, to exclude completely the possibility of bacteriological (biological) agents and toxins being used as weapons,

Convinced that such use would be repugnant to the conscience of mankind and that no effort should be spared to minimise this risk,

Have agreed as follows:

图11-3 WHO发布的《国际卫生条例》第三次修订版（A）和《禁止生物武器公约》文件（B）（引自WHO，https://iris.who.int/handle/10665/96616；UN，https://front.un-arm.org/wp-content/uploads/2020/12/BWC-text-English.pdf）

自20世纪70年代开始，随着重组DNA、合成生物学、转基因、基因编辑等现代生物技术的出现，与之相关的生物安全问题也得到了国际社会的广泛关注。1976年，美国国立卫生研究院（NIH）发布了国际首个《重组DNA分子研究准则》，并成为国际上该领域科学家的共同行为指南。1986年，经济合作与发展组织（Organization for Economic Co-operation and Development，OECD）公布了《重组DNA安全因素报告》（Recombinant DNA Safety Considerations），统一确定了有关生物安全的概念和操作原则。1992年，联合国环境与发展大会签署的《生物多样性公约》指出"由生物技术改变的活生物体在使用和释放时可能产生的危险"，既可能对环境产生不利影响，也可能威胁到人类的健康。2000年生物多样性公约缔约方会议通过了《卡塔赫纳生物安全议定书》（Cartagena Protocol on Biosafety），其是在《生物多样性公约》框架下，为保护生物多样性和人体健康而控制和管理遗传修饰生物体（GMO）越境转移而制定的补充性文件。1993年，新西兰颁布并实施了《生物安全法》（The Biosecurity Act），这是世界上第一部专门针对生物安全领域的立法，其内容主要包括边境前风险管理与标准设定、边境管理、预防与反应措施及长期虫害管理4个方面。

实验室感染和病原泄漏事故的频发引起世界各国对实验室生物安全重要性的重视，20世纪80年代初，WHO、美国CDC相继发布了《实验室生物安全手册》（第1版）、《微生物和生物医学实验室生物安全》（第1版）等规范性文件。随后，许多国家利用这些规范性文件所提供的专家指导，制定了各国的实验室生物安全法规和制度。

2001年，美国相继发生了"9・11"和炭疽邮件恐怖袭击事件。装有炭疽杆菌孢子的信封被寄给美国各大媒体和两位民主党参议员，最终导致22人感染、5人死亡。全世界认识到恐怖袭击尤其是生物恐怖袭击已经严重威胁人类社会安全。同年美国颁布了《美国爱国者法案》（USA Patriot Act）。2002年6月，美国签署《2002年公共卫生安全和生物恐怖防范应对法》（Public Health Security and Bioterrorism Preparedness and Response Act of 2002）。这些法案把防范和应对恐怖袭击确定为美国国家安全的首要任务，影响了全球其他国家和地区的生物安全立法的趋势，全球各国加强了防范生物恐怖袭击和生物防御能力的建设。

2003年以来，SARS、H1N1流感、MERS、埃博拉病毒病、寨卡病毒病等新发和再发传染病频发。尤其是新冠全球大流行，截至2023年3月，已经波及200多个国家和地区，感染了6亿多人，造成680万人死亡。这些新发突发传染病对全球各国公共卫生安全构成了严重挑战。2018年，美国政府颁布《国家生物防御战略》（National Biodefense Strategy），同年英国政府颁布《英国国家生物安全战略》（UK Biological Security Strategy）；2019年俄罗斯签署总统令《俄罗斯联邦2025年前及未来化学和生物安全政策原则》，并通过总统令的行动计划《化学和生物安全国家政策基本原则》，2020年通过《俄罗斯生物安全法》。2022年，美国政府发布《国家生物防御战略与实施计划》（National Biodefense Strategy and Implementation Plan）。这标志着英、美、俄等发达国家把生物安全上升为国家战略，全面构建国家生物安全治理体系。中国自2003年SARS疫情后，开始加强建设和完善国家生物安全治理体系，颁布了一系列法律法规，2020年生物安全被纳入国家安全体系，2021年4月15日《中华人民共和国生物安全法》正式实施，标志着中国进入生物安全全面发展和治理的新时代。

第二节 国际层面的生物安全治理概况

国际组织（international organization）一般是指两个以上的国家政府、民间团体或个人为特定的国际合作目的，通过协议而创设的常设机构，包括政府间国际组织（international governmental organization，IGO）和非政府国际组织（international nongovernmental organization，INGO）。根据国际组织的地域特点，可以分为全球性国际组织（global international organization）和区域性国际组织（regional international organization）：前者是对世界所有国家开放的组织，其活动范围不受地区限制，如联合国、WHO等；后者则是某一地区国家参加，活动范围也以该地区为限的国际组织，如欧洲联盟、东南亚国家联盟、非洲联盟等。国际组织在生物安全治理中发挥着重要的作用。

一、国际生物安全治理机制/措施

随着全球化进程，生物安全问题的治理必须通过世界各国的共同努力，在联合国或其他一些多边机构主持下，通过国际协议谈判等渠道进行国际协调。

（一）具有法律约束力的国际公约和协议等

公约（convention）是指由多个国家举行国际会议缔结的正式多边条约，规定一些行为规则或制度，公约通常开放供整个国际社会或大批国家加入。有共同意愿的国家可以聚集在一起谈判多边公约。如前面提到的《生物多样性公约》《禁止生物武器公约》等，要求缔约国通过法律，使公约条款对其公民具有约束力，无论他们是居住在国内还是国外，并对违法行为实施刑罚。另一种形式是谈判“框架公约”，旨在通过具有法律约束力的条款和执法机制的特别议定书加以扩充，如《卡塔赫纳生物安全议定书》《联合国气候变化框架公约》等。

（二）非政府组织联盟或专业协会的自愿行为准则

非政府组织联盟或专业协会各自建立的基于自愿准则或规范的自我监管机制，对维护生物安全也发挥着重要作用。

国际生物安全协会（International Federation of Biosafety Associations，IFBA）、亚太生物安全协会（Asia Pacific Biosafety Association，APBA）、流行病防范创新联盟（Coalition for Epidemic Preparedness Innovations，CEPI）、国际科学院组织（InterAcademy Panel on International Issues，IAP）等，它们与产业的关系更为密切，对国际生物安全走势的影响也更为复杂。

例如，国际科学院组织通过各国科学院间的交流与合作，致力于重要的、共同感兴趣的国际问题研究，从而为各国政府制定相应的对策提供科学依据。2021年，中国天津大学联合美国约翰·霍普金斯大学健康安全中心与国际科学院组织，制定了《科学家生物安全行为准则天津指南》（The Tianjin Biosecurity Guidelines for Codes of Conduct for

Scientists)(图11-4A),包含10项指导原则和行为标准,从科研责任、成果传播、科技普及、国际交流等多个环节倡议提高科研人员的生物安全意识,最终的目标是在不妨碍生物科研成果产出的同时防止滥用。国际科学院组织鼓励其生物安全协会成员科学院和其他科学组织积极传播该指南,并确保将其纳入各个国家和机构生物安全与生物安保行为准则。2022年,《科学家生物安全行为准则天津指南》在《禁止生物武器公约》第九次审议大会上获得批准,使其成为缔约国和全球生物科学界对科学家在遵守《禁止生物武器公约》方面的共识。其间中国外交部和天津大学就《科学家生物安全行为准则天津指南》举办主题边会(图11-4B)。

The Tianjin Biosecurity Guidelines for Codes of Conduct for Scientists

Advances in the biological sciences bring about wellbeing for humanity, but the same advances could be misused, particularly for the development and proliferation of biological weapons. To promote a culture of responsibility and guard against such misuse, all scientists, research institutions, and governments are encouraged to incorporate elements from the **Tianjin Biosecurity Guidelines for Codes of Conduct for Scientists** in their national and institutional practices, protocols, and regulations. The ultimate aim is to prevent misuse of bioscience research without hindering beneficial outcomes, in accordance with the articles and norms of the Biological and Toxin Weapons Convention (BWC), and in advancement of progress towards achieving the UN Sustainable Development Goals.

1. Ethical Standards

Scientists* should respect human life and relevant social ethics. They have a special responsibility to use biosciences for peaceful purposes that benefit humankind, to promote a culture of responsible conduct in biosciences and to guard against the misuse of science for malicious purposes, including harm to the environment.

2. Laws and Norms

Scientists should be aware of and observe applicable domestic laws and regulations, international legal instruments, and norms relating to biological research, including those on the prohibition of biological weapons. Scientists and their professional bodies are encouraged to contribute to the establishment and further development and strengthening of relevant legislation.

3. Responsible Conduct of Research

Scientists should promote scientific integrity and strive to prevent misconduct in research. They should be aware of the multiple applications of biological sciences, including their potential use for developing biological weapons. Measures should be taken to prevent the misuse and negative impacts of biological products, data, expertise, or equipment.

* For purposes of this document, "scientists" are practitioners engaged in work that includes biological science, including those involved in funding, education, and training; research and development (in the public and private sectors); project planning, management, dissemination, and oversight.

The Tianjin Biosecurity Guidelines for Codes of Conduct for Scientists | 1

图11-4 《科学家生物安全行为准则天津指南》首页(A)和2022年《禁止生物武器公约》第九次审议大会期间中国外交部和天津大学就《科学家生物安全行为准则天津指南》举办主题边会(B)
(引自 https://www.interacademies.org/publication/tianjin-biosecurity-guidelines-codes-conduct-scientists; https://news.tju.edu.cn/info/1003/63492.htm)

二、全球性国际组织和协议

为了消除或减少生物因子、生物技术引发的风险及其可能造成的严重后果,大量国际组织都在致力于加强生物安全方面的工作。这些国际组织包括联合国、世界卫生组织、联合国粮食及农业组织等。它们的共同努力促成了一系列互相交叉、范围广阔、卓有成效的生物安全相关国际法或协议,包括公约(convention)、协定(agreement)、宣言(declaration)和条例(regulation)等。

(一)联合国和国际协议

联合国(United Nations,UN)是在第二次世界大战后成立的一个由主权国家组成的政府间国际组织,中国是联合国安理会五大常任理事国之一。联合国的宗旨和工作包括维护国际社会的和平与安全,致力推动全球发展,并给需要帮助的人们提供人道援助,始终坚持国际法的治理,保护人权,推进民主。

1.《日内瓦议定书》

《日内瓦议定书》于1925年6月17日由国际联盟在日内瓦召开的“管制武器、军火和战争工具国际贸易”会议上通过，1928年2月起生效，无限期有效，至2018年共有140个国家和地区批准加入。《日内瓦议定书》是人类社会禁止使用化学和生物武器的首个重要国际公约。1952年7月13日，中国承认该议定书，并在各国对于该议定书互相遵守的原则下，予以严格执行。

2.《禁止生物武器公约》

1971年12月16日年联合国大会通过《禁止生物武器公约》，1975年3月26日正式生效。2001年，其签署国在日内瓦就公约的核查措施达成协议，主要内容是缔约国在任何情况下不发展、不生产、不储存、不取得除和平用途外的微生物制剂、毒素及其武器；也不协助、鼓励或引导他国取得这类制剂、毒素及其武器。1984年11月15日，中国加入该公约，截至2024年1月该公约共有185个缔约国。《禁止生物武器公约》被认为是《日内瓦议定书》的后裔，在禁止生物武器的发展和使用、消除生物武器威胁、促进生物技术和平利用方面发挥了极其重要的作用，在国际生物安全治理进程中具有里程碑意义。

3.《21世纪议程》

1992年6月3日至14日在巴西里约热内卢召开的联合国环境与发展大会通过了《21世纪议程》（Agenda 21），这是一个前所未有的“世界范围内可持续发展行动计划”，成为世界历史上有深远影响的重大事件，体现了人类发展观的重大转变。行动领域包括保护大气层、阻止砍伐森林、防止空气污染和水污染、预防渔业资源枯竭、改进有毒废弃物的安全管理。《21世纪议程》强调为了确保生物技术的环境无害化管理，应该谨慎地发展和应用生物技术，并通过生物技术的风险评估、风险管理、国际合作等途径来确保生物技术的安全开发、应用、交流和转让。

4.《生物多样性公约》

1992年6月5日，在巴西里约热内卢举行的联合国环境与发展大会上签署了《生物多样性公约》（Convention on Biological Diversity，CBD），于1993年12月29日正式生效。《生物多样性公约》是有关生物安全的一个重要的全球性公约，规定各国政府承担保护和可持续利用生物多样性的义务，全面规定了生物安全相关问题的法律框架，包括防止外来物种入侵，生物技术的安全性，转基因活生物体的安全转移、处理与使用等。中国于1992年6月11日签署了《生物多样性公约》，并将生物多样性保护提升至国家战略高度，在履行公约、保护生物多样性方面采取了一系列积极措施，生物多样性保护取得积极进展。中国获得了2020年《生物多样性公约》第15次缔约方大会主办权，第15次缔约方大会主题为“生态文明：共建地球生命共同体”，第一阶段会议于2021年在中国昆明举行，第二阶段会议于2022年在加拿大蒙特利尔召开，通过“昆明-蒙特利尔全球生物多样性框架”（Kunming-Montreal Global Biodiversity Framework），为今后全球生物多样性治理擘画新蓝图。

目前《生物多样性公约》有两项补充协议，即《卡塔赫纳生物安全议定书》简称《生物安全议定书》）和《生物多样性公约关于获取遗传资源和公正公平分享其利用所产生惠益的名古屋议定书》（Nagoya Protocol on Access and Benefit Sharing，简称《名古屋议定书》)。2000年1月29日,《生物多样性公约》缔约方大会通过了《生物安全议定书》,是《生物多样性公约》框架体系的具体落实。《生物安全议定书》的目标是保护生物多样性不受由转基因活生物体带来的潜在威胁;重点在于解决利用现代生物技术获得的、可能对生物多样性保护和可持续使用产生不利影响的任何改性活生物体的越境转移问题。2010年10月29日,《生物多样性公约》第十届"缔约方大会"在日本名古屋通过了《名古屋议定书》,进一步将国家主权、事先知情同意(prior informed consent,PIC)和共同商定条件(mutually agreed terms,MAT)下的获取与惠益分享(ABS)原则制度化,并于2014年10月12日正式生效。《名古屋议定书》要求各缔约方为"非商业性研究""人类、动植物健康""粮食安全""减缓和适应气候变化"等特殊情形的获取和利用创造便利条件。

5.《UNIDO秘书长关于生物体环境释放行为的自愿性准则》

联合国工业发展组织(United Nations Industrial Development Organization,UNIDO)发布的《UNIDO秘书长关于生物体环境释放行为的自愿性准则》(1991年7月)是一项不具有法律约束力、靠各国自愿遵守的国际性文件。该准则适用于转基因生物研究、开发、贸易、应用和处置的所有阶段,其重点是强调转基因生物体的环境影响及其风险评价,约束向环境引入转基因生物体的行为,并对各国政府和有关个人或法人规定了相应责任。

(二)世界卫生组织和国际协议

世界卫生组织(WHO)为联合国专门机构,简称"世卫组织",总部设在瑞士日内瓦,是国际上最大的政府间卫生组织。其宗旨是使全世界人民获得尽可能高水平的健康;主要职能包括:促进流行病和地方病防治;提供和改进公共卫生、疾病医疗和有关事项的教学与训练;推动设立生物制品的国际标准。中国是WHO创始国之一,也是执行委员会成员,2021年起成为核定会费的第八大缴费国。2016年3月22日,《中国—世界卫生组织国家合作战略(2016—2020)》签署发布,进一步提升了中国与WHO的合作伙伴关系。

19世纪以来,国际交通往来迅猛增加,传染病广泛流行,为防御传染病的传播,许多国家相继采取检疫措施并制定检疫法规,并从地区性的协调逐渐发展到国际合作。第一次国际卫生会议于1851年在法国巴黎召开,并通过了世界上第一个地区性公约——《国际卫生公约》,这是国际卫生合作机制最早的表现。随后继续发展,逐渐形成《国际卫生条例》。《国际卫生条例》是一部具有普遍约束力的国际卫生法,要求各缔约国应当发展、加强和保持其快速有效应对国际关注的突发公共卫生事件的应急核心能力,扩大了传染病的防控范围,新增了缔约国疾病通报和监测等方面的义务,完善了世界卫生组织处理公共卫生事件的程序,全面提升了全球公共卫生治理体系与应对突发性传染病的能力。

(三)联合国粮食及农业组织和国际协议

联合国粮食及农业组织(FAO),简称"粮农组织",是各成员方间讨论粮食和农业问题的国际组织,属于联合国专门机构,总部设在意大利罗马。其宗旨是提高人民的营养水平和生活标准，改进农产品的生产和分配，改善农村和农民的经济状况，促进世界经济的发展并保证人类免于饥饿，在加强世界粮食安全、促进环境保护与可持续发展和推动农业技术合作方面发挥国际引领作用。中国是粮农组织的创始成员方之一，也是理事国，积极履行成员方义务，广泛参与和支持粮农组织的活动。

1.《国际植物保护公约》

《国际植物保护公约》(International Plant Protection Convention)于1951年在粮农组织大会上通过，旨在确保缔约国采取共同而有效的行动来防止植物及植物产品有害生物的扩散和传入，明确了缔约方应承担的责任，在不损害其他国际协定承担的义务的情况下，在其领土之内达到本公约的各项要求。除了植物和植物产品外，也强调各缔约方可酌情将仓储地、包装材料、运输工具、集装箱、土壤及可能藏带或传播有害生物的其他生物、物品或材料列入本公约的规定范围内。

2.《粮食和农业植物遗传资源国际条约》

《粮食和农业植物遗传资源国际条约》(International Treaty on Plant Genetic Resources for Food and Agriculture)于2001年11月3日在粮农组织大会第三十一届会议上通过，2004年6月29日正式生效，是世界上第一个关于植物基因资源的国际条约。《粮食和农业植物遗传资源国际条约》中特别规定对植物基因资源实行“可持续保护与利用”的要求与提倡符合生态要求的“绿色”农业生产方式，各签约方应该制定和实施适当的法律政策措施来推动粮食及农业用植物遗传资源的可持续利用。

3.《食品法典》

1962年，粮农组织和世界卫生组织召开全球性会议，讨论建立一套国际食品标准，以指导日趋发展的世界食品工业，从而保护公众健康、促进国际食品贸易公平发展。粮农组织和世界卫生组织决定成立食品法典委员会(Codex Alimentarius Commission)，通过制定全球推荐的食品标准及食品加工规范，协调各国的食品标准立法并指导其建立食品安全体系。《食品法典》(Codex Alimentarius)以统一的形式提出并汇集了国际上已采用的全部食品标准，包括所有向消费者销售的加工、半加工食品或食品原料的标准。有关食品卫生、食品添加剂、农药残留、污染物、标签及说明、采样与分析方法等方面的通用条款及准则也列在其中。

(四)世界动物卫生组织

世界动物卫生组织(WOAH)又称为国际兽疫局(International Office of Epizootics, OIE)，于1924年1月25日成立，是国际性政府间组织，负责改善全球动物和兽医公共卫生及动物福利状况。其主要职能是收集并通报全世界动物疫病的发生发展情况及相应的控制措施；促进并协调各成员加强对动物疫病监测和控制的研究；制定动物及动物产品国际贸易中的动物卫生标准和规则。多年来，世界动物卫生组织一直在与世界卫生组织、粮农组织合作，共同解决人类-动物-生态系统交界面的风险，三方主张在地方、国家、区域和全球各级开展有效合作，并就复杂问题提供指导。中国于2007年正式加入，近年来中国与世界动物卫生组织的交流合作日益增多，每年派代表团出席世界动物卫生组织的世界代表大会。

世界动物卫生组织于1968年发布第1版《陆生动物法典》(Terrestrial Animal Health

Code），截至2022年底，该法典已修订为第30版。第1版《水生动物法典》（Aquatic animal Health Code）于1995年公布，截至2022年底，该法典已经修订为第24版。分别制定了针对陆生动物（哺乳动物、爬行动物、鸟类和蜜蜂）和水生动物（两栖动物、甲壳纲动物、鱼类和软体动物）及其产品的安全国际贸易标准。并要求进出口国家主管部门应将法典中的卫生措施应用于早期检测、报告和控制动物或人类疫病，并防止其通过动物及其产品的国际贸易转移扩散，同时避免不正当的卫生贸易壁垒。

（五）联合国环境规划署

联合国环境规划署（United Nations Environment Programme，UNEP）于1973年1月正式成立，总部设在肯尼亚首都内罗毕。联合国环境规划署的宗旨是促进环境领域内的国际合作，并提出政策建议；在联合国系统内提供指导和协调环境规划总政策，并审查规划的定期报告；审查世界环境状况，以确保可能出现的具有广泛国际影响的环境问题得到各国政府的适当考虑；促进环境知识的取得和情报交流。

《联合国环境规划署生物技术安全国际技术准则》（UNEP International Technical Guidelines for Safety in Biotechnology）于1995年12月11～14日在埃及开罗举行的政府指定专家全球协商会议上通过，是一个不具有法律约束力的国际政策文件，成为后来《生物安全议定书》的辅助文件，为各国制定实施生物安全技术准则提供重要指导和参考。其目的是形成评价生物技术安全，查明和管理生物技术可预见风险，以及对生物技术安全进行监测、研究和情报交流的机制。

（六）世界贸易组织

世界贸易组织（WTO）简称世贸组织，是一个独立于联合国的永久性国际组织，是世界上最大的多边贸易组织，其总部设在瑞士日内瓦。世贸组织与世界银行、国际货币基金组织并称为世界经济体制的三大支柱。世贸组织的目标是建立一个完整的包括货物、服务、与贸易有关的投资及知识产权等更具活力、更持久的多边贸易体系。中国于2001年12月11日成为世贸组织的正式成员，全面履行加入时的承诺，积极践行自由贸易理念。

1.《关税与贸易总协定》

《关税与贸易总协定》（General Agreement on Tariffs and Trade）是关贸总协定乌拉圭回合谈判达成的第一套有关国际服务贸易的具有法律效力的多边协定，于1948年正式生效，也是服务贸易领域内第一个较为完整的系统性国际法律文件。该协定规定，为保护人类及动植物的生命或健康，各成员方可以采取相应的措施。但此类措施的实施不应构成各成员之间任意或没有充分根据的歧视，也不应以此形成对国际贸易的变相限制。

2.《实施卫生与植物卫生措施协定》

《实施卫生与植物卫生措施协定》（Agreement on the Application of Sanitary and Phytosanitary Measures），简称《SPS协定》，是在货物贸易中，针对动植物、动植物产品和食品方面制定的，并于1995年1月1日生效。其主要目的和宗旨在于保护世贸组织成员方卫生安全的同时，促进贸易自由和可持续发展；规定各成员方在采取《SPS协定》的措施时必须进行科学的风险评估，通过有害生物风险性分析确定恰当的检疫保护水平，检疫措施应考虑对动植物生命或健康的风险性。

3.《与贸易有关的知识产权协定》

《与贸易有关的知识产权协定》(Agreement on Trade-Related Aspects of Intellectual Property Rights)是1994年与世贸组织所有其他协议一并缔结的，是迄今为止对各国知识产权法律和制度影响最大的国际条约。在生物安全的问题上，该协定规定，各成员方在规划或修订其法律法规时，可采取保护公共卫生与营养和促进对于社会经济与技术发展至关重要的部门的公共利益所必需的措施。各国政府可以以公共健康、生态保护方面的理由在以下情况下拒绝授予专利：为保护人和动植物生命健康而需要防止用作商业利用的发明；针对人或动物的医学诊断、治疗方法与外科手术方法；涉及动植物的发明及培育动植物的生物学方法。

（七）经济合作与发展组织

经济合作与发展组织(OECD)，简称经合组织，成立于1961年，前身为1948年4月16日西欧十多个国家成立的欧洲经济合作组织，总部设在巴黎。经合组织的宗旨为：促进成员方经济和社会发展，推动世界经济增长；帮助成员方政府制定和协调有关政策，以提高各成员方的生活水准，保持财政相对稳定；鼓励和协调成员方为援助发展中国家作出努力，帮助发展中国家改善经济状况，促进非成员方的经济发展。

经济合作与发展组织于1985年发表了关于重组DNA安全问题的蓝皮书，1986年发布了有关重组DNA安全问题的文件《重组DNA安全因素报告》，提出对转基因生物体因技术的发展与应用进行控制，统一确定了有关生物安全的概念和操作原则。该报告中，将转基因生物体使用的安全性问题纳入了大规模工业生产优良规范(Good Industrial Large-scale Practice，GILP)之中。该文件对软件建设给予特别强调，强调基层生物安全委员会应予以建立和加强，同时指出了向第三世界国家转移重组DNA可能带来的额外风险。

三、区域性国际组织和协议

生物安全问题是集经济、政治、文化和法律问题于一体的综合性问题，区域性国际组织在规范生物安全管理的行为，确保区域生物安全和全球生物安全方面发挥积极的作用。

（一）欧洲联盟

欧洲联盟(European Union，EU)，简称欧盟，没有设立专门的生物安全管理部门，相关职责由欧盟委员会(European Commission)下设的动植物卫生、转基因安全、食品安全、传染病防控等相关部门，以及独立于欧盟委员会之外的欧洲食品安全局、欧洲疾病预防控制中心、欧洲药品管理局、欧洲化学品管理局等相关机构共同管理。

欧盟高度重视生物技术的发展，制定了发展战略计划，通过立法希望加快生物技术的发展速度。欧盟出台了一系列生物安全指令，重点是避免工作人员暴露于生物风险，要求雇主确保工作人员安全并及时上报风险情况。同时加强进出口管制，规定了危险生物材料的处置和运输程序。

从20世纪90年代初期起，欧盟就开始针对转基因技术安全开展了立法工作，并对转基因技术立法进行扩展和完善，形成了一系列指令和条例。例如，2002年正式生效的2001/18/EC指令（Directive 2001/18/EC on the Deliberate Release Into the Environment of Genetically Modified Organisms）要求将任何转基因生物以及含有或由转基因生物体制成的产品在向环境或市场投入前，必须经过对人类健康和生态安全的个案评估，并在此基础上对其实施阶段性的分步许可。欧盟理事会EC 1334/2000条例［COUNCIL REGULATION（EC）No 1334/2000 of 22 June 2000 Setting Up a Community Regime for the Control of Exports of Dual-use Items and Technology］要求每个成员国逐步建立关于两用技术与物品出口许可或禁止的相关立法。2004年，欧盟颁布了关于环境损害预防与救济责任的指令2004/35/CE（Directive 2004/35/CE of the European Parliament and of the Council on Environmental Liability with Regard to the Prevention and Remedying of Environmental Damage），规定了关于转基因产品研发、利用和运输的损害与危害，应该如何承担相关责任。

（二）东南亚国家联盟

东南亚国家联盟（Association of Southeast Asian Nations，ASEAN），简称东盟，1967年8月8日成立于泰国曼谷，截至2019年，东盟有10个成员国：印度尼西亚、马来西亚、菲律宾、泰国、新加坡、文莱、柬埔寨、老挝、缅甸、越南。东盟是东南亚国家的区域合作组织，在全球生物安全治理中既扮演了纵向传导的角色（全球和国家间），又扮演了横向（区域间）协调的角色（张蕾，2020）。东盟强调主权平等与不干涉内政的治理原则，主张通过合作实现共同安全，并将多边协商对话作为合作方式。新冠疫情暴发后，东盟建立了东盟突发公共卫生事件和新发疾病中心、东盟应对新冠疫情应急基金、东盟突发公共卫生医疗用品区域储备库，发布《东盟全面复苏框架》及其实施计划，构建东盟突发公共卫生事件战略框架。同时，继续加强东盟共同体建设。2020年11月，第37届东盟峰会通过《关于2025年后东盟共同体愿景的河内宣言》，同意以全面、务实、平衡、包容和协调的方式制定《2025年后愿景》，并采取全共同体方式，协同东盟共同体各支柱及其部门机构的工作，以应对东盟面临的日益复杂的机遇和挑战。

（三）非洲联盟

非洲联盟（African Union，AU），简称非盟，于2001年成立，其前身是成立于1963年5月25日的非洲统一组织。

非盟各国高度重视生物安全，2006年11月非洲人力资源、科学与技术委员会撰写了《非洲生物安全战略》（African Biosafety Strategy），该战略中指出非洲各国积极参与联合国环境规划署/全球环境基金会（UNEP/GEF）生物安全计划。生物技术、转基因在农业中的应用也一直被非盟等一些非洲组织所关注。2007年，在非盟组织以及国际机构的引导和支持下，成立了非洲生物科技高级专家组，撰写了《自由创新：非洲生物技术发展：非洲高级专家组报告》（Freedom to Innovate：Biotechnology in Africa's Development：Report of the High-Level African Panel on Modern Biotechnology），提出非洲生物技术发展构想。为了完善非洲公共卫生体系，2015年非盟成员国领导人会议决定建立非洲疾病预防控制中心（Africa Centers for Disease Control and Prevention，ACDC）。2017年ACDC正式成立；2018年，习近平主席在中非合作论坛北京峰会上宣布将ACDC项目建成"旗舰项目"；2023年中国援非盟ACDC总部（一期）项目竣工，成为非洲大陆第一所拥有现代化办公和实验条件、设施完善的全非疾控中心，将为非洲卫生事业和人民健康福祉做出更大贡献。

（四）澳大利亚集团

澳大利亚集团（Australia Group）成立于1985年，是非官方组织，现有43个成员国，澳大利亚是集团的常任主席。澳大利亚集团成立之初的宗旨在于为取得共识的国家提供一个交流信息、协调化学武器前体出口控制措施的共享机制，之后它的管制范围扩展至可作化学武器用途的化学品生产设备和技术。1990年，澳大利亚集团的管制范围进一步扩大到生物战剂前体及其生产设备、技术等。目前的管制清单包括化学武器前体，化学两用品制造设施、设备及其相关技术和软件，生物两用设备及相关技术和软件，生物制剂，植物病原体和动物病原体出口管制清单。其旨在通过信息通报机制提高敏感两用技术等转让方面的透明度，是两用技术多国出口主要控制机制之一，在防止敏感技术扩散方面发挥了重要作用。

第三节 主权国家层面的生物安全治理概况

国家是进行生物安全治理最主要的行为体。国家制定生物安全战略从国家层面统筹考虑影响国家生物安全的事项与规划；通过生物安全立法对生物安全及其有关的行业和产业进行规范和引导；各级行政管理机构、私营企业、非营利组织和公众等多组织机构协调合作，共同参与生物安全治理。本节重点介绍中美两国生物安全治理的概况，也对俄罗斯、日本等国家的生物安全治理进行了简要介绍。

一、中国生物安全治理概况

2020年，中国将生物安全纳入国家安全体系，通过建立国家生物安全工作协调机制，并设立专家委员会；制定国家战略和规划，出台生物安全专项，颁布生物安全法及相关法律法规和标准；加强风险监测预警体系、应急管理体系、重点领域保障体系、生物安全实验室与科技平台网络等一系列措施，全面提高国家生物安全治理能力，形成了政府主导、部门协调、地区合作、全社会共同参与的治理格局。

（一）生物安全国家战略与规划

中国高度重视生物安全战略研究，已经将生物安全纳入国家安全战略体系中，2021

年发布了《国家安全战略（2021—2025年）》，提出“加快提升生物安全、网络安全、数据安全、人工智能安全等领域的治理能力”。

“十四五”期间，国家从宏观、生物技术、卫生、医药、环境、食品等不同的维度出台了若干生物安全相关规划（表11-2）。

表11-2　中国“十四五”生物安全相关规划

维度	规划名称
宏观	《中华人民共和国国民经济和社会发展第十四个五年规划和2035年远景目标纲要》
	《“十四五”国家应急体系规划》
	《“十四五”国家科学技术普及发展规划》
生物技术	《“十四五”生物经济发展规划》
卫生	《“十四五”国民健康规划》
	《突发事件紧急医学救援“十四五”规划》
医药	《“十四五”医药工业发展规划》
环境	《“十四五”环境健康工作规划》
	《“十四五”生态环境领域科技创新专项规划》
食品	《绿色食品产业“十四五”发展规划纲要》

（二）生物安全法律体系

中国确立了以《中华人民共和国生物安全法》为核心，由生物安全相关各领域法律、行政法规、部门规章、技术标准体系等组成的较完备的生物安全法律体系。在传染病防控、实验室生物安全、两用物项和技术管控、出入境检疫、突发安全事件等十余个生物安全领域共制定了80余项法律、法规、规章。

中华人民共和国生物安全法律法规汇总

1. 生物安全基本法

《中华人民共和国生物安全法》自2021年4月15日起施行，是我国生物安全领域的一部基础性、综合性、系统性、统领性法律，对我国有关生物安全领域相关问题的处置具有重大指导性意义。《中华人民共和国生物安全法》与《生物多样性公约》《国际植物保护公约》《禁止生物武器公约》等国际公约密切相关，反映了中国政府和人民推动人类命运共同体建设、实现人与自然和谐共生的意愿。该法律包括10章88条，适用于生物安全风险防控体制建设、防控重大新发突发传染病和动植物疫情、生物技术研究、开发与应用安全、病原微生物实验室生物安全、人类遗传资源与生物资源安全、防范生物恐怖与生物武器威胁、生物安全能力建设、法律责任等领域。

2. 生物安全有关的重要法律法规

1）《中华人民共和国传染病防治法》　《中华人民共和国传染病防治法》自1989年9月1日起施行，旨在预防、控制和消除传染病的发生与流行，保障人体健康和公共卫生。2013年6月29日修正，2013最新修正版共9章80条，对传染病分类进行了界定；对传染病预防，传染病疫情报告、通报、公布、控制，医疗救治及保障措施提出了规范性意见；对违反相关规定的单位和人员应负的法律责任进行了明确规定。

2)《中华人民共和国国境卫生检疫法》 《中华人民共和国国境卫生检疫法》自1987年5月1日起正式施行，旨在防止传染病由国外传入或者由国内传出，实施国境卫生检疫，保护人体健康。2018年4月27日进行了第三次修正，2018最新修正版共6章27条，对在中华人民共和国国际通航的港口、机场及陆地边境和国界江河的口岸开展的传染病检疫、监测和卫生监督等活动进行了相关规定。

3)《病原微生物实验室生物安全管理条例》 《病原微生物实验室生物安全管理条例》于2004年11月12日由国务院正式公布，旨在加强病原微生物实验室生物安全管理、保护实验室工作人员和公众的健康，适用于中华人民共和国境内的实验室及其从事实验活动的生物安全管理。2018年3月19日第二次修订，2018最新修订版包括7章72条，涵盖了病原微生物的分类和管理、实验室的设立与管理、实验室感染控制、监督管理、法律责任等内容。

4)《突发公共卫生事件应急条例》 《突发公共卫生事件应急条例》自2003年5月9日由国务院公布施行，旨在有效预防、及时控制和消除突发公共卫生事件的危害，保障公众身体健康与生命安全，维护正常的社会秩序。2011年1月8日进行了修订，2011最新修订版共6章54条，对突发公共卫生事件的定义、预防与应急准备、报告与信息发布、应急处理、法律责任等均进行了相关规定。

5)《实验动物管理条例》 《实验动物管理条例》于1988年11月14日由国家科学技术委员会发布实施，旨在加强实验动物管理，保证实验动物质量，适应科学研究、经济建设和社会发展的需要，适用于从事实验动物研究、保种、饲育、供应、应用、管理和监督的单位和个人。2017年3月1日完成第三次修订，2017最新修订版共8章33条，对实验动物的饲育管理、检疫和传染病控制、应用、进出口管理及实验动物从业人员管理、奖励与处罚均进行了相关规定。

6)《农业转基因生物安全管理条例》 《农业转基因生物安全管理条例》于2001年5月23日由国务院发布实施，该条例旨在加强农业转基因生物安全管理，保障人体健康和动植物、微生物安全，保护生态环境，促进农业转基因生物技术研究。2017年10月7进行了第二次修订，2017最新修订版共8章54条，对在中华人民共和国境内从事农业转基因生物的研究与试验、生产与加工、经营、进口与出口、监督检查、罚则均进行了相关规定。

7)《中华人民共和国人类遗传资源管理条例》 《中华人民共和国人类遗传资源管理条例》自2019年7月1日起施行，旨在有效保护和合理利用我国人类遗传资源，维护公众健康、国家安全和社会公共利益。该条例共6章47条，对采集和保藏、利用和对外提供我国人类遗传资源的相关活动等均进行了相关规定。

8)《涉及人的生物医学研究伦理审查办法》 《涉及人的生物医学研究伦理审查办法》自2016年12月1日起施行，旨在保护人的生命和健康，维护人的尊严，尊重和保护受试者的合法权益，规范涉及人的生物医学研究伦理审查工作。该办法共7章50条，适用于各级各类医疗卫生机构开展涉及人的生物医学研究伦理审查工作。

9)《可感染人类的高致病性病原微生物菌（毒）种或样本运输管理规定》 《可感染人类的高致病性病原微生物菌（毒）种或样本运输管理规定》由卫生部发布，自

2006年2月1日起正式施行。该规定共19条，对可感染人类的高致病性病原微生物菌（毒）种或样本的包装和运输均作了明确规定。

3. 标准与指南等

1）《人间传染的病原微生物目录》　国家卫生健康委员会于2023年8月28日发布《人间传染的病原微生物目录》，是在2006年卫生部制定的《人间传染的病原微生物名录》上进行了修订的版本。该目录由病毒、细菌类、真菌三部分组成，主要内容仍为病原微生物名称、分类学地位、危害程度分类、不同实验活动所需实验室等级、运输包装分类及备注等。

2）《实验室　生物安全通用要求》　《实验室　生物安全通用要求》（GB 19489—2008）于2009年7月1日正式实施，作为国家标准，为最低要求，适用于所有操作微生物和生物活性物质的生物安全实验室。对于规范生物安全实验室设计、建设和管理发挥了重要作用。

（三）生物安全治理的主体

中国已经建立国家生物安全工作协调机制，由国务院卫生健康、农业农村、科学技术、外交等主管部门和有关军事机关组成，分析、研判国家生物安全形势，组织协调、督促推进国家生物安全相关工作，同时也强调社会协同和公民参与。

1. 委员会和咨询机构

中国于2013年成立了中央国家安全委员会，该委员会主要负责制定和实施国家安全战略；推进国家安全法治建设；制定国家安全工作方针政策；研究解决国家安全工作中的重大问题。生物安全已被纳入国家安全体系，国家生物安全风险防控和生物安全国家治理体系建设规划等工作均在中央国家安全委员会的指导下开展。相关领域、行业的生物安全技术咨询专家委员会为生物安全工作提供咨询、评估、论证等技术支撑。

2. 政府机构

国家有关部门负责研判国家生物安全形势，组织协调、督促推进国家生物安全相关工作。国务院卫生健康主管部门，中华人民共和国国家卫生健康委员会（National Health Commission of the People's Republic of China）主要负责实验室生物安全、重大新发突发传染病疫情等方面的监督和管理工作。国家疾病预防控制局（National Disease Control and Prevention Administration）负责国家免疫规划、公共卫生问题的监督管理，规划指导传染病疫情监测预警体系建设，建立健全的跨部门、跨区域的疫情信息通报和共享机制等。农业农村主管部门，中华人民共和国农业农村部（Ministry of Agriculture and Rural Affairs of the People's Republic of China）负责农业动植物疫情、转基因生物安全、外来物种、农作物畜禽种质资源监督和管理等。科学技术主管部门，中华人民共和国科学技术部（Ministry of Science and Technology of the People's Republic of China）负责生物技术研究开放与应用安全、人类遗传资源安全等方面的监督管理。外交主管部门，中华人民共和国外交部（Ministry of Foreign Affairs of the People's Republic of China）在国际生物安全形势分析研判、生物安全领域的国际合作、生物安全全球治理方面负有重要职责。环境主管部门，中华人民共和国生态环境部（Ministry of Ecology and Environment of the People's Republic of China）负责组织开展生物多样性保护、生物物种资源（含生物遗传资源）保护、环境与健康有关的监督和管理工作。国门生物安全主要由中华人民共和国海关总署（General Administration of Customs of the People's Republic of China）负责，如出入境卫生检疫、传染病及境外疫情监测、口岸突发公共卫生事件应对，以及出入境动植物及其产品、生物资源、食品化妆品的检验检疫、监督管理工作等。有关军事机关主要负责中国人民解放军、中国人民武装警察部队的生物安全活动的监督管理（许安标，2021）。此外，林业、交通运输、中医药、药品监督管理部门也对各领域生物安全相关问题负有监督和管理职责。

地方各级政府对本行政区域内的生物安全工作负责，开展生物安全宣传教育，加强对企业事业单位的监管，做好生物安全防范应对，支持生物安全事业的发展，加强人才培养和物资储备，提升综合生物安全治理能力。

3. 非政府机构和公众

从事与生物安全相关活动的社会团体、企事业单位，如医疗机构、科研院所、生物医药公司等应严格遵守国家的法律法规，自觉履行生物安全管理的职责，为相关活动的安全管理提供内部制度保障。

公众的积极参与也在生物安全治理中起到不可或缺的作用。例如，我国始于20世纪50年代的“爱国卫生运动”，使国家公共卫生安全得到了有力保障，是公众参与国家生物安全治理的有效形式和宝贵经验，得到了包括WHO在内的广泛认可，2017年WHO向中国政府颁发“社会健康治理杰出典范奖”。

二、美国生物安全治理概况

早在20世纪70年代，美国就已经开始重视生物安全领域的问题，并开展相关立法。2001年炭疽生物恐怖袭击事件和2014年埃博拉病毒西非大流行后，美国将生物安全纳入国家安全战略层面进行全局统筹和战略部署。同时，通过联邦立法和州立法，建立涵盖发现、预防、准备、应对、恢复的分层生物安全防御体系，为生物安全防控奠定了坚实的法律基础和框架。通过美国政府、私营和非营利部门，州、地方、部落和地区实体（State，Local，Tribal，and Territorial，SLTT），国际合作伙伴和组织及社区等协调合作共同开展生物安全治理。

（一）生物安全国家战略与规划

21世纪以来，美国历任政府都非常重视国家生物安全战略的制定，乔治·沃克·布什政府初步建立了美国生物安全战略框架，奥巴马政府进一步提升生物安全战略的重要性，特朗普政府正式将“生物安全”纳入国家总体发展的战略，拜登政府进一步对美国生物安全战略进行了修复和升级。

2018年9月，唐纳德·特朗普（Donald Trump）总统签署第14号国家安全备忘录，公布美国《国家生物防御战略》。这是美国首个为解决各种生物威胁而制定的全面系统性战略，聚焦于应对自然发生、蓄意或意外造成的生物威胁对国家安全、人口、环境和繁荣构成的重大挑战。明确了美国生物防御领域的五大发展目标：增强风险意识、提高防控风险能力、加强生物防御准备、建立迅速的响应机制和促进恢复工作。提出通过多部门协作、跨学科方法，加强美国生物安全治理体系建设；同时成立了一个内阁级美国两党生物防御委员会，协调15个联邦政府机构和情报界工作，用以评估生物安全风险并及时采取遏制措施。

2022年10月，乔·拜登（Joe Biden）总统签署第15号国家安全备忘录，并启动《国家生物防御战略和应对生物威胁、加强大流行防范和实现全球卫生安全的实施计划》（National Biodefense Strategy and Implementation Plan: For Countering Biological Threats, Enhancing Pandemic Preparedness, and Achieving Global Health Security），简称《国家生物防御战略与实施计划》。该战略计划旨在预防未来生物威胁，保护美国民众免受疾病暴发、流行病和生物武器的影响，并要求联邦政府各机构将生物防御及战略落实作为科技优先事项。

（二）生物安全法律体系

美国目前没有“生物安全法”的基础法，在生物安全领域的立法工作主要侧重实用性和有效性。除宏观法律准则外，主要行业和产业领域都有明确的法律条文规定，并根据国家总体政策及时进行调整。

1. 法律法规

1）《生物武器反恐法案（1989）》　1989年，美国国会通过了《生物武器反恐法案（1989）》（The Biological Weapons Anti-Terrorism Act of 1989），该法案规定了“任何人开发、使用、生产或存储任何打算造成危害、疾病、损伤或死亡的物质都是非法的”。该法案的意图是在美国境内施行《禁止生物武器公约》，防止美国遭受生物恐怖主义的威胁。

2）《2002年公共卫生安全和生物恐怖防范应对法》　2002年，乔治·沃克·布什总统签发《2002年公共卫生安全和生物恐怖防范应对法》，此法案的目的在于提高美国预防与反生物恐怖主义，以及应对其他公共卫生紧急事件的能力。该法案共5章，包括国家对生物恐怖和其他公共健康紧急事件的应对措施、加强对危害性生物制剂和毒素的控制、确保食品和药物供应的安全保障、饮用水的安全保障和其他条款。

3）《生物盾牌计划法案》　2004年，乔治·沃克·布什签署了《生物盾牌计划法案》（The Project BioShield Act），目的是通过提供医疗方面的对策来保护美国公众免受核生化袭击，确保美国在遭遇生物战或生物恐怖的情况下能快速作出反应。主要有三个目标：资助购买和储存对抗特定生物威胁的疫苗；为针对引起特定疾病生物病原体（重点针对炭疽杆菌、埃博拉病毒、鼠疫耶尔森菌等）的新药研发提供资金；对于那些处于美国食品药品监督管理局审批程序最后阶段的生物威胁医疗对策的紧急使用进行授权许可。

4）《大流行与全危害防备法案（2006）》　2006年，在禽流感恐慌之后，美国国会通过了《大流行与全危害防备法案（2006）》（Pandemic and All-Hazards Preparedness Act of 2006），授权联邦政府为未来的大流行制定规划。该法旨在提高国家公共卫生和医疗体系对故意、意外或自然发生的突发事件的防备与响应能力，加强联邦卫生与公众服务部维护国家卫生安全的职能。

5）《管制生物因子条例》　《管制生物因子条例》（Select Agents Regulations）由卫

生与公众服务部制定，要求所有拥有、使用或转让影响人类的管制生物因子的机构需要注册并通知美国CDC，报告所有此类活动；使用管制生物因子清单上的植物或动物病原体的实体必须通知美国农业部动植物卫生检疫局（Animal and Plant Health Inspection Service）。注册机构和人员还必须报告涉及管制生物因子的任何释放、丢失、盗窃或事故。该条例要求美国政府每两年审查和更新一次管制生物因子清单。

6）《美国联邦食品、药品和化妆品法案》 《美国联邦食品、药品和化妆品法案》（Federal Food, Drug, and Cosmetic Act）于1906年首次通过，是美国食品安全监管的基本法。该法明确了食品、药品安全生产的基本要求及监管部门的主要职责，授予美国食品药品监督管理局对假冒伪劣食品、药品强制召回的权力。

7）《濒危物种法案》 《濒危物种法案》（Endangered Species Act）将物种分为濒危、受威胁和其他，保护濒危动物和植物及其栖息地，并颁发许可证用于科学研究等活动。

2. 标准与指南等

除法律法规外，美国还建立了生物安全领域的监测预警体系、标准与规范、名录清单等。

1）美国国家突发事件管理系统 美国国家突发事件管理系统（National Incident Management System，NIMS）由国土安全部第5号总统令授权，该管理系统为政府、私营部门和非政府组织提供一种全国范围通用的方法，使各部门能够有效且高效地共同为国内突发事件做好准备、做好响应及处理突发事件后的恢复工作。

2）国家法定传染病监测系统 国家法定传染病监测系统（National Notifiable Diseases Surveillance System，NNDSS）是一个多方面的计划，包括收集、分析和共享健康数据的监测系统。该系统还包括地方、州、地区和国家层面的政策、法律、电子信息标准、人员、合作伙伴、信息系统、流程和资源等。国家法定传染病监测系统用于在全国范围内进行公共卫生监测、控制和预防约120种疾病。

3）国家动物健康报告系统 国家动物健康报告系统（National Animal Health Reporting System，NAHRS）是世界动物卫生组织在美国可报告疾病的唯一综合报告系统，是美国全面综合监测的重要组成部分，通过向美国贸易伙伴及时提供有关动物健康状况的综合信息，有助于保护美国在全球动物和动物产品市场中的份额。

4）国家应对框架 国家应对框架（National Response Framework，NRF）将一系列事故管理领域的最佳实践和程序整合到了统一的框架中，其中包括国土安全、应急管理、执法、消防、公共工程、公共卫生、应急响应人员和恢复工作者的健康安全等领域，涉及紧急医疗服务系统和相关私营部门。国家应对框架构成了联邦政府在事故发生期间如何与州、地方和部落政府及私营部门协调的基础。

5）《微生物和生物医学实验室生物安全》 《微生物和生物医学实验室生物安全》（Biosafety in Microbiology and Biomedical Laboratories，BMBL）是微生物与生物医学实验室生物安全指南，截至2023年年底已经更新到第6版，是作为最佳实践建议而非规范性法规文件，指南本身没有法律约束力，如果实验室获得联邦资金，则需要遵守指南中的生物安全要求。此外，《2002年公共卫生安全和生物恐怖防范应对法》要求从事任何危险生物因子相关工作的人员需要遵守《微生物和生物医学实验室生物安全》指南，法案使该指南具有法律约束力，不遵守相关规定可能导致民事或刑事责任。

6)《重组DNA分子研究准则》 《重组DNA分子研究准则》(The Guidelines for Research Involving Recombinant DNA Molecules) 于1976年首次制定，用于涉及重组DNA的基础和临床研究，包括含有外源基因的生物的产生和使用，截至2023年年底已经更新到2019版。适用于接收联邦资助的重组DNA研究实验室和机构及自愿接受规则的其他机构，如果不遵守可能会导致联邦资助的撤销。

7)《管制生物因子与毒素清单》 《管制生物因子与毒素清单》(Select Agent and Toxins List) 由美国卫生与公众服务部制定，列入清单的标准是已确定有可能对公共健康和安全、动植物健康或动植物产品构成严重威胁的生物因子和毒素。该清单每2年审查和重新发布一次，或根据需要进行修订，2023年该清单中包含68种生物因子或毒素。

8)《生物恐怖因子/疾病清单》 《生物恐怖因子/疾病清单》(Bioterrorism Agents/Diseases) 由美国权威的传染病和公共卫生部门专家、卫生和公共服务部代表、军事情报专家及执法官员对各种可针对民众使用的潜在生物武器进行审查和评论，根据危险生物因子对公众卫生的影响水平将其分为A、B、C三类，并由美国CDC发布。

(三) 生物安全治理主体

美国是联邦制国家，其联邦行政机构由内阁各部和总统办事机构组成。内阁部主要包括国务院、内政部、财政部等。总统办事机构主要包括国家安全市区委员会和白宫办公厅等。生物安全治理由美国国务院主导，国土安全部、国防部和司法部等联邦部门，地方社区，国际合作伙伴，私营部门和非营利机构等多部门通过联合协调机制开展。

1. 委员会和咨询机构

美国建立了国家级的生物安全咨询机构，包括以下三个机构。

1) 美国国家安全委员会 美国国家安全委员会(National Security Council, NSC)是总统与国家高级安全顾问和内阁官员考虑国家安全和外交政策问题的机构，负责向总统提供国家安全和外交政策咨询与帮助。2017年后把防范生物威胁和传染病作为最重要的美国国家安全任务之一。

2) 生物防御指导委员会 生物防御指导委员会(Bipartisan Commission on Biodefense) 由美国卫生与公众服务部部长牵头，总统国家安全事务助理负责总体协调、战略指导和施政监督。

3) 国家生物安全科学顾问委员会 美国卫生与公众服务部于2005年成立了美国国家生物安全科学顾问委员会(United States National Science Advisory Board for Biosecurity, NSABB)，应美国政府的要求处理与生物安全和两用性研究相关的问题。NSABB共有25名有投票权的成员，专业知识涵盖微生物学、传染病、生物安全、公共卫生、国家安全、生物防御、科学出版和其他相关领域。

2. 行政机构

美国实行由两级政府(联邦政府和州政府)组成的联邦制。联邦政府最重要的特定职权包括管理州间贸易和对外贸易、国防、征税与国民福利等，各州和地方政府实体各司其职以保护公共卫生与安全(Jeff, 2020)。联邦机构之间、联邦机构与州和地方密切合作，协调开展生物安全相关工作。

与生物安全有关的重要联邦政府行政部门及其职责包括：美国卫生与公众服务部（United States Department of Health and Human Services，HHS）的职责是维护美国公民健康并为公众提供服务，通过与各州合作，建立强大的保护和应对网络，用以应对由突发事件引起的民众健康与医疗问题。其隶属CDC的主要职责是预防及控制疾病、损伤及残障，促进健康及提高生活质量；负责评估突发事件的影响，并为突发公共卫生事件制定策略；维持疫苗、抗生素和抗病毒药物等战略性国家储备等。食品药品监督管理局（FDA）是美国食品与药品管理的最高执法机关，负责食品、药品（包括兽药）、医疗器械等的监督检验。美国国土安全部（United States Department of Homeland Security，DHS）是国家处理恐怖主义和核生化事故的领导机构，部门的目标是提高国家对于恐怖主义袭击的抵御能力、防止袭击发生、尽量减少袭击造成的破坏及对灾后恢复工作进行整体把控。其隶属的美国联邦紧急事务管理署（Federal Emergency Management Agency，FEMA）负责协调所有与危险和恐怖袭击有关的紧急突发事件，促进联邦机构在国家层面和事发现场做出有效的应急响应。美国海关和边境保护局（U. S. Customs and Border Protection，CBP）是国土安全部下辖的最主要调查机构，也是美国最大的执法机构，负责口岸出入境旅客与货物的检验检疫；防止有害昆虫及动植物病害威胁美国农业及食品供应；防止人员、（生物）武器、毒品通过空中及海上非法入境美国等。美国农业部（United States Department of Agriculture，USDA）的职能之一是应对动物或粮食作物领域可能发生的疫情和袭击。在发生食物或动物生物安全事件时，卫生与公众服务部可以为美国农业部提供援助。其隶属机构美国动植物卫生检验局（Animal and Plant Health Inspection Service，APHIS）负责维护美国农业和自然资源的卫生、福利和价值，确保美国农业在国际贸易领域的卫生安全。美国食品安全检验局（Food Safety and Inspection Service，FSIS）依据《联邦肉类检验法》《禽类及禽产品检验法》《蛋类产品检验法》等，监督管理肉、禽和蛋制品。美国司法部（United States Department of Justice，DOJ）主要负责恐怖主义的防范和调查，以及重要资产的监管等工作，其组织机构包括重大事件响应小组、证据调查小组和联邦调查局（Federal Bureau of Investigation，FBI）。FBI是美国司法部主要犯罪执法和调查机构，负责协调联邦的危机管理工作，加强联邦、州和地方执法部门机构间的合作与协调，对核生化及爆炸事件进行调查。美国内政部（United States Department of Interior，DOI）主要负责保护、开发美国联邦政府所有土地上的国土资源，包括土地矿产资源、森林资源和水资源、野生动物资源等。美国环境保护署（United States Environmental Protection Agency，EPA）是美国联邦政府的一个独立行政机构，不在内阁之列，但与内阁各部门同级，美国环境保护署局长由美国总统直接任命，直接向美国白宫负责，其职责是维护自然环境和保护人类健康不受环境危害的影响，根据国会颁布的环境法律制定和执行环境法规，制定各类环境计划的国家标准，从事或赞助环境研究及环保项目，加强环境教育以培养公众的环保意识和责任感。

三、日本生物安全治理概况

日本对生物安全的关注由来已久，较早与WHO和欧美发达国家接轨互动，并逐步发展形成了自己的生物安全治理体系（陈方和张志强，2020）。在国家战略方面，2019

年6月，日本发布《生物战略2019——面向国际共鸣的生物社区的形成》，展望“到2030年建成世界最先进的生物经济社会”，提出加强国际战略，并重视相关的伦理、法律和社会问题。在生物安全立法上主要采取以专门立法为主，其他行政规章制度为辅的立法模式，以此对生物安全进行规范。先后在传染病防控、病原体与生物技术安全管理、生物武器防御等相关领域颁布了《传染病法》《检疫法》《动植物防疫法》《国立传染病研究所病原体等安全管理条例》《关于控制使用转基因生物以确保生物多样性的法律》《〈禁止生物武器公约〉国内实施法》等法律法规。非政府组织机构方面，成立于2001年的日本生物安全学会（Japanese Biological Safety Association，JBSA），作为日本在生物安全领域具有带头作用的学术组织，负责推进生物安全相关的学术研究和知识普及。日本政府建立了以内阁官房为中心的协调机制，文部科学省、厚生劳动省、经济产业省、环境省，以及外务省、防卫省等中央政府部门分工、联合发挥作用，海关、警察厅等事务部门与公共卫生机构配合开展相关的具体工作。

四、俄罗斯生物安全治理概况

俄罗斯一直以来比较重视国家生物安全建设，通过对生物安全进行立法、将生物安全纳入国家战略、加大生物安全领域的投资、积极开展国际合作来加强俄罗斯国家生物安全治理体系与能力的建设（宋琪等，2020）。在国家战略方面，2009年发布《2020年前俄罗斯联邦国家安全战略》，首次将生物安全提升到国家安全战略层面，指出生物和高科技领域快速发展有可能对俄罗斯国家利益和经济社会发展产生消极影响，需要提高警惕应对。2021年制定的《俄罗斯联邦国家安全战略》中进一步强调了生物安全在国家安全体系中的重要地位。立法方面，2003年俄罗斯首次将生物安全纳入国家安全领域法律体系，明确提出了俄罗斯生物和化学国家安全政策框架体系，为此后颁布具体实施条例和新的法律提供基础。2020年12月30日俄罗斯正式签署《俄罗斯生物安全法》，该法案规定了一系列旨在保护人口和环境免受包括合成生物制剂在内的各类危险生物因素的影响，以及生物领域的危险技术活动、生物安全的国际合作、生物安全领域的政府信息系统、应对微生物耐药性措施等，要求俄联邦各级国家权力机构和地方自治机构之间要进行协调和配合。此外，俄罗斯还高度重视培养生物安全专业领域人才和发展高新科学技术，通过不断加大政府财政投入，组建国家级研究中心，保障生物安全领域的科技研发能力和相关产业的生产能力。

五、其他国家生物安全治理概况

东盟成员国中，柬埔寨、老挝、菲律宾、马来西亚4国颁布了专门的“生物安全法”。柬埔寨于2004年制定《国家生物安全框架》（National Biosafety Framework），2008年颁布《生物安全法》（Law on Biosafety），规范了转基因生物越境转移、开发、处理、转移、使用、储存和释放的标准。柬埔寨国家生物安全指导委员会（National Steering Committee for Biosafety）由16名高级官员组成，成员涵盖柬埔寨政府所有的职能部委，负责制定生物安全和生物技术政策及行动计划，监测和控制实施计划，为政府制定生物安全和生物技术的相关政策提供支持。老挝2004年制定《老挝国家生物安全框架》(The Lao National Biosafety Framework)，该框架涵盖以下要素：政府生物安全决策、生物安全监管制度、生物安全行政系统、公众教育、执行《卡塔赫纳生物安全议定书》的能力建设方案，以及国家生物安全框架的优先事项。2014年通过《生物安全法(2014)》(Biosafety Law 2014)，立法目标是：①减少人工修饰生物体转移、处理和使用过程中对生物多样性和人类健康的不利影响；②为人工修饰生物体和相关活动的审查与决策提供透明和可预测的进程；③执行《卡塔赫纳生物安全议定书》。老挝科学技术部(Ministry of Science and Technology)下属的生物技术和生态研究所(The Biotechnology and Ecology Institute)负责生物技术和遗传资源相关的生物安全工作。马来西亚和菲律宾两国均是《卡塔赫纳生物安全议定书》的缔约方，在发展生物安全有关的国际条约和标准的政府间谈判中非常活跃。同时，两国也在国家层面上建立了生物安全治理体系，并且建立公众咨询和参与机制。菲律宾总统科拉松·阿基诺(Corazon C. Aquino)于1990年签署总统令(Executive Order No. 430)成立国家生物安全委员会(National Committee on Biosafety of the Philippines)，1991年发布第1版《菲律宾生物安全准则》(Philippines Biosafety Guidelines)，成为东南亚第一个制定生物安全相关准则的国家，该准则涵盖生物材料进口、研究、开发、引进、现场试验、生产、加工，特别是基因操作或外来微生物、植物、动物引进等内容。1997年马来西亚发布《遗传修饰生物体释放指南》(National Guidelines for the Release of GMOs)，2007年马来西亚颁布《生物安全法(2007)》(Biosafety Act 2007)。马来西亚国家生物安全委员会(National Biosafety Board)的职能是依据生物安全法规定对相关申请作出决定，监测与人工修饰生物体有关的活动，促进生物安全相关研究、开发、教育和培训等活动，并建立相应机制。生物安全局(Department of Biosafety)作为国家生物安全委员会的执行机构和业务部门，负责生物安全有关事项的监管和监测工作。

本章小结

生物安全攸关国家安全，关系人民健康、社会安定、国家利益。生物安全问题已经成为全世界、全人类面临的重大生存和发展威胁之一。从古至今，人类一直在与各类生物威胁进行不懈的斗争，并不断发展和完善生物安全治理体系。国际组织和主权国家是现今世界最重要的全球生物安全治理的组织形式。目前，许多国家都把生物安全纳入国家安全战略层面进行全局统筹和战略部署，也出台了以“生物安全法”命名的专项法律对生物安全进行规范，同时在各部门法中都有与生物安全有关的规定。民事和刑事法规、条例等“硬法”措施，非约束性的自愿准则或行业最佳做法等“软法”措施，以及基于道德劝诫的行为守则、教育和培训等非正式措施，以互补的、多元化的方式从公众、社区、非政府机构、政府机构、国家、国际等多个层面参与生物安全治理，协同发挥作用。

复习思考题

1. 什么是生物安全治理？生物安全治理的主体有哪些？

2. 国际上有哪些组织或机构在全球生物安全治理中发挥重要作用？

3. 简述中国的生物安全治理概况及其面临的问题。

4. 某研究所科研人员利用去境外学术交流机会，私自将国内没有的病原体带回国内，并在实验室内进行扩增培养，是否违反了国内生物安全法律法规？

5. 举例说明公众在参与生物安全治理过程中的重要性。

（夏 菡 胡杨波 汪 伟）

主要参考文献

陈方，张志强. 2020. 日本生物安全战略规划与法律法规体系简析. 世界科技研究与发展，42（3）: 276-287.

崔建树. 2022. 全球生物安全治理的主体责任与理念引领. 人民论坛，15：17-21.

李尉民. 2020. 国门生物安全. 北京：科学出版社.

阙天舒，商宏磊. 2022. 全球生物安全治理与中国的治理策略. 社会主义研究，262（2）: 165-172.

邵津. 2014. 国际法. 5版. 北京：北京大学出版社.

宋琪，丁陈君，陈方. 2020. 俄罗斯生物安全法律法规体系建设简析. 世界科技研究与发展，42（3）: 288-297.

王子灿. 2015. 生物安全法对生物技术风险与微生物风险的法律控制. 北京：法律出版社.

许安标. 2021. 中华人民共和国生物安全法释义. 北京：中国民主法治出版社.

张蕾. 2020. 安全化、制度化与东盟地区卫生治理. 云大地区研究，（2）: 79-108.

张云飞. 2021. 全面提高国家生物安全治理能力的创新抉择. 人民论坛，（22）: 36-39.

赵磊. 2020. 全面提高国家生物安全治理能力. 光明日报，2020-06-19（02）.

Jeff R. 2020. 生物安全与生物恐怖：生物威胁的遏制和预防. 3版. 北京：科学出版社.

Tucker J B. 2020. 创新、两用性与生物安全：管理新兴生物和化学技术风险. 北京：科学技术文献出版社.

Commission on Global Governance. 1995. Our Global Neighborhood: The Report of the Commission on Global Governance. Oxford: Oxford University Press.

Fidler D P. 2005. From international sanitary conventions to global health security: The new international health regulations. Chinese Journal of International Law, 4(2): 325-392.

Marrone D, Basso C, Thiene G. 2021. William Harvey in quarantine and lazaretto when back to Italy at the time of 1630 plague. European Heart Journal, 42(45): 4613-4616.

Municipality of Venice. 1979. Venice and Plague 1348/1797. Venice: Marsilio.

Tognotti E. 2013. Lessons from the history of quarantine, from plague to influenza A. Emerging Infectious Diseases, 19(2): 254-259.

Commission on Global Governance. 1995. Our Global Neighborhood: The Report of the Commission on Global Governance. Oxford: Oxford University Press.

Fidler D P. 2005. From international sanitary conventions to global health security: The new international health regulations. Chinese Journal of International Law, 4(2): 325-392.

[illegible] 2021. William Harvey in quarantine and lazaretto when back to Italy at the time of 1630 plague. European Heart Journal, 42(41): 4013-4016.

Municipality of Venice. 1979. Venice and Plague 1348-1797. Venice: Marsilio.

Tognotti E. 2013. Lessons from the history of quarantine, from plague to influenza A. Emerging Infectious Diseases, 19(2): 254-259.